U0251311

污染综合防治最佳可行技术参考丛书

集约化畜禽养殖污染综合防治最佳可行技术

Reference Document on Best Available Techniques for Intensive Rearing of Poultry and Pigs

欧洲共同体联合研究中心 编著
Joint Research Center, European Communities

环境保护部科技标准司 组织编译

郑明霞 汪翠萍 王凯军 等编译

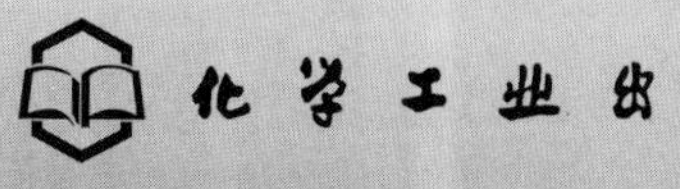

·北京·

图书在版编目（CIP）数据

集约化畜禽养殖污染综合防治最佳可行技术/郑明霞，汪翠萍，王凯军等编译. —北京：化学工业出版社，2012.9
（污染综合防治最佳可行技术参考丛书）
ISBN 978-7-122-12193-6

Ⅰ.集… Ⅱ.①郑…②汪…③王… Ⅲ.畜禽-养殖-污染防治 Ⅳ.S81

中国版本图书馆CIP数据核字（2011）第178456号

Reference Document on Best Available Techniques for Intensive Rearing of Poultry and Pigs/by Joint Research Center.

责任编辑：刘兴春　　文字编辑：汲永臻
责任校对：王素芹　　装帧设计：关　飞

出版发行：化学工业出版社（北京市东城区青年湖南街13号　邮政编码100011）
印　　刷：北京云浩印刷有限责任公司
装　　订：三河市万龙印装有限公司
787mm×1092mm　1/16　印张22¾　字数507千字　2013年1月北京第1版第1次印刷

购书咨询：010-64518888（传真：010-64519686）　售后服务：010-64518899
网　　址：http://www.cip.com.cn
凡购买本书，如有缺损质量问题，本社销售中心负责调换。

定　　价：128.00元

《污染综合防治最佳可行技术参考丛书》

编译委员会

《集约化畜禽养殖污染综合防治最佳可行技术》

编译人员

主译人员：郑明霞　汪翠萍　王凯军

参译人员（按姓氏笔画排列）：

马海玲　李彦博　张国臣　吴远远

金正宇　郑明月　宫　徽　徐武军

徐　恒　高志永

《序》

中国的环境管理正处于战略转型阶段。2006年，第六次全国环境保护大会提出了“三个转变”，即“从重经济增长轻环境保护转变为保护环境与经济增长并重；从环境保护滞后于经济增长转变为环境保护与经济发展同步；从主要用行政办法保护环境转变为综合运用法律、经济、技术和必要的行政办法解决环境问题”。2011年，第七次全国环境保护大会提出了新时期环境保护工作“在发展中保护、在保护中发展”的战略思想，“以保护环境优化经济发展”的基本定位，并明确了探索“代价小、效益好、排放低、可持续的环境保护新道路”的历史地位。

在新形势下，中国的环境管理逐步从以环境污染控制为目标导向转为以环境质量改善及以环境风险防控为目标导向。“管理转型，科技先行”，为实现环境管理的战略转型，全面依靠科技创新和技术进步成为新时期环境保护工作的基本方针之一。

自2006年起，我部开展了环境技术管理体系建设工作，旨在为环境管理的各个环节提供技术支撑，引导和规范环境技术的发展和应用，推动环保产业发展，最终推动环境技术成为污染防治的必要基础，成为环境管理的重要手段，成为积极探索中国环保新道路的有效措施。

当前，环境技术管理体系建设已初具雏形。根据《环境技术管理体系建设规划》，我部将针对30多个重点领域编制100余项污染防治最佳可行技术指南。到目前，已经发布了燃煤电厂、钢铁行业、铅冶炼、医疗废物处理处置、城镇污水处理厂污泥处理处置5个领域的8项污染防治最佳可行技术指南。同时，畜禽养殖、农村生活、造纸、水泥、纺织染整、电镀、合成氨、制药等重点领域的污染防治最佳可行技术指南也将分批发布。上述工作已经开始为重点行业的污染减排提供重要的技术支撑。

在开展工作的过程中，我部对国际经验进行了全面、系统的了解和借鉴。污染防治最佳可行技术是美国和欧盟等进行环境管理的重要基础和核心手段之一。20世纪70年代，美国首先在其《清洁水法》中提出对污染物执行以最佳可行技术为基础的排放标准，并在排污许可证管理和总量控制中引入最佳可行技术的管理思路，取得了良好成效。1996年，欧盟在综合污染防治指令（IPPC 96/61/CE）中提出要建立欧盟污染防治最佳可行技术体系，并组织编制了30多个领域的污染防治最佳可行技术参考文件，为欧盟的环境管理及污染减排提供了有力支撑。

为促进社会各界了解国际经验，我部组织有关机构编译了欧盟《污染综合防治最佳可行技术参考丛书》，期望本丛书的出版能为我国的环境污染综合防治以及环境保护技术和产业发展提供借鉴，并进一步拓展中国和欧盟在环境保护领域的合作。

环境保护部副部长 吴晓青

前言

为实施“欧盟综合污染预防与控制”指令中提出的对集约化畜禽养殖的各种活动中所产生的污染实现综合预防和控制，规定相应的措施进行预防或在预防措施不可行时，减少上述活动向大气、水体和土壤中的排放，包括有关预防和减少污染的措施，从而有效地实现保护生态环境的目标，由各成员国、畜禽养殖企业、非政府环保组织和欧洲综合污染防治局组成的畜禽集约化养殖污染防治技术工作组负责汇总编写了“集约化畜禽养殖污染综合防治最佳可行技术参考文件”。

本书是该“参考文件”的中文译本，主要包括如下内容。第 1 章提供了基于欧盟水平的相关农业部门的基础信息，其中包括经济数据、鸡蛋的消费量及生产水平，也有家禽和猪的相关立法要求。第 2 章中描述了欧洲普遍使用的生产系统和技术，同时该章为第 4 章中评定减排技术的环境绩效确定参考系统奠定了基础。第 3 章提供了当前集约化畜禽养殖场资源消耗与污染排放的概况。第 4 章介绍了确定 BAT 及基于 BAT 许可条件最相关的技术。第 5 章介绍了符合 BAT 的技术、消耗、污染物排放水平的一般概念。第 6 章对今后工作和今后研发项目的主题提出了建议。第 7 章为相关基本信息和附录。

本书系统地介绍了欧盟集约化畜禽养殖行业的实际运行和管理现状，能够紧密结合实际，具有内容翔实、通俗易懂、操作性强等特点，适合从事畜禽养殖场废物管理的人员和废物利用与处置企业人员参考。基于此，环境保护部和清华大学环境学院相关人员着手该书的翻译出版工作。本书的编译获得了欧盟综合污染与预防控制局的许可与支持。

本书主要编译人员全部来自清华大学环境学院（国家环境保护技术管理与评估工程技术中心），感谢大家的辛勤工作；其他单位的王旭、杨燕妮、赵翠、臧静等同志也协助了本书部分内容的翻译和校核工作，在此一并表示感谢。

我们本着忠实原文、对读者负责的原则进行翻译、编辑、校对工作。但该书涉及的知识面甚广，限于译者知识水平和时间，书中难免存在不足之处，恳请读者批评指正。

编译者
2012 年 6 月

目录

绪论

0.1 执行摘要

集约化畜禽养殖（ILF）最佳可行技术参考文件（BREF）是业界专家根据欧盟理事会指令96/61/EC（综合污染预防与控制指令）中16（2）条款进行信息交流规定的一项成果。本执行摘要介绍了其中的主要结果、重要的最佳可行技术（BAT）结论及相关的排放量/消耗水平。随后的引言部分阐述了本书的目标、用途和法律术语，建议读者与BREF引言一同阅读。

本摘要可以作为一个独立的文件进行阅读和理解，但作为摘要，不能呈现整个BREF文件全部的复杂内容。因此，它不能替代BREF文件全文作为BAT决策系统中的工具。

0.1.1 工作范围

本书阐述了以IPPC指令96/61/EC中附件Ⅰ6.6节规定的集约化畜禽养殖的内容为基础，也就是集约化家禽或猪的养殖设施规模要大于：（a）40000只家禽养殖场；（b）2000头生猪（超过30公斤）的养殖场，或（c）750头母猪养殖场。

该指令没有对术语“家禽”进行定义。从技术工作组（TWG）的讨论中得出的结论是本书中家禽的范围包括蛋鸡、肉鸡、火鸡、鸭和珍珠鸡。由于缺乏关于火鸡、鸭和珍珠鸡的信息，本书只详细介绍了蛋鸡和肉鸡的相关技术。生猪养殖包括育成仔猪，也就是育肥阶段开始之前的体重介于25～35公斤之间的仔猪的饲养。母猪的饲养包括空怀母猪、妊娠和哺乳母猪及后备母猪的饲养。

0.1.2 产业结构

0.1.2.1 常规养殖

养殖一直以来都是以家庭养殖为主，直到20世纪60年代和70年代初，出现了粮食生产和各种不同种类畜禽养殖结合的混合型农场，家禽和生猪的养殖只是其中的一部分。农场自行种植粮食作物作为饲料或直接从当地购买，而畜禽废弃物被用作肥料施用于土壤中。在欧盟目前仅存有少数这种类型的养殖场。由于市场需求的增加，基因材料、农业设备的发展及价格相对低廉饲料的供应促使农民向专业化方向发展。因此，牲畜养殖数量不断增加，养殖场规模不断扩大，开始进入集约化养殖时代。

尽管动物福利问题及相关进展并不是主要的驱动力，但本书对这方面的内容始终给予了高度关注。除了现有的欧盟法规，有关动物福利的讨论将继续进行下去。一些欧盟成员国已经有多种关于动物福利的法规，超出这些法规本身的效果之一就是促进了畜禽养殖圈舍系统的发展。

0.1.2.2 家禽

欧洲的鸡蛋产量居世界第二，约占世界总量的19%，预计这种情况在未来几年都不会有明显变化。所有欧盟国家都生产商品鸡蛋，欧盟最大的鸡蛋生产国是法国（约占欧盟鸡蛋产量的17%），其次是德国（占16%）、意大利和西班牙（均为14%），紧接着是荷兰（占13%）。欧盟最大鸡蛋的出口国是荷兰，其65%的产品出口，其次是法国、意大利和西班牙，而德国的鸡蛋消耗量要大于其生产量。欧盟生产的大多数鸡蛋（95%）仅供欧盟国家内部消费。

虽然在欧盟，特别是在北欧，非舍养鸡蛋的生产在过去十年中受到了欢迎，但多数蛋鸡仍都饲养在笼舍内。例如，英国、法国、奥地利、瑞典、丹麦和荷兰都增加了如棚舍、半集约式、自由放养（室外放养）和垫料床等蛋鸡饲养系统的比例。在所有成员国中，除了法国、爱尔兰和英国更倾向于半集约化系统和自由放养的饲养方式，垫料饲养法在其他国家是非笼舍饲养系统中采用最多的。

一个养殖场饲养的蛋鸡数量从几千只到几十万只不等。预计每个成员国内只有少量养殖场符合IPPC指令的范围要求，即超过40000只蛋鸡。在欧盟满足此要求的养殖场总数刚刚超过2000个。

2000年，欧盟15国中鸡肉最大的生产国是法国（占欧盟15国鸡肉产量的26%），其次是英国（占17%）、意大利（占12%）和西班牙（11%）。一些国家是以出口为导向进行养殖，如荷兰63%的产品不在国内消费，而丹麦、法国和比利时，分别有51%、51%和31%的产品不在本国消费。另一方面，德国、希腊和奥地利等一些国家，其消费量高于生产量；在这些国家中，分别有41%、21%和23%的消费量依靠国外进口。

自1991年以来，鸡肉产量不断增加。法国、英国、意大利和西班牙等欧盟最大鸡肉生产国的产量都在增加。

尽管有笼舍饲养系统，但肉鸡一般不在笼子里饲养，大多数鸡肉生产是采用地面垫料的全进全出系统。饲养规模超过 40000 只肉鸡的养殖场在欧洲非常普遍，这些养殖场均在 IPPC 指令范围内。

0.1.2.3 猪

欧盟 15 国猪肉产量（以屠宰后重量表示）约占世界的 20%。猪肉的主要生产国是德国（20%），其次是西班牙（17%）、法国（13%）、丹麦（11%）和荷兰（11%），其生产量超过欧盟总生产量的 70%。欧盟 15 国是猪肉净出口国，进口所占比例很少。但是，并不是每个主要生产国都是净出口国，例如，德国 1999 年的进口数量约是出口的两倍。

在欧盟 15 国中，猪的生产量在 1997 年到 2000 年之间增长了 15%。2000 年 12 月猪的总量为 12.29 亿头，同 1999 年相比下降了 1.2%。

养猪场的规模差别很大。在整个欧盟 15 国中，67%的母猪是来自 100 头以上规模的母猪养殖场，在比利时、丹麦、法国、爱尔兰、意大利、荷兰和英国，这个数量超过 70%，但奥地利、芬兰和葡萄牙以较小的规模为主。

81%的育肥猪是饲养在 200 头或者更大规模的养殖场，其中 63%是饲养在超过 400 头的规模养殖场。31%的育肥猪是饲养在超过 1000 头规模的养殖场。在意大利、英国和爱尔兰养猪产业化是以超过 1000 头育肥猪的规模为特征。德国、西班牙、法国和荷兰的养猪场规模主要以 50～400 头育肥猪的规模为主。从这些数据可知，仅有较少数量的养殖场在 IPPC 指令范围内。

要评价猪场的消耗和排放水平，很重要的一点就是要了解所采用的生产系统。生长和肥育的目的是为了在不同的生长期得到 90～95kg（英国）、100～110kg（其他）或 150～170kg（意大利）的屠宰重量。

0.1.3 行业的环境影响

集约化养殖中主要的环境问题是饲料经动物代谢后，几乎所有的营养物都以粪便的形式进行排泄。在生猪饲养过程中，人们对于氮的消耗、利用和损失过程已经有深刻的认识，如图 0.1 所示，但是这个图片不适用于家禽。

集约化畜禽养殖具有饲养密度高的特点，并且饲养密度可以作为牲畜产生的粪便总量的粗略指标。高的饲养密度意味着动物粪便提供的可用营养物质可能会超过用于农作物种植或绿地保持的农用土壤所需要的量。

多数国家中，生猪养殖集中在特定的区域，例如，荷兰集中在南部省份，比利时高度集中在西佛兰德地区，法国集约化养猪集中在布列塔尼地区，德国集中在西北部，意大利集中在宝谷地区，西班牙在加泰罗尼亚和加利西亚，葡萄牙猪的养殖集中在北部。据报道，养殖密度最高的是荷兰、比利时和丹麦。

某个区域内关于牲畜集中养殖密度的数据是这个区域是否具有潜在环境问题的一个较好的指标。图 0.2 清楚地表示了可能会引起的问题，包括酸化（NH_3、SO_3、NO_x）、富营养化（N、P）、地方干扰（气味、噪声）及重金属和农药的扩散等。

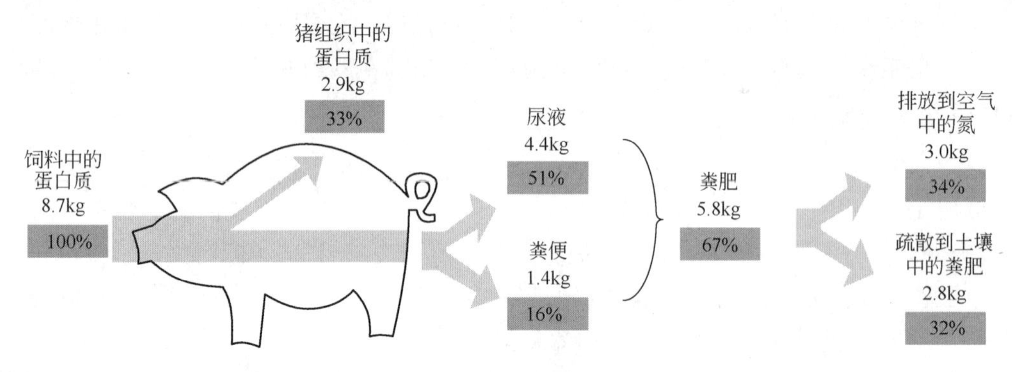

图 0.1　108 公斤生猪饲养过程中蛋白质的消耗、利用和损失过程

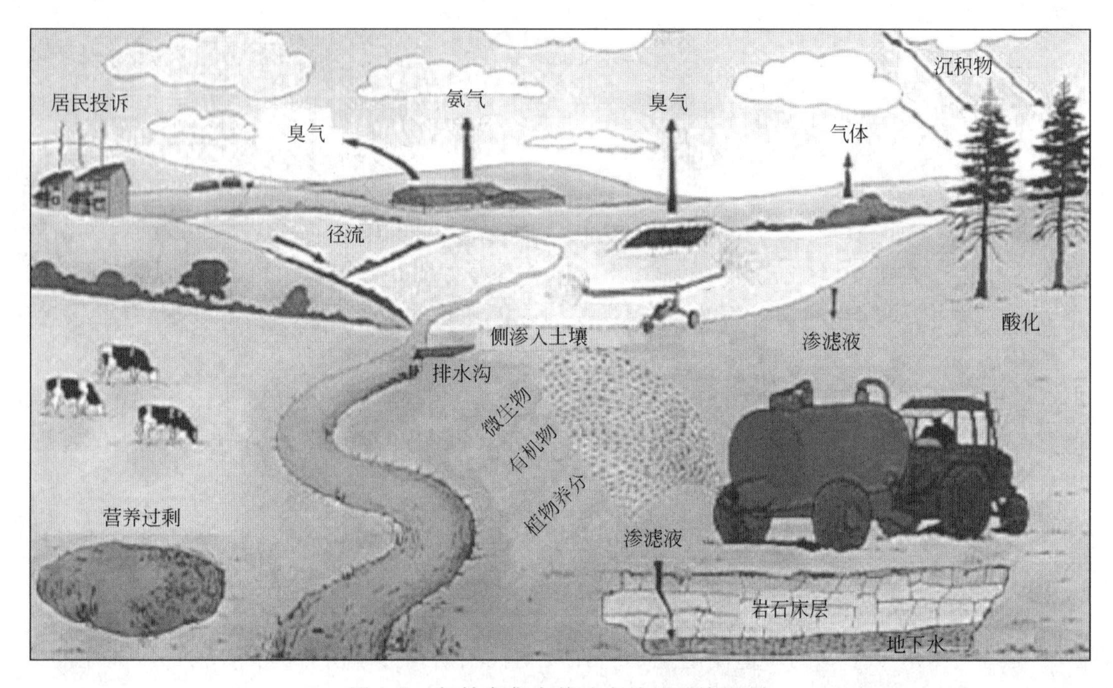

图 0.2　与牲畜集中养殖有关的环境问题

0.1.4　集约化畜禽养殖应用工艺和最佳可行技术（BAT）

通常关于畜禽集约化养殖可能的生产活动如图 0.3 所示。

畜禽集约化养殖的核心环境问题是粪便的处理处置。这反映在本书第 4 章、第 5 章中提出有关养殖场的现场生产活动中。这些活动以最佳农业实践为重点，其次是通过饲养策略影响粪便的质量和组分、牲畜舍中粪便的清除方法、粪便的储存及处理，以及最终的粪便还田土地利用模式。对其他环境问题，如废弃物、能源、水和废水以及噪声也简略地进行了介绍。

氨作为主要的空气污染物质由于其排放量最高而受到了最密切的关注。几乎所有关于牲畜舍的减排信息都报道了氨的减排。据推测减少氨排放量的技术也会减少其他气体的排放。其他环境影响包括采用粪便还田时排放到土壤中、地表水和地下水中的氮和磷。减排

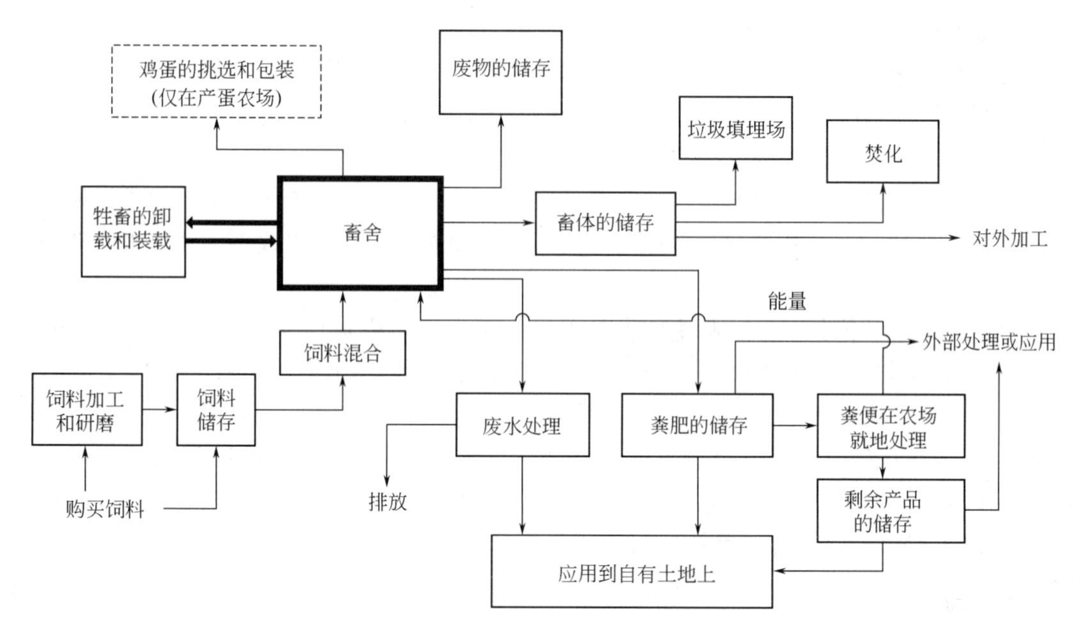

图 0.3 集约化畜禽养殖场生产活动的总图

的措施不只局限于在粪便产生后如何储存、处理或利用，而是包含贯穿整个生产链的一系列措施，包括减少粪便产生的阶段。

以下部分概括了关于畜禽养殖应用工艺和 BAT 技术的结论。

0.1.4.1 畜禽集约化养殖最佳农业实践

最佳农业实践是 BAT 的重要组成部分。尽管很难根据减排量或能源和水使用量的减少来量化环境效益，但很明显良好的养殖场管理将有助于改善规模化畜禽养殖场的环境绩效。对于改善集约化畜禽养殖场的环境绩效，BAT 将采取如下措施：

- 确定并实施对养殖场员工的教育和培训计划；
- 记录水和能源的使用量、饲料使用量、废物的产生及农田无机肥和粪便的用量；
- 制订应急处理意外排放和事故的程序；
- 实施维修制度确保构筑物和设备处于良好的工作状态并保持设施清洁；
- 合理安排现场活动，如物料的运输、产物和废物的清除；
- 合理计划粪便土地利用。

0.1.4.2 畜禽饲养策略

家禽饲料的成分有很大不同，不同养殖场之间甚至不同成员国之间都有差别。这是因为饲料是由不同组分混合而成，如谷类、种子、大豆，球茎、块茎、根茎或根类作物以及动物源产品（即鱼粉、肉骨粉及奶制品）。对于猪饲料而言，主要成分是谷类和大豆。

牲畜高效喂养的目的是提供生长、育肥或繁殖所需的净能量、必需的氨基酸、矿物质、微量元素和维他命。猪日粮配方是一个复杂的问题，必须根据活猪重量和繁殖阶段等因素来配置日粮的成分。液体日粮应用最为普遍，但是固体日粮和混合日粮也在使用。

除了精确配制日粮以符合禽类和猪的生长要求外，不同生产周期也应给予不同种类的日粮。表0.1列出了普遍采用的不同种类和多个饲养阶段的日粮要求，这也是BAT的内容。

对于猪和家禽，为减少粪便中营养物质（N和P）排泄而应用的技术称为“营养管理”。营养管理旨在将日粮与不同生产阶段牲畜的需求更密切的结合，减少因未消化或分解代谢通过尿液排出体外的氮的数量。饲养方法包括分段饲养，制订基于可消化吸收/营养利用的日粮，使用低蛋白氨基酸的日粮和低磷植酸酶日粮，或者采用可消化无机磷含量高的日粮。此外，酶等某种饲料添加剂的使用可能提高饲养效率以改善营养的吸收从而减少粪便中残留的营养物质的量。

对于猪而言，依据品种/基因型并以实际为出发点，粗蛋白质减少量可达2%～3%（20～30g/kg饲料），而家禽为1%～2%（10～20g/kg饲料）。表0.1中列出了BAT总结的日粮中粗蛋白含量的范围。表中的值仅仅是标示性的，因为这些值（其他除外）是基于饲料中的能量含量而定的。因此，含量水平需要适应当地条件。目前，一些欧盟成员国正在开展进一步改善营养物利用的研究，依据基因类型的变化，在未来可能实现进一步的减排。

至于磷，BAT的基本宗旨是采用总磷含量低的连续性食谱（阶段喂养）饲养家禽和猪。为了保证能提供足够可消化的磷，这些食谱中必须使用可消化程度高的无机饲料磷或植酸酶。

对于家禽而言，依据品种/基因类型，从饲料原材料出发，使用未经加工的材料，通过使用可消化程度高的无机磷酸盐饲料，可实现总磷减少0.05%～0.1%（0.5～1g/kg饲料）。对于猪而言，可减少0.03%～0.07%（0.3～0.7g/kg饲料）。表0.1列出了食谱中总磷含量范围。表中关于猪的相关BAT值仅仅是标示性的，因为这些值（其他除外）取决于饲料中能量的含量。因此，含量水平可能需要适应当地条件。目前，一些欧盟成员

表0.1 畜禽养殖饲料BAT指示性粗蛋白质水平

种类	阶段	粗蛋白质含量(%饲料)①	总磷含量(%饲料)②
肉鸡	起始阶段	20～30	0.65～0.75
	生长阶段	19～21	0.60～0.70
	长成阶段	18～20	0.57～0.67
火鸡	<4周	24～27	1.00～1.10
	5～8周	22～24	0.95～1.05
	9～12周	19～21	0.85～0.95
	13+周	16～19	0.80～0.90
	16+周	14～17	0.75～0.85
蛋鸡	18～40周	15.5～16.5	0.45～0.55
	40+周	14.5～15.5	0.41～0.51
乳猪	<10kg	19～21	0.75～0.85
育成仔猪	<25kg	17.5～19.5	0.60～0.70
育肥猪	25～50kg	15～17	0.45～0.55
	50～110kg	14～15	0.38～0.49
母猪	怀孕期	13～15	0.43～0.51
	哺乳期	16～17	0.57～0.65

① 含有适当平衡和最佳可消化的氨基酸供给。
② 通过使用适当可消化无机磷，如可消化程度高的无机磷饲料和/或植酸酶。

国正在开展进一步改善营养物利用的研究，依靠基因类型的变化影响，在未来可能实现进一步的减排。

0.1.4.3 蛋鸡笼舍系统

多数产蛋鸡仍采用笼舍饲养。传统的笼舍系统是在笼子下设置开放式储粪池的层架式鸡笼，现在大部分技术是这一系统的完善。减少笼舍氨排放量的原则就是需要经常清除鸡粪。可通过鸡粪干化抑制化学反应来减少排放。越快将粪便干化，氨的排放量越少。经常清理和鸡粪强制干化结合可使笼舍氨排放量最大幅度的减少，同时也减少了储存设施氨排放量，但是增加了能耗成本。普遍应用的且属于 BAT 的笼舍系统有：

- 笼舍系统至少一周清理两次鸡粪，通过鸡粪输送带清除至封闭的储存设施；
- 安装鸡粪输送带的强制通风干燥的垂直层架式笼舍，至少一周清理一次粪便至封闭的储存设施；
- 安装鸡粪输送带的强制搅拌-通风干燥的垂直层架式笼舍，至少一周清理一次粪便至封闭的储存设施；
- 安装鸡粪输送带的改进式强制空气干燥的垂直层架式笼舍，至少一周清理一次粪便至封闭的储存设施；
- 安装鸡粪输送带并在笼舍上设有干燥通风渠的垂直层架式笼舍，粪便干燥 24～36h 后转移至封闭储存设施。

带有通风敞口粪便储存池的笼舍系统（也称作深坑系统）是有条件的 BAT。在地中海地区，由于气候问题，该系统是 BAT。在平均气温较低的地区，这项技术的氨排放量较高，除非在深坑中可以采用粪便干燥的措施，否则不属于 BAT。

然而，由于欧盟 1999/74/EC 指令对于蛋鸡保护的最低标准的要求，上述笼舍系统将被禁止使用。到 2003 年，将禁止任何新建传统式笼舍系统的安装，到 2012 年，将全面禁止此种笼舍系统的使用。然而，在 2005 年对上述指令是否需要复审做出决定，该决定取决于若干研究结果及正在进行的谈判。

取缔传统笼舍系统将要求养殖户使用所谓的富集型笼舍或非笼养系统。目前，关于采用不同富集型笼舍概念的技术正在开发中，但可用的信息却非常少。但是，这些设计将作为唯一的笼舍替代系统，从 2003 年开始将安装这些新装置。已采用的可作为 BAT 的非笼舍系统有：

- 厚垫料床饲养系统（配置或不配置强制粪便干燥系统）；
- 带有多孔地板和强制粪便干燥的厚垫料床系统；
- 带有或不带栅栏的外部放养的大笼舍系统。

BREF 报告中关于上述所有笼舍系统的资料显示改善动物健康的措施会对笼舍氨减排效果产生负面影响。

0.1.4.4 肉鸡鸡舍系统

传统集约化饲养肉鸡的鸡舍是一种简单的混凝土或木制封闭的有自然采光或无窗户但有光照系统、绝热和强制通风的构筑物。也会使用那种有开放性侧墙（带有百叶窗帘的窗户）的构筑物，通过风扇和空气进气阀采用强制通风（负压原理）。肉鸡饲养在全部铺满垫料（通常是碎稻草，也可使用木屑或碎纸）的鸡舍内，每个生长期结束时清理一次粪便。通常肉鸡的饲养密度为18～24只/m^2，而整个笼舍能饲养20000～40000只鸡。预计关于动物福利的新立法会限制肉鸡饲养密度。

为减少笼舍中氨的排放，必须尽量避免垫料潮湿。为此设计了一种新的笼舍技术（VEA系统），该技术更加关注构筑物的防水保温、饮水系统（避免泄漏）及刨花和木屑的使用。但是排放量仍与传统系统相同。关于肉鸡笼舍饲养系统的BAT如下：

- 安装了防泄漏的饮水系统的全部垫料床自然通风鸡舍；
- 安装了防泄漏饮水系统的具有良好隔热效果采用风扇通风的全部垫料床（VEA-系统）鸡舍。

一些新开发的禽舍系统采用将空气吹过垫料层和排泄物进行强制干燥。氨排放量的降低是相当可观的（与传统笼舍系统相比减少了83%～94%），但成本比较高，表现为能耗增加并且会产生较多的灰尘。但是如果这些技术已投入使用，那么就认为是BAT。这些技术有：

- 带有强制空气干燥系统的多孔地板饲养系统；
- 带有强制空气干燥系统的层结构饲养系统；
- 带有可拆卸笼舍侧面和强制粪便干燥的层结构笼舍系统。

在肉鸡鸡舍中通常装有空气加热系统。这就是“联合地板系统”，即该系统可加热地板和地板上的物质（如垫料）。系统由热泵、管道构成的地下储存设施及地板下2～4m的隔热空心层（间隔为4cm）构成。系统使用两个水循环：一个用于笼舍，另一个用于地下储存池。两个系统都是闭环并通过热泵连接。在肉鸡笼舍中，在混凝土地板（10～12cm）下设中空隔热层。依靠中空管道中流动的水的温度加热或冷却地板和垫料层。

这种作为减少能源消耗技术提出的联合地板系统也是一种有条件BAT。取决于当地条件是否允许可以使用这种系统，例如土壤条件允许设置循环水地下储存系统。这种系统仅应用于荷兰和德国，其深度在2～4m，且尚不清楚的是这种系统在霜冻期较长、硬土和渗透性土壤或是气候温暖、土壤冷却能力不足的地区能否发挥出同样好的效果。

0.1.4.5 猪舍系统

关于猪舍提出一些总的建议，随后详细描述采用的猪舍技术和关于空怀及妊娠母猪、育肥猪/生猪、哺乳母猪及猪崽的BAT。

第4章中介绍了用于减少猪舍系统氨排放的猪舍设计形式，基本上遵循下列部分或所有原则：

- 减少从粪便表面的释放；
- 将粪便（浆）从坑中清理到外部的粪便储存地；
- 使用附加处理，如曝气，以获得冲洗液；
- 粪便表面冷却；
- 使用平滑的、易清理的表面（例如，漏缝地板和粪沟）。

漏缝地板的铺设可采用混凝土、角铁和塑料等。一般来说给定漏缝宽度，混凝土板条上的粪便落进坑中的时间比使用铁的和塑料的板条要长，而这会导致较高的氨排放量。值得注意的是在某些欧盟成员国中不允许使用铁制漏缝地板。

用粪浆液经常冲洗粪便可能会在每次冲洗时释放大量臭气。通常每天冲洗两次，早晚各一次。这些排放的臭气会对周围居民造成影响。此外，对粪浆液的处理也需要能耗。在定义关于不同猪舍设计的 BAT 中考虑了这些跨介质的影响。

由于对动物福利意识的不断提高，鉴于垫料（典型物为稻草）的优点，预计在猪舍内铺设垫料的技术将会在整个欧盟有所增加。垫料可与（自动控制）自然通风猪舍系统联合使用，猪舍中垫料的使用可避免动物遭受低温的侵袭，因此通风和加热能耗较少。在使用垫料的系统中，围栏内被分成粪便排泄区（无垫料）和垫料实体地面区域。据报道，猪有时不会正确地使用这些区域，即它们会在垫料区排泄亦/或者在漏缝地板或排便区躺卧。但是，围栏设计可影响猪的行为，尽管有报道称在气候温暖的地方，猪极有可能在错误的区域排泄或是躺卧。关于垫料系统的争议在于在全部铺满垫料的系统中，在炎热的天气猪没有凉爽的区域可以躺卧进行降温。

垫料使用的综合评价包括垫料供应和清除粪便所花费的附加费用、粪便储存污染物排放量以及粪便施用到土地中的结果。因使用垫料而产生的固体粪便会增加土壤中的有机质，因此，在某些环境下，这种粪便有利于改善土壤质量，这是良好的跨介质影响。

在第 4 章中，与特定的参照系统对比评价了猪采用的舍养技术减少氨的排放潜力、N_2O 和 CH_4 的排放、跨介质影响（能源和水的使用，气味、噪声和灰尘）、可应用性、可操作性、动物福利和成本；所有方面都与特定的参照系统进行比较。

0.1.4.6 空怀/怀孕母猪猪舍系统

目前，用于空怀/怀孕母猪的舍养系统有：

- 全漏缝地板，人工通风和地下深坑收集（注：这是参考系统）；
- 底部配置真空粪便清除系统的全漏缝或部分漏缝地板猪舍系统；
- 底部配置冲洗渠，并采用鲜粪浆或者曝气后粪浆进行冲洗的全漏缝或部分漏缝地板猪舍系统；
- 底部配置冲洗沟/冲洗管，并采用鲜粪浆或者曝气后粪浆进行冲洗的全漏缝或部分漏缝地板猪舍系统；
- 底部配置缩小的集粪池的部分漏缝地板；
- 配置粪便表面冷却片的部分漏缝地板；
- 配置粪便刮板的部分漏缝地板；
- 全部铺垫料的混凝土地板；
- 铺有稻草并配置电子喂养给料器的实体混凝土地板猪舍系统。

目前，空怀和怀孕期的母猪可以单独饲养或是群养。然而，欧盟关于猪的福利的法律规定（91/630/EEC）了对新建或重建的猪舍从 2003 年 1 月开始，对现有猪舍从 2013 年 1 月开始实行猪的最低保护标准，要求在预产期前 4 周到前 1 周的母猪和后备母猪集体圈养。

不同的群养猪舍系统需要不同的喂料系统（即电子母猪喂料器），围栏设计会对母猪的行为产生影响（即排泄和躺卧区的使用）。但是，从环境的角度来看，提交的数据似乎表明了如果采用相似的减排技术，那么集体圈养系统和单独饲养系统具有相似的排放水平。

在与上述相同的关于猪的福利的欧盟法律中（理事会指令 2001/88/EC 修订 91/630/EEC），包括了对地板表面的要求。对后备母猪和怀孕母猪必须有一定部分地板面是连续的实体地板，其中预留最大 15%的面积作为排水系统口。这些新的条款从 2003 年 1 月起适用于所有新建和改建的猪舍，从 2013 年 1 月起适用于所有的猪舍。与典型的现有全漏缝地板（参考系统）相比，这些新的地板措施对排放量的影响尚无研究。连续实体地板中，用于排水渠预留的最大 15%的空隙要少于新条款中混凝土漏缝地板中 20%的空隙（对于母猪和小猪来说，最大间隔为 20mm，板条最小宽度为 80mm）。因此，整体效果是减少空隙面积。

在对关于猪舍系统 BAT 的评估中，以配种期和怀孕期母猪的猪舍系统即底部配置深粪坑的全漏缝混凝土地板猪舍系统作为参照系统，所有待评估技术都与之比较。经常或不定期地清理粪便。采用人工通风去除粪浆储存池释放的气体。此系统在整个欧洲普遍使用。对于空怀/怀孕母猪猪舍系统，BAT 要求如下：采用底部配置真空粪便清理系统的全部或部分漏缝地板，或采用部分漏缝地板和缩小体积的粪坑。

通常认为采用混凝土板条时氨排放量比角铁或塑料板条要高。但是，对于上述 BAT 技术，目前尚无有关不同材质板条对排放量或成本影响的数据。

新建的全部或部分漏缝地板下设有冲洗渠或冲洗管道并采用非曝气粪液冲洗的猪舍系统都是有条件 BAT。若冲洗期间产生的集中臭气不会对居民产生影响，则这些技术对于新建系统来说是 BAT。若这种技术已经投入使用，那么它就是无条件 BAT。

配置粪便表面冷却片并采用带有热泵闭环系统的猪舍系统运行良好，但是其成本很高。因此对于新建猪舍来说粪便表面冷却片并不是 BAT，但如果已投入使用，那么它就是 BAT。若猪舍改建过程中该技术能够经济可行，那么也可以作为 BAT，但是要根据具体情况来决定。

部分漏缝地板下带有粪便刮板的系统一般运行良好，但是可操作性差。因此，粪便刮板对于新建的猪舍系统来说不是 BAT，但若已投入使用，它就是 BAT。

如前所述，对于全漏缝地板或部分漏缝地板下带有冲洗槽和冲洗管，采用没有曝气液体冲洗的系统，若已投入使用，则是 BAT。对于新建猪舍来说，同样的技术若采用曝气液体进行冲洗，则该技术不是 BAT 技术，因为会有集中气味散发、能源消耗及可操作性差。但是若这种技术已投入使用，则是 BAT。

分歧观点如下。

一个成员国支持 BAT 的结论，但他们认为这些技术在已投入使用时以及扩建时（新建构筑物）计划采用同样的系统（而不是两个不同系统）时，以下技术也是 BAT：采用曝气或非曝气液体冲洗的全部或部分漏缝地板下面渠道中有永久性粪便层系统。

成员国中常用的这些系统比之前确定的 BAT 或有条件的 BAT 系统具有较高的氨减排量。现在的分歧是采用任何一种 BAT 对现有系统翻新的高成本是不合理的。如果是通过新建的方式扩建时，对于已经采用 BAT 或有条件的 BAT 的养殖场，在同一个养殖场中采用两个不同的系统会增加操作人员的工作量。因此，成员国认为这些系统因为具有良好的减排潜力、可操作性和低成本而应是 BAT。

关于垫料床系统的应用，目前报道的减排潜能各有不同，并且必须进一步获取数据以便能够更好地判断哪些垫料系统是真正的 BAT。但是，TWG 的结论是当使用垫料系统，同时考虑是否采用足够的垫料、经常更换垫料、合理地设计围栏地板以及功能区分区时，则可认为是 BAT。

0.1.4.7 生长/育肥猪的育肥舍系统

目前用于生长期和育肥期的猪舍系统有：

- 人工通风的、底部配置粪便收集深坑的全部漏缝地板（注：这是参考系统）；
- 底部配置真空粪便清理系统的全部或部分漏缝地板；
- 全部或部分漏缝地板，底部带有采用新鲜粪浆或经过曝气的粪浆冲洗的沟渠；
- 全部或部分漏缝地板，底部带有采用新鲜粪浆或经过曝气的粪浆冲洗沟/管道；
- 漏缝地板，底部带有缩小体积的集粪池；
- 带有粪便表面冷却板的部分漏缝地板；
- 带有刮粪器的部分漏缝地板；
- 围栏前有中心凸起实体地面或是具有坡度实体地面的部分漏缝地板，带有斜板和倾斜集粪池；
- 带有缩小体积的储粪池的部分漏缝地板，包括倾斜实体墙和真空系统；
- 带有快速去除粪便和垫料的外部清粪通道的部分漏缝地板；
- 带有封闭箱体的部分漏缝地板；
- 具有与外部气候条件相同的全部垫料的实体混凝土地板；
- 带有清除粪污的外部通道及稻草循环系统的实体混凝土地板。

生长期/育肥猪一般采用群养的方式，也使用大多数母猪群养的圈舍系统。评价关于舍养系统 BAT 时，与用于圈养生长期/育肥猪的全部漏缝地板下面带有深的集粪池和机械通风的参考系统的技术进行比较。对于生长期/育肥猪的舍养系统的 BAT 如下：

- 带有经常清理的真空系统的全部漏缝地板，或
- 全部漏缝地板下带有缩小体积的集粪池，包括倾斜实体墙和真空系统，或
- 围栏前带有中心凸起实体地面或坡度的实体地面的部分漏缝地板，带有斜侧墙和具有坡度的集粪池的粪渠。

常认为混凝土板条比金属或塑料板条氨的排放量大，但是，报道的氨排放量的数据显示只有 6%的差别，可后者成本却高很多。金属板条不是在每个成员国都允许使用，也不适合体重非常重的猪。

新建的全部漏缝或部分漏缝地板下带有冲洗渠或管道，并用没有曝气的粪液冲洗的舍养系统是有条件的 BAT。由于冲洗造成集中气味溢出预计不会给邻居带来骚扰时，对于新建系统来说这些技术是 BAT。在这种技术已投入使用的情况下，它是 BAT（无条件的）。

使用带有热泵封闭系统的安装粪便表面冷却片的舍养系统运行状况良好，但是成本昂贵。因此，粪便表面冷却片对于新建笼舍系统来说不是BAT，但已经实地使用了的是BAT。在改造情况下这项技术在经济上可行的话则也可以是BAT，但这要逐例判定。需要注意的是在不使用由冷却系统提供热源的情况下，比如，因为没有育成的幼猪需要保温时，其能源效率低下。

部分漏缝地板下面带有刮粪板通常运行状况良好，但是，可操作性较差。因此，对新建笼舍来说，刮粪器不是BAT，但当该技术已应用时就是BAT。

全部或部分漏缝地面系统下面装有采用没有曝气粪液进行冲洗的冲洗渠或管道在之前已经涉及，对已经应用时是BAT。由于集中散发气味、能源消耗和可操作性方面的原因，相同的技术但对于采用曝气粪液冲洗的新建笼舍系统就不是BAT，但是，在技术已经使用的情况下它是BAT。

分歧观点：

一个成员国支持BAT的结论，但由于早先涉及的关于空怀/妊娠母猪的舍养系统的相同分歧争论和同样的原因，他们认为下列技术也是BAT：采用曝气或没有曝气粪液冲洗的全部或部分漏缝地板下带有永久粪便层渠道的猪舍。

关于垫料床系统目前报道的减排潜力的变化幅度很大，并且必须进一步获取数据以便能够更好地判定哪些垫料系统是真正的BAT。但是，TWG的结论是当使用垫料系统时，同时考虑是否采用足够的垫料、经常更换垫料、合理地设计围栏地板以及功能区分区措施时，则可认为是BAT。下列系统的例子说明技术可能是BAT：带有清除粪污的外部通道及稻草循环系统的实体混凝土地板。

0.1.4.8 母猪分娩舍系统

目前母猪产房使用的猪舍系统包括：

- 全部漏缝地面下面有深的收集粪坑（注：参考系统）；
- 全部漏缝地面下带有斜板的定位板条箱；
- 全部漏缝地面下水渠和粪渠结合的定位板条箱；
- 全部漏缝地面下面带有粪沟冲洗系统的定位板条箱；
- 全部漏缝地面下带有粪坑的定位板条箱；
- 全部漏缝地面下有粪便表面冷却片的定位板条箱；
- 部分漏缝地面的定位板条箱；
- 部分漏缝地面有刮粪器的定位板条箱。

在欧洲怀孕的母猪通常饲养在用金属和/或塑料板条制作的笼子中。在大多数笼舍中，母猪的活动受到了限制，小猪可在其四周自由走动。多数笼舍装有可控的通风系统并且对新生猪崽在最初几天内还有加热区域。在下面有深的集粪坑的系统是参考系统。

对于分娩母猪全部或部分漏缝地板之间的区别不明显，母猪活动范围受到限制。两种情况下在相同的漏缝地板区排便。因此，减量技术的重点主要放在粪坑的改造上。

BAT是全部漏缝的金属或塑料地面板条箱并带有：

- 结合的水渠和粪渠，或

- 带有粪便槽的冲洗系统，或
- 下面有集粪池。

使用带有热泵封闭系统和粪便表面冷却片的猪舍系统运行状况良好，但是成本昂贵。因此，粪便表面冷却片对于新建笼舍系统来说不是BAT，但在已经使用的情况下是BAT。在改造情况下这项技术在经济上可行的话则也可以是BAT，但这要逐例判定。

部分漏缝地板下面装有刮粪器的分娩舍通常运行良好，但是可操作性差。因此，对于新建母猪分娩舍来说，刮粪器不是BAT，但是技术已投入使用的是BAT。

对于新装置而言下列技术不是BAT：

- 部分漏缝地面下带有缩小体积的收集粪坑的板条箱；
- 箱体为全部漏缝地面下带有斜板。

但是，只要这些技术已经被使用就是BAT。值得注意的是如果不采取控制措施，后一个系统很容易滋生蚊蝇。

必须进一步获取数据以便能够更好地判断什么样的垫料系统是真正的BAT。但是，TWG的结论是当使用垫料系统时，同时考虑是否采用足够的垫料、经常更换垫料、合理地设计围栏地板以及功能区分区措施时，则可认为是BAT。

0.1.4.9 仔猪保育舍/育成舍系统

目前仔猪使用的舍养系统有：

- 全部漏缝地板下有深集粪坑的围栏或圈舍（参考系统）；
- 全部或部分漏缝地板下面带有经常清理粪便的真空系统的围栏或圈舍；
- 全部漏缝地板和带有坡度的可分离粪和尿液的混凝土地板的围栏或圈舍；
- 全部漏缝地板下带有刮板的集粪池的围栏或圈舍；
- 全部或部分漏缝地板下带有采用新鲜粪便或经过曝气的粪便冲洗的粪沟/管的围栏或圈舍；
- 部分漏缝地板的围栏，双重气候系统；
- 部分漏缝地板的围栏有中心凸起实体地面或是具有斜度实体地面；
- 部分漏缝地板的围栏下面带有浅的集粪坑和排污水的渠道；
- 采用铁质三角形板条的部分漏缝地板围栏和排粪沟渠；
- 带有刮粪器的部分漏缝地板的围栏；
- 采用铁制三角形板条的部分漏缝地板围栏和带有坡度侧壁的排粪渠；
- 部分漏缝地板的围栏带有粪便表面冷却板；
- 采用铁制三角形板条的部分漏缝地板；
- 自然通风的铺稻草实体混凝土地板。

育成仔猪集体饲养在围栏或平顶圈舍内。原则上，平顶圈舍与围栏的粪便清除设计是一样的。参照系统是一个采用塑料或金属板条带有深的储粪池的全漏缝地板和深粪坑的围栏或平顶房。

据推测，原则上能用于传统育成猪仔围栏的减排措施也能用于平板圈舍，但并没有实际改变的相关经验的报道。

围栏的BAT技术：

- 或带有用于经常清理泥浆的真空系统的全部漏缝或部分漏缝地面的平板圈舍，或
- 全漏缝地面的平板房，下面有用于分离粪便和尿液的混凝土斜面，或
- 部分漏缝地面（双重气候系统），或
- 部分钢或塑料板条的地面及斜的或凸出的实体地面，或
- 金属或是塑料板条的部分漏缝地板及浅粪坑、用于溢流饮水用的水渠；
- 三角铁板条的部分漏缝地板及有斜墙的粪渠。

新建的带有全漏缝地板及下方装有冲洗槽或管（用非曝气粪液冲洗）的笼舍系统是传统的BAT。在由于冲洗引起的气味散发高峰期，不会给邻居带来影响，这些技术对于新建系统来说就是BAT。在这个技术已投入使用的情况下，它就是无条件的BAT。

装有使用热泵封闭系统和粪便表面冷却片的笼舍系统运行状况良好，但此系统成本较高。因此，对于新建的笼舍系统来说，粪便表面冷却片不是BAT，但当它已投入使用时，它就是BAT。在改造时，这种技术在经济上是可行的，因此也能称作是BAT，但这要根据具体情况而定。

装有刮粪器的全漏缝和部分漏缝地面系统一般运行良好，但可操作性差。因此，刮粪器对于新建的舍养系统来说不是BAT，但这种技术在已投入使用时是BAT。

育成仔猪也可饲养在部分或全部垫料的实体混凝土地板圈舍。这些系统没有关于氨排放数据的报告。但是，TWG的结论是当采用垫料系统并且管理良好的话，如有足够的垫料、经常更换垫料、合理地设计围栏地面，都可以作为BAT。

铺垫料的地板的自然通风围栏系统说明了什么是BAT的一个实例。

0.1.4.10 猪和家禽的饮水

在集中饲养猪和禽类时，水用于清理圈舍和动物饮用。减少动物饮水消耗是不实际的。饮水量会根据食谱变化，尽管一些生产策略中包括限制水量使用的措施，但使牲畜不受限制地获得饮水通常被认为是一种义务。

原则上，应用了以下动物饮水系统：对于禽类来说，低容量乳头饮水器或带滴杯的高容量饮水器，水槽和用于家禽的圆盘饮水器；对于猪有水槽或水杯中乳头饮水器，水槽和鸭嘴式饮水器。这些技术有利也有弊，但是，没有足够的可用数据支持其是BAT的结论。

水被用于以下活动，通过下列手段可减少水的使用量就是BAT：

- 清理动物笼舍并在每个生产环节或每个饲养周期安装了高压清洗器。对于猪舍而言，典型的有流下的冲洗水进入粪污系统，因此找到清洁度和使用尽可能少的水之间的平衡很重要。在鸡舍中，找到清洁度与使用尽可能少的水平衡也同样重要。
- 使用正规的标准的饮水设施以避免溢出。
- 通过计量消耗水量的使用。
- 检测并维修泄露。

0.1.4.11 猪和家禽饲养的能量消耗

猪和家禽的集约化养殖中，关于能量使用集中在笼舍系统的加热和通风上。

对于猪和家禽，其 BAT 是通过使用从畜禽笼舍设计开始的最佳农业实践及适当的猪舍和设备的操作和维护以减少能量的使用。

有许多行为可被认为是日常常规工作的一部分以减少加热和通风要求的能量总量。文件主题中涉及了许多这样的要点。以下涉及了一些特殊的 BAT 措施。

对于鸡舍，通过下列手段，BAT 能减少能量的消耗：

- 区域中周围温度较低的绝缘构筑物［传热系数 0.4W/(m^2·℃) 或更低］；
- 优化每个笼舍的通风系统的设计，以便能够更好地控制温度以及在冬天实现最小的通风率；
- 通过频繁的检查和清理灰尘及风扇，避免通风系统产生阻力；
- 应用节能照明系统。

对于猪舍，使用下列措施，BAT 将减少能量的使用：

- 在可能的地方使用自然通风；这需要合理的设计建筑物和围栏（即围栏中的微气候）以及根据主导风向分配空间以增强空气流通；这仅适用于新笼舍；
- 对于机械通风猪舍，在每个笼舍中，优化通风系统的设计，以便能较好地控制温度，实现在冬天时最小通风率；
- 对于机械通风猪舍，经常地检查和清理灰尘及风扇，避免通风系统产生阻力；
- 应用节能照明设施。

0.1.4.12 猪和家禽的粪便储存

硝酸盐指令设定了关于一般情况下粪便储存的最低规定，目的在于保护一般水平下所有水域免受污染，并且还设定了指定硝酸盐脆弱区关于粪便储存的附加条款。由于缺乏数据，文件中没有列出这项指令的所有条款，但是这里强调了 TWG 认为在指定的硝酸盐脆弱区的内部或外部，关于粪便储存池、固体粪便堆积或污泥储存塘的 BAT 是同样有效。

BAT 设计了足够容积的猪和家禽粪便的存储设施，直到能够实施进一步处理或还田利用。所要求的容积有赖于气候条件和不能还田利用的储存时间。例如，对于猪粪可能根据产生地点，对地中海气候需要超过 4～5 个月，大西洋或大陆性气候条件需要 7～8 个月，在北半球地区需要 9～12 个月，容积会有所变化。对于禽类的粪便，要求的容积也有赖于气候和不能还田土地利用的时间长短。

对于总在同一个地方，储存罐或田地堆积的猪粪，BAT 为：

- 混凝土地面，带有径流收集系统和收集池；
- 使任何新建的粪便储存区对可能会对气味敏感的接受者产生影响最小的粪便存储区，考虑与接受者的距离及主导风向。

若家禽粪便需要存储，BAT 规定将在铺设防渗地面的牲口棚内存储干燥后的粪便，且牲口棚内安装有充足的通风设施。

对于猪或家禽粪便在田地中临时堆放，BAT 规定将粪便堆放在远离敏感接受者，如临近的居民，和径流可能进入的河道（包括田地排水沟）。

关于在混凝土和铁制的粪池中存储猪粪便，BAT 包括所有如下方面：

- 能够承受机械的、热的及化学影响的稳定的池子；

- 池子的基础和池壁可防渗透且能防腐蚀；
- 池子定期放空便于检查和维护，最好每年一次；
- 存储池的任何安装阀的出口都采用双阀控制；
- 粪便仅在放空池子，例如土地利用前，才加以搅拌。

BAT 采用如下措施密封粪浆池：

- 使用硬盖子、顶棚结构；
- 浮盖，如切碎的稻草、天然的果壳、帆布、金属薄片、泥煤、轻质膨胀黏土骨料（LECA）或发泡聚苯乙烯（EPS）。

各种类型的覆盖方式都得到了应用，但其在技术上和可操作性上具有局限性。这意味着优先选择什么类型的覆盖方式只能根据具体情况而定。

用于存储粪便的储存塘，只要它有防渗基础和堤坝（足够的泥土量或采用塑料材料衬底）并与泄露检查和覆盖条款联合使用，它与粪浆池具有相同的性能。

要给储存粪浆的储存塘加盖，BAT 采用如下措施之一：

- 塑料覆盖；
- 或浮动覆盖，如切碎的稻草，LECA 或天然果壳。

已经应用了各种类型的覆盖，但其在技术上和可操作性上具有局限性。这意味着优先选择什么类型的覆盖方式只能根据具体情况而定。在某些情况下，加盖的成本较高，或者将其安装到已有池塘上在技术上甚至是不可行的。大容积池塘或不规则形状的池塘上加盖所需的成本较高。例如，当堤坝外形不适合加盖时在技术上加盖几乎是不可行的。

0.1.4.13 猪和家禽粪便的养殖场内就地处理

优先进行粪便处理而不是土地利用的原因如下：

① 回收粪便中的剩余的能量（沼气）；

② 减少储存和/或土壤散播过程中的气味扩散；

③ 减少粪便中氮的含量，防止土壤散播可能产生的地下和地表水体的污染并减少气味；

④ 考虑到能方便、安全地将粪便运送到距离较远的地区或应用到其他工艺过程。

有许多可以采用的粪便处理系统，尽管欧盟的大多数养殖场能够在不依赖下面列出的技术的情况下管理粪便。除了在养殖场内处理外，猪和家禽粪便也能够（进一步）在场外的工业化设备中处理，如，家禽废弃物燃烧、堆肥或干燥。厂区外处理评估不在 BREF 范围内。

养殖场内处理猪和家禽粪便所应用的技术有：

- 机械分离；
- 液体粪便的曝气；
- 猪粪的生物处理；
- 固体粪便堆肥；
- 家禽粪便与松树皮一起堆肥；
- 粪便的厌氧处理；
- 厌氧氧化塘；
- 猪粪浆的脱水、干燥；

• 肉鸡粪便的焚烧；

• 使用粪便添加剂。

一般来说，只有在一定条件下养殖场内粪便就地处理技术才是 BAT 技术（即有条件的 BAT 技术）。养殖场内粪便处理的条件与诸如可利用的土地、当地土地营养过剩或短缺、技术支持、绿色能源的市场可能性及地方性法规有关。

表 0.2 给出一些关于猪粪处理有条件的 BAT 技术的例子。这份清单并不详尽，而且在一定条件下其他技术也可能是有条件的 BAT 技术；在一些其他条件下，所选择的技术也可能不是 BAT 技术。

表 0.2　关于养殖场实地处理猪粪的传统 BAT 实例

在下列条件下	什么是 BAT 的实例
• 养殖场位于富营养区但养殖场附近有足够的土地去施洒液体部分(降低营养浓度)，及 • 固体部分可被散播到有营养需求的较远的地区或应用在其他过程中	使用封闭系统机械分离猪粪固体和浆液(即离心分离或螺旋挤压)以最大程度地减少氨排放量(4.9.1 部分)
• 养殖场位于富营养区域但养殖场附近有充足的土地去施撒已处理过的液体部分，及 • 固体部分被散播到有营养需求的较远的地区，及 • 农民得到技术支持运行好氧处理设施	使用封闭系统机械分离猪粪固体和浆液(即离心分离或螺旋挤压)以最大程度地减少氨排放量，液体部分采用好氧处理(4.9.3 部分)，并且好氧处理得到较好的控制，使得氨和 N_2O 产生量最低
• 绿色能源具有市场需求，且 • 当地法规允许与(其他)有机废弃物的共发酵及消化产物的土壤施肥	使用沼气设施进行粪便的厌氧处理(4.9.6 部分)

一个家禽粪便处理的有条件的 BAT 实例如下：

当蛋鸡的笼舍系统没有配备鸡粪干燥系统或其他降低氨排放量的技术时，采用有多孔鸡粪传送带的外置隧道式干燥机。

0.1.4.14　猪和家禽粪便的土地施用

0.1.4.14.1　概述

欧盟的硝酸盐指令规定粪便应用到土壤中的最低限值，旨在提供对所有水域避免含氮化合物污染的保护，还对在特定脆弱区域土壤中施用粪便做了附加规定。由于缺乏数据本书中并没有列出指令中的所有条款，但一旦列出时，TWG 则认为无论是在指定土壤脆弱区域以内还是在区域外，关于土壤施用的 BAT 的效力是等效的。

处理过程有不同的阶段，从粪便的前期产生到后期的处理及最终施用到土壤的整个过程中，排放量是可以削减和/或控制的。下面列出的是 BAT 并且能应用在处理过程中不同阶段的不同技术。但是，BAT 的原则是基于采取以下 4 个措施：

• 应用营养措施；

• 将即将播撒到土壤中的粪便与可利用土地及作物需求做平衡，利用后还要与其他肥料做平衡；

• 粪便土壤施用的管理；

• 仅使用将粪便施用到土壤中的 BAT 技术以及（如果可以）将粪便全部采用这种方式处理。

通过平衡粪便与可预计的农作物营养物质需求的量（氮和磷，以及农作物从土壤和肥料中获取的营养元素），BAT 可将粪便释放到土壤和地下水中的污染物的量减少到最低。有不同的方法可用来平衡土壤和植物总养分的摄入与吸收粪便中总养分的输出，如土壤养分的平衡，或对土地可承载的畜禽数量进行评级等。

BAT 会在应用粪便时考虑土壤的相关性质，尤其是土壤条件、土壤类型和坡度、气候条件、降雨和灌溉、土地使用和农业实践，包括作物轮作制度。特别是通过下列措施，BAT 可减少水的污染。

当遇到以下情况时，不能使用粪便：

- 水饱和；
- 洪水淹没；
- 冰冻；
- 被雪覆盖；
- 不将粪便用于陡峭的坡地；
- 不将粪便用于任何河流附近（留下未处理的土地）；
- 在农作物生长最快及开始大量摄取养分之前播撒粪便。

当邻近居民可能会受到粪便散发气味影响时，BAT 通过下列措施来管理粪便的土壤施用，以降低臭气的影响：

- 尽可能在居民外出时施用，避免在周末和公众假期施用；
- 注意风向与邻近的住宅区之间的关系。

粪便经过处理可以减少气味的散发，从而可以增加粪便施用的合适地点和天气条件的灵活性。

0.1.4.14.2 猪粪

通过选择正确的设备可以减少由土壤施用引起的（向空气中）氨的排放量。参考技术是传统播撒器，没有随后快速混合。一般来说能够削减氨排放量的土壤喷洒技术也能减少臭气的排放。

每种技术都有其局限性且并不是每种技术都可适用于所有情况和/或所有类型的土壤。粪浆注入技术具有较高的削减量，但是将粪浆喷洒在土壤上然后立刻混合的技术能实现相同的削减量。但是，这要求额外的劳动力和能耗（成本），并且仅应用于那些容易耕作的耕地。表 0.3 显示了 BAT 的结论，所达到的水平是在特定的条件下获得的，因此只能对减排潜力起标示性作用。

TWG 的大多数人员认为，将粪浆用于耕地上，不管是注入还是 4h 内的条播和混合（如果土地容易进行耕作的话）都是 BAT 技术，但是对于这一观点还具有分歧。对于将粪浆应用于土壤中，TWG 也认为传统的喷洒器不是 BAT。但是，四个成员国建议喷洒的操作在低压下采用低播洒轨迹（形成大的液滴；因此避免雾化和风吹），粪浆尽快与土壤混合一起（至少在 6h 内），或用于正在耕作的农作物，这些组合都是 BAT。TWG 并没有对后者达成共识。

对于固体猪粪的播撒没有提出减排技术。但是，对于削减固体粪便土壤播撒过程中产生的氨排放量，重要的影响因素是混合而非播撒的技术。对于草场来说混合是不可能实现的。

分歧观点：

两个成员国不赞成将猪粪浆播撒在耕地上后进行混合是BAT的观点。在他们看来猪粪浆带状播洒到耕地上就已经实现了30%～40%的减排量，这应该是BAT。他们反对的理由是带状播洒已经实现了一个较为合理的减排量，并且额外的混合处理要求是很难开展的，实现的额外减排不能弥补其增加的成本。另外一个关于混合的分歧观点是关于固体猪粪的。两个成员国不赞成固体猪粪应尽快（至少在12h内）混合是BAT的观点。在他们看来，在24h内混合，已经能够减排大约50%就是BAT。他们反对的理由是能实现的额外的氨减排量不能弥补其增加的成本，并且在较短时间内开展混合的后续工作十分困难。

表0.3 关于猪粪土壤播撒设备的BAT技术

土地利用	BAT	减排量	粪便类型	适用性
草场及长有30cm以下农作物的土地	尾随软管（条播）	30% 如果在高度>10cm的草场使用时要低一些	粪浆	坡度(罐车<15%;履带系统<25%);不针对黏性或较高稻草含量的粪便,田地的尺寸和形状很重要
以草场为主	尾随软管（条播）	40%	粪浆	坡度(罐车<20%;履带系统<30%);不适用黏性粪便,田地尺寸和形状,草的高度要低于8cm
草场	浅层注入（敞沟）	60%	粪浆	坡度<12%,对土壤类型和土壤条件限制较大,不适用黏性粪浆
以草场、耕地为主	深层注入(封闭沟)	80%	粪浆	斜率<12%,对土壤类型和条件限制较大,不黏性泥浆
耕地	在4h内混合的条播	80%	粪浆	混合仅用于容易耕作的土地,在其他情况下,BAT是不混合的条播
	在12h内尽快混合	4h内:80% 12h内:60%～70%	固体猪粪	仅用于易耕作的土地

0.1.4.14.3 家禽粪便

家禽粪便中可利用氮含量很高，因此均匀的播撒和精确的施用率是很重要的。这方面旋转施肥机较差，后部排料式施肥机及两用施肥机要好得多。对笼舍中产生的湿的家禽粪便（<20%干物质）来说，如在4.5.1.4部分中所述，用低轨道在低压下播撒是唯一适用的播撒技术。但是，没有提出关于哪种播撒技术是BAT的结论。对于减少播撒家禽粪便过程中产生的氨排放，关键的因素是混合而不是如何播撒的技术。对于草场而言，混合是不可能实现的。

关于土壤播撒湿的或干的固体家禽粪便的BAT是要求在12h内混合。混合仅能用于易耕作的耕地。可实现的减排量为90%，这是在特定的条件下获得的，因此只能对减排潜力起标示性作用。

分歧观点如下。

两个成员国不赞成固体家禽粪便在12h内混合是BAT的观点。他们认为24h内混合氨的减排量大约在60%～70%是BAT。他们反对的理由是能实现的额外的氨减排量不能弥补其增加的成本，并且在较短时间内开展混合的后续工作十分困难。

0.1.5 结束语

本书的一个特色是与第4章中介绍的技术相关的氨的减排潜力是与参考技术有关的相对减少量（按百分比）。这样做是因为畜禽的消耗和排放水平与许多因素有关，如动物品种、饲料配方的变化、生产阶段及采用的管理系统，而且还与其他因素如气候和土壤性质有关。结果是采用的技术氨的绝对排放量，如笼舍系统、粪便存储、粪便土壤利用等，在一个较宽的范围内，说明绝对水平较为困难。因此，建议采用氨的削减百分比表示其削减量。

0.1.5.1 一致性水平

尽管在五个BAT技术的结论上有分歧意见，但BREF得到多数TWG成员的支持。前两个分歧观点关注了空怀/妊娠母猪及生长/育肥猪所使用的笼舍系统。第三个分歧观点是关于使用带状播撒器并配合混合方式进行猪粪浆土壤施用的。第四和第五个分歧观点关注于猪和家禽的固体粪便土壤播撒和混合所耗费的时间。执行摘要中对这五个分歧观点进行了充分的描述和介绍。

0.1.5.2 今后工作的建议

为了下一步BREF的修订，所有TWG成员和有关各方应继续以容易进行比较的方式，收集关于当前的排放和消耗水平以及确定BAT时要考虑的技术性能的数据。由于可用的监测数据很少，这在BREF未来修订中是一个关键问题。下列一些领域的数据和信息也缺少关注：

- 蛋鸡富集笼舍系统；
- 火鸡、鸭、珍珠鸡；
- 猪舍中垫料的使用；
- 猪和家禽多阶段饲养的相关费用和饲养设备；
- 粪便养殖场内处理技术，这需要进一步的定性和定量以便能在BAT考虑中进行更好的评估；
- 在粪便中使用添加剂；
- 噪声、能量、废水及废弃物；
- 粪便中的干物质含量及灌溉的问题；
- 当粪便土壤施用时需量化施用地与河道之间的距离；
- 当粪便土壤施用时需量化坡地的坡度；
- 可持续排水技术。

文件中考虑了动物的福利，但是有必要开发关于牲畜笼舍系统福利方面的评估标准。

0.1.5.3 未来研发项目的建议

BREF报告6.5节展示了一份30个项目的清单，而这些项目可以考虑作为下一步研发项目的备选主题。

通过 RTD 规划，欧盟发起并支持涉及清洁技术、新兴污水处理和回用技术及管理战略的一系列项目。这些项目可能对未来 BREF 修订能够提供有益的贡献。因此，与本书范围相关的任何研究成果均可以告之 EIPPCB（参见本书的序言）。

0.2 引 言

0.2.1 本书的定位

若无特别说明，本书中所涉及的“指令”是指关于综合污染预防和控制的欧盟理事会 96/61/EC 指令。指令并不违背欧共体关于工作场所健康和安全的规定，本书同样如此。

本书是系列文件中的一部分，是欧盟成员国和企业之间提出的有关最佳可行技术（BAT）、相关监测及其进展进行信息交流的成果。它由欧洲委员会根据指令中 16（2）条款发布，因此在“确定最佳可行技术”时必须依照指令附件Ⅳ考虑本文件。

0.2.2 IPPC 指令相关的法律义务和 BAT 定义

为了帮助读者理解本书中涉及的法律内容，IPPC 指令中的一些密切相关的条款，包括“最佳可行技术”词条的定义，会在前言中加以描述。该叙述仅用于提供相关信息，难免不完备。它不具有法律效力并且不会以任何方式改变或违背指令中的实际条款。

指令的目的是对附件Ⅰ中所列活动引起的污染实施综合预防与控制，总体上实现较高水平的环境保护。指令的法律基础与环境保护相关，指令的实施也应考虑欧共体的其他目标，如欧共体工业的竞争力，从而有助于可持续发展。

更明确地说，对需要经营者和管理者从整体上综合、宏观看待其潜在污染及消耗的工业设施，指令提供了一项许可制度。这种综合方法的总体目标必将改进工业过程的管理和控制，以便确保整体上、较高水平的环境保护。此措施的核心是条款 3 中给出的一般原则，即运营商应采取一切恰当的污染防治措施，特别是通过采用最佳可行技术，能够改善其环保绩效。

指令中条款 2（11）定义了术语“最佳可行技术”的概念，即“开发活动和运行方法中最有效、最高级的阶段，表明某一特定技术的实际适应性，可在原则上为排放限值提供依据，以便预防（如果无法完全防止）并降低对总体环境的排放和影响”。条款 2（11）进一步将该定义阐明如下：

“技术”包括所用技术和对装置的设计、建造、维护、运营和退役过程中的方法。

“可行性”技术是指那些在经济和技术可行条件下，对相关工业部门能够实施的规模进行开发，只要该技术对经营者来说可以通过适当的途径获得，不论该技术是否是在欧盟成员国内应用或生产。

“最佳”是指最有效地实现整体的、高水平的环境保护。

此外，欧盟指令附件Ⅳ包括含如下列表：“一般或特定情况下，决定最佳可行技术时需要考虑的因素……同时牢记一项措施可能的成本和效益及预防原则”。这些考虑因素包括委员会按照条款 16（2）公布的资料。

许可授权部门在确定许可条件时必须要考虑条款 3 中阐述的一般原则。这些条件必须包括排放限值，适当时用等效参数或技术措施补充或替代。根据指令条款 9（4），这些排放限值、等效参数和技术措施必须在满足环境质量标准的情况下，以最佳可行技术为基础，不规定使用何种工艺或特定技术，但要考虑相关设施的技术特性、地理位置及当地环境条件。在任何情况下，许可条件都必须包括关于“最大限度地减小远距离或跨国界污染”的规定，并必须确保对整体环境高水平的保护。

根据指令条款 11 中规定，成员国有责任确保主管部门遵循并了解最佳可行技术的进展情况。

0.2.3 文件的目的

欧盟指令中条款 16（2）要求委员会组织“成员国和相关行业之间就最佳可行技术、相关监测及其进展进行信息交流”，并公开交流结果。

指令第 25 款提出了信息交流的目的，指出“有关在欧共体层面上进行最佳可行技术的信息交流和发展，将有助于纠正欧共体内技术上的不平衡，促进排放限值和欧共体所用技术在世界范围内广泛的传播，并有助于成员国有效地实施欧盟指令”。

欧共体（环境总司）建立了信息交流论坛（IEF）以促进开展条款 16（2）规定的工作，而且在 IEF 的指导下已经成立了一系列技术工作组。根据条款 16（2）中要求，IEF 和技术工作组由来自成员国和行业的代表组成。

这一系列文件旨在确切地反映条款 16（2）中要求的所开展的信息交流，并向许可授权部门提供决定许可条件时需要的参考信息。这些文件由于提供了关于最佳可行技术方面的相关信息，应作为推动环保工作的宝贵工具。

0.2.4 信息来源

本书代表了多方信息的总结，尤其是来自协助委员会工作的专家组的意见（已经委员会部门核实）。衷心感谢所有的支持。

0.2.5 怎样理解并使用本文件

本文件中提供的信息旨在用于具体情况下 BAT 的确定。当确定 BAT 并设置 BAT 的许可条件时，应始终考虑“实现整体较高水平的环境保护”这一总目标。

本书各部分提供的信息类型叙述如下。

第1章提供了基于欧盟水平的相关农业部门的基础信息。其中包括经济数据、鸡蛋的消费量及生产水平，也有家禽和猪的相关立法要求。

第2章中，描述了欧洲普遍使用的生产系统和技术。本章为第4章中为评定减排技术的环境绩效确定参考系统奠定了基础。其不仅仅只是为了描述参考技术，也不能涵盖所有能在实践中的改进技术。

第3章提供了当前的排放量和消费水平的数据和信息，反映了本书编写时已有设施的情况。尝试提出考虑到消耗消费和排放水平变化的因素。

第4章介绍了认为与确定BAT及基于BAT许可条件最相关的技术。该信息包括通过使用一些技术能够达到的消耗和排放水平，应用该技术的成本和跨介质影响，以及技术在多大程度上适用于需获IPPC许可的装置的细节，如技术是否适用于新建的、现有的、大型的或小型的装置。不包括那些通常认为已经淘汰的技术。

第5章介绍了符合BAT的技术、消耗、污染物排放水平的一般概念。因此，其目的是提供关于消耗和排放水平的指标，这些指标作为相应的参考值，用以协助确定基于BAT的许可条件或用依据条款9（8）建立一般约束规则。但是需要强调的是，本书没有提出排放限值。许可条件的确定将考虑当地、特定场地的因素，如相关设施的技术性能，其地理位置及当地环境条件。对现有设施，也需要考虑其升级的经济和技术可行性。即使仅仅是为了确保整体环境的高水平保护，通常也需要在不同类型的环境影响之间做出权衡判断，这些判断会经常受到当地因素的影响。

尽管我们已努力将一些问题解释清楚，但本书无法对所有的问题全面考虑。因此，第5章中提出的技术和水平不一定适合所有的设施。另一方面，为了确保高效地保护环境（包括尽可能减少远距离及跨国界污染），意味着许可条件不能单纯地根据当地因素制订。因此，许可授权部门充分考虑本书中包含的信息是至关重要的。

由于最佳可行技术随时间改变，本书将适时被重新审查并酌情更新。如有任何意见和建议，请发送至欧盟前瞻技术研究所IPPC局，地址如下：

Edificio Expo；C/Inca Garcilaso s/n；E-41092 Seville，Spain（西班牙塞维利亚）

电话：+34 95 4488 284

传真：+34 95 4488 426

e-mail：eippcb@jrc. es

网址：http://eippcb. jrc. es

0.3　适用范围

本书阐述了以IPPC指令96/61/EC中附件Ⅰ6.6节规定的集约化畜禽养殖的内容为基础，也就是集约化家禽或猪的养殖设施规模要大于：（a）40000只家禽养殖场；（b）2000头生猪（超过30kg）的养殖场，或（c）750头母猪养殖场。

该指令没有对术语“家禽”进行定义。从技术工作组（TWG）的讨论中得出的结论是本书中家禽的范围是指蛋鸡、肉鸡、火鸡、鸭和珍珠鸡。由于缺乏关于火鸡、鸭和珍珠鸡的信息，只对其做了简要介绍。

并没有对家禽的养殖进行明显的划分，这是因为考虑到蛋鸡和肉鸡养殖场是单一的行为而不是整合的行为。

指令明确区分了饲养生猪和种猪的养殖场。实际上，封闭循环的农场既饲养母猪也饲养生猪。两个部分典型的规模都要低于附录Ⅰ的限制，但是对于附录Ⅰ中认证的农场，两部分的环境影响相当。TWG 认为育种场、育肥场和封闭循环农场在认证减排技术和评估 BAT 时都包含在 BREF 的工作范围之中。

生猪养殖包括育成仔猪，也就是育肥阶段开始之前的体重介于 25～35kg 之间的仔猪的饲养。母猪的饲养包括空怀母猪、妊娠和哺乳母猪（包括猪崽）及后备母猪的饲养。

与欧盟指令 96/61 中 2.3 条款一致，农场被认为是由 1 个或多个固定的与活动直接相关的技术单元所构成的设施。对于本书的工作范围，TWG 包含一些在 IPPC 范围内的相关的但并不总是在农场设施上应用的技术。例如，详细介绍了猪粪的土地施用技术，但这种技术通常并不是农场主执行，也不是在产生猪粪的农场的土地上施用。细致考虑猪粪土壤施用的原因在于防止农场主在一开始获得的减排效益被后续的较差的土壤施用管理或技术破坏。或者换句话说，农场由粪便和畜禽所产生的环境影响的污染物排放的降低，不仅仅是与房舍技术和粪便的存储有关，还包含整个生产链的每个细节，如饲养策略和最终的土地施用，所有这些内容都在本书的内容范围之内。

不包含在本书范围内的内容有：粪便集中、废物处理设施和可选择的饲养系统，比如采用旋转系统的自由放牧猪场。

下面列出了一些相关的农场活动，虽然并不是每个农场都会涉及：

- 养殖场管理（包括设备维护和清理）；
- 饲养策略（和日粮准备）；
- 畜禽的喂养；
- 收集和存储粪便；
- 场内就地处理粪便；
- 粪便土壤施用；
- 废水处理。

与环境问题相关的行为包括：

- 能量和水的消耗；
- 氨气或粉尘排放到空气中；
- 污染物排放到地表水；
- 除粪便和尸体之外的污染物释放。

动物福利、微生物的释放和动物的抗药性等因素对于环境技术的评估是很重要的，在信息可以获得的情况下就会包含在评估过程中。一些人们关注的问题，如人体健康和动物产品等没有包含在 BREF 中。

1

基础资料

本章介绍了欧洲生猪和家禽饲养的基本信息，简要描述了欧洲在世界市场中的定位，以及欧盟内部市场和成员国的发展状况，列举了与畜禽集约化养殖业有关的主要环境问题。

1.1 集约化畜禽养殖

一直以来，农业是由家族企业所主导的行业。20 世纪 60 年代到 70 年代早期，家禽和生猪的生产仅是综合农业活动的一部分，农场既种植庄稼也饲养不同种类的牲畜。饲料由农场自产或在当地购买，畜禽的粪便往往作为肥料返还到土壤中。时至今日，欧盟仍有少量此类农场存在。

此后，市场需求的增加、基因材料和农业设施的发展以及低价饲料的使用推动了农业的专业化进程。畜禽数量和农场规模大幅增加，集约化养殖初步形成。因为当地生产饲料的数量和品种有限，所用饲料还通常从欧盟以外的地方进口。因此，集约化养殖导致了营养物质的大量输入，而这些营养物质不会通过粪便施用回用到生产谷物饲料的同一片土壤，粪便往往只能被就地利用。但在许多集约化养殖区并没有足够的可利用土地。此外，由于畜禽过量摄取营养物质以保证最佳生长水平，部分过量的营养物质通过代谢过程被排泄出来，从而更增加了粪便中的营养物质含量。

集约化养殖业需要较高的畜禽密度。畜禽密度本身可简要估计畜禽粪便的产生量。高密度通常表示营养物的供应超过了农业区域用于谷物生长或维持草场的营养需求。因此，一个地区畜禽产量被认为是该区域潜在环境问题（例如氮的污染）的一个很好的指标。

在关于氮污染管理的报告中［77，LEI，1999］，“养殖单位”（一个养殖单位＝500kg动物质量）用于表示所有种类的畜禽总量，畜禽总量常根据饲料需求来计算。欧洲的“集约化畜禽养殖”的养殖单位以农业区域每公顷畜禽规模量所表示的（LU/hm²）畜禽密度来表示。

图1.1显示了欧盟地区牲畜密度（以LU/hm²计）的区域水平。在荷兰的多数地区、德国的部分地区（下萨克森、北莱茵-维斯伐利亚）、法国的布列塔尼、意大利的伦巴第大区及西班牙的某些地区（加利西亚、加泰罗尼亚），牲畜的密度超过了2LU/hm²。2LU/hm²意味来自畜禽粪便中氮的量接近欧盟氮指令中通过粪便可以使用氮的数量。图中数据还表明集约化畜禽养殖的环境影响对绝大多数成员国来说只是一个地区性问题，但对于少数国家，如荷兰和比利时而言，几乎可被视为是一个国家性的问题。

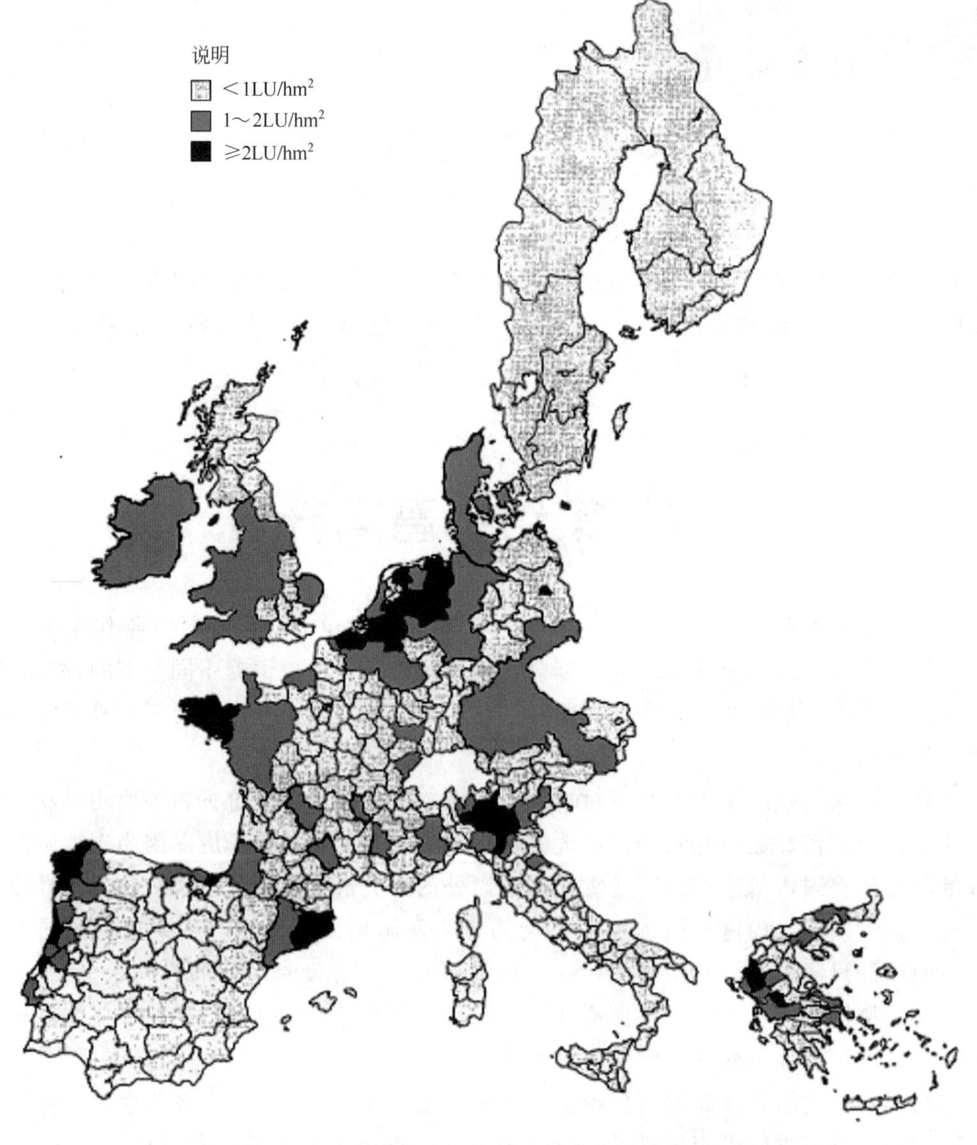

图1.1 欧盟的畜禽养殖密度（以每公顷所利用的农业区域中规模养殖的畜禽数量表示）［153，Eurostat，2001］［077，LEI，1999］

高畜禽密度的区域一般有许多饲养量很大的集约化生猪和家禽养殖场。例如，大部分这些地区的生猪和家禽的份额超过了50%，而在法国的部分地区（卢瓦尔河地区、布列塔尼）、西班牙（加泰罗尼亚）和英国（东英格兰）家禽数量超过地区畜禽数量的20%。在部分成员国中，尽管养殖场的实际数量有下降的趋势，但是保留下来的养殖场都倾向于饲养更多的牲畜来获得更高的产量。仅有较少的成员国（如西班牙）额外建立了养殖场或安装了大型的设施［77，LEI，1999］。

1.2 欧洲的家禽生产行业

到目前为止，大部分家禽养殖场是鸡蛋或肉鸡生产链中的一部分。相对少数的养殖场生产火鸡（肉）和鸭子（肉、肝酱或是蛋），极少有养殖场生产珍珠鸡。因为有关其他农业品的信息有限，以下章节简要地描述了欧洲的禽类生产行业，重点介绍鸡的生产。在欧洲委员会的年度报告中能够找到更加详细的统计数据（DG 农业和欧盟统计局［153，Eurostat，2001］）。

禽类生产的数据根据禽类种类和禽类饲养方式变化，并且随着市场需求变化也在一定程度上发生改变。饲养方式的选择决定了其产蛋能力或生长（肉）能力。表1.1显示了在IPPC范围内禽类的一些典型的生产数据。

表1.1 一些典型的家禽饲养数据［92，Portugal，1999］［179，Netherlands，2001］［192，Germany，2001］

技术要素的类型	蛋鸡	肉鸡	火鸡		鸭子
			公鸡	母鸡	
生产周期/天	385～450	39～45	133	98～133	42～49
重量/kg	1.85	1.85～2.15	14.5～15	7.5～15	2.3
饲料转化率/%	1.77	1.85	2.72	2.37	2.5
重量/(kg/m^2)	无数据	30～37	无数据	无数据	20

1.2.1 鸡蛋生产

在世界范围内，欧洲是第二大鸡蛋生产地，大约占世界总量的19%，约为每年1486.88亿枚鸡蛋（1998），预计在未来的几年内产量将不会发生显著变化。在1999年，欧盟15国大约有3.05亿只蛋鸡生产53.42亿吨鸡蛋，若每枚鸡蛋均重62克，则约合861.61亿枚鸡蛋。这意味着平均每只母鸡每年产282枚供出售鸡蛋，实际数据会偏高，因为有裂痕和受污染鸡蛋的存在。

由于产量会随着价格的高低相应增加/减少，鸡蛋的产量也遵循着周期变化模式［203，EC，2001］。

所有成员国都生产供食用的鸡蛋。欧盟最大的鸡蛋生产地是法国（占鸡产量的18%和产蛋量的17%），其次是德国（占鸡产量的14%和产蛋量的16%）、意大利（占鸡产量的15%和产蛋量的14%）和西班牙（占鸡产量的14%和产蛋量的14%），这些国家的生

表 1.2 对不同欧盟成员国欧盟 96/69/EC 指令附件 1 中 6.6 节定义的禽类、农场总数和农场

成员国	蛋鸡			肉鸡			火鸡			鸭子			珍珠鸡		
	养殖数量/$\times10^6$	农场数	IPPC	养殖数量/$\times10^6$	农场数	IPPC	养殖数量/$\times10^6$	农场数	IPPC	养殖数量/$\times10^6$	农场数	IPPC	养殖数量/$\times10^6$	农场数	IPPC
比利时	12.7	4786	172 (50000)②	26.6	2703	320 (50000)②	0.3	232	无数据	0.04	853	无数据	0.06	206	无数据
丹麦	无数据	无数据	549 (20000)②	无数据	无数据	432 (25000)②	无数据	无数据	264 (10000)②	无数据	无数据	无数据	无数据	无数据	无数据
爱沙尼亚	40.7	无数据	无数据	无数据	无数据	无数据	0.135	无数据	无数据	0.092	无数据	无数据	无数据	无数据	无数据
芬兰(1999)①	3.6	4000	2	5.5	227	64	0.150	55	无数据	0.003	2	无数据	无	无数据	无数据
爱尔兰	无数据	无数据	无数据	无数据	无数据	141	无数据	无数据	无数据	无数据	1	无数据	无数据	无数据	无数据
意大利	47.2	2066	无数据	475.7	2696	无数据	38.9	750	无数据	10.1	无数据	无数据	25.3	无数据	无数据
荷兰	32.5	2000	无数据	50.9	1000	无数据	1.5	125	无数据	1	65	无数据	0.2	20	无数据
奥地利	无数据	无数据	22	无数据	无数据	11	无数据	无数据	无数据	无数据	无数据	无数据	无数据	无数据	无数据
葡萄牙	6.2	622	25 (50000)②	199	3217	43 (50000)②	4.7	176	20 (50000)②	0.3	12	0	很少	无数据	无数据
西班牙	2.2	900	0	无数据	无数据	无数据	无数据	无数据	无数据	无数据	无数据	无数据	无数据	无数据	无数据
英国	无数据	无数据	>200	无数据	无数据	700	无数据	无数据	20	无数据	无数据	10	无数据	无数据	无数据

资料来源：成员国在评论中的报告及国家 BAT 文件（见参考文献）。

① 报告年份。

② 养殖场笼舍的数量，一些数据的临界值比起 IPPC 的临界值不同，IPPC 的临界值是实际的统计数据。“无数据”指没有提交或获得相应数据。

产水平相当，再次是荷兰（占鸡产量的12%和产蛋量的13%）。在出口成员国中，荷兰是最大的出口国，生产量的65%出口，其次是法国、意大利和西班牙，而德国的消耗量高于生产量。

根据欧盟99/74/EC指令，畜禽养殖密度的降低可减少畜禽的占地，这会影响畜禽笼舍的设计，单位鸡笼允许饲养的母鸡量必须减少。因此，新规定可限制养殖规模大于40000个禽舍的养殖场的建设，最多可减少20%的家禽养殖量［203，EC，2001］。表1.2列出了在IPPC指令（超过40000只家禽规模）下目前农场的数量。

尽管在过去的几十年非笼养产蛋，特别是在北欧，受到普遍的欢迎，但在欧盟大多数蛋鸡被饲养在笼舍中。例如，在英国、法国、奥地利、瑞典、丹麦及荷兰已经增加了诸如棚养、半集约化、自由放养和（饲养家禽的）深垫料等养殖系统蛋鸡饲养的比例。

除法国、爱尔兰和英国更倾向于使用半集约化和室外放养的饲养方式，深垫料饲养在所有成员国中是最流行的非笼舍系统。

一个农场饲养的蛋鸡数量在几千到几十万只之间不等。预计每个成员国仅有少数的农场在IPPC指令范围内。其他产蛋家禽品种仅有几个超过40000个禽舍规模当量或更大规模。

大多数欧盟生产的商品鸡蛋（约95%）被欧盟自身消费。2000年，人均年消费量大约为12.3kg，与1991年相比消费水平稍有下降（图1.2）。

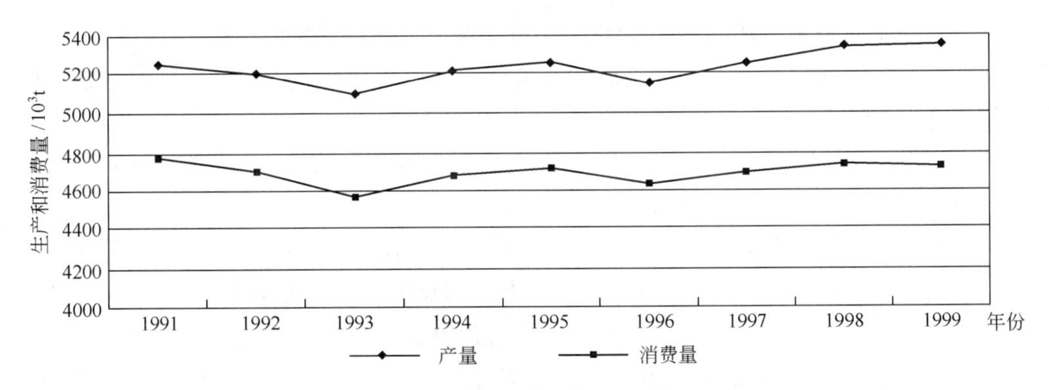

图1.2 欧盟鸡蛋的生产和消费动态（153，Eurostat，2001）

鸡蛋生产的生产链包含一系列饲养和生产活动。饲养、孵化、饲育及产蛋通常在不同场所和不同的农场进行以防止疾病的传播。蛋鸡养殖场特别是较大的养殖场通常包括鸡蛋的分级和包装，之后鸡蛋被直接送往零售（或批发）市场（图1.3）。

目前没有关于其他蛋类生产（特别是鸭）的结构、位置及发展情况的信息，与鸡蛋生产相比其数量较小。

1.2.2 肉鸡生产

根据欧盟农业部门统计，2000年欧盟15国禽肉的总产量为878.4万吨，其中833.2万吨用于欧盟内部消费，余下45.2万吨（5.1%）为净出口［203，EC，2001］。

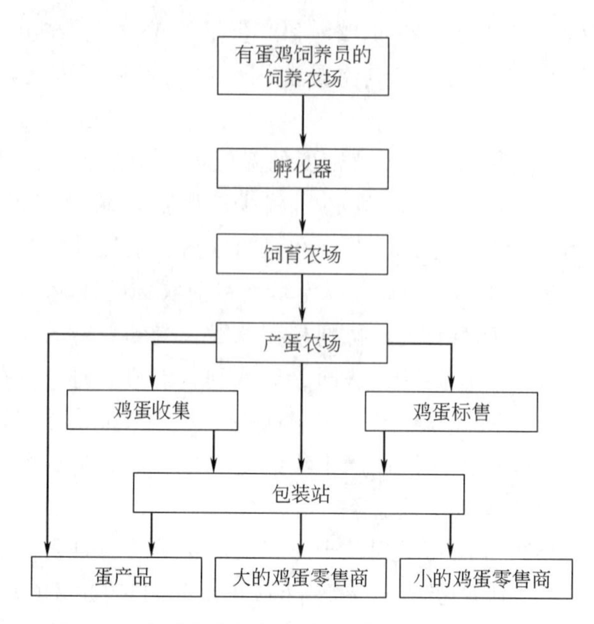

图 1.3　鸡蛋生产部门生产链［26，LNV，1994］

欧盟 15 国中（2000 年），禽肉最大的生产地是法国（占欧盟产量的 26%），其次是英国（17%）、意大利（12%）和西班牙（11%）。荷兰等国是出口导向型国家，63%的产品不在本国内消费，丹麦、法国和比利时也分别有 51%、51%和 31%的产品不用于本国消费。另一方面，一些国家如德国、希腊和奥地利，其消费量要高于产量，因此分别需要从其他国家进口 41%、21%和 23%。

禽肉产量从 1991 年以平均每年 23.2 万吨的数量增加（图 1.4）。较大的生产国（法国、英国、意大利和西班牙）禽肉产量都在持续增长。

从 1991 年到 2000 年，法国和英国的产量分别增加了 24.4%和 38.3%，西班牙增加了 11.9%［203，EC，2001］。欧盟主要以禽肉类增长迅速，而蛋类产量增长“平缓”。公众对牛肉、小牛肉和猪肉的关注进一步促进了这种增长。

个人消费量每人平均增加了 459g，这意味着欧盟 15 国的消费量每年增长 170666g（1999）。出口量也以平均每年 38000t 的幅度在增长。

欧盟最大的消费成员国是法国、英国、德国和西班牙。在 1991～2000 年之间，法国消费量增加了 21%，德国和西班牙分别增加了 41%和 11%。从 1994 年开始英国成为禽肉的主要消费国，其消费量增长了 51%［203，EC，2001］。

鸡肉生产是肉鸡生产链中很特别的部分。图 1.5 中表示了肉鸡生产链中的不同步骤。本报告特别强调了肉鸡养殖场，尽管存在舍养系统，但肉鸡通常不是饲养在笼舍中。大多数禽肉产量是基于应用深垫料地面的全进-全出系统。超过 40000 笼舍的肉鸡养殖场在欧洲很普遍。一个生产周期依赖于所要求的屠宰的重量、喂养和家禽的健康状况在 5～8 周之间变化［125，Finland，2001］，之后肉鸡被送往屠宰场。在每个周期结束后，笼子要进行全面的清洁和消毒。这一时间一般在 1～2 周，甚至 3 周（爱尔兰）。

法国所独有的一种产品类型，即所谓的“红标”肉鸡。“红标”肉鸡长期在放养系统

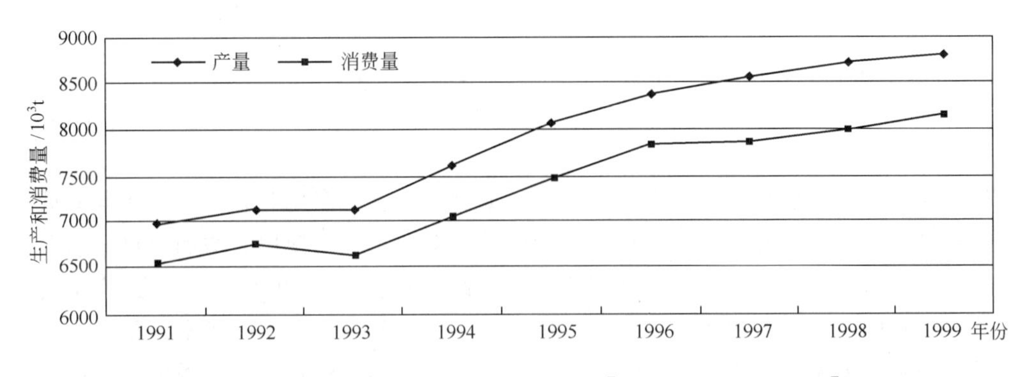

图 1.4 欧盟禽肉的生产和消费量动态 [153，Eurostat，2001]

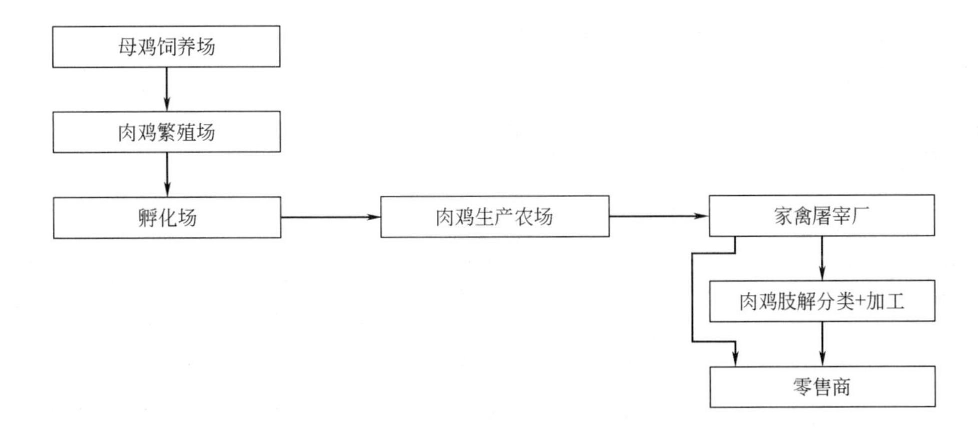

图 1.5 肉鸡生产部门生产链图示 [26，LNV，1994]

中饲养并且在最少生长 80 天、活体重量超过 2kg 时屠宰。这种生产类型得到了普及，到 2000 年接近法国肉鸡消费量的 20% [169，FEFAC，2001]。

火鸡生产行业是最大的其他种类的禽肉生产行业，是法国、意大利、德国和英国这四个成员国中重要的禽肉组成。1991 年以来，欧盟的产量增加了 50%。欧盟火鸡孵化配售每年呈现相似的周期性变化，主要集中在 2～3 月、6 月、8～9 月和 11～12 月四个高峰。

1.2.3 家禽业经济学

大多数家禽养殖场是家庭经营的企业。一些养殖场属于大的控股公司，从生产到零售包括畜禽饲料的供应等生产链所需的所有生产活动由公司承担。在畜禽和养殖场（设备、笼舍）上的投资与农场的净利润是联系在一起的。家禽农业的净利润在每个成员国不同，而且与生产成本和产品价格有关。生产成本包括：

- 购买仔鸡的费用（除集成系统）；
- 饲料费用；
- 疾病防治费用；
- 劳动力费用；

- 能源费用；
- 设备和建筑维护费；
- 设备和建筑折旧费；
- 利息。

鸡蛋的生产成本也与生产要素显著相关，如饲养密度。多层鸡笼的生产成本最低；成本会随着笼中允许空间的增加而增加，也会随着非笼舍系统的使用而增加。自由放养的鸡蛋生产成本要远远高于其他系统，见表 1.3。因此，由于指令 1999/74/CE 要求在欧盟采用较高的福利标准，即禽类要有较大的生活空间，这样就增加了生产成本。预计这将导致来自低福利标准国家（生产成本较低）进口量的增加，如果消费者没有做好支付更高价钱的准备，欧盟的鸡蛋生产将产生不利影响。

表 1.3　不同系统中鸡蛋生产成本 [13，EC，1996]

系　　统	有效面积	相对成本
笼舍	$450cm^2$/只	100
笼舍	$600cm^2$/只	105
笼舍	$800cm^2$/只	110
大型笼舍/棚屋放养舍	$500cm^2$/只	110
大型笼舍/棚屋放养舍	$833cm^2$/只	115
垫料床	$1429cm^2$/只	120
自由放养	$100000cm^2$/只	140

一个农场的总收益依赖于可出售的鸡蛋数量或活禽重量和农民得到的利润（包括产蛋母鸡后处理的成本）。家禽产品的价格不是受政府保障或一成不变的，而是随着市场价格的波动而波动。这个市场反过来又受到大型百货零售商结构和动态的影响，这些大型的百货零售商是主要禽类产品的经销渠道，因此决定着大部分禽类产品的年销售额。

1999 年，欧盟鸡蛋的平均价格是 78.87 欧元/100kg（0.049 欧元/枚）。2000 年，鸡蛋的平均价格为 100.39 欧元/100kg（0.062 欧元/枚）。鸡蛋和蛋鸡饲料价格从 1991 年开始不断下降。总体而言，鸡蛋生产的净利润自 1991 年以来略有下降。

1998 年，欧盟肉鸡的平均价格为 143.69 欧元/100kg。1999 年 1～9 月，鸡肉的平均价格为 133.44 欧元/100kg。肉的价格从 1991 年以来不断下降，但同时，饲料的价格也在下降。总体上，从 1991 年开始肉鸡生产的净利润下降了 [203，EC，2001]。

当养鸡行业受到产品污染（沙门菌和二噁英）或受到其他牲畜产品市场问题（猪瘟疫、疯牛病）的冲击时，价格也会受到影响。这些影响可能是区域性，但特别是以出口为导向的成员国，问题很容易转移到更广泛的欧洲市场。

例如，在 1999 年年中，与牲畜饲料污染有关的二噁英危机严重影响了比利时的鸡肉和鸡蛋市场。当产品从零售商店下架时，消费量和价格同时下跌。同时，危机对比利时相关产业的经济状况产生了严重的影响，周边邻国也感受到了影响，也出现了量价齐跌的局面。另外，特别是猪瘟、疯牛病和口蹄疫的爆发，使消费者转而增加禽类产品的消费。

关于鲜火鸡肉生产只有较少的经济数据。2000 年 9 月，国家农场主联合会（NFU）关于鲜火鸡肉的市场报告中提到了每只售卖火鸡的成本。正如报告指出，对于待售母鸡的成本是每只 18 欧元（屠宰后重量为 6.4kg）到 22 欧元（屠宰后重量为 6.3kg），而对于公火鸡来说是每只 19.5 欧元（屠宰后重量为 6.7kg）到 23.4 欧元（屠宰后重量为 10kg）。这些成本依赖于雏鸡的成本（根据初始重量的不同而不同），还与成鸡出售时的最终重量有关。火鸡屠宰时除毛与放血还要花费一部分成本［126，NFU，2001］。

1.3　欧洲的生猪养殖行业

1.3.1　欧洲猪肉生产的规模、演变和地理分布

国家和欧洲研究机构［如联合国粮食与农业组织（FAO）、LEI、肉类及家畜委员会（MLC）、欧盟统计局］密切追踪并详细描述了欧洲猪肉生产行业的动态。以下章节中的数据来自于以上这些机构，并给出了猪肉生产行业的综合情景。

欧盟 15 国中，1997 年至 2000 年间猪肉产量增加了 15%。1999 年 12 月，猪的总量为 1.243 亿头，比 1997 年增长了 5.4%。这一增长主要是由于西班牙、荷兰和德国生猪数量的增长（反映了传统猪瘟爆发后生猪养殖的复苏），抵消了英国数量的下降。

1999 年的生产放缓，但不包括最近口蹄疫爆发的影响。猪肉生产每年都显示出周期性，总是在当年的最后一个季度产量最高。

虽然 2000 年 12 月在成员国中进行的调查显示，与 1999 年相比生猪的产量略有下降（−1.2%），但整体产量仍然很高（1.229 亿头）。下降幅度最大的是奥地利、瑞典和英国，同时在丹麦猪的产量增加了大约 6.1%。

2000 年在欧盟 15 国，猪的总量中包括 3340 万头仔猪（<20kg）、4690 万头待宰猪（>50kg）和 1290 万头育肥猪（>50kg），其中 40 万头公猪和 2110 万头母猪（1250 万头育种猪和 860 万头种猪）。

主要的生猪饲养成员国是由德国、西班牙、法国、荷兰和丹麦，1998 年一共占育种母猪的 71%（图 1.6）。2000 年数据显示这个份额稍有增长（73%），丹麦和西班牙产量的增加明显抵消了荷兰产量的减少以及德国产量的略微下降。

猪的产量或本地生产总值（GIP）反映了母猪的数量。1998 年，德国、西班牙、法国、丹麦及荷兰猪的产量占欧盟 15 国的 69.5%（图 1.7），并且产量在进一步增加，到 2000 年，其产量超过欧盟总产量的 73%。GIP 变化显示在成员国中，特别是爱尔兰、荷兰及英国削减了其产量。

猪场的规模差别很大，本报告引用的数据是 1997 年的。在欧洲，生猪的数量有所增长，养殖单位的数量却在下降，但个别农场仍然扩大了设施规模。平均规模最大的是爱尔兰（1009 头），其次为荷兰（723）、比利时（605）及英国（557）。在欧盟 15 国中，71%

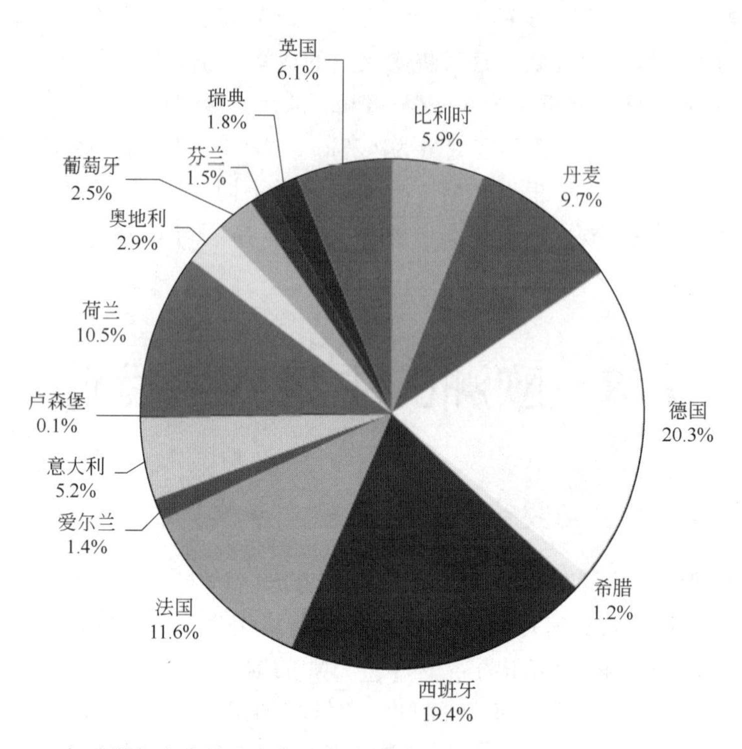

图 1.6 1998 年欧洲每个成员国中育种母猪饲养的分布（欧洲统计局 11/12 1998 调查）

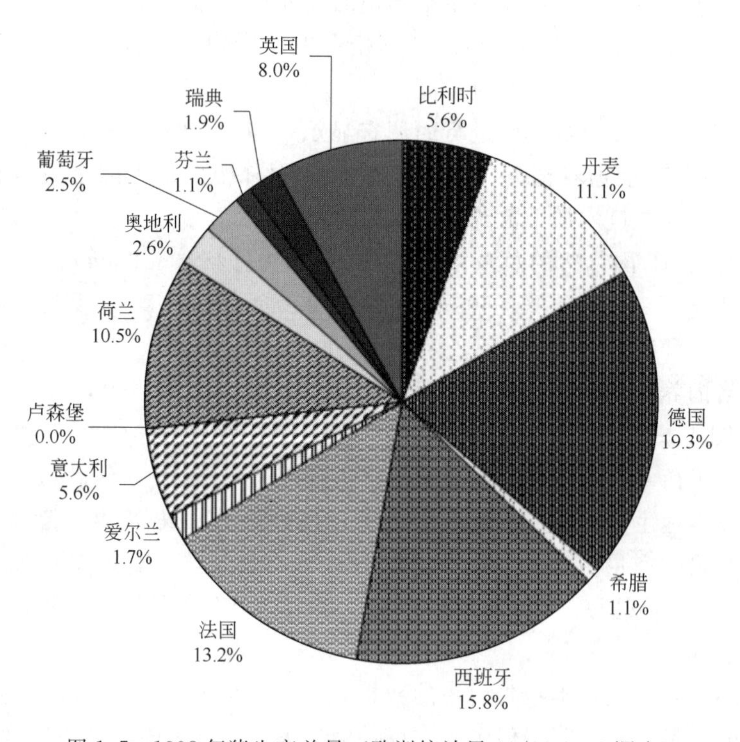

图 1.7 1998 年猪生产总量（欧洲统计局 11/12 1998 调查）

的猪场小于10头生猪。这在希腊、西班牙、法国、意大利、奥地利和葡萄牙是常见的，在这些国家，50%的养殖户有不到10头猪（图1.8）。欧盟有近10%养殖规模数量在10～49头猪之间。大部分养殖户养殖规模很小，88%的猪产量是由规模大于200头猪的养殖场生产的，52%的由规模超过1000头猪的养殖场生产的（图1.9）。

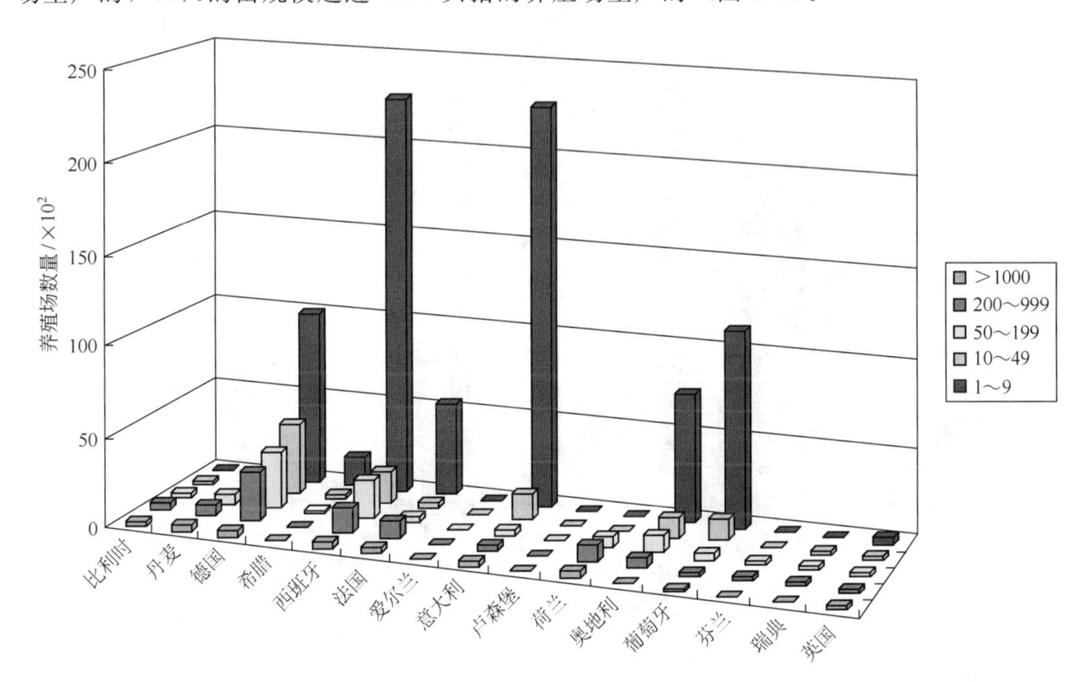

图1.8 1997年以养殖单位计的农场数量。图例表示养殖单位的规模大小（以由小到大顺序）[153，Eurostat，2001]

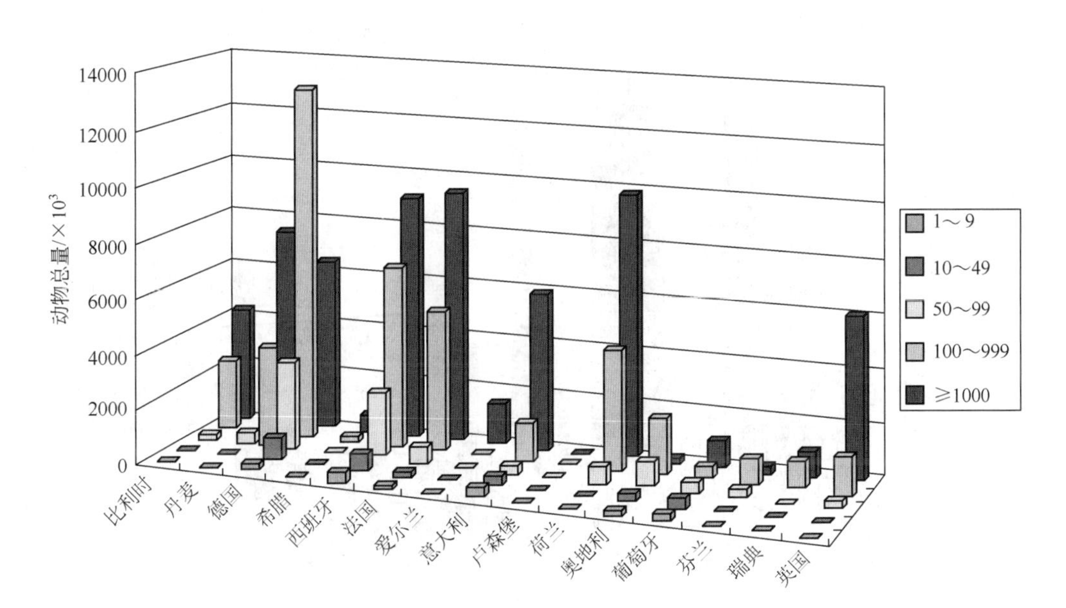

图1.9 规模大小分类中畜禽的数量（1997）[153，Eurostat，2001]

在欧盟15国67%的母猪饲养在大于100头母猪的规模养殖场（图1.10），在比利时、丹麦、法国、爱尔兰、意大利、荷兰及英国，这个数字超过了70%。在奥地利、芬兰和葡萄牙，以小规模的母猪养殖占优势。

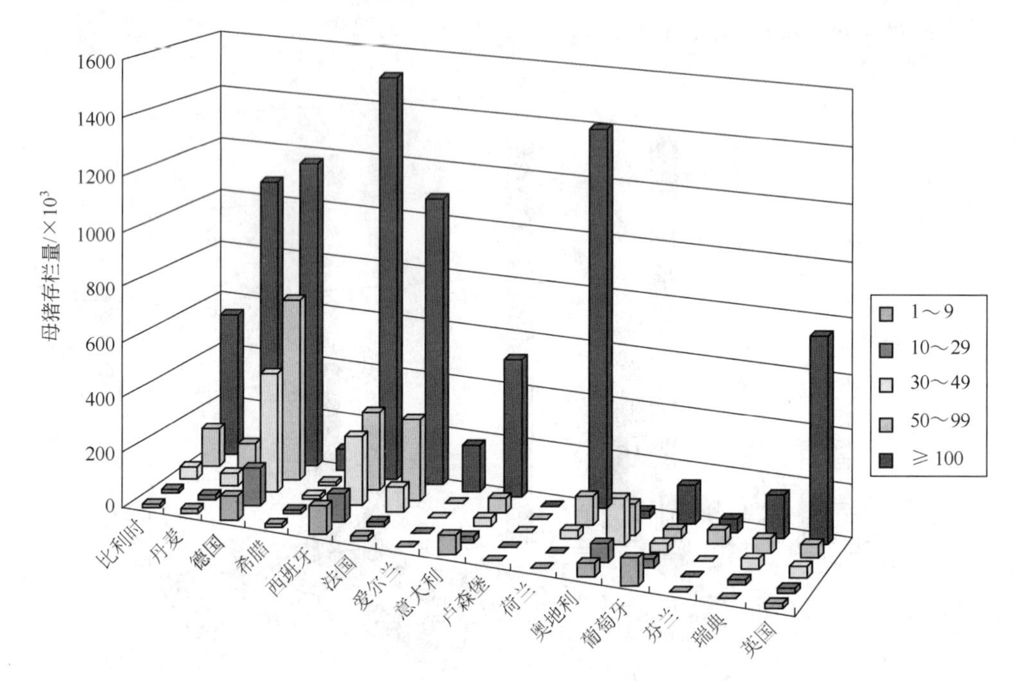

图1.10 不同规模中母猪数量（1997）。图例表示根据母猪数量的规模［153，Eurostat，2001］

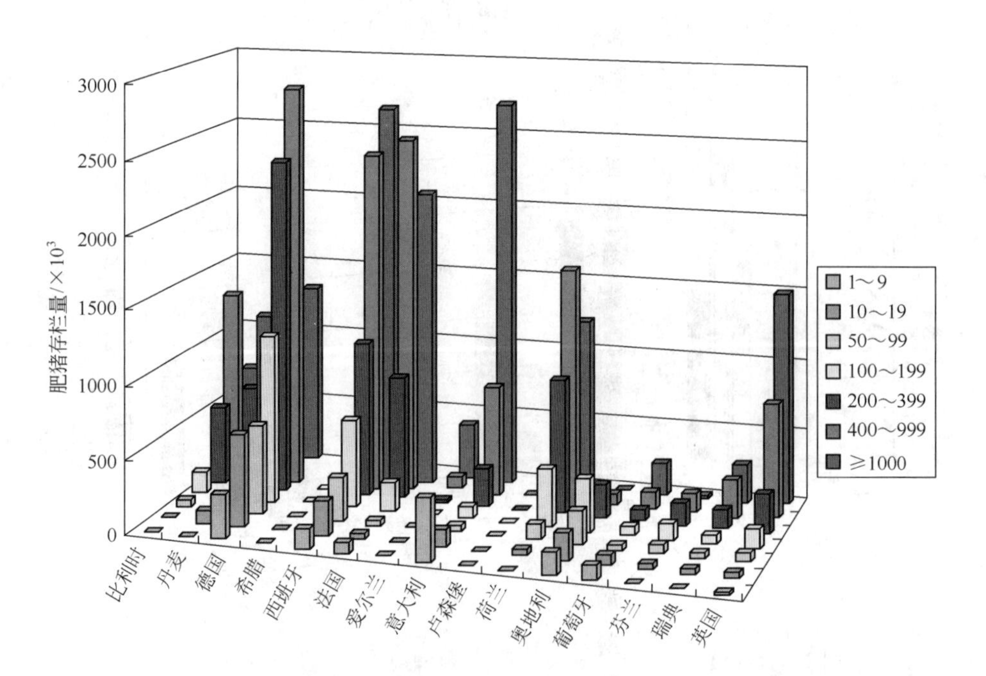

图1.11 不同规模单位中肥猪的数量（1997）［153，Eurostat，2001］

大多数育肥猪（81%）被饲养在养殖规模为200头猪或更大的养殖场中（图1.11），而其中的63%饲养在养殖规模大于400头猪的养殖场中。31%的育肥猪饲养在养殖规模大于1000头猪的养殖场中。在意大利、英国和爱尔兰，其行业规模以超过1000头育肥猪来分类。德国、西班、法国和荷兰育肥猪饲养在50～400头的养殖场所占比例较大。

从这些数据可以很明显地看出只有相对少数的农场在欧盟理事会指令96/69/EC（表1.4）附件6.6中所定义的范围内（表1.4）。

表1.4 欧盟成员国中属于欧盟理事会指令96/69/EC附件6.6中定义的农场数量

会员国	生猪(>30kg)			母猪		
	养殖数量/百万	猪场数量/个	国际植物保护公约规定猪场数量/座	养殖数量/百万	猪场数量/个	在IPPC指令范围内的猪场数量/座
比利时(2000)	2.9	7487	71	0.8	7450	无数据
丹麦(1997)	6.2	无数据	无数据	1.2	无数据	无数据
德国(1997)	15.6	无数据	261	2.6	无数据	281
爱沙尼亚(1997)	11.6	无数据	822	2.1	无数据	252
法国(1997)	9.9	无数据	无数据	1.4	无数据	无数据
芬兰(1997)	0.79	4727	6	0.18	无数据	无数据
爱尔兰(1997)	1.0	无数据	无数据	0.19	无数据	无数据
意大利(2001)	0.958	无数据	407	0.147	无数据	无数据
荷兰(1997)	7.2	无数据	无数据	1.4	无数据	无数据
奥地利	n. d.	无数据	6	n. d.	无数据	116
葡萄牙(1997)	1.3	无数据	无数据	0.33	无数据	无数据
英国(1997)	4.7	无数据	无数据	0.9	无数据	无数据

注：1. [10，Netherland，1999] 中报道的1997年数据参照欧盟统计局报告。
2. 比利时统计的数据中涉及的猪是指活体重量大于50kg的猪。
3. 德国关于IPPC-农场的数据涉及了1500头生猪和500头母猪。
4. 西班牙关于IPPC-农场的数据涉及少于750头的母猪和不少于2000头的生猪。

在大多数国家，将养猪生产集中在某些地区，例如，荷兰生猪生产主要集中在南部省份。根据1994年的统计数据，在北布拉班特（Noord-Brabant）和林堡（Limburg，比利时东部一省）每100公顷的养猪密度分别为2314头和1763头。

在比利时，养猪场大部分集中在西佛兰德斯（Flanders，占到生猪总头数的大约60%）。在法国，集约化的生猪生产集中在布列塔尼（Brittany，占到养猪总头数的大约50%），在那里大规模的猪场养殖比较普遍。

在德国，养猪生产集中在德国的西北部，例如，在威斯特伐利亚（Westphalia）的北部和下萨克森州（Lower Saxony，德国西北部的州）地区，威悉-埃姆斯及邻近地区（Weser-Ems）的南部。1994年德国费希塔（Vechta）地区的最大养殖密度达到每$100hm^2$ 1090头猪。

在意大利，生猪生产主要集中在波河平原。当前，意大利73.6%的养猪场集中在波河平原的伦巴第（Lombardia）、艾米利亚-罗马涅区（Emilia-Romagna）、皮埃蒙特区（Piemonte）和威尼托区（Veneto）这四个地区。

养猪场的空间密度是作为生猪养殖潜在环境影响的一种指标。会员国的农业区域每100公顷上的养猪数目如图1.12所示。最高密度出现在荷兰、比利时和丹麦，但国家的统计数据可以掩盖生猪生产的区域密度，对大多数欧盟国家来说，高密度和集约化畜牧养殖是各个区域所关心的问题。

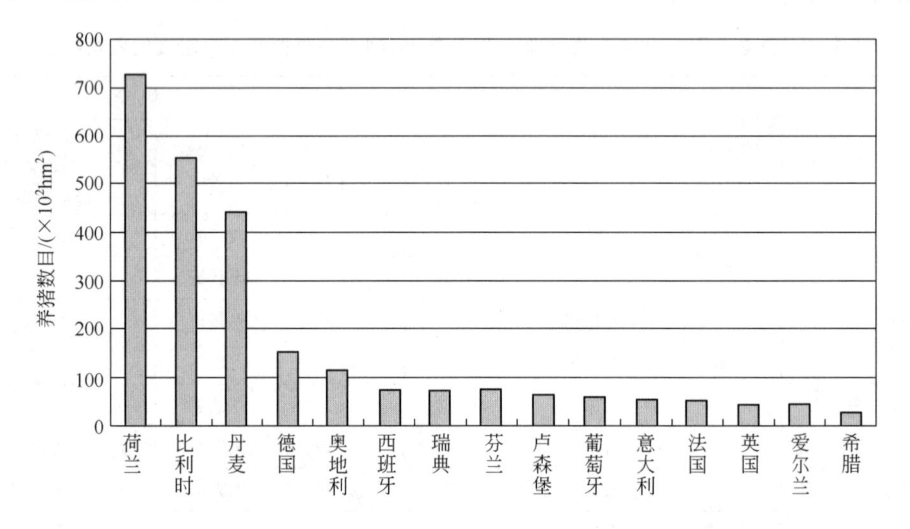

图1.12 欧盟15国中生猪养殖的空间密度［153，Eurostat，2001］

1.3.2 猪肉的生产和消费

根据生猪屠宰后胴体净重计算，欧洲15国占世界猪肉产量约20％。在2000年，包括国内养殖屠宰和国外进口，欧盟15国每月平均屠宰后生猪胴体重量为146.4万吨（132.8万～155.2万吨），因此一年屠宰生猪胴体总重量为1756.8万吨。相比较而言，这是同一时期牛肉屠宰总重量的2倍多［153，Eurostat，2001］。

成年生猪的平均重量以及屠宰后胴体重量在欧盟各国中各有不同。这与猪的圈养时间、饲料消耗量和产生的废水量都有显著的关系。例如，在意大利，平均活重156kg的生猪产生112kg的屠宰胴体重量。一般情况下，这要高于奥地利、德国和比利时的生猪平均屠宰胴体重量（80kg）（生猪117kg，屠宰胴体重量93kg）（见图1.13）

通过比较屠宰胴体重量和生猪活体重量，一般允许的屠宰胴体重量占活体重量的75％。正如预期，2000年约有2.04亿头猪被屠宰，这些猪的平均活体重量约为100kg，这表明本土屠宰能产生猪胴体重量大约1530万吨。主要的猪肉生产国是德国（20％），其次是西班牙（17％）、法国（13％）、丹麦（11％）和荷兰（11％）。他们的产量超过了欧盟15国本土产量的70％。

不是全部的产品都由成员国内部消费。作为一个整体，欧盟是一个猪肉净出口国，只进口很少一部分（图1.14）。但并不是每一个主要生产国都是出口国，例如，德国是一个

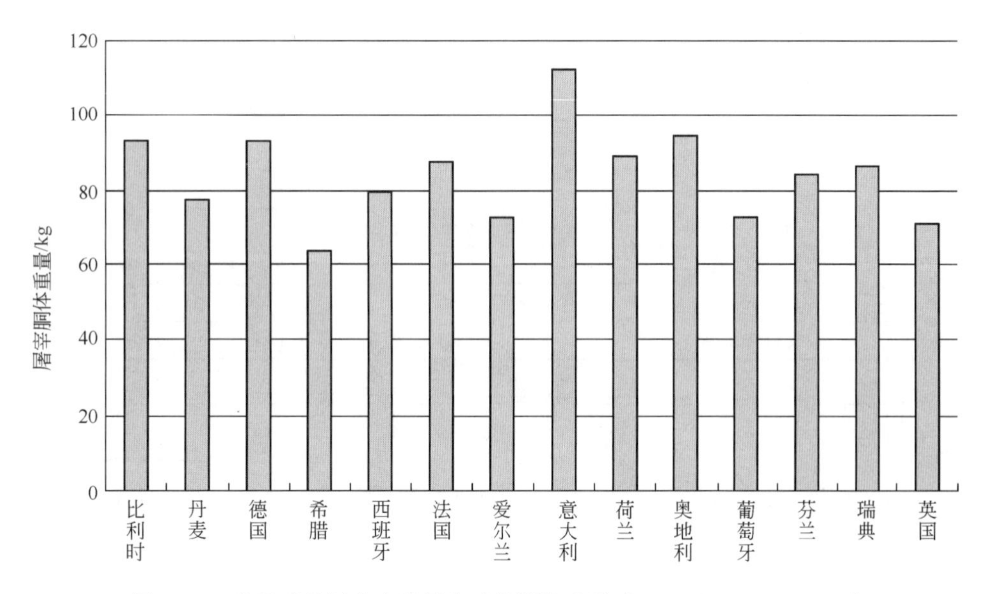

图 1.13 欧盟成员国中生猪屠宰后猪胴体重量 [153, Eurostat, 2001]

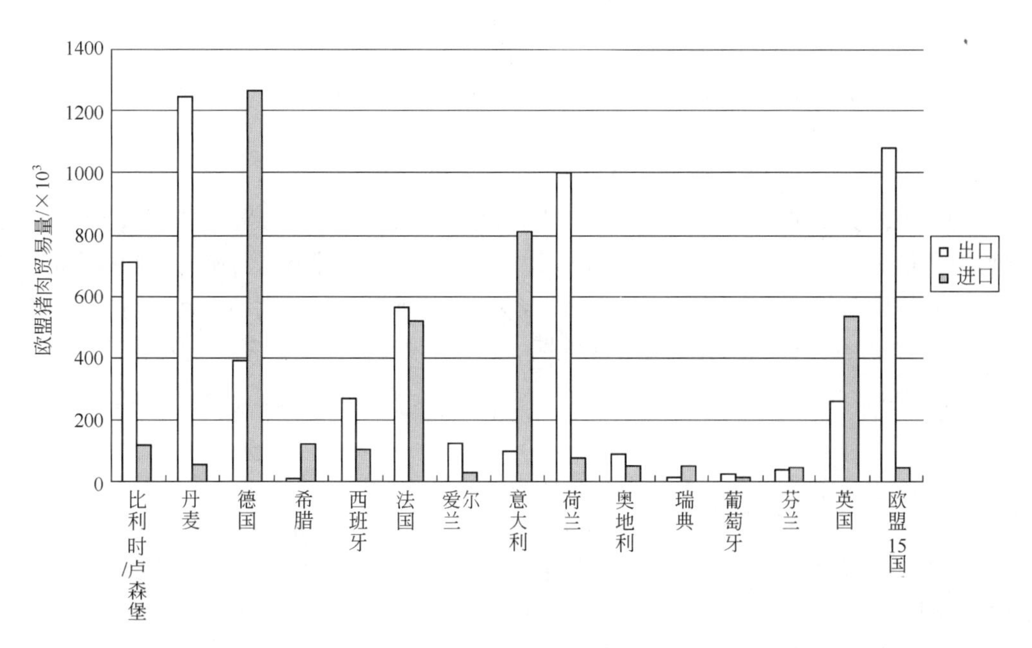

图 1.14 欧盟成员国的猪肉贸易

主要的猪肉生产国，但在 1999 年的进口量却相当于其出口量的 2 倍。

由于在屠宰前具有不同的活体重量，所以在欧盟 15 国内对于饲养一头猪所需要的时间也各有差异，饲养、农场管理和市场需要猪肉的质量等对此均有影响。下面以一些描述英国生产量的生产数据为例说明（表 1.5）。

在欧盟范围内，猪肉的消费量高于其他任何肉类。在过去的两年中，有竞争力的价格和充足的供应也使猪肉消费达到了新的消费记录。较之 1997 年的 41.2kg，2000 年全年的人均消费量预测为 43.5kg（见图 1.15）。

表 1.5 英国养猪场一般生产养殖水平 [131，Forum，2001]

种类	特 性	单 位	水 平
种猪	繁殖后代	猪/(母猪·年)	22
猪仔	活重范围	kg	7～35
	生长	g/d	469
	饲料转化率	kg 饲料/kg 活重	1.75
生猪	活重范围	kg	35～屠宰重量
	生长	g/d	630
	饲料转化率	kg 饲料/kg 活重	2.63

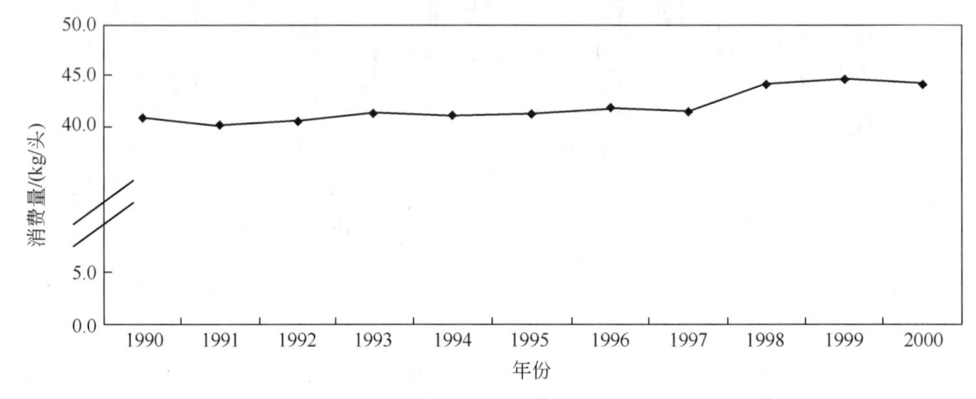

图 1.15 欧盟猪肉人均消费量 [153，Eurostat，2001]

人均猪肉消费量和猪肉占肉类消费总量中的比例的最高纪录均出现在 1999 年的丹麦，其猪肉消费量为 65.8kg/人，总肉类消费量为 117.8kg/人。虽然略有下降，但在德国、西班牙，奥地利的猪肉人均消费水平与之相类似。欧盟中，西班牙有最高的总肉类消费量，但这也包括每年 3000 万游客的贡献。而瑞典和芬兰是欧盟中总肉类消费量最低的国家，分别是 72kg/人和 69kg/人。希腊（32%）和英国（23%）是猪肉相对消费比例最低的国家。

1.3.3 养猪产业的经济效益

猪肉生产的经济效益很大程度上取决于可用的饲料价格和与进入市场的合适机会。这也促进了相关行业的区域发展，例如，在波河平原，生猪生产与谷物生长和奶制品生产紧密联系，因为这样能降低物流成本。

最近，环境压力要求生猪养殖量与可用于养猪废水灌溉的土地数量相匹配。丹麦作为生猪生产国与荷兰等几个国家相比具有一定的优势，因为它的猪场遍布在全国各地，从而使得全国土地面积上猪的密度较低。丹麦的农场体制一般是将养猪产业和混合农业相联系，使用污水灌溉的方式来减轻环境危害。与混合农业的联合同样也降低了饲料成本。类似的情况在德国养猪集中的地区同样存在，养猪产业同样与混合农业相结合，使得饲料的运输和利猪场废水灌溉更加便利。

在西班牙，整体的生猪养殖密度都很低，但在北部自治区，养猪业和其他农业较为集中（例如在 Cataluña）。在那里依旧有很大面积的土壤采用猪粪做肥料而不存在被氮肥污染的潜在危险。对西班牙来说，用土地来处理动物粪肥对于农事来说是很有益的，与此同时，减少化肥用量可以改善西班牙大部分土壤结构和肥力，并且极大地防治土地荒漠化。在这些有利的环境下，在该地区养猪产业迅速增长，甚至有部分外国公司也在该地区建立新公司［89，Spain，2000］。

一般来说，在欧盟畜禽养殖中，养猪行业并没有显示一体化的发展趋势，例如对于繁殖仔猪和生猪饲养一般在不同的饲养场进行。近年来，养猪行业开始往综合、一体化方向发展，一些公司或个体同时具有繁殖仔猪、饲养生猪和生猪屠宰的能力。还有另外一种趋势也在发展，仔猪繁殖和生猪的饲养虽然在不同的地点进行，但是属于同一个公司。在丹麦养猪和屠宰联合会的指导下，丹麦拥有最发达的综合养猪生产系统。

少量的数据披露了养猪业的经济情况和盈利能力。在判定最佳可行技术时，盈利数据也是需要考虑的因素，为此每个部门和每个国家的盈利能力允许设置差异（见附录 6）。

养猪业的典型特点是高利润和负利润的时间周期交替出现。对于整个欧洲，价格下降使得农场的投资范围变得更加有限，许多农民都采用观望的态度以等待更好的时机。在一些国家和地区（例如荷兰和比利时佛兰德地区）由于环境问题已经要求减少养猪场，这使得许多农场即将关闭。在欧盟各国一些日益增加的争论中，希望将集约化畜禽养殖尤其是生猪养殖，置于更大的环境保护压力之下，因此预计在未来几年，生猪养殖行业将产生结构性变化。

一旦有投资，就有各种各样的理由说明为什么农民要投资环境技术。通常，国家立法会推动某些技术的应用，但是大型销售商的需求会影响生产技术的选择和操作。动物福利的问题越来越受到重视，例如秸秆和户外通道的使用。需要引起注意的是在“动物福利”法律下技术应用并不总是同最好的环境效益相一致的。

在农民做出承诺和购买技术的条件下，各个会员国甚至各个地区之间的财政条款有很大差别。有两个很鲜明的例子，一个是芬兰农业环境支持计划向农民提供援助［125，Finland，2001］，如果他们参与这项特别计划，要求他们采取一些措施来减少农业活动对环境的影响；这些措施包括投资决策或采取具体行动，例如减少化肥的使用。另一方面，在芬兰，也有可能获得用于投资的财政援助，例如建立粪便存储设施（农场投资援助）。这种援助可以是直接的财政补助，或者是贷款利息补助，或者是政府贷款机构的贷款减息［188，Finland，2001］。

由意大利艾米利亚-罗马涅区建立的区域方案旨在推动农民向更好的粪便管理技术投资。该方案包括沟渠冲洗系统、猪粪固液分离设备、猪粪储罐和带式强制干燥的蛋鸡笼舍系统［127，Italy，2001］。

1.4 集约化猪和家禽养殖的环境问题

环境问题被提上了农业部门议程的时间尚短。尽管已经意识到过量的猪粪的施用造成了土壤污染、畜禽数量的增加会导致臭味增加，但是直到20世纪80年代集约化畜禽养殖对环境的影响才真正被认为是一个环境问题。

现代化畜禽养殖需要面对的最主要的挑战之一是在减少或消除环境污染和动物福利增长之间找到平衡点，并保持盈利。

集约化猪和家禽养殖会带来的潜在环境问题如下：

- 酸雨（NH_3、SO_2、NO_x）；
- 富营养化（N、P）；
- 臭氧空洞（CH_3Br）；
- 温室效应的加剧（CO_2、CH_4、N_2O）；
- 干旱（地下水的使用）；
- 局部干扰（气味、噪声）；
- 重金属和农药污染的传播。

由于在可能引起环境问题的因素相关方面知识的增加，集约化养殖家禽和生猪所带来的环境问题得到了越来越多的关注。集约化养殖生产的关键环境因素和自然生长过程相关，即动物吸收饲料中几乎所有的营养物质并以粪便的形式将残渣排出体外。粪便的质量和组成以及它的存储和处理方式是决定集约化养殖生产污染物排放水平的主要因素。

从环保角度看，猪将饲料转化为维持生命、生长速度和繁殖的效率是很重要的。在猪不同的生长阶段，对日粮的需求是不同的，例如，在饲养和生长阶段或者是在其生殖的不同阶段。可以肯定的是，日粮的营养总是能满足动物所有的需求。而且，通常日粮会过量投加，这已成为惯例。与此同时，排放到环境中的氮就是由于这种不平衡所造成的。在生猪饲养的过程中，氮的消耗、利用和损失是很好理解的（见图1.17）。

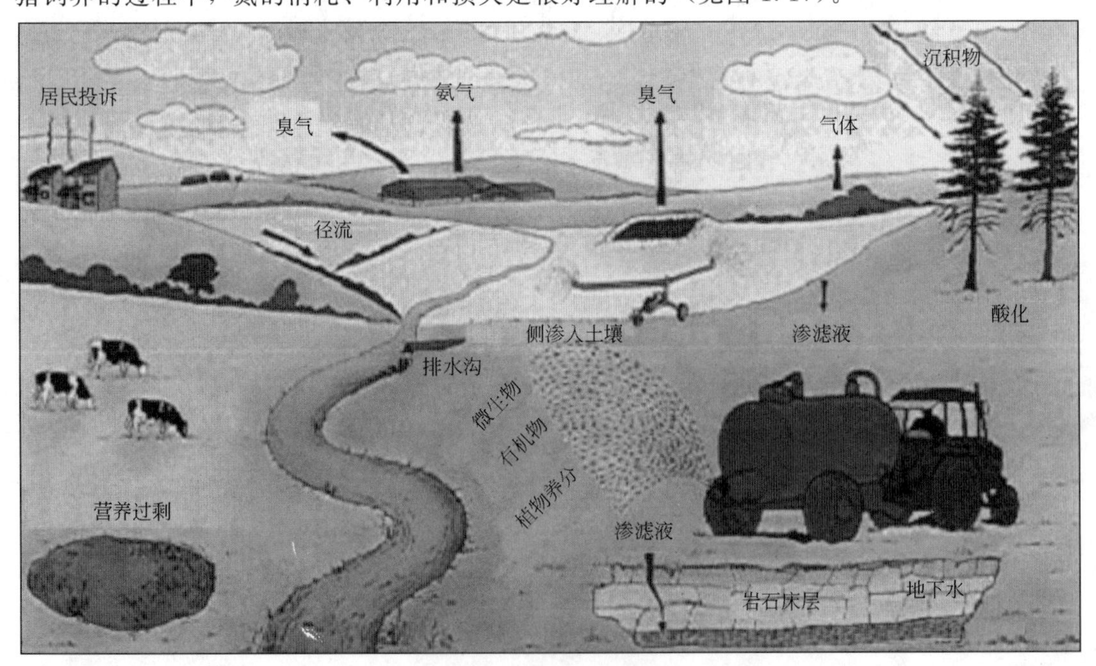

图1.16 与牲畜集中养殖有关的环境问题［152，Pahl，1999］

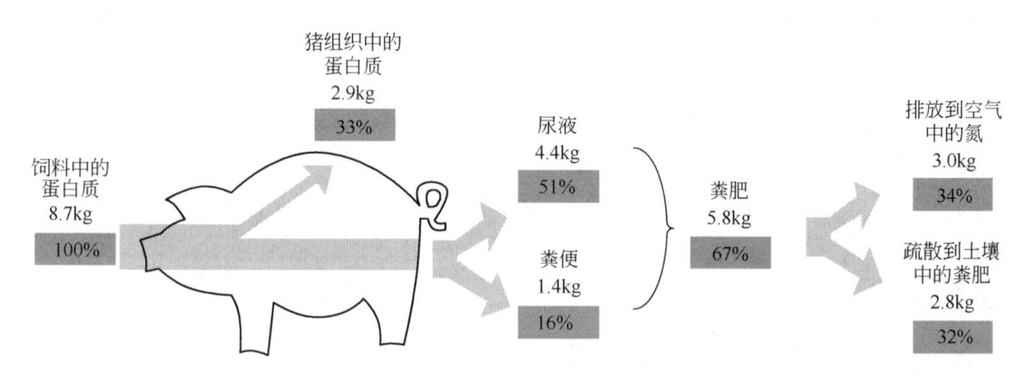

图 1.17 最终屠宰体重为 108kg 的猪在生产过程中蛋白质的消耗、利用和损失［99，Ajinomoto Animal Nutrition，2000］

随着最近才开始的研究，发现许多方面还是未知的或没有被量化的。排放的污染物常常容易扩散，很难量化。在难以准确计量的地方，人们正在使用和发展一些模型来实现对排放量的准确估计。另外，重点在于氨气的排放以及 N、P 释放到土壤、地表水、地下水中的影响才刚刚确认。

1.4.1 空气污染物

表 1.6 集约化养殖系统向空气中排放的污染物

空 气	产 生 系 统
氨气(NH_3)	动物圈舍，粪便储存和土地施用
甲烷(CH_4)	动物圈舍，粪便储存和处理
一氧化二氮(N_2O)	动物圈舍，粪便储存和土地施用
NO_x	建筑中的加热器和小型燃烧装置
二氧化碳(CO_2)	动物圈舍，取暖和农场运输，废物焚烧
臭气(例如 H_2S)	动物圈舍，粪便储存和土地施用
粉尘	粉尘铣削和磨削，饲料储存，固体有机肥存储和应用
黑烟/CO	废物焚烧

1.4.1.1 氮的排放

动物圈舍氨气的排放问题引起了很多关注，因为它被认为是对土壤和水体产生酸化作用最重要的化合物。一个技术专家小组在联合国欧洲经济委员会远距离越境空气污染的框架下展开氨减排的研究工作［9，UNECE，1999］。

氨气，具有刺激性气味，高浓度对人及牲畜的眼睛、喉咙黏膜等有刺激性并会引起疼痛。它从粪便中慢慢散发出来，在建筑物中扩散，并且最终通过通风系统排放出去。温度、通风率、湿度、载畜率、垫料质量、日粮成分（粗蛋白）的这些因素都可以影响氨水平。氨排放率影响因素如表 1.7 所列。例如猪粪浆，尿素氮占猪尿中总氮的 95%以上。由于微生物脲酶活性作用的结果，尿素会转化为氨挥发掉。

高氨氮条件影响养殖场工作人员的工作环境，在许多欧盟成员国的规范中规定了工作环境的氨浓度上限。

表 1.7 牲畜舍氨气释放过程和影响因素概述

释放过程	含氮组分	影响因素
1. 粪便产生	尿酸/尿素(70%)+未消化的蛋白质(30%)	牲畜本身和日粮
2. 降解	粪便中的氨/铵	工艺条件(粪便)：T,pH,A_w
3. 挥发	空气中的氨	工艺条件和当地气候
4. 通风	畜禽舍中的氨	当地气候(大气)：T,r. h.
5. 释放	环境中的氨	空气净化

注：1. T—温度，pH—酸度；A_w—水活性；r. h. —相对湿度。
2. 畜禽舍内气体物质的产生影响室内空气质量，影响动物健康，这种工作条件也不利于农民的健康。

1.4.1.2 其他气体

目前对于其他气体的排放知之甚少，但是当前正开展着一些研究，特别是针对 CH_4 和 NO_x。NO_x 浓度的增加可以看做是液体粪便肥料和固体肥料的好氧处理过程产生的。而呼吸产生的 CO_2 是与动物产生的热量成比例的。若通风不当，CO_2 会在圈舍内累积。

土壤微生物的过程（反硝化）产生一氧化二氮（N_2O）和氮气（N_2）。N_2O 是具有“温室效应”的温室气体之一，而 N_2 则对环境无害。它们都是由土壤中硝酸盐反应得来，无论是有机肥、无机肥抑或是土壤本身的硝酸盐，只要有粪便存在，都会促进这一过程的发生。

1.4.1.3 臭味

臭味是一个局部性问题，但这个问题变得愈加重要，因为随着畜禽养殖业生产日益扩大，传统农场区域中居民住宅建设日益增加，使得住宅区与饲养区越来越靠近。农场周边居民的增长问题预计会导致气味作为环境问题之一受到更多的关注。

臭味可以由固定源发出，例如家禽粪便贮存，在粪便土地施用期间也可能是一个重要臭味排放源，这取决于扩散技术的应用。臭味的影响随农场规模增加而增加。农场中扬起的灰尘使臭味得到了扩散。在生猪养殖的高密度地区，猪毛可能从一个农场飘到另一个农场，具有传播动物疾病的潜在危险。

特别是大型家禽养殖场的臭味排放，可能会引起与邻近居民的纷争。臭味排放和许多不同的化合物有关，例如硫醇、H_2S、粪臭素、硫甲酚、苯酚硫和氨［173，Spain，2001］。

1.4.1.4 粉尘

粉尘是否是农场周围重要的环境问题还未有相关报道，但其在干燥多风的天气会产生一些影响。在动物圈舍内，粉尘在某些情况下会成为污染物，影响饲养员和动物的呼吸，例如在垫料含量很高的肉鸡舍里。

例如，基于商业饲养舍测量的基础，深垫料系统（半垫料，半漏缝地板）和笼舍系统中由于畜禽呼吸作用散发的可吸入粉尘（细小的粉尘颗粒）分别是每只母鸡约 2.3mg/h 和 0.14mg/h。很明显垫料系统在舍内产生了较高的可吸入粉尘粒子浓度，分别为

1.25mg/m³ 和 0.07mg/m³。这个差异可以解释为什么母鸡在非笼舍系统中表现出更高的活动能力。

1.4.2 释放到土壤、地表水和地下水的污染物

由于采用了不适当的设备或者操作失误，粪浆储存设施排放的污染物造成土壤、地表水和地下水的污染，这应该被认为是事故而非结构错误。适当的设备、经常监测和正确的操作可以防止储存设施的泄露和溢出。

地表水的污染物排放来源于农场污水的直接排放，关于这类排放，几乎没有可用的定量数据。生活污水和农业活动产生的废水可能会与粪浆进行混合再施用于土地，尽管在很多成员国对于这种混合都是不允许的。

直接排放于地表水的废水有不同的来源，但在通常情况下，只有经过粪浆处理系统处理后的污水才允许直接排放，例如泄湖系统。一些含有 N 和 P 的水源直接排放到地表水，会造成 BOD 水平的增长，特别是来源于农家庭院和粪便收集区的黑水。

然而，对于所有的来源，土地施用是污染物向土壤、地表水和地下水、空气（见 1.4.1 部分相关内容）排放的关键因素。虽然可以采用粪便处理技术对粪便进行处理，但是粪便土地施用还是最受欢迎的技术。粪便是一种很好的肥料，但如果它超过土壤承载能力和作物需要过度应用的话，那么就是一项重大的农业污染排放源（表 1.8）。

表 1.8 集约化畜禽养殖对土壤和地下水的排放

土壤和地下水	生 产 系 统
含氮化合物	土壤施用和粪便存储
磷	
K 和 Na	
(重)金属	
抗生素	

人们大部分的注意力集中于 N 和 P 的排放，但其他组分，例如，钾、亚硝酸盐、氨氮、微生物、(重) 金属、抗生素，以及其他一些医药品会最终存在于粪便中，长期施用这类粪便做肥料将导致各种环境问题。

水中的硝酸盐、磷酸盐病原体（特别是粪大肠菌群和沙门菌）或重金属等污染物是主要关注的问题。对土壤过量施用粪肥也会导致土壤中铜的累积，欧盟 1984 年立法后大幅降低了猪饲料中铜的水平，如果粪便得到正确施用就可以降低土壤受到污染的可能性。虽然改进设计和管理可以消除潜在的原位污染源，但现在欧盟高空间密度的生猪生产引起了对于猪粪土地施用的可用性和适宜性的特别关注。越来越多的环境法规开始关注并着手解决这类问题。事实上，目前在荷兰和比利时的佛兰德地区多余的畜禽粪便正在进行出口。

1.4.2.1 氮

氮的各种排放路线如图 1.18 所示。据报道通过这些反应将引起猪粪排泄物中 25%～

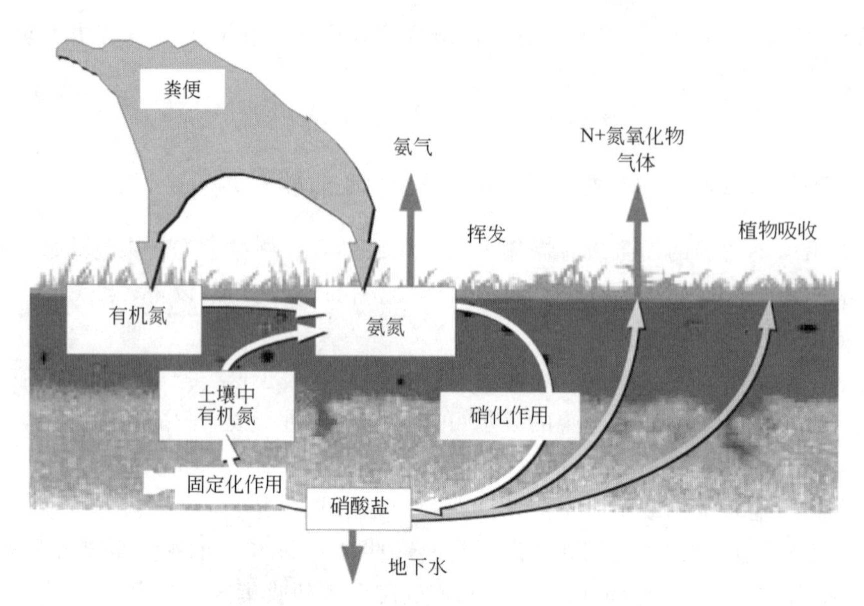

图 1.18 氮循环途径的主要环境迁移和损失［50，MAFF，1999］

30%的氮损失。根据土壤和天气条件不同，如果粪便在土壤表面施用，则 20%～100%的氨氮可能流失。在施用的前几个小时，氨氮释放率会相对较高，之后便迅速降低。这里需要重点说明的是，氨的排放不仅仅是有害废气排放，也会造成施用粪肥的质量的下降。

农业源污染，特别是氮污染，通过研究已确定对欧洲土壤、地表水和海洋质量带来了风险。这些风险涉及饮用水中发现浓度较高的硝酸盐、地表水体富营养化（与磷的协同作用）以及沿海水域土壤和水的酸化（富营养化导致海藻过度生长，并可能导致对水生生物多样性和人类利用水体产生潜在的不利影响）。

欧盟的硝酸盐指令 91/676/EEC 的目标是通过减少和限制每公顷耕地氮的应用来降低这些风险。成员国有义务查明这些氮化合物排入水中容易造成污染，并需要特殊保护的脆弱区域，即硝酸盐敏感区。在此区域内，畜禽粪便土地施用的限制最高水平为每年 170kgN/hm^2。在 2000 年，所有的硝酸盐敏感区域覆盖了欧盟 15 国总土地面积的 38%［205，EC，2001］。

在有足够的可用来施用产生的大量粪便土地的地区，采用土地施用所产生的问题就相对很少。集约化畜禽养殖生产和相关的氮污染问题在不同的国家和欧盟的不同地区都有不同程度的激化。氮过量在猪和家禽养殖场中是最关键的问题。

1.4.2.2 磷

在农业中磷（P）是必要元素，并且在各种生命形式中都发挥着重要作用。在自然系统（即未耕种）中，P 是通过干草、树叶和蔬菜残体循环回归到土壤中的。在这些生态系统中，P 得到相当有效的回收。然而，在农业系统中，粮食或动物产品中的 P 都被去除了，需要在持续的生产中额外引入 P。只有 5%～10%的 P 被土壤吸收和利用，很大数量的 P 超过了实际需求，但是含 P 量不断增加的粪便仍然还被施用到土壤中。

粪便作为重要的磷释放源在持续增加，估计欧盟地表水中有 50%的 P 是由于施用畜禽类便而淋溶出来的［150，SCOPE，1997］。

在湖泊和流速较慢的河流中浓度为 20～30μgP/L 会引起水体富营养化（该浓度即为P 的限值），在淡水中存在生长有毒蓝藻的风险［209，Environment DG，2002］。

1.4.3 其他排放物

1.4.3.1 噪声

集约化畜禽养殖场会产生噪声和其他生物气溶胶的排放。例如臭气，是一个区域性问题，通过适当的规划可以将干扰保持在最低限度。伴随着传统农场区农场的扩张和农村住宅的增加，与此相关的问题也会增加。

1.4.3.2 生物气溶胶

生物气溶胶在疾病传播方面产生重要影响。饲养类型和饲养技术可以影响生物气溶胶的浓度和排放。颗粒或粉状饲料通过添加脂肪和油，利用液体喂养系统混合后进入干饲料喂养系统，可以减少粉尘的产生。当用油作为黏合剂时，粉状饲料混合要更好一些。液体饲料系统是值得推荐的。干燥饲料系统只能在溢流/原始溢流喂养器的基础上生效。通过干燥收割和贮存，可以保证原材料的高品质。这样才可以避免污染，尤其是细菌和真菌污染。

定期清洗房屋设备和房屋表面可以清除沉积的灰尘。这个制度得到了所有方法的全方位支持，之后是有必要对猪舍进行细致的清洗和对房屋消毒。

一般情况下，没有垫料的猪舍中粉尘量比垫料的要少。在垫料的牲畜舍中，必须小心对待和处理垫料，保持其清洁和干燥，在任何情况下都要杜绝霉菌/真菌的生长。地面上保持低空气流速可以降低空气中的含尘量。

2 生产系统和技术的应用

本章介绍集约化畜禽养殖的生产系统和主要生产活动，包括使用的材料和设备以及应用的技术。本章列举了目前欧洲普遍应用的技术和设备，并为第 3 章的环境数据提供了相应背景，为第 4 章的减排技术的环境性能提供了参考和基准。

本章不期望对现存的技术都作出详尽描述，也不可能给出 IPPC 中关于养殖场所有组合技术的描述。由于历史发展、气候以及地理状况的不同，养殖场在生产活动的应用和开展方面不尽相同。但是，它可以使读者了解欧洲家禽和猪肉生产的一般性的生产系统和技术。

2.1 简　介

畜牧业生产关注喂养过程以形成适于人类消费的形式。我们的目标是要达到一个高的饲料利用率，与此同时，使用的生产方法不会产生对人类或环境有害的排放。通常养殖系统不需要很复杂的设备和设施，但它们越来越需要的是高水平的专业知识，来妥善处理所有的养殖活动以及平衡养殖目标和动物福利之间的关系。

畜禽养殖数目控制在 IPPC 规定的范围内，集约化养殖场的特点是高度的专业化和组织化。所有活动的核心是以产肉和产蛋为目的的牲畜养殖、生长、育肥。所有活动的重要组成部分是牲畜饲养系统。此系统（见 2.2 和 2.3 部分）包括下列内容：

- 动物的饲养方式（笼养、箱养、自由放养）；
- 所产生粪便的去除和储存（内部）系统；
- 用于控制和保持良好室内空气的设备；
- 动物的喂养和供水的设备。

农场系统的其他基本要素：

- 饲料和饲料添加剂的存储；
- 存储粪便的单独设备；
- 动物尸体的存储；
- 其他残留物的存储；
- 装载和卸载动物的设备（使动物入栏和出栏的设施）。

此外，在产蛋场，鸡蛋的选择和包装设施也是必需的。

大量生产活动是农场系统的一部分，但是由于土地的可利用性、农业传统或是商业利益等原因农场之间存在差异。在一个集约化畜牧农场中，会存在以下的活动或技术：

- 畜禽粪便的农用；
- 畜禽粪便的农场处理；
- 饲料碾磨装置；
- 废水处理装置；
- 尸体等废弃物的焚烧装置。

这些活动纲要性表示如图 2.1 所示。

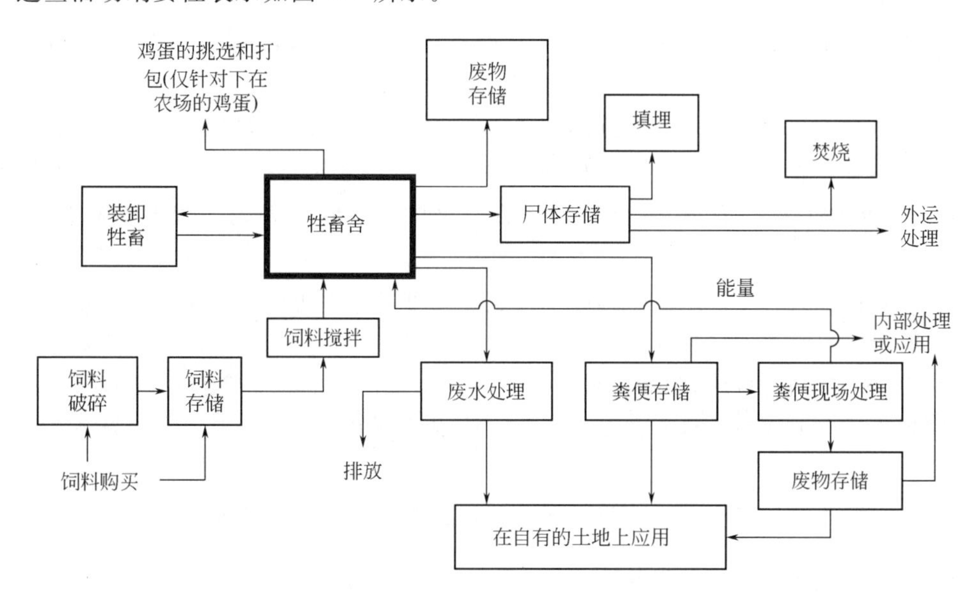

图 2.1 集约畜牧农场的一般活动方案

2.2 家禽生产

2.2.1 鸡蛋生产

对于商业化鸡蛋生产，所使用的蛋鸡是经过挑选和饲养策略优化具有潜在的高产蛋量的基因型鸡种。通常蛋鸡的个体较小，不能作为肉鸡食用。较小的个体有利于饲养，使得几乎没有营养物质浪费掉，而是直接将膳食营养用到了鸡蛋生产上。蛋鸡的品种可进一步分为产白壳蛋的鸡和棕壳蛋的鸡。

从蛋鸡生长末期（大约是 16～20 周）测算，通常饲养在产蛋鸡笼中的蛋鸡的产蛋期为 12～15 个月。如果在产蛋期的第 8～12 个月使其强制换羽，那么产蛋期可以延长。这利用了第二产蛋期的优势，在强制换羽期的末期至少增加了 7 个月的产蛋期，使得产蛋期长达 80 周［124，Germany，2001］。非笼舍系统中，在没有强制换羽的条件下，产蛋期是从 20 周持续到 15 个月。

不同的禽舍系统中，单位面积上饲养的鸡的数量是不一样的。常用的笼舍允许的饲养密度达 30～40 只鸡/m^2（指有效面积），主要取决于笼舍层的设置。严格限制鸡的活动自由的替代系统（如富集型鸡笼），其饲养密度要低得多，为 7 只鸡/m^2（干草层）到 12～13 只鸡/m^2。普遍应用的空间有限并缺少合理设计元素的笼子，限制了典型鸡种的行为模式，同时，导致羽毛损坏、脚趾变形和同类相食等不正常的行为。然而，由于空间不够而同类相食现象，也会在空间富集型鸡笼中发生［194，Austria，2001］。

大多数蛋鸡仍使用笼养方式，但是，从 2003 年 1 月起，欧洲立法规定（指令 1999/74/EC）严禁再新安装笼养鸡舍系统，到 2012 年 1 月，这种鸡舍系统将完全取消。这意味着，从 2012 年 1 月起只有空间丰富的笼舍被允许使用。

然而，目前有许多的研究和谈判正在对上述指令所定义的装置的缺点进行分析，此外，还需要考虑不同系统对于健康和环境的影响。根据这些研究和谈判会决定（在 2005 年）指令 1999/74/EC 是否会进行审查。决议生效时，鸡笼系统的要求仍然是不确定的。

目前越来越多的非笼舍系统得到应用，这样鸡可以自由活动，例如自由放养、半集约化、深垫料床、大棚和大鸡舍的笼舍系统。从 2002 年 1 月起，这些系统的定义将由指令 1999/74/EC 改变为自由放养和棚舍系统，在这其中所使用的术语“自由放养”是指，鸡日间可以到户外自由活动。然而在以下章节，传统术语仍用来描述不同的非笼舍系统，以避免通篇都是上述指令提到的大棚和自由放养。

非笼舍系统的设计和管理与肉鸡饲养系统相类似（见 2.2.2 部分）。

2.2.1.1 蛋鸡的层架式鸡笼系统

层架式鸡笼系统由以下要素的组合而成：

- 构筑物
- 笼舍设计和安置
- 粪肥收集、分离和储存

集约化鸡蛋生产通常在由各种材料（石材、木材和板材覆钢）制成的封闭建筑中进行。该建筑设计可以有或没有照明系统，但一定要通风。建筑内的设备可以是手工操作，也可以是全自动系统操作，来控制室内空气质量、去除粪便和收集鸡蛋。靠近或紧连着的房舍是饲料贮存设施。

在笼舍系统中，四组主要层架式设计是：单层平列式、阶梯式、层叠式和传送带式

(图 2.2)。除此之外，全阶梯式的设计也可行［183，NFU/NPA，2001］。在现行规定下，可以构筑 8 层、最大密度可达 30～40 只鸡/m^2，这取决于不同鸡笼层架式布置。一排鸡笼可以超过 50m 长，预留一些过道。现代大企业所建设的鸡笼系统可以容纳 20000～30000 只鸡，甚至更多。典型的笼子规格是 450mm×450mm× 460mm，可容纳 3～6 只鸡。鸡笼大多由钢丝制成，配套自动饮水（乳头饮水器）和自动给料（链或车给料）设备。房屋的平均使用时间很长（为 311～364 天），只在两个产蛋期之间用于清理相关设施的时间很短。

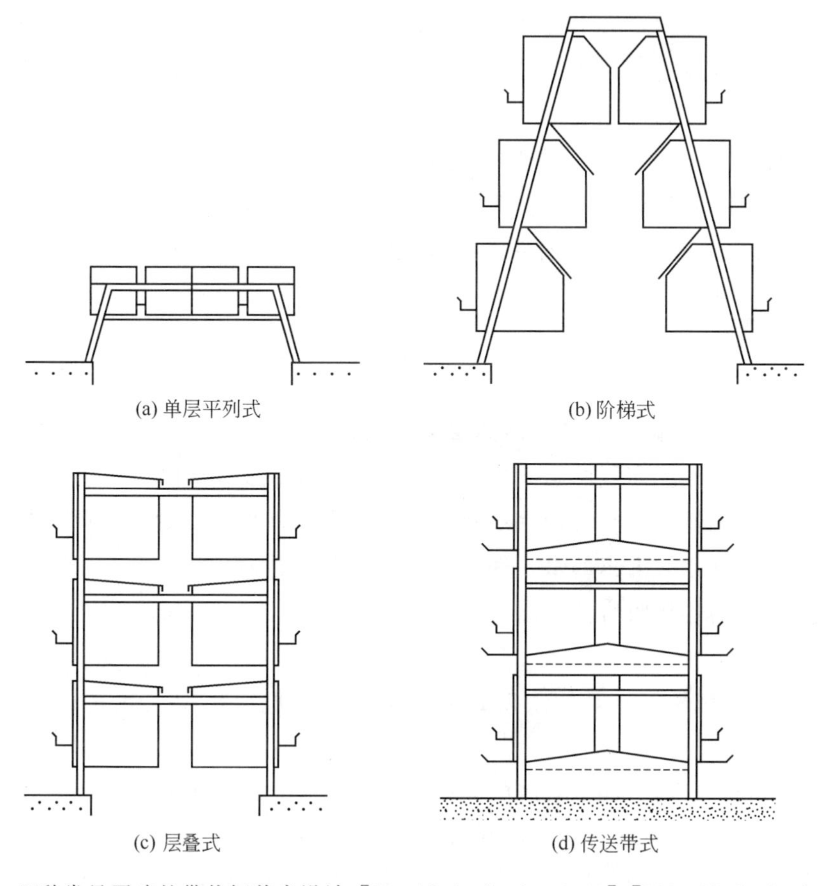

图 2.2　四种常见蛋鸡的带状饲养房设计［10，Netherlands，1999］［122，Netherlands，2001］

倾斜的笼内地板使鸡蛋滚动到笼子的前面，用手或传送带收集，之后进行进一步挑选和包装。鸡粪从笼子底部掉落，并储存在下面，用传送带或刮板去除。一般，平列式和阶梯式笼舍平均每只鸡所占空间较大和投资较高。由于构筑应用方式，这些系统较之其他系统会产生湿度较大的鸡粪和较高的氨气排放量（在通风率很低时笼子中的浓度为 40mL/m^3）。目前不同笼舍系统的应用比例是未知的，但在欧洲蛋鸡主要饲养于层叠式或单层平列式笼舍系统内。

饲养在层架式笼舍系统中的产蛋鸡的粪便不与其他物质混合，可用不同的方式管理，例如在一些饲养场中添加水使得运输粪浆更容易。事实上，粪便的收集和储存可分成两种不同的方式：

- 粪便暂时贮存在笼区，又有不对粪便曝气和对粪便曝气两种方式；
- 笼区和储存设施分开。

蛋鸡的新鲜粪便中干物质约占15%～25%，干燥后干物质的比例增加到40%～50%。干燥使得干物质含量增大可能会进一步减少排放量，但这需要更多的能量。通常，干物质含量为45%～50%的干粪从笼舍中移除后可立即应用、运输或者储存在农场中的一个独立储存设备中。在存储过程中，自然干燥（堆肥或加热）可使得干物质的比例增加到80%左右。在这个过程中，会出现氨和臭气的排放。

当新鲜粪便从饲养房移到一个单独的封闭或露天的储藏室中，会发生自然干燥；在深坑中，通过对存储区强制通风进行干燥。需要指出的是，快速将潮湿粪便从饲禽舍移到储存室后（释放排放物15%～25%的干组分），粪便将进一步干燥。

在现有的众多不同组合中，欧洲常用的产蛋鸡层架式笼舍系统有四种：

- 笼子下面有开放式粪便储存室的带式系统；
- 深坑和槽式房；
- 棚屋；
- 带外部储存室的粪便传送式系统。

2.2.1.1.1　笼舍下配有敞口式储粪池的层架式系统

产蛋鸡饲养在一层或多层的层架式鸡笼内。鸡笼（平板式、阶梯式或层叠式）配有塑料板或金属板，用以暂存鸡粪。依据不同的设计方式，鸡粪可自动掉入粪坑或是用刮板清除。排泄物（包括饮水时溢出的水）都收集在笼子下面的一个粪坑中，一年一次或是多年一次，用刮板或者前端接收容器去除（如图2.3所示）[26，LNV，1994]，[122，Netherlands，2001]。

2.2.1.1.2　配有通风曝气装置的敞口式储粪池（深基坑或高架式或槽式房）**的层架式系统**

鸡笼设在储粪坑上面。深坑系统的高度在180～250cm之间（图2.4）。槽式饲养房有一个高度约100cm的坑（图2.5），湿粪落入坑中，可在此储存一年甚至更久。

在槽式房以及深基坑内，换气扇置于笼舍建筑的下部用以通风。空气通过屋顶敞开式的屋脊系统进入构筑物，穿过笼舍区，与室内空气发生热量交换。热气流流过储粪坑后，离开构筑物。储粪坑中的粪便被加热后的空气干燥。

在储存过程中，发酵产热。发酵导致氨的高水平排放。为得到好的干燥效果，笼子下面平板上的鸡粪要预先干燥3天左右，3天后鸡粪中干物质含量约为35%～40%[10，Netherlands，1999]。

在英国，板条式粪便干燥技术曾应用于全阶梯笼或平板笼中的深基坑系统中。粪便在形成的锥面上干燥6个月后进入深坑，板条则重置继续使用。这种技术可能仍可继续使用，但随着配有全阶梯笼或平列笼的深基坑系统的中止使用，这项技术很大程度上已经停止使用[119，Elson，1998]。

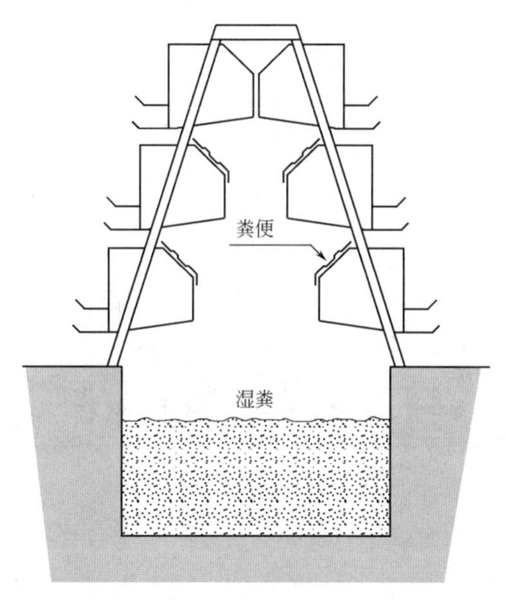

图 2.3 阶梯之下配有开放式粪坑的层架鸡笼实例

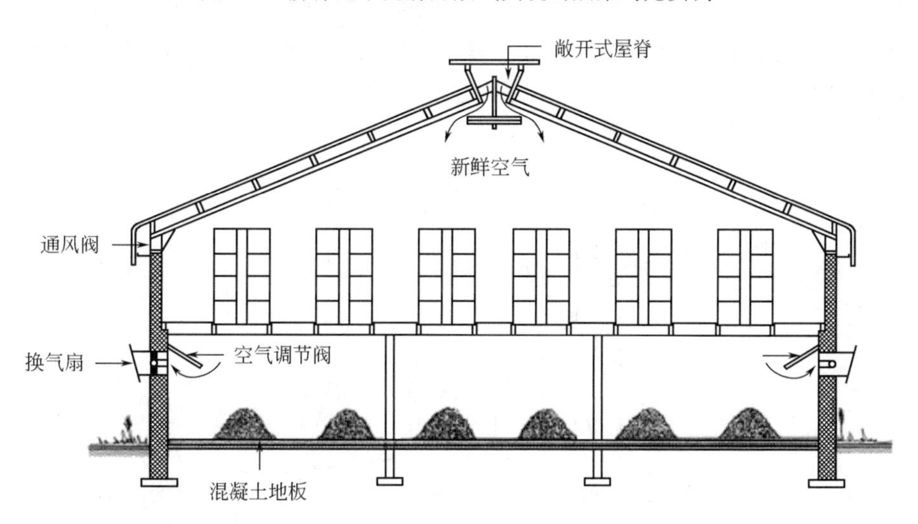

图 2.4 饲养蛋鸡的深坑系统 [10，荷兰，1999]

2.2.1.1.3 棚屋系统

深坑系统或高层系统的设计的变形即是棚屋系统。中心是垂直的层结构槽式笼并在所有层或开放式深坑存储器的下面配置刮刀。这项技术在笼子和粪便存储区之间安装可控制开口大小的阀门，以控制风从粪便存储区的墙上的大开口，流入干燥粪便。深基坑系统的粪便储存和饲养在同一区域，但在棚屋系统中两者是分离的。因此，在任何时候鸡粪都可以从储存区被清除，因为这是在母鸡的视听范围之外 [119，Elson，1998]。

棚屋类似于图 2.4 中的深基坑房，与之不同的是棚屋系统没有侧壁。

2.2.1.1.4 通过刮板将鸡粪移到封闭储存区的层架式系统

该系统是开放式储存系统的变形，笼子下面是与笼子等宽的开放式浅粪渠（图 2.6）。鸡粪先掉在笼子下方的塑料板或金属板上，然后进入粪渠。鸡粪定期（每天或每星期）清

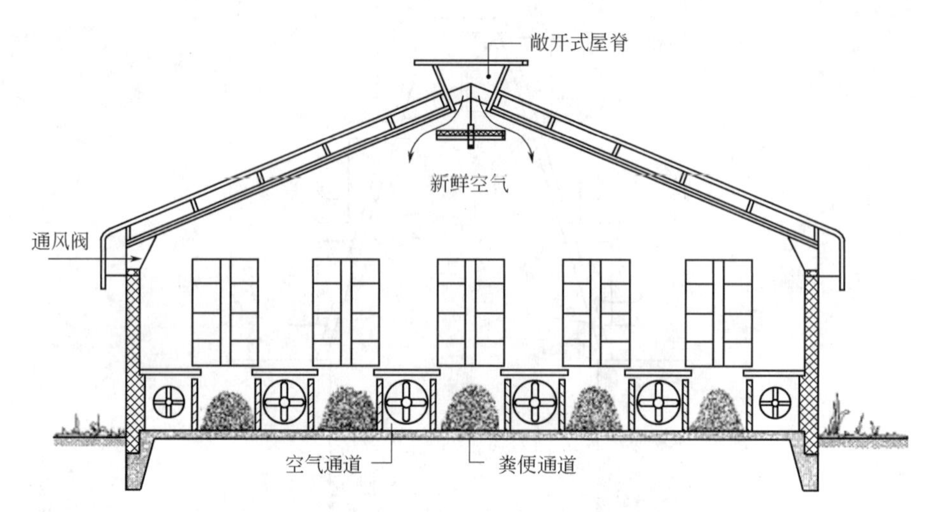

图 2.5 蛋鸡的槽式饲养系统实例［10，荷兰，1999］

除，存储于单独的储存设施中（坑或棚）。存储坑通常由混凝土制成。使用刮板刮粪，几年后坑底面变得粗糙，且在坑底面会形成一层粪膜，导致氨排放量增加。无论是塑料板或是金属板上的鸡粪，还是坑底面上的鸡粪膜，都造成了大量的氨排放［10，Netherlands，1999］［26，LNV，1994］［122，Netherlands，2001］。

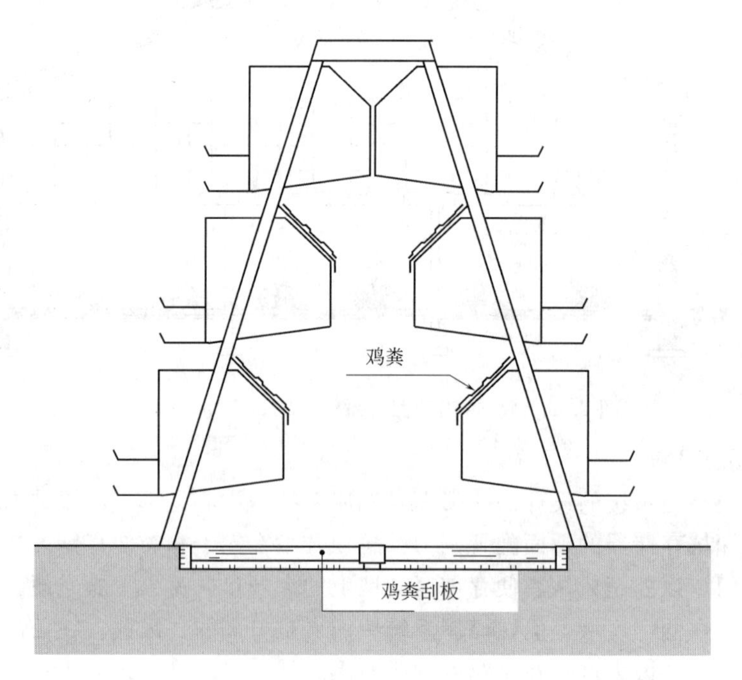

图 2.6 层架式养鸡房下配置刮刀的开放式浅粪渠的实例

2.2.1.1.5 将粪便频繁清除到带有干燥或不带干燥设施的封闭储存区的粪便传送带层架式鸡舍

粪便传送带层架式鸡舍在整个欧洲普遍应用。在这种系统中，蛋鸡的粪便通过笼子下面的粪便传动带收集和运输到封闭储存区，至少一周两次。粪便传送带位于每层（或整个笼）下面，粪便在此处收集。传送带末端的横式运输机进一步将粪便运输到外部存储器中（图 2.7）。传送带是由光滑、易于清洁的聚丙烯或聚酯纤维材料制成，带上不会粘有残留物质。使用现代高强度输送带，极远处笼区的鸡粪也可被清除。鸡粪在传送带上会被干燥，尤其是在夏季，鸡粪可在传送带上停留长达一周。

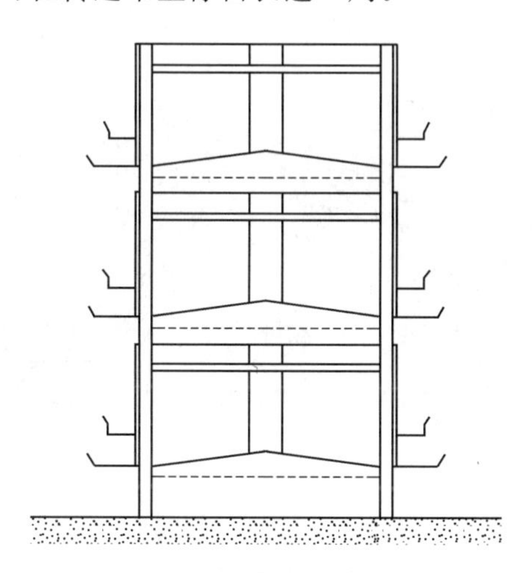

图 2.7　在每排鸡笼下配置传送带将鸡粪运输到封闭储存区的粪便传送带层架式鸡舍实例

对于改进的传送带系统，空气流动能实现粪便的更快速干燥。空气从鸡舍中每层鸡笼下刚性聚乙烯制成的通风管道鼓入。同时也给饲养的鸡的四周引入了新鲜凉爽的空气。进一步改进是：引入预热空气和/或使用热交换器来预热引入的空气。

2.2.1.1.6　富集型鸡笼

富集型鸡笼是最近发展起来的蛋鸡饲养笼舍类型（图 2.8）。富集型鸡笼作为目前普遍应用的传统饲养笼舍的替代形式出现：参阅 2.2.1 部分常用的饲养笼舍系统。欧盟指令中规定了饲养笼舍的最低要求，如每个笼子必须配备栖息处、产蛋箱、带垫料的砂槽等[121，EC，2001]。

由于鸡舍设计不同，每个鸡笼的饲养数量、鸡窝、沙槽设计以及笼中的布置上会有所区别。鸡笼的饲养数量一般在 40 只以上［179，Netherlands，2001］。相较于普通的鸡笼，富集型笼舍空间更大且配置特殊装置以促进物种的特异行为。另外，在富集型笼舍中还可使用垫草、沙子、木屑，或其他材料来提高动物福利。

鸡笼中的垫草是影响鸡笼管理的主要因素之一，例如，关于垫料的种类、垫料的填充或垫料表面的清洁（自动或非自动）以及建筑物内粉尘含量水平等都具有争议。此外垫草中的鸡蛋会和鸡粪一起被清除的风险也增加了。垫草材料的选择非常重要，取决于成本、可用性、饲养鸡的使用情况以及是否易于清除处置情况等。每只蛋鸡每天消耗的垫料的数量和成本是多变的，取决于所使用的材料。垫料的使用会使鸡粪的体积增加，所以可能会影响肥效，同时鸡粪从鸡舍内清除出来之后的处理过程也会受到影响。垫料的材料不同，所产生的影响差异很大［204，ASPHERU，2002］。

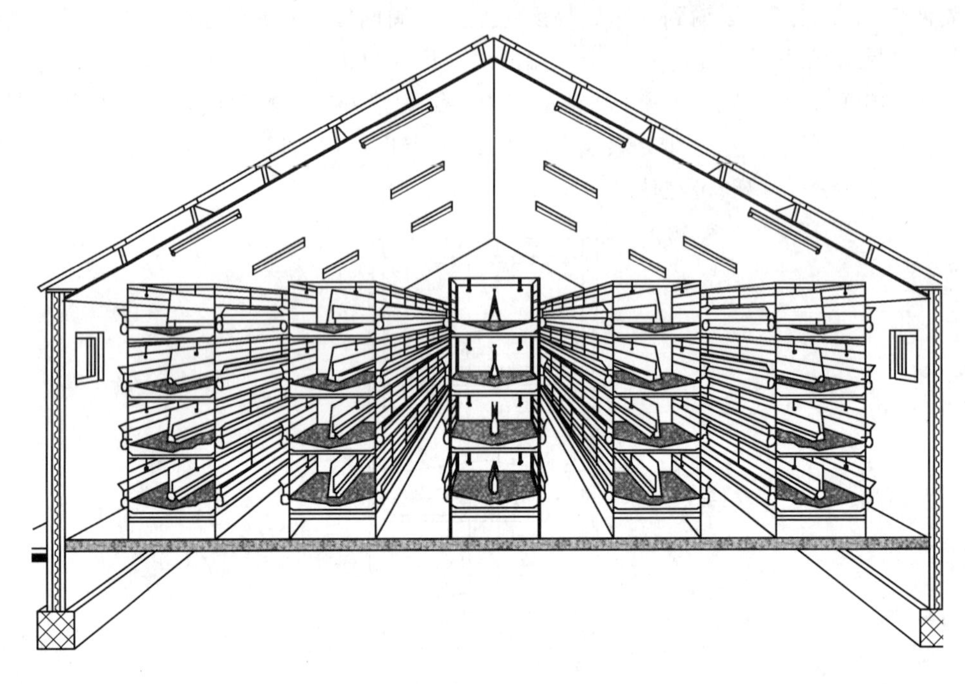

图 2.8 富集型鸡笼的一个可行设计示意图 [128，Netherlands，2000]

鸡笼是由钢丝制成，配置水平前置筛网或棒条，并将 3 层或更多层布置成实体部分。粪便通过粪便传送带（曝气或不曝气）自动清除。

据报道，典型排气量是每只鸡每年排放氨气 0.035kg（荷兰）。若每只鸡每天产生约 160g 新鲜粪便（含氮量 1.3%），则每只鸡每年排放氨气 0.014～0.505kg。据报道粪便中的干物质含量为 20%～60%，取决于应用的饲养系统：不通风干燥的粪便传送带为 25%～35%，通风干燥的传送带为 35%～50%。

传送带和通风设备需要的能量和其他传送带（曝气）系统相当。垫料的使用会造成室内粉尘增多。诸如砂子、木屑等其他的材料需要处理。

该系统的喂食和喂水，照明和通风与传统鸡舍非常相似，但是每年每只鸡需要 1～2kg 的垫料。

该系统是专门设计以代替传统鸡舍系统。应用该系统本身不需要对构筑物做大的改动，但需要更换现有系统中全部鸡笼。

总经营成本估计约为每年每只鸡 1.5 欧元（荷兰）。

如今，富集型鸡笼只是在少数农场中得到商业应用。例如，在荷兰（参考 2001 年）仅有一个农场应用了此系统。

本节参考文献 [122，Netherlands，2001]，[124，Germany，2001]，[180，ASEPRHU，2001]，[179，Netherlands，2001]，[204，ASPHERU，2002]。

2.2.1.2 蛋鸡的非笼养系统

蛋鸡也可饲养在非笼养系统中。这些饲养系统的共同点是鸡有了更大的空间，可以更自由地活动。鸡舍的建设和笼养系统类似。不同成员国的鸡舍设计不同，例如：厚垫料床系统；大鸡笼饲养系统。

指令 1997/74/EC 定义了两种非笼养系统：棚屋和自由放养系统。

2.2.1.2.1 蛋鸡的厚垫料床系统

该蛋鸡鸡舍的屋顶、墙壁和地基都采用传统建筑构造。鸡舍绝热并强制通风；无窗或有窗以获得日光均可。鸡舍的饲养数量为 2000～10000 只。通过自然通风或负压条件下强制通风并强制排放。根据欧盟最近实施的鸡蛋市场标准，至少 1/3 的地面面积（混凝土楼板）必须覆盖有垫床（碎草或木屑作为垫料），2/3 作为排泄（粪肥）区。

坑上覆盖有板条，一般是木制或人造材料制成（金属筛网或塑料格子），微微凸起。产蛋区、喂食区和饮水区设置于板条上以保持垫料区的干燥。产蛋期（13～15 个月）的粪便收集于板条下的坑中。地面凸起或凹陷均可形成粪坑（图 2.9）。

自动供应饲料的长槽或自动圆形送料机（进料盘）以及自动供应饮水的乳头形或圆形饮水器都安装于粪坑之上。在产蛋期末将粪便从坑中清除；或是间歇性地使用（曝气）粪便传送带。1/3 以上的废气流过粪坑。设置单独的或集体产蛋区；鸡蛋自动收集亦可行。可以应用灯光或在饲料中添加天然蛋白的方法来改变产蛋性能/速率 [128，Netherlands，2000]，[124，Germany，2001]。

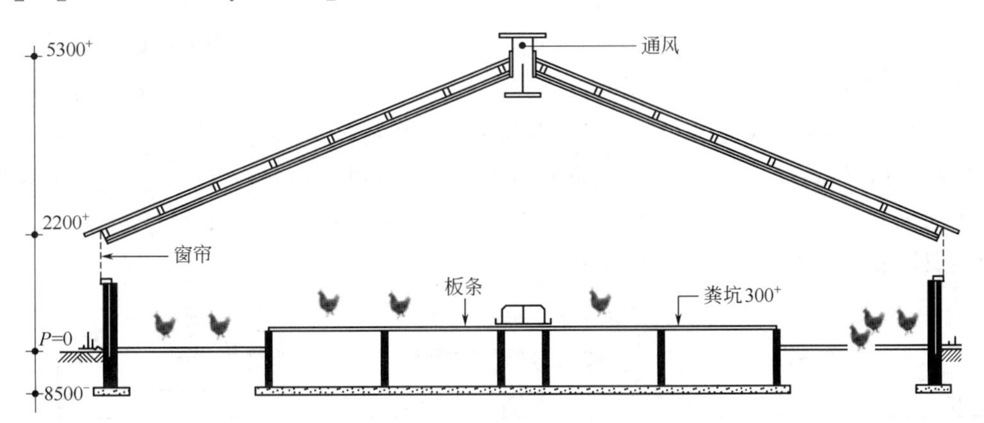

图 2.9 传统厚垫料系统的横截面示意图（单位：mm）

2.2.1.2.2 大鸡舍系统（禽舍）

该鸡舍由绝热材料建成，带有强制通风，无窗或有窗以获得自然日光或人工照明；禽舍可以与内外家禽砂浴区相连。鸡群养在笼舍中，可在整个饲养房中自由活动。饲养房又细分成不同的功能区域（进食区、饮水区、睡眠和休息区，活动区、下蛋区）。相较于通常使用的地板（深层垫料系统），每只鸡可在几个区域活动，故饲养密度更高。粪便通过粪便传送带或其他方式清除到容器或粪坑中。垫料被分散平铺到固定的混凝土区域。自动供应饲料（主要是饲料传动链）和饮水（乳头或杯状饮水器）。下蛋区（单独或集体蛋窝设计）进行人工或自动鸡蛋收集。饲养数量为 2000～20000 只鸡（鸡舍区）时，最大饲养密度为 9 只鸡/m^2 有效面积或 15.7 只鸡/m^2 地面面积，如图 2.10 所示。

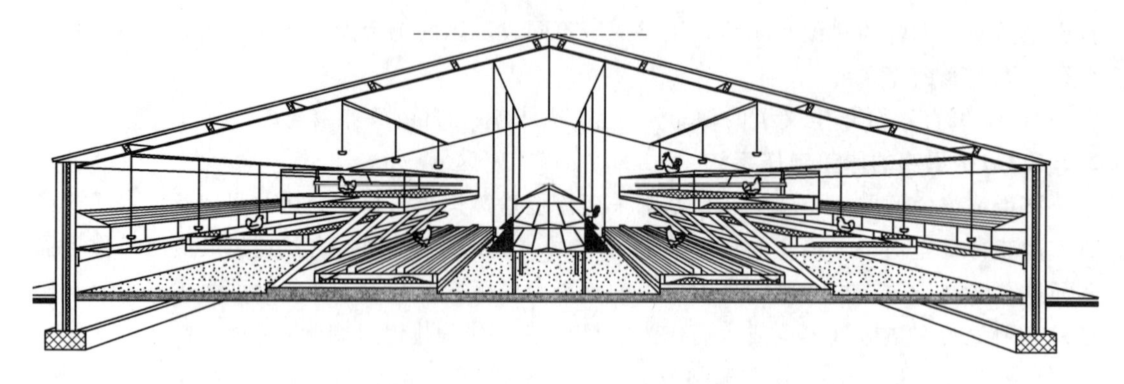

图 2.10 大鸡舍系统示意［128，Netherlands，2000］

2.2.2 鸡肉生产

鸡肉主要是由肉鸡型鸡生产的，它实际上是多种品种的杂交体。对品种的组合进行选择产生一种生产商想要的具有产肉特性的种类（品种）。有些品种肉鸡长得又快又大，有些就着重在一些其他特性上：如鸡胸脯肉多，料肉比高，疾病抵抗力强等。鸡品种通常由基因育种公司命名。这些种类并不适合产蛋。

集中式肉鸡生产的传统鸡舍是一个简单的密闭结构，木制或混凝土建成，有窗采用自然光或无窗配有照明、绝热并强制通风（图 2.11）。鸡舍也可是开放式侧墙的构筑物（窗为百叶窗）；使用风扇或进风阀门进行强制通风（负压原理）。必须设置开放式鸡舍，以便肉鸡能够自由暴露在自然气流中。鸡舍方向还需和盛行风向垂直，也可以通过屋脊缝隙进行额外通风，也可应用山形墙开口，以便在夏天给室内肉鸡饲养区域提供气流循环。侧墙上有金属网屏障将野生鸟类或鸡阻挡在外。

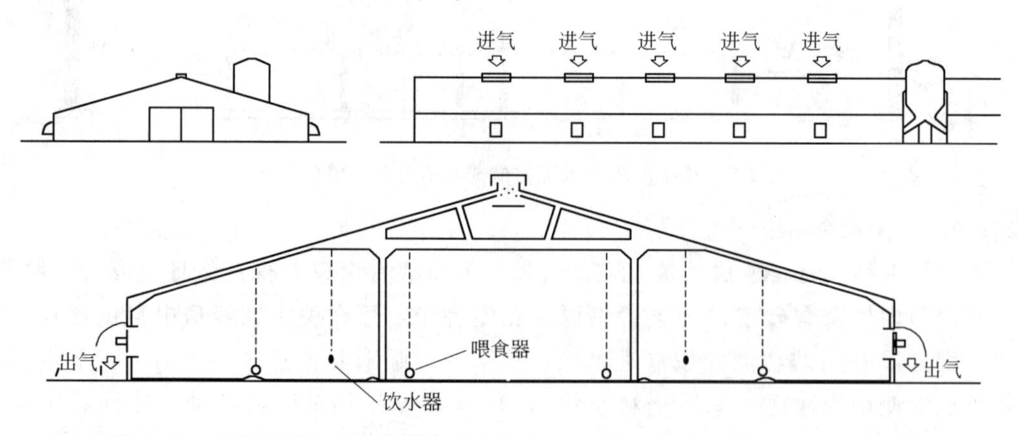

图 2.11 通常应用的肉鸡舍横截面示意［129，SilsoeResearchInstitute，1997］

封闭鸡舍配以石油或天然气作为燃料的热气流鼓风机对所有房舍供热；在开放通风的鸡舍中用辐射热体进行带状加热。按需提供人工照明或人工/自然结合的照明。

在整个鸡舍的地板上布满垫料（碎草、木屑或碎纸），肉鸡饲养在垫料床上，地板采用实体混凝土地板。在每个生长期末粪便被清除。使用自动、高度可调的喂食和喂水系统

(大部分是配有环形储食盘的管状进食器和配有盛水器的乳头形饮水器)。采用添加粗蛋白饲料进行喂养。肉鸡的饲养密度保持在18～24只/m^2。饲养密度也以kg活重/m^2计量(例如在芬兰)，但数字仍保持不变。新的立法中可能会限制肉鸡饲养密度。鸡舍内可以放养20000～40000只鸡。

2.2.3 其他家禽生产行业

2.2.3.1 火鸡饲养

饲养火鸡旨在产肉，可应用不同的生产系统。饲养过程可认为是两阶段系统（英国、荷兰)。第一阶段是所有鸡饲养4～6周，然后，公火鸡被转移到另外一个鸡舍中。饲养期为19～20周，公鸡的平均屠宰重量为14.5kg（21～22周)，母鸡为7.5kg（16～17周)(见表1.1)。在芬兰，根据四种不同的饲养量而划分为四个饲养阶段，公鸡饲养16周，母鸡饲养12周。开始时，小鸡仔的饲养密度非常高。在生长期，鸡群规模逐渐变小，到22周之后只保留1/3。在英国，母火鸡首先被移出，并做成烤鸡出售。公火鸡等待做进一步处理。

2.2.3.1.1 常用火鸡鸡舍系统

常用火鸡饲养舍是一种传统的房舍建筑，与肉鸡舍很相似（图2.11)。火鸡是被饲养在带有保温和强制通风的封闭鸡舍中，或者（采用更多）饲养在有开放式侧墙和百叶窗式窗帘（无限制自然通风）的开放式（户外气候）鸡舍中。强制通风（负压）采用风扇和进气阀实现。通过自动控制百叶窗或安装在墙上的进气阀实现自由的空气流通。开放式房屋与盛行风向垂直，以这样的方式来暴露在自然气流中。应用槽脊和山墙开口进行额外通风。采用辐射气体加热器供热。

因为每个单元中都饲养了大量的禽类，风险大，断电、极端天气或火灾等紧急情况的预防措施必须到位。在夏季高温期，需要采取其他措施来尽量减小禽类的热压力，包括提供较大体积的空气交换，在开放式养殖房中添加额外的风扇以保持禽类舒适度、水汽雾化或屋顶喷淋等。

侧墙上部的电线网用来阻止外部的野生禽类进入。地面主要是混凝土地板并铺有9～12英寸厚的垫料（碎草，木屑)。笼舍粪便的清除在各个饲养末期进行。所有垫料通过挖掘机和前装载机清除，并根据需要补充更新垫料。在整个生长或饲养期间使用高度可调的自动环形饮水器和喂食器。育雏期，可对日照时间长度和日光强度进行调控，而封闭养殖房中，整个育雏期和肥育期都可以进行调控。

在下面的2.2.3.1.2和2.2.3.1.3部分中，将会对常用系统可能发生的变动做出描述。

2.2.3.1.2 密闭式火鸡鸡舍系统

在这个系统中，火鸡舍中的木屑或刨花在整个育肥期中被清除9次，以减少氨的排放，以使干草和粪便的温度不再增加。火鸡舍与2.2.3.1.1部分中描述的标准相类似。利用带铲车的拖拉机将粪便从鸡舍里运出，同时抬升饮水和喂食系统，使其不受影响。

在饲养开始阶段，均匀铺一层约4cm厚的薄木屑或刨花层在地板上。35天后将所有粪便从鸡舍中清除，再换铺一层3cm（非4cm）的木屑/刨花层。以不同的时间间隔反复进行以上操作，直到育肥期结束，具体时间间隔如下：间隔35天、21天、21天、14天、14天、14天、14天、14天和14天时，分别铺设4cm、3cm、3cm、3cm、3cm、3cm、5cm、5cm（最后一个时间段不铺设）厚的木屑或刨花层。清除粪便时，用铲车将火鸡轻轻地移出，在铲车后面设置铺设木屑或刨花层的系统。

整个系统的氨排放量预计为每年0.340kgNH_3/m^2，但这需要更多的研究来验证。为此，在火鸡舍中安装了新的测量系统，每两天提供一次氨气排放的测试数据。

相对于养殖户在育肥期将粪便多次混合的常用系统（见2.2.3.1.1部分）而言，该系统不需要更多的能量输入。粪便干物质含量比传统系统高，故这种粪便的处理方式（如码垛堆积）更简便，耗能更少。

由于干粪便以及木屑与刨花（含量可达65%）的铺设，鸡舍中常常尘土较多，操作人员需要佩戴面具，因而会提高劳动成本。同样，频繁地将粪便移出鸡舍是否会影响火鸡的生长也是值得考虑的。

该系统是一个管理系统，并不需要对房舍系统本身进行大的改进，因而可以同时用于现有和新建的鸡舍中。对现有的鸡舍中进行改造，只要对全（半）自动提升的饮水和喂食系统进行改进即可。

该系统的投资会比传统系统稍高。同时，该系统也需要养殖人员正确地操作拖拉机或铲车，因此经常性移除粪便会提高劳动力成本。据报道，投资成本为6.36欧元/m^2，总操作成本大约每年0.91欧元/m^2。

在荷兰，目前有1家饲养量为10000只火鸡的鸡舍正在应用该系统。

本节参考文献：[128，Netherlands，2000]。资料来源于火鸡饲料厂，农业设计事务所和氨气排放咨询服务中心提供的使用手册。

2.2.3.1.3 局部通风的垫料床地面系统

地面局部通风的设计是为了减少普通火鸡舍中氨气的排放量。厂房中75%的地面是铺满垫料的，另外25%是由板条组成凸起的平台。这个凸起的平台比混凝土地面高出大约20cm，并覆盖有尼龙布。同时，在水泥地和尼龙布上再铺一层刨木花。利用风扇向屋内鼓风，使空气在凸起的地面和刨木花中流通（图2.12）。

相对于参考系统，该系统氨气排放量减少了47%，即单位火鸡占地面积每年平均减少0.360kg NH_3 的排放量。但是，与传统的养殖系统相比，该系统的通风需要更大的能耗。同时由于测得的粉尘浓度很高，也需要使用呼吸保护装置。但是，由于粪便比传统养殖系统含固率更高，这种粪便的处理方式（如码垛堆积）会相应更简便，需要的耗能更少。

平台的顶部是饮水和喂食装置，火鸡都在这里进食和排便。饲养开始阶段，混凝土地板上按5kg/m^2的密度铺木刨花，平台上密度为2kg/m^2。在生产周期中，随着粪便的增多，为保证垫料的质量需要更多的刨木花。通过对部分粪便进行干燥来降低氨气的排放量。

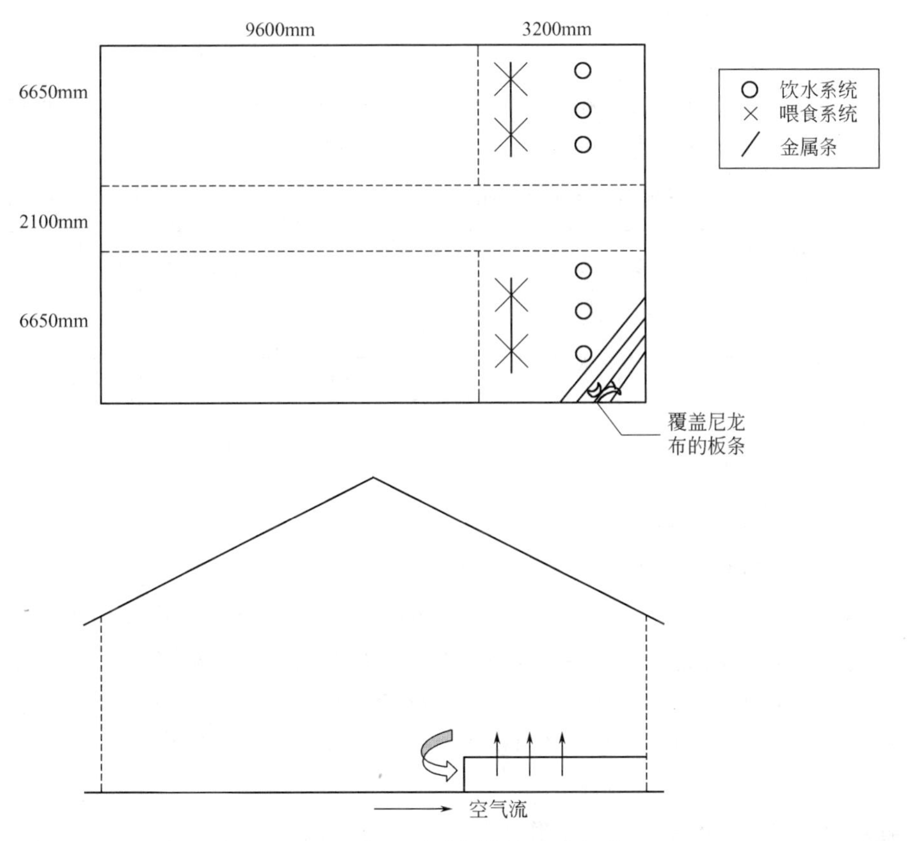

图 2.12 火鸡舍粪便堆放地面局部通风系统横截面示意［128，Netherlands，2000］

该系统可应用于新建或现有的火鸡舍，因为房屋系统本身不需要进行大改造。不过它在动物福利法规约束下是否仍然适合并推广应用是值得考虑的。火鸡的重量大，推广应用比较困难。此外，覆盖在平台上的尼龙布会被撕开，将导致局部空气流动未达到最优状态。

额外的投资成本会比传统系统高，投资成本预计为 6.36 欧元/m^2（每千克氨气 20 欧元）。每年操作成本约 2 欧元/m^2（每千克氨气 2.9 欧元）。

荷兰只有一家养殖场应用该系统［181，Netherlands，2002］。

本节参考文献：［128，Netherlands，2000］，［181，Netherlands，2002］

2.2.3.2 鸭子的养殖

肉鸭的养殖比较普遍。目前市场上品种众多，著名的肉鸭品种有北京鸭和巴巴里鸭；鲁昂鸭和番鸭都是巴巴里品种。北京鸭比其他的鸭种产蛋能力高，但仍保留不同品种的产蛋鸭。麝香鸭是较重的鸭种。公鸭通常比母鸭重。同鸡一样，肉鸭都比蛋鸭重很多（表 2.1）。

鸭子是室内养殖，也有一些国家允许户外饲养。这里介绍三种主要的育肥鸭的鸭舍形式：

- 带有排水沟的全垫料床地面鸭舍；

- 半垫料半漏缝地面鸭舍；
- 全漏缝地面鸭舍。

常用的鸭舍和肉鸡舍相同，都是传统的建筑结构（图 2.11），混凝土地面全部铺满垫料，并配有通风系统（自然式或机械式），根据温湿条件的不同还配有加热设备。

表 2.1 肉鸭种和蛋鸭种的重量范围 [171，FEFANA，2001]

肉鸭种	成年公鸭/kg	成年母鸭/kg
北京鸭	4.00～4.50	3.50～3.75
麝香鸭 Muscovy	4.50～5.50	2.25～3.00
鲁昂鸭	4.50～5.00	3.50～4.10
蛋鸭种		
印度赛鸭	2.00～2.25	1.60～2.00
康贝尔鸭	2.25	2.00

欧盟成员国中的养鸭周期都不尽相同。在德国，肉鸭的生长周期为 21 天，直到 47～49 天可以出栏。育雏期和生长期是分开在不同的鸭舍中饲养的。在鸭舍重新使用之前的 5～7 天，清除鸭舍中的粪便，对鸭舍进行清理和消毒。育雏和生长期的饲养密度都为 20kg 活体重量/m^2 有效面积。育肥舍的有效面积达到 16m×26m，成年鸭舍的总有效面积 16m×66m，因此，育肥栏里可以容纳 20000 只雏鸭，成年鸭栏里容纳 6000 只成鸭（参见说明 [124，Germany，2001]）。

一般采用小麦、大麦秸秆或木屑作为垫料的全垫料床地面。因为鸭子粪便比肉鸡的湿度大，所以垫料层不能太厚。如果采用漏缝地面则通常采用塑料，木材或合成材料作为板条。

2.2.3.3 珍珠鸡的养殖

欧洲目前尚没有具体关于珍珠鸡养殖的信息。相比于以上提及的家禽养殖，珍珠鸡的养殖量就显得微不足道了。珍珠鸡的商业育种和饲养过程可以和火鸡做比较。与普通的鸡相比，珍珠鸡生活习性不同，生长需要更大的空间。来自美国养殖者和美国农业部的数据显示，珍珠鸡的养殖方式通常都是自由放养。在产蛋期，珍珠鸡饲养在具有网格地面、透光廊道的鸡舍中。欧洲众多的珍珠鸡养殖场的规模是否符合 IPPC 的要求有待考商。

2.2.4 禽舍环境的控制

对于所有家禽来说，禽舍都装备了相关的系统来维持室内气候环境，尤其是肉鸡舍室内气候控制有广泛的研究。禽舍室内环境的重要因素有：

- 室内空气温度；
- 适宜动物生存的空气成分和空气流速；
- 光照强度；
- 粉尘浓度；

- 饲养密度；
- 建筑保温。

一般需要对室内温度，通风和照明等进行调控。家禽的禽舍环境主要由最低卫生标准和生产水平决定。

2.2.4.1 温度控制和通风

2.2.4.1.1 温度控制

禽舍温度控制的措施是建设绝热保温墙和供暖。绝热保温墙有局部加热（深层垫料地面系统）或空间加热，直接加热（红外、气体/空气加热、气体对流、热空气炮），间接加热（集中空间加热、集中地热），屋顶喷淋冷却（在气温较高的季节和夏季实行）。

禽舍的地面都是由混凝土制成的，通常是不绝热的，有时会采用半保温地面（如芬兰）。禽舍下面的土壤有可能导致热辐射损失，但是该损失很小，目前也没有关于其影响养殖效果的报道。

废气中的热能回收后有时用来供暖，也可用于干燥粪便。对于蛋鸡，当鸡笼内的养殖密度很高时几乎不需要供暖。

对于肉鸡来说，在冬季以及养殖初期（雏鸡）均需要加热供暖。设备的供暖能力是根据棚内鸡的数量以及棚的体积而定的。例如，在葡萄牙 6000kJ 的气体散热器可以维持 650 只仔鸡的热量，12500kJ 的散热器维持 800 只仔鸡的热量。一些典型的肉鸡禽舍内温度见表 2.2。当仔鸡很小时，需限制其活动以保证它们在育雏器附近。

表 2.2 肉鸡禽舍所需室内温度样例

鸡龄/天	所需温度/℃	室内温度/℃	
	来源 1	来源 1	来源 2
1～3	37～38	28	30～34
3～7	35	28	32
7～14	32	28	28～30
14～21	28	26	27
成鸡	不供暖	18～21	18～21

来源：[92，Portugal，1999]；[183，NFU/NPA，2001]。

火鸡舍内，饲养前期所需温度较高（32℃），所以需要供暖。当火鸡长大后，所需室内温度降至 12～14℃。当火鸡舍内采用局部加热时，就需要更多的通风，这样有可能造成较高的能源消耗。荷兰许多的农场都将自然通风和机械通风相结合，以实现空气流通。通过使用操作阀调整气流，使得空气混合得当，可减少用于加热的能耗。

2.2.4.1.2 通风

家禽禽舍单独采用自然或机械通风或两者同时采用，取决于气候条件和禽类自身的要求。通风气流可以通过控制横向或纵向穿过鸡舍，也可以利用鸡笼下部的风扇从鸡舍屋顶敞开的屋脊向下引风来调控。对自然通风和机械通风来说，房屋的方位要考虑到主风向的影响，利用主风向可以加强对通风气流的控制，也可以减少对养殖企业附近敏感地区的废气排放。室外温度较低时，需安装供暖设备来维持饲养舍内所需的温度。

通风对禽类的健康很重要，会影响产品的质量。当需要降低室内温度或维持室内空气组分时，都可以进行通风。例如，比利时对肉鸡舍内的空气组成成分限定值如表 2.3 所列，各成员国的要求不尽相同。

表 2.3 比利时肉鸡养殖室内各空气组成成分的适宜限值 [33，Provincie Antwerpen，1999]

参　数	极　限　值
CO_2	0.20%～0.30%(体积)
CO	0.01%(体积)
NH_3	$25mL/m^2$
H_2S	$20mL/m^2$
SO_2	$5mL/m^2$

对于利用层架式笼养的蛋鸡，在夏天每只鸡每小时的通风量为 5～$12m^3$（与气候有关），冬天为 0.5～$0.6m^3$ [124，Germany，2001]。

通风系统分为自然通风和机械通风。自然通风系统由可打开的屋脊（天窗）组成。房屋两侧的进风口和出风口最小尺寸为 $2.5cm^2/m^3$。若要实行自然通风，建筑物在设计上就必须加强通风。如果宽度和高度没有正确匹配，通风水平达不到要求，也会导致室内臭味超标。

机械通风系统是通过负压运行，进风口规格为 $2cm^2/m^3$ 房屋体积。机械通风比自然通风昂贵，但能更好地控制室内气候环境。机械通风的设计分为：

- 屋顶通风；
- 屋脊平行通风；
- 侧通风。

以英国为例，40%左右的肉鸡舍都是采用屋顶通风的方式，另 50%采用逆流通风，10%采用横流通风。长流通风是一种新兴的技术，但没有获得进一步的资料。肉鸡的禽舍内，在不同的地方配备多个温度计，以控制室内空气温度。

一般来说，肉鸡场设计应用的通风系统的最大通风能力约为 $3.6m^3/kg$ 活体重。空气流速随温度而变，报道的空气流速水平为 0.1～0.3m/s [92，Portugal，1999]。通风量的影响因素有外界空气温度、相对湿度、鸡的年龄和体重（CO_2、水、热量需求）。

通风需求和不同因子的关系如下：当外界气温为 15℃，相对湿度为 60%，通风量前 3 天取决于 CO_2 平衡，第 4～28 天内取决于水分平衡，此后取决于热平衡。如果外界温度较低，则 CO_2 平衡和水分平衡起决定作用。从温度高于 15℃时，在较低的相对湿度环境和较重的鸡群中，热量平衡的影响变得更加重要。资料显示，肉鸡的最低通风要求为 $1m^3/kg$ 活体重 [33，Provincie Antwerpen，1999]。

2.2.4.1.3 变频器 [177，Netherlands，2002]

实际操作中，通风机大部分是由一个 230V 双向晶闸管控制器驱动。该控制器的一个缺点是，晶闸管驱动的通风机在低转速工作时会有能量损失，导致每立方米空气置换耗能升高。另一种可以驱动通风机的控制器是变频器，它可以低速运行，但不会降低能源效率。截至目前，最常用的猪舍通风系统在每个隔间都安装一个或多个风扇。这些风扇都配备了一个230V交流电的电机，通过简单的风扇控制器或三端双向控制器为基础的气候环境计算机来调整转速。

变频器通风系统与传统的通风系统相同，每个隔间都使用风扇。只是风扇不同（3×400V交流电），而且可以通过变频器调节风扇。

该系统与传统系统相比的主要特点是能耗较低。变频系统能用于各种类型的猪舍，同样也能用于各种禽舍。该系统的优点之一是所有隔间可以调节5%～100%的通风量，即使是刮风天气也不受天气情况影响。在风扇下面安装有一个测量风机，所有的风扇都连接到一台变频器上。隔间决定变频器的输出功率进而控制所有风扇。控制阀安装在风扇下部，最高要求时阀门开到最大。当其他隔间不需要如此大的气量时，就将阀门关闭，直到测量风扇转速已达到隔间温湿条件控制要求。

封闭灭火的方法与传统系统相同，都使用230V的电机。但是，变频转换器系统控制封闭灭火时的能量损失很小。

频率转换器控制3×400V电动机的具体条件是：

- 由变频器控制的风扇的功耗（W）是正常转速下的3%；
- 通过调整50Hz到较低的频率获益大，三端双向控制器降低了电压而不是频率；
- 传递到风扇轴的扭矩（或者说功率）非常高。

2.2.4.1.4 能源消耗

例如，对于一个直径500mm和转速1400r/min的风扇，最高功率为450W。而一台由晶闸管控制器控制的50%转速、电压230V风扇的功耗为±70%×450W，即只有±315W。

变频器控制的3×400V风扇，在转速为50%时的消耗功率为：0.5×0.5×0.5=12.5%×450W=±56W。在80%和25%的转速（r/min）下，消耗功率分别为：

80%r/min=0.8×0.8×0.8=0.512×100%=51.2%×450W=230W

25%r/min=0.25×0.25×0.25=0.015×100%=1.5%×450W=7W

风扇一般工作转速都不会达到100%。在一年的大部分时间，风扇都在较低的转速下工作。例如，在冬天一般都在25%转速下工作。在该转速下，晶闸管控制系统的测量风扇，功耗仅为7W，而不是112W。没有测量风机，系统不可能在25%r/min的转速水平下工作。在寒冷时期需加大热空气通风量，额外的能量损失也增多。

荷兰对变频转换系统进行了一年的应用研究。结论是：使用变频器的系统相比于传统230V电机系统，消耗功率减少量达69%。

使用变频器的另一个优点是延长了风扇的使用寿命，主要是因为没有多余的热量产生。由于每分钟转速不同，三端双向控制器会使风扇运行变得不平稳；相反，变频器系统就工作得更有规律。

2.2.1.4.5 投资成本

变频转换控制系统的投资成本与传统系统非常接近。

2.2.4.2 照明

家禽禽舍可能会只使用人工照明，也可能同时采用自然光（有时被称为“日光房”）。人工照明可以影响蛋鸡产蛋行为和产蛋率。

照明也是家禽养殖的重要影响因素，通常使用明暗交替的光照策略。例如表 2.4 所列。

表 2.4 葡萄牙家禽养殖的光照需求样例 [92，Portugal，1999]

鸡龄/天	时间(光照/黑暗)/h	照明强度/lx
1～3	24/24	30～50
3 及以上	24/24 或 24/23 或 1/3	逐步减少到 5～10

在火鸡养殖的最开始几天，照明是非常重要的，之后可以降低照明强度。光照时间为每天 14～16h。

2.2.5 家禽喂食和饮水

2.2.5.1 家禽饲料配方

因为饲料的质量决定了产品的质量，所以喂食是非常重要的。特别是肉鸡，其生长很大程度上取决于饲料质量（在 5～8 周就能达到要求的重量）。饲料既可以购买即用混合饲料，也可以直接在农场上现磨现配需要的混合饲料，通常这些自制饲料储存在临近禽舍的筒仓中。

家禽饲料配方是非常重要的，必须满足动物的需求和生产目标，确保能量要求和营养水平，如氨基酸、矿物质和维生素。饲料配方和添加剂必须符合欧洲标准。对于每一种饲料添加剂来说，相关指示都会标示出：最高剂量、适用哪些物种、适用的动物年龄以及停药期是否需要观察。

欧盟各国之中，家禽的饲料组成有很大的差别，因为它是不同成分的混合物，例如

- 谷物及其残渣；
- 种子及其残渣；
- 大豆及豆类；
- 鳞茎、块茎和根或根茎作物；
- 动物产品（如鱼粉，肉骨粉和奶制品）。

以西班牙为例，缺乏乳糖酶的饲料可以添加猪油，但是不能添加奶制品。而在英国，球茎、块茎和根或根茎作物以及肉骨粉都不用来饲养家禽。

对上述最后一类添加剂的使用，现在存在很大的争议，有迹象表明该添加剂是疯牛病产生的重要原因。见欧盟委员会决议 2000/766/EC [201，Portugal，2001]。

家禽饲料根据不同目的可添加某些物质。主要添加成分有：

(1) 加入量少，促生长，增加体重和提高料肉转化率（FCR）的物质，另有一些物质如抗生素，可以控制肠道有害菌群的潜在危害 [201，Portugal，2001]；

（2）可提高饲料质量的物质（如维生素）；

（3）提高喂养质量的物质，例如，一些技术添加剂可以有助于饲料制粒；

（4）平衡饲料的蛋白质品质，促进蛋白质/氮的转化（纯氨基酸）的物质。

可以使用线性规划制订饲料配方，以获得所需的混合物。所有饲料种类需要含有足够的氨基酸，但是对于蛋鸡则需要充分的钙来产生蛋壳。P 对于骨骼中钙的储存有重要的作用，既可以作为饲料添加剂补充喂养，也可以通过诸如植酸酶的形式直接喂养。饲料中还需或多或少地含有其他矿物元素和微量元素，如 Na、K、Cl、I、Fe、Cu、Mn、Se、Zn。

家禽需要提供必需氨基酸，因为家禽的自身代谢不能产生氨基酸。所需氨基酸有：精氨酸，组氨酸、异亮氨酸、亮氨酸、赖氨酸、蛋氨酸（＋胱氨酸）、苯丙氨酸（＋酪氨酸）、苏氨酸、色氨酸和缬氨酸。胱氨酸不是必需的氨基酸，但蛋氨酸只能由胱氨酸制成，所以它们总是联系在一起。目前在家禽饲料的原料中，饲料中最常缺乏的氨基酸是含硫氨基酸（蛋氨酸和胱氨酸）和赖氨酸，还缺乏典型的苏氨酸［171，FEFANA，2001］。

通常不会添加其他元素，如 S 和 F，因其在饲料中含量已很丰富。维生素不是动物本身代谢所产生的，或产生但产生量不足，因此每日都要添加。维生素通常与矿物质组合在一起。

许多欧盟成员国正在研究饲料中抗生素的使用情况。在一些国家，如瑞典、芬兰和英国（仅对于家禽饲料而言），饲料中不能添加抗生素，并有一项全面禁止使用饲料抗生素的禁令（欧盟授权）。见 2.3.3.1 部分中抗生素在猪饲料中的使用。

除了饲料配方，为了使饲养更能满足禽类的要求，在整个生长周期中喂养方式也是不同的。以下是不同禽类的通常的饲养阶段数：

蛋鸡：2 阶段（产蛋前期，产蛋期）；

肉鸡：3 阶段（仔鸡，生长期，成鸡）；

火鸡：4～6 阶段（公鸡的饲养阶段多于母鸡）。

蛋鸡也可以分 6 阶段饲养，产蛋前期 3 阶段，产蛋期 3 阶段，或者产蛋前期 2～3 阶段，产蛋期 1 或 2 阶段［183，NFU/NPA，2001］，［201，Portugal，2001］。

2.2.5.2 喂食系统

喂食方法取决于生产类型和禽类品种。饲料是通常以捣碎的形式、碎屑或颗粒喂养。

蛋鸡喂食一般较为随意［183，NFU/NPA，2001］，［173，Spain，2001］。像肉鸡和火鸡的肉用型禽类，喂养也很随意。有些养殖场仍然使用手工喂养，但是在大型的养殖场则采用现代化的喂养制度，可以减少饲料溢出，也可进行分阶段精确喂养。

常用喂食系统有：

- 链式喂料器；
- 螺旋喂料器；
- 喂养盘；
- 移动料斗。

链式喂料器通过饲料喂养槽从饲料仓运输饲料，并可以通过调整传送带速度来调控喂养方式、溢出和配给比。链式饲料进料器常用于地面养殖和笼养。

螺旋喂料器中，饲料经螺旋杆推动沿饲料喂养槽移动，溢出量少，主要应用于地面养殖和大型鸡笼养殖系统。

喂养盘或喂养盆均由传送系统连接，直径从 300mm 到 400mm 不等。饲料是由螺旋进料器、链式进料器或带有小型刮削器的钢杆输送。该系统还设计有起阀装置，通常用于地面养殖系统（如肉鸡、火鸡和鸭子）。在盘养方式中，1 盆饲料约喂养 65～70 只鸡。对于火鸡喂养，早期生长阶段采用喂养盘喂养，但在成熟期改用喂养桶（50～60kg）喂养，主要为大桶或方形食槽。目前，管式输送系统以其能有效减少饲料溢漏而逐渐得到推广。

2.2.5.3 饮水系统

必须满足所有家禽的饮水需求。过去曾经尝试过使用技术限制饮水，但基于动物福利的原因，该种做法已不再得到许可。有多种饮水供应方式，设计和控制饮水的目的是保证任何时间都有充足的供水，并且同时要防止水的溢漏导致的粪便湿化。三种基本的供水系统是［26，LNV，1994］：

- 乳头饮水器

—高容量乳头饮水器（80～90mL/min）；

—低容量乳头饮水器（30～50mL/min）；

- 环形饮水器；
- 水槽。

乳头饮水器有多种不同的设计，通常是由金属和塑料制成，饮水器一般置于供水管道的下方。高容量乳头饮水器的优点是动物可以很快获得所需水量，缺点是饮水的时候会有溢漏。为了收集渗漏的部分，在饮水器下面安装了杯子。低容量喷嘴饮水器没有水渗漏的问题，但是动物喝水耗时较长。在大型鸡笼养殖禽舍中，饮水的母鸡可能阻挡回巢的母鸡，所以鸡蛋有可能下在粪便上而不是鸡窝中［206，Netherlands，2002］。

在地面式禽舍养殖中，乳头饮水器系统设计成可提升式（例如便于清洁、出渣）。它在低压下工作，每个管道的前端都安装压力控制系统，用水表来测量水的消耗量。

环形饮水器由高强度塑料制成，可以根据家禽的类型及采用的饲养形式进行设计。饮水管通常安装在绞车上，可拉动。该系统的工作压力低，易调节。

水槽可设置在供水管的上方或下方。供水方式有两种：一种是水杯自动供水；另一种是金属感应供水。

大多数蛋鸡养殖的自动饮水系统都是采用乳头饮水器。荷兰蛋鸡养殖中，90%应用乳头饮水器，另 10%采用环形饮水器［206，Netherlands，2002］。

表 2.5 不同养殖系统中每个饮水系统可供应的动物数［124，Germany，2001］

蛋鸡饮水系统	每一系统的动物数量			
	笼养系统	富集型笼养系统	地面养殖	大鸡笼系统
乳头饮水器/（鸡/喷嘴）	2～6	5①	4～6①	10
环形饮水/（鸡/饮水器）②	—	—	125	—
水槽/（鸡/槽）	—	—	80～100	—

① 带水杯的乳头饮水器；

② 环形饮水在其他养殖系统中应用也较少。

法令 1999/74/EC 规定了蛋鸡饮水系统的最低标准。

肉鸡舍中的许多地方都安装了饮水点。常用的系统包括环形饮水器和乳头饮水器。环形饮水器方便每只鸡饮水，并最大限度地减少溢漏而保持鸡窝的干燥。利用水杯可保证 40 只鸡的供水，而每个喷嘴饮水器可保证 12～15 只鸡的供水。

在英国，肉鸡养殖中的乳头饮水器比环形饮水器更常见，但是在荷兰，仅有 10%的养殖场使用了乳头饮水器，90%则使用环形饮水器 [183，NFU/NPA，2001]，[206，Netherlands，2002]。

火鸡的供水装置有：环形饮水器、钟状饮水器和水槽。环形饮水器和水槽可以根据不同生长阶段（鸡的大小）进行供水。乳头饮水器在火鸡的养殖中很难有效地利用，一般不采用。

2.3 生猪生产

2.3.1 猪舍和猪粪的收集

通过对欧洲家禽和猪集约式饲养信息的交流和比较，确定出了猪舍标准的目录详单。该目录制订于 1997 年，它强调了猪舍在国与国间以及国家内部存在的巨大差异 [31，EAAP，1998]。造成此差异的因素有：

- 气候条件；
- 法律和社会经济问题；
- 养猪行业的经济价值和利润；
- 农业结构和所有制；
- 调查研究；
- 资源；
- 传统。

预计，随着有关动物卫生健康和福利的法令的逐步制定，市场需求的增加，公众对食品生产的关注，这种差异会逐渐消失。

集约化养猪模式需要在不同生产阶段采用不同的养殖方式。不同的猪群所需的养殖温度和管理也不相同。针对母猪和生猪的猪舍系统包括：

- 空怀母猪猪舍系统；
- 妊娠母猪猪舍系统；
- 哺乳母猪独立猪舍系统；
- 育成仔猪育成舍系统（从断奶到 25～30kg 体重）；
- 育肥猪育肥舍系统（体重从 25～30kg 到 90～160kg）。

集约化养猪模式采用“全进-全出”养殖（或批式养殖）系统。此外，为了防止猪传染病流行，从外面引进的猪仔或生猪养殖前都会进行一段时间的隔离（例如芬兰，一般隔离 30 天）。这期间的猪粪直接转移到猪粪存储地，而不通过猪舍内的猪粪通道转移。这类猪舍系统不在本节中单独介绍。

在所有猪舍系统中，猪舍地面类型包括：全部漏缝地板（FS）、部分漏缝地板（PS）、铺稻草或其他垫料的混凝土实地面（SCF）。板条可由混凝土、铸铁或塑料制成，也可以有三角形等多种构型。漏缝地面约 20%～30%的面积为空隙。

在母猪（没有猪仔）猪舍系统中，需要对群养和单独饲养的系统进行区分，但育成仔猪和生猪通常是群养的。

猪粪和尿液的去除方式与地面系统有关，既有深坑系统用于长期储存，也有浅坑系统和清粪渠，清粪渠可以使粪液通过重力作用和阀门或水冲得到及时清理。

猪舍还可以进一步区分，一种采用自然通风，另一种是通过加热/冷却和风扇强制通风控制室内温湿条件。

不同的房屋结构适用的地面系统也不相同。用耐用的材料和砖建造的猪舍可以抵御寒冷，而轻型材料和开放型结构也是经常使用的。一些欧盟成员国在家畜（包括干奶母猪）养殖中普遍采用人工加热。一篇比较荷兰和英国之间猪舍差异的研究发现，猪舍的差异与气候条件无必然联系。

下面的章节将对通常的母猪、育成仔猪和生猪猪舍进行技术性的描述。第 4 章将对养猪的环境绩效和其他特征进行描述和评价。本书概述了目前典型的养猪技术，但不能详尽描述所有的养殖系统和所采用的设计形式。

参考信息来源于：[10，Netherlands，1999]，[11，Italy，1999]，[31，EAAP，1998]，[59，Italy，1999]，[70，K. U. Laboratorium voor Agrarische Bouwkunde，1999]，[87，Denmark，2000]，[89，Spain，2000]，[120，ADAS，1999]，[121，EC，2001]，[122，Netherlands，2001]，[123，Belgium，2001]，[124，Germany，2001]，[125，Finland，2001]。

2.3.1.1 空怀母猪和妊娠母猪猪舍系统

母猪依照所处的繁殖周期的不同阶段来分配饲养场所。空怀母猪安置在便于种母猪和种公猪交配接触的地方。交配过后，母猪则会被转移到一个单独的区域待产。

以下将重点介绍母猪舍［31，EAAP，1998］。空怀和妊娠母猪可单独饲养或群养。每一种方式对于动物本身和饲养者来说都有其利弊。单独饲养和群养的差别在于：

- 动物行为；
- 健康；
- 劳动强度。

总体来说，单独饲养的猪舍系统在健康条件和劳动强度方面会更好一些。例如，单独饲养的母猪尽管被限制了活动范围，但更容易控制，而畜栏内安静的环境也有利于交配以及怀孕的早期阶段［31，EAAP，1998］。由于不存在竞争抢食，因此单独饲养有利于猪的喂养。但群养的猪舍更有利于繁殖。

欧洲应用的空怀母猪和怀孕母猪的猪舍模式很相似：

- 空怀母猪，74%单独饲养，26%群养；

• 怀孕母猪，70%单独饲养，30%群养。

英国动物福利法要求至1999年所有的母猪从断奶开始到产仔都应当有宽松的居住环境，因此英国大多数（85%）空怀母猪是群养的，并且55%以下能使用到垫料。据观察，英国猪肉市场供货的欧盟成员国中（例如丹麦）群养系统的比例正在增加。丹麦并没有禁止对空怀母猪进行单独饲养的限制，因为很多丹麦的研究表明使刚断奶到断奶4周的仔猪群居可能会增加幼崽死亡的风险，因此群养中存活下来的仔猪数量比单独饲养情况下要少。

在其他大多数国家，空怀母猪正越来越多地安置在独立饲养猪舍系统（如畜栏）中。

在禁止使用畜栏和拴养的国家则越来越多地采用群养猪舍系统安置怀孕母猪。对牲畜采用拴养的方式已迅速减少，2005年12月31日可提前采用无拴养系统。因此拴养系统将不会在之后的实用母猪安置技术中进行介绍。

由于以上提到的英国动物福利法的要求，英国的大多数怀孕母猪（80%）实现了群养，并有60%使用了垫草。虽然在德国、爱尔兰和葡萄牙等国还尚未规定母猪饲养的限定系统，但在这些国家用于怀孕母猪的散养系统正在增加，除了市场外，福利及生产成本也在起作用。

大体上，西班牙和法国母猪的猪舍主要采取畜栏，而且这种方式在西班牙、法国、希腊和意大利正逐渐被大量采用。在意大利，很少有怀孕母猪在整个怀孕阶段都单独饲养在畜栏内。大多数母猪确认怀孕后在畜栏内最多待30天后被转移至群养猪舍内。

母猪群居猪舍系统使用稻草的仍然有限，但有迹象表明纤维可能降低群居猪之间的攻击性，并且考虑到动物福利，垫料的使用会有所增加。

2.3.1.1.1 空怀母猪和怀孕母猪的全漏缝或部分漏缝地面独立饲养猪舍系统

常见的空怀母猪和怀孕母猪猪舍设计中，板条箱尺寸大约为2m×(0.60～0.65)m，后端用混凝土板条覆盖在一个深坑上，深坑用于储存粪液和清洁的废水。前端置有喂食系统和饮水系统。

在两排板条箱之间的中央设有板条式廊道，而板条箱两侧则铺设了用于喂食的混凝土地面过道。在配种舍中，会有专门为种猪准备的栅栏（图2.13）。这些栅栏在怀孕母猪的

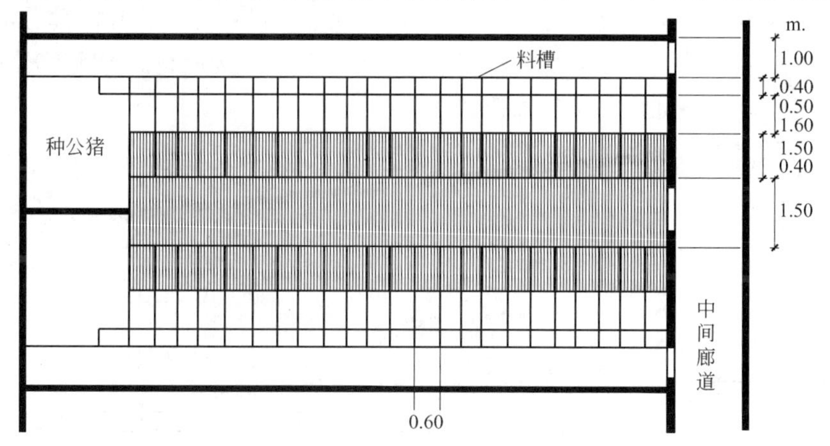

图2.13 为空怀母猪设计的部分漏缝地面圈舍示意［31，EAAP，1998］

猪舍系统中是没有的。

粪液由板条下的空间收集，并储存在一个深坑或浅坑里。粪液去除速率由坑的形状大小决定。同时采用自然通风或机械通风，必要时会有保温系统。

下图展示的是常规设计图，一般还有各种各样的其他类型的设计［如部分漏缝地面(PSF)］用来加强种猪和母猪之间的接触。同时，由于饲料槽会放在中间廊道内侧，母猪会面向中间廊道，而板条区域将会置于侧廊一侧。

2.3.1.1.2 实体混凝土地板的空怀母猪和怀孕母猪定位栏

在这个系统中，空怀母猪和怀孕母猪饲养在与部分漏缝地板（PSF）设计类似的混凝土地面上（图 2.14），不过该设计在地面设计和粪便清除方式等方面同部分漏缝地板设计仍有所不同。喂食系统和饮水系统都在定位栏前端，中间廊道有排水系统用于排尿，并需要定期经常进行粪便和垫草（若使用的话）的清除。

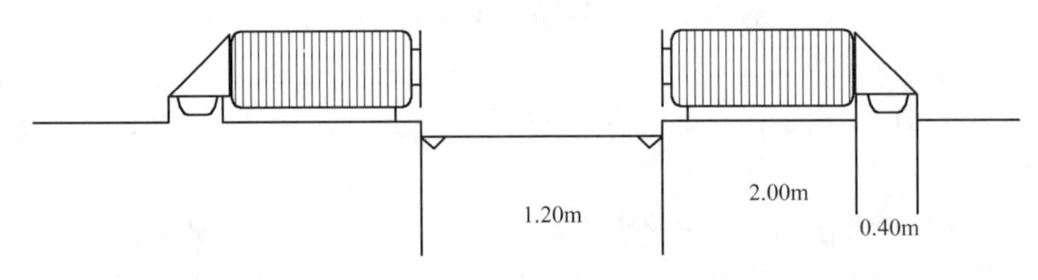

图 2.14 空怀母猪和怀孕母猪的实体混凝土地面板条箱的地面设计［31，EAAP，1998］

在这些系统中，使用垫草的系统采用自然通风，没有使用垫料的系统在保温建筑物内使用机械通风。

2.3.1.1.3 怀孕母猪的有或无垫料的群养猪舍系统

空怀母猪和怀孕母猪设计的群养猪舍系统选用了两种基本设计。一种是带有厚垫料的实体混凝土地面设计，一种是在排粪区域和喂养区域的部分漏缝式地面设计。实体的部分几乎完全是垫料床的形式，铺有一层稻草或者其他木质纤维素材料来吸收尿和混合粪便。固体的粪便被垫料吸收，要经常清除以避免垫料过于潮湿（图 2.15）。据报道粪便的清除频率为一年 1～4 次，但此频率与垫料类型、垫料床厚度和饲养场的经营管理有关。垫料的完全清扫频率在意大利更高，可达到 6～8 次。此外，可一周一次移除部分湿垫料。如果一年进行一次清理，则将废弃的垫料直接播撒于田地里作为肥料。清除频率更高时，废弃垫料须妥善储存，例如放在田间堆置。

图 2.15 怀孕母猪完全铺垫实体混凝土地面群居猪舍系统样例［185，Italy，2001］

该猪舍系统的通风系统和与单独饲养的猪舍系统的原理一样。使用垫草的系统基本不用加热设备，因为低温时母猪可以借助垫料来保暖。该系统的设计多变，可以包含各种功能区，如图 2.16 所示。

这个系统的粪便用以下方法处理：在完全使用垫料床的饲养单元中，垫料量相对有限，所有的粪便可以以粪浆的形式处理。在排粪区为漏缝式地面系统的单元中，需要每日用刮粪器清除板条下面的粪便。在实体地面的单元中，粪便用刮粪器一天清扫一次或者用拖拉机拖带的胎式刮粪器一周清理 2～3 次。在躺卧区铺有较厚垫料的单元中，废弃垫草一年清理 1～2 次。

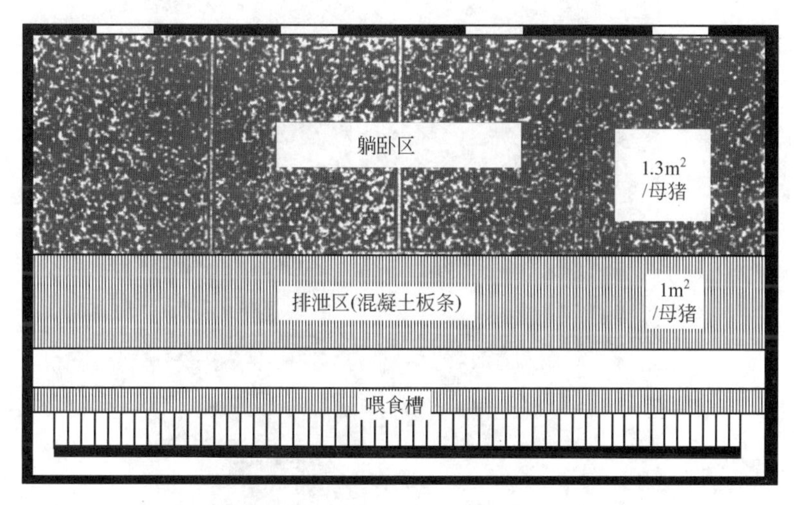

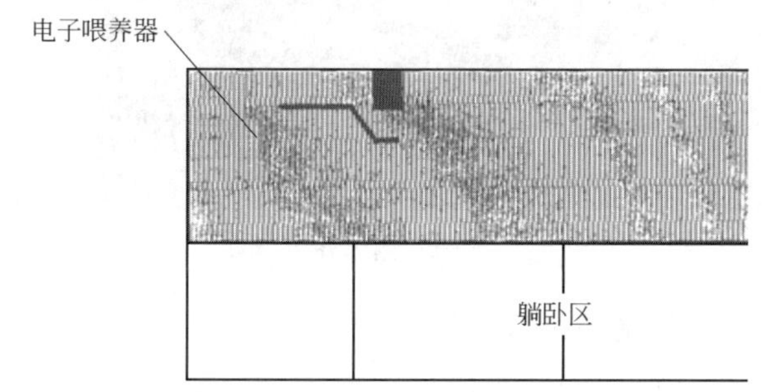

图 2.16 怀孕母猪多功能区猪舍系统样例 [87，Denmark，2000]

2.3.1.2 临产母猪的分娩舍

在临产前一小段时间（大约 1 周），怀孕母猪被移到分娩舍的围栏中。分娩舍有不同的设计，常见的设计有部分或全部漏缝地面系统，一般不铺垫草。猪的活动常常是受限的，但也有宽松型的围栏。例如在英国就有稻草垫的围栏和宽松的围栏。全漏缝地面系统因其比部分漏缝地面系统和实体地面系统更卫生、劳动效率更高，而得到了广泛应用。另一方面，丹麦的资料显示，部分漏缝地面系统在能量利用方面更高效，这种系统的应用正在增加。在奥地利，全漏缝地面系统则在减少 [194，Austria，2001]。

母猪分娩舍的要求通常有：

- 屋内最低温度不低于 18℃；
- 母猪的体温维持在 16～18℃；
- 为仔猪提供的温度大约为 33℃；
- 特别是在猪崽所在区域保持低气流。

全部漏缝地面分娩舍猪舍系统如图 2.17 所示。

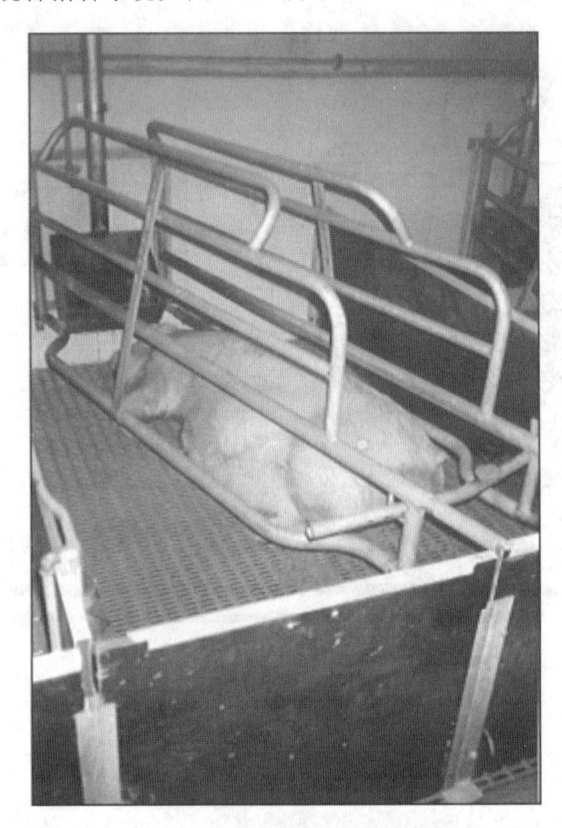

图 2.17 全部漏缝地面分娩舍猪舍系统（荷兰）

2.3.1.2.1 限制母猪活动范围的分娩舍系统

如图 2.18 所示是典型分娩猪舍系统的横截面示意。该系统每一圈面积大概为 4～5m^2，一般饲养不超过 10～12 只母猪。

猪崽在分娩舍中饲养直到断奶，之后被卖掉或者在育成仔猪舍系统中饲养。此分娩舍的地板是部分或全漏缝式的。塑料或是有塑料涂层的金属材料正逐渐取代混凝土材料作为板条的原材料，因为这些材料更舒适。

粪浆储存在板条箱板条下的浅坑（0.8m）或深坑中。浅坑里的粪液通过建筑物的中部排水系统定期清除。深坑中的粪液则在哺乳期结束时或更长的周期后被清除。

猪崽通常被安置在围栏与围栏间廊道的特定区域中（为了便于观察），通常那里不用板条铺设地面，并在猪崽出生后一段时间内供暖，供暖时或使用供暖灯或加热地板，或二者同时使用。母猪的活动受到限制以防压死猪崽。

机械或自然通风系统运行时要保证气流不扰乱室内地面附近（母猪和猪崽周围）的微

气候环境条件。在现代封闭猪舍系统中已应用全自动气候条件控制系统，以维持分娩猪舍的气温和湿度在恒定水平。

母猪在猪舍中所处位置通常如图 2.18 所示，但也有定位板条箱按其他方式放置以保证母猪面朝过道。实践中，饲养者发现这样的位置可以使猪感到放松，这是因为猪可以更容易注意到过道的活动，而在其他位置时猪无法转身，会使它们感到不安。

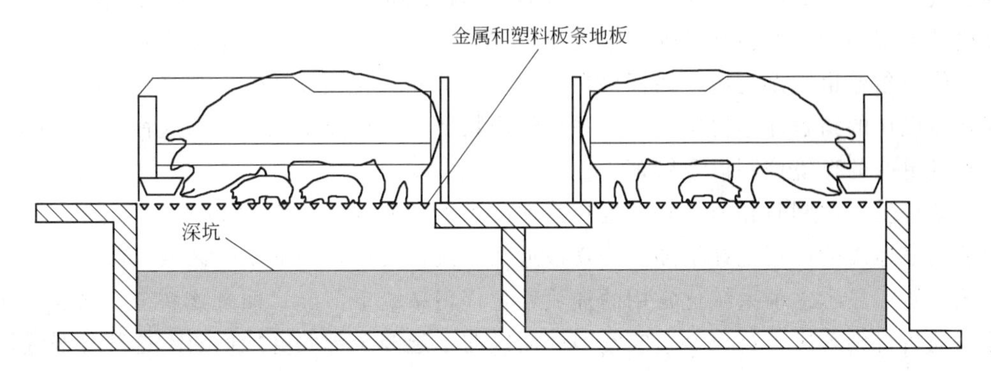

图 2.18　伴有板下储存坑的活动受限怀孕母猪全漏缝地面猪舍系统样例［185，Italy，2001］

2.3.1.2.2　能自由活动的母猪分娩舍系统

分娩后的母猪被安置在活动不受限的部分漏缝地面系统中，猪崽则安置在独立的躺卧区域以避免被母猪压死（图 2.19）。这种围栏有时用来饲养从断奶到 25～30kg 重的仔猪。这种设计比限制母猪活动的猪舍需要的空间更大，因而需要更频繁的清扫工作。每一隔间的围栏或母猪数量一般小于 10。

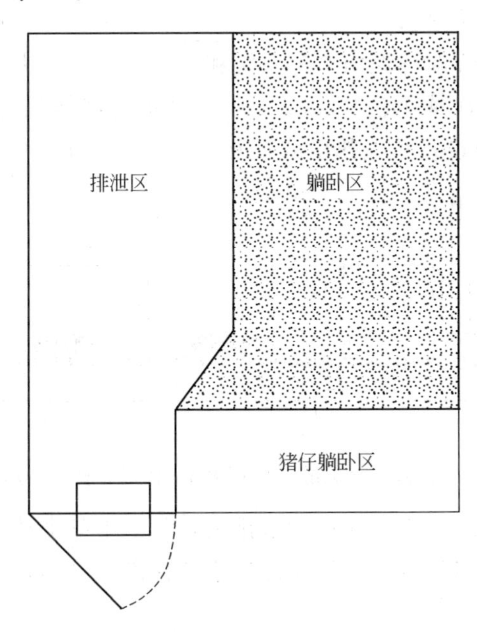

图 2.19　活动不受限怀孕母猪猪舍（部分漏缝地面）实用设计图样例［31，EAAP，1998］

母猪和猪崽所需要的地面材料、加热系统、通风系统的要求和前一系统一样。因为母猪的活动不受限制，所以围栏系统的隔墙比活动受限系统的要稍高。

2.3.1.3 保育舍

猪崽喂养到大约4周（3～6周不等）时断奶，断奶后在原地以窝为单位（一般为每围栏8～12只）饲养，直到体重长到30kg（范围为25～35kg）。而在英国，每窝猪崽的数量则更大，且大多数被安置在全漏缝式地面的围栏或笼子里。早期常用妊娠猪舍来饲养育成仔猪，但现在除在希腊外其他国家很少再用这种方法。猪仔在母猪被移到其他饲养单元并且定位板条箱也被挪走后，猪仔仍在原围栏中饲养（见图2.17）。然而，专门为饲养育成仔猪而设计的猪舍却是更常见的，并且使用数量正在迅速增加，因为这种系统可以比老系统提供更好的环境控制以及管理。

除了丹麦、比利时和荷兰外，现在其他国家的趋势是部分漏缝地面的应用正在减少，而全部漏缝地面的使用正在增加。丹麦最近几年流行使用带顶的平躺区域以及2/3实体地面系统。研究显示这种系统比常用的加热培育仔猪系统更节能。而且该系统的猪舍地面的污垢问题将得到解决，这也是猪农常因此而倾向于选择全部漏缝地面而不选部分漏缝地面的主要原因之一。比利时和荷兰强调并鼓励减少氨气排放，而研究显示增加实体地面的使用（或减少使用漏缝地面）可以实现这一目的，因此使用该系统的农场主可以获得奖励[31，EAAP，1998]。

在英国大部分（40%）的育成仔猪饲养在相对便宜的稻草垫料系统中，可能是由于这里有温和的气候条件和使用低成本猪舍系统的传统。在丹麦和法国垫料系统也同样流行。在这两个国家中有大量可用的稻草，且由于在家畜养殖中有使用稻草的传统，所以生猪饲养和庄稼种植（谷类）联系紧密。

育成仔猪的部分或全部漏缝地面猪舍系统和生猪猪舍系统非常相似（图2.20）。猪舍配有机械通风设备，是负压或平衡压力型。通风设备的规格是每单位空间最大出气量为$40m^3/h$。应用的辅助加热设备是电热扇或带有加热管道的中央加热设备。

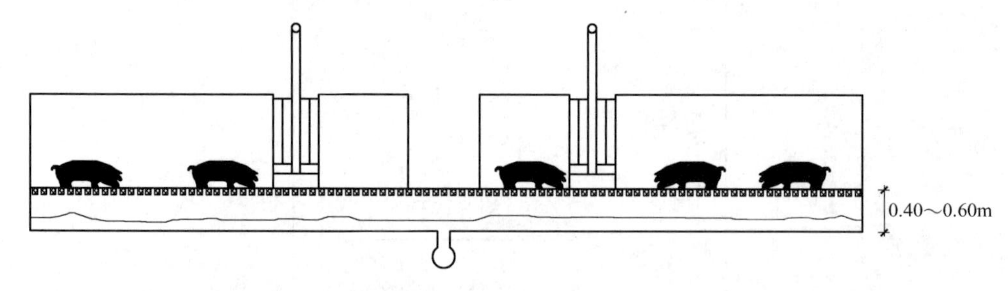

图2.20 塑料或金属板条的全漏缝地面饲养单元的截面图[87，Demark，2000]

粪便以粪浆的形式处理，主要通过管道排出，粪渠中各个独立的部分通过管道上的孔排空。粪便渠也可通过闸门放空。粪渠在每批猪被移走后打扫，常和围栏一起清理，即频率为6～8周一次。

在部分漏缝地面系统中设计有带顶的躺卧区域，当猪生长后需要更多通风的时候这一区域可以移走或抬起来（图2.21）。

有一种专为育成仔猪设计的是平列猪舍[133，Peirson/Brade，2001]。平列猪舍是

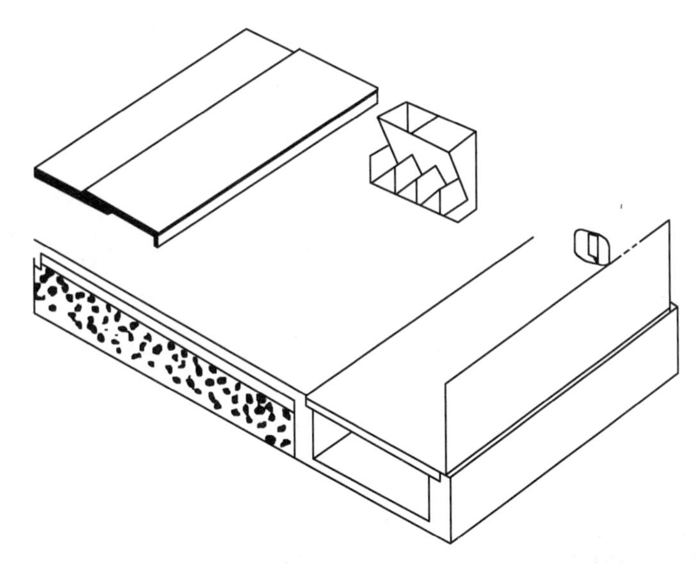

图 2.21 平躺区带顶、1/3 为漏缝地面的保育舍示意 [31, EAAP, 1998]

从 20 世纪 60 年代末和 70 年代初发展起来的，作为一种特别的猪舍系统，为刚生的猪崽、断奶 3～4 周直至长到 15～20kg 的仔猪提供可控的环境。这一设计已经得到推广，可为大约 15～20kg 处在第二生长阶段的仔猪提供住所，直至长到 50～60kg 后将要被送到育肥舍为止。猪舍的隔热系统常常使用预制的夹层结构，外面是木材或外挂板，内层是隔热材料和内挂板。现在越来越多的永久性建筑物中已经开始应用这种内部布局和结构。

平台建在一组圈舍系统周边，以保证每个隔间在同一个星期出生的同批次仔猪都是“全进-全出”状态。早期以每栏约 10 只仔猪的组群数量来设计，但近几年仔猪数量已增加。

最初的设计概念是来自于全漏缝地面式猪舍，这种猪舍的排粪渠（罐）在全漏缝式地面以下，在一边或两边配有喂食槽或廊道。全漏缝地面被认为很干净卫生，因为它可以将仔猪和粪便、尿液分隔开来。漏缝地面最初为焊接网或金属网，近来开始使用塑料地板。围栏内的地面要略高于过道地面，但近来的设计已将二者置于同一水平。

猪舍的通风全由排气风扇提供。通常空气通过每间房舍末端的进气口，从公共管道通入各个平列猪舍中。进气口的空气预先用全自动控制加热器进行加热。排气风扇一般放在进气口对面的墙上，使整个屋子形成空气对流，而在围栏上方的辐射热源（或在地面以下加热）提供额外的温度和舒适度控制。

饲料一般做成干燥的小球状或有时放在围栏前面过道里的食斗里。粪液是从每组猪舍末端板条下的渠或罐中排出。猪舍在各批次饲养之间用压力水洗干净。

室内温度在仔猪断奶后的头几天维持在 28～30℃，随着仔猪长大后会逐渐调低，通常是在第一阶段的前 4～5 周维持此温度，阶段末期降至 20～22℃。

平列猪舍系统的许多特征不断演变，最近几年已得到发展。现在，术语“平列”常用来宽泛的表示几乎所有的带粪液渠的育成仔猪居住系统，这其中许多概念和原来的不同。

一些农场主使用了实体地面躺卧区域以提高舒适性和动物福利。地面下加热已成为一个普遍的特征。每组仔猪的规模正在增加，此系统正慢慢演化为“托儿所式”的系统，主要为部分实体地面猪舍系统（大概 1/3 为实体地面区域），无进入的过道，其规模高达每组 100 头猪。

2.3.1.4 育肥舍

当平均体重增至 30kg（25～35kg）时猪被移至另外独立的区域继续饲养至达到屠宰要求。在独立区域中将生长猪（达到 60kg）和育肥猪（60kg 以上）分开饲养是很常见的，但二者猪舍系统十分相似，且除了很多生长育肥猪被饲养在有褥草或没有褥草的系统中外，育肥舍与育成仔猪的猪舍系统（2.3.1.3 部分）类似（图 2.22）。部分或全部漏缝地面也是经常使用的，除在比利时、丹麦、荷兰和英国以外，目前更倾向于使用全漏缝地面。

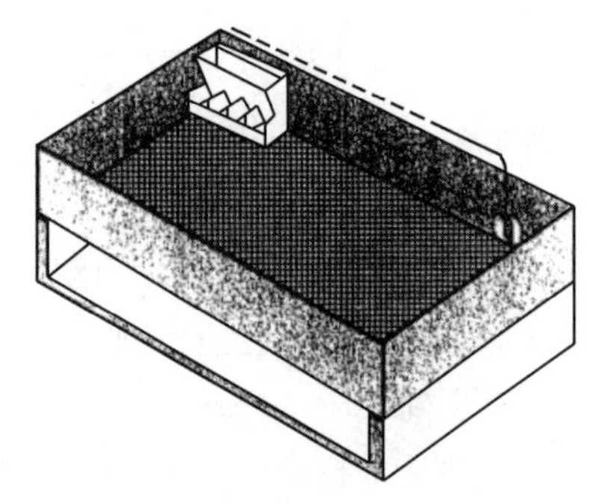

(a) 生长育肥猪的全漏缝地面猪舍

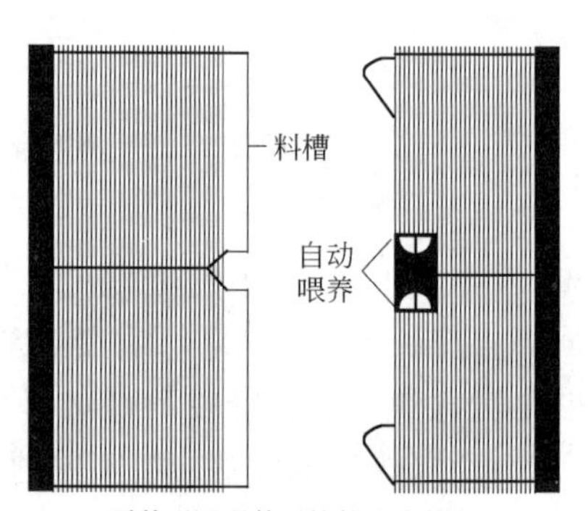

(b) 两种不同喂养系统的猪舍的布局

图 2.22 育肥舍［31，EAAP，1998］

生长育肥舍是保温的砖混结构，呈开放或封闭的状态，可容纳 100～200 只猪。一般分成可容 10～15 只猪（小群组）的隔间和可容 24 只猪（大群组）的隔间。围栏的一边设有廊道或在两排围栏中间设一条过道。围栏中铺有实体混凝土地面，可移动的顶盖用于遮盖躺卧区域，至少可在生长期的第一阶段使用。

食物的分配常常是自动化的，可由传感器控制。多种形式（适宜的 N 和 P 含量）的液体或干食采用自动传送装置送达。饲料槽和水槽的设计依照喂养的类型而定。

2.3.1.4.1 全部漏缝地板的生长育肥舍

这一猪舍系统常用于饲养小组群（10～15 只一组）和大组群（24 只一组）的生长育肥猪。在封闭、隔热的圈舍外面装有机械通风设备，或者采用自然通风。阳光可从窗户中透过，也使用电灯。当需要时也会采用辅助供暖设备，而一般情况下猪自身的体温足以满足需要。

围栏采用全漏缝地面，圈内的平躺区、喂食区和排便区并没有物理上的分隔。板条由混凝土或是表面涂有塑料涂层的金属材料制成。粪便经踩踏后与尿液和其他排泄物一起在粪液渠混合。粪液收集在全漏缝地面下的粪便坑内。由于粪便坑的深度不同，对粪便的处理方式不同，较深的坑内可以较长时间地存储粪便（圈内的氨气含量将会升高），较浅的坑需要经常清空，浆液另用设备单独存放。现行系统中有同中央排水管相连的独立部分，通过塞子或阀门来控制管道的开闭，从而可将粪液集中通入排水系统中。

2.3.1.4.2 生长育肥猪的部分漏缝地面猪舍

部分漏缝地面系统和全部漏缝地面系统的圈舍建筑相似。地面被分为漏缝地面和实体（即无板条）两部分（图 2.23）。基本选择有两种：实体混凝土地面安置在猪舍的一侧或是中间。实体地面可以是平的、凸出的或是轻微倾斜的（见以下说明）。

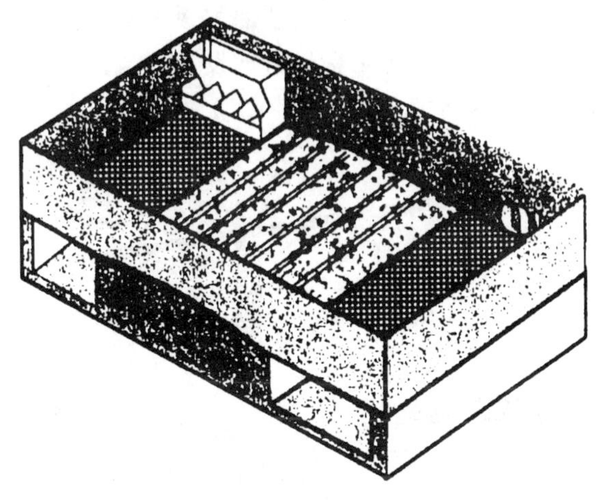

图 2.23 部分漏缝地面（微凸）的生长育肥猪猪舍，实体地面在中间 [31，EAAP，1998]

实体区域通常用来喂食和休息，板条区域用来排泄。板条由混凝土或涂有塑料涂层的铸铁材料制成。粪便经踩踏后与尿液混合在一起或通过粪液渠流走。粪液收集在全漏缝地面下的粪便坑内。由于粪便坑的深度不同，对粪便的处理方式不同，较深的坑内可以较长时间地存储粪便（圈内的氨气含量将会升高），较浅的坑需要经常清空，粪液另用设备单独存放。现行系统中有同中央排水管相连的独立部分，通过塞子或阀门来控制管道的开闭，从而将粪液集中清除到排水系统中。

在混凝土地面和板条区域（实体面积：板条面积＝2：1）组成的部分漏缝式猪舍可以限制性使用褥草（图 2.24）。人工将稻草填放在稻草架上，猪可以自己取用。实体地板轻

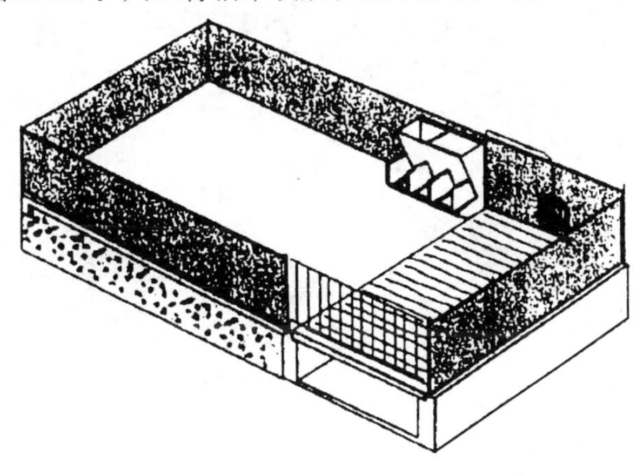

图 2.24 为生长育肥猪设计的可有限使用稻草的部分漏缝式地面猪舍系统 [31，EAAP，1998]

微倾斜，粪液和稻草在猪的活动中被移向漏缝一侧，故这一系统也叫“稻草流”系统。粪便一天清除若干次。

意大利所应用的部分漏缝地面设计配置了实体混凝土地面，并且外置板条通道与粪渠相连接。每个猪栏中，猪都有自己的窝和饮食区域，通过设有挡板的通道它们可以到达外部的漏缝式地面排粪区。圈中猪的活动可使粪便通过板条空隙落入粪便渠，这些粪便沟渠每天利用刮板清理一至两次。粪便渠与猪舍平行铺设，并与粪液储存池相连。该套系统也被用于群养的空怀母猪和怀孕母猪猪舍中（图 2.25）。

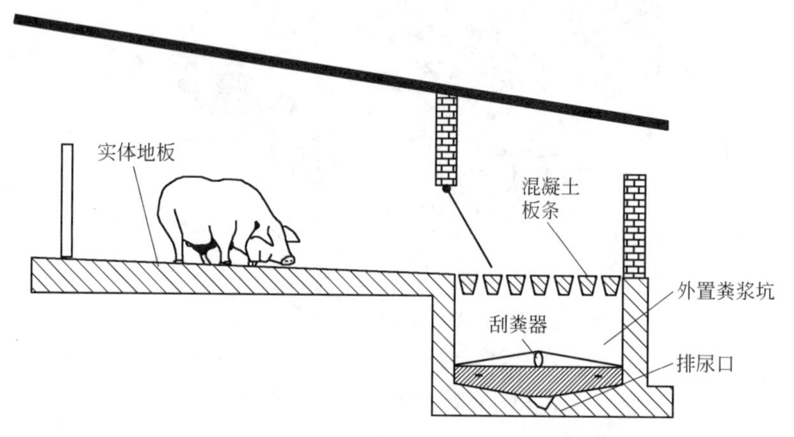

图 2.25　配有带刮粪器的外置储粪廊道的实体混凝土地面猪舍系统［59，Italy，1999］

2.3.1.4.3　生长育肥猪的实体混凝土垫料床猪舍系统

出于动物福利考虑在饲养生长育肥猪的混凝土地面猪舍系统中，稻草需要限定用量，或者大捆草垫用作褥草（图 2.26）。这种系统被用于封闭的猪舍或是前端开放的猪舍。前

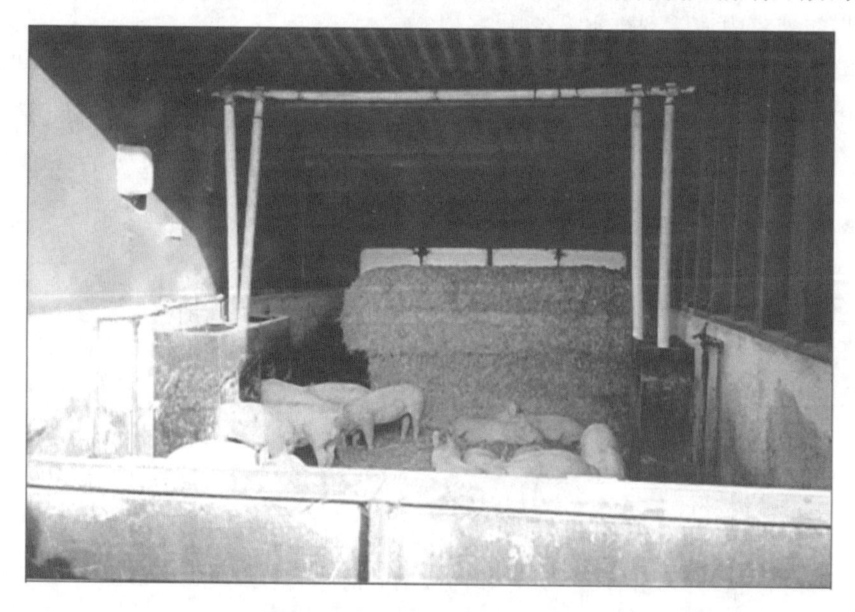

图 2.26　稻草垫形成保护层的前端开放式的猪舍设计（英国）

端开放的猪舍需要有遮风板（如网状板或中空板），同时稻草垫也能保温和防风。

猪舍的设计多种多样，但一般都会有一个铺稻草的躺卧区域和一个进食区域，喂养区有时会比较高，要借助台阶到达。躺卧区域可以覆盖垫草。围栏可建在猪舍一侧，也可建在中间过道的两侧。垫料区用来排泄粪便（图 2.27）。一般在每个生长周期后用前端式装载机进行一次清扫。每群可饲养的生猪数量一般在 35～40 头之间。

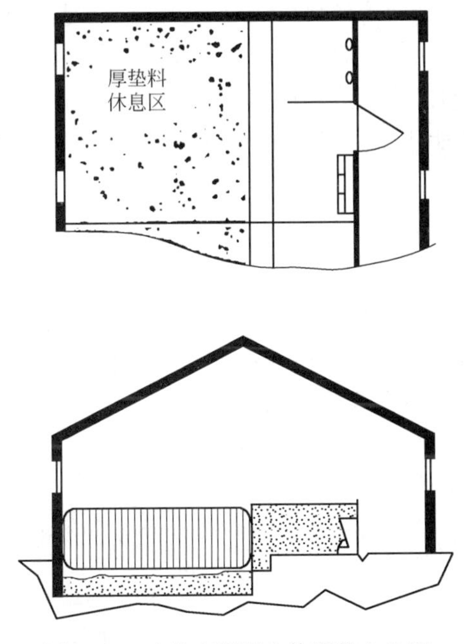

图 2.27　生长育肥猪实体混凝土地面系统样例［31，EAAP，1998］

在意大利，与部分板条设计类似，实体混凝土地面系统也增加了铺设杂草的外置廊道。围栏区域主要用于躺卧休息和喂食，几乎很少甚至没有铺设稻草。外部排泄区域铺设干草并连接到粪便渠。粪便和稻草会随着猪的活动掉落至粪便渠。粪便每日清除一至两次，采用机械牵引链或刮粪器清除至外部的粪便收集区（图 2.28）。

图 2.28　带有外置垫草廊道和粪便渠的实体混凝土地面系统［59，Italy，1999］

2.3.2 猪舍室内气候条件控制

猪舍系统的室内微气候条件非常重要，众所周知，如氨气和灰尘都是猪呼吸道系统疾病最常见的病因，可引起萎缩性鼻炎和地方性猪肺炎等。同时猪场工人也存在健康问题的隐患［98，FORUM，1999］，因此保证猪舍充足的通风更为重要。

欧洲经济共同体 91/630/EEC 号规章［132，EC，1991］中规定了猪舍微气候条件控制的各项指标的最低要求。空气的温度和湿度、尘埃水平、空气循环度以及气体含量都应当在可能会对猪产生危害的指标以下。例如，表 2.6 列出了各项极限浓度推荐值，但不同的检测装置所得的阈值可能不同。圈舍内要达到良好的气候环境，以下几种因素必不可少：

- 建筑物的隔热性；
- 供暖；
- 通风。

表 2.6 猪舍室内环境一般指示浓度［27，IKC Veehouderij，1993］

室内环境因素	浓度水平/发生率
CO	低于检测限
H_2S	低于检测限
相对湿度	25 公斤以下的猪：60%～80% 25 公斤以上的猪：50%～60%
NH_3	最大 10mL/m^3
空气流速	分娩母猪和育成仔猪：<0.15m/s 空怀母猪和怀孕母猪：<0.20m/s
CO_2	最大体积分数：0.20%

应用系统的性能受以下因素影响：

- 猪舍的设计和结构；
- 猪舍的地理位置以及与其相关风向和周围物体；
- 控制系统；
- 猪舍内猪的年龄和所处的生长阶段。

2.3.2.1 猪舍供暖

猪舍的温度控制需要由当地的气候条件、建筑物的结构以及动物的生长阶段决定（表 2.7）。总体而言，在较冷或长期低温的气候条件下，猪舍需要隔热并配有机械通风设备。在较温暖的地区（地中海纬度附近），高温对生猪的舒适感和繁殖能力的影响比低温更大。一般来说，没有必要安装供暖系统；动物自身的体热基本上是足够提供合适温度的。在这样的情况下，气候条件控制系统主要是用来保障良好的空气流通环境。

在一些为母猪和生长育肥猪设计的猪舍系统中，大量的褥草可帮助动物们维持一个舒适的环境温度。影响温度最重要的因素是体重和年龄段。其他因素包括：

- 单独饲养或群养；

- 地面系统（全部或部分漏缝或实体地面）；
- 动物可获得的饲料量（能量）。

表 2.7 用于不同种类健康猪猪舍供暖热容量计算所需温度的样例 [27，IKC Veehouderij，1993]

待分娩猪	育成仔猪	空怀母猪和怀孕母猪	生长育肥猪
室内,第一周不低于 20℃	7kg:不低于 25℃	空怀母猪:达到 20℃	20kg:达到 20℃
	10kg:不低于 24℃	怀受孕早期:不低于 20℃ 20℃以下	30kg:不低于 18℃
仔猪的区域,第一天不低于 30℃	15kg:不低于 22℃	怀受孕中期:不低于 18℃ 18℃以下	40kg:不低于 16℃
	20kg:不低于 20℃	怀孕后期:不低于 16℃	50kg:不低于 15℃
	25kg:不低于 18℃		

猪舍供暖方式多样，供暖常分为局部供暖和整屋供暖。局部供暖的好处是可以对需要供暖的区域进行有针对性的供暖。使用的供暖系统有：

- 地面装有供暖设备；
- 猪舍上方辐射热源对牲畜和地面同时供暖。

猪舍的通风方式有两种：

① 预加热　将空气送入一个中央通道并对其加热至最低所需温度，使进入的空气先被预热，以减少室内的温度波动，加强空气流通；

② 后加热　空气进入猪舍内后再加热，以减少温度波动和热损失。

供暖方式包括直接供暖或间接供暖。直接供暖通过以下设备实现。

- 气体热暖器：红外线加热，空气加热器和气体燃料环流散热器。
- 电热暖器：特制的光灯或陶制散热器。
- 电热地暖：对草垫或地面加热。
- 加热器/鼓风机。

间接加热类似于居民住户的集中供暖。所用设备包括：

- 标准锅炉（效率 50%～65%）；
- 改进式锅炉（改进效率 75%）；
- 高效锅炉（高效的效率 90%）。

锅炉采用开放式或封闭式设计。开放式设计用室内空气来燃烧，封闭式设计将建筑物外的空气引入助燃，该设计特别适于多灰尘区域。

2.3.2.2 猪舍通风

通风系统有人工控制的自然通风系统和全自动风扇通风系统。下面介绍一些通常使用的通风系统。

- 机械系统：

—排气（抽出式）通风设备；

—压力通风设备；

—混合通风。

• 自然系统

—手动控制通风设备；

—自动控制自然通风设备（ACNV）。

机械系统中可以通过调节阀门、风扇位置、空气入口直径等方式精确调整空气的分布。自然通风更多地通过室外空气温度的波动和风的作用来实现。借助于风扇可以使室内空气更好地对流。因为圈舍结构、地面系统和通风系统的相互作用会影响到室内空气的流动和温度梯度，故这对猪舍非常重要。例如，部分漏缝地面可能更适用于机械通风而非自然通风，而全漏缝地面则两种同样适用［120，ADAS，1999］。

圈舍的体积与空气进出口的开闭必须随时与所需通风速率相适应。不论在猪的哪一生长阶段，使用哪种通风系统，都要避免气流对着牲畜直吹。直到最近，才将大多数通风设备和供暖系统分开独立安装，但在新建猪舍（例如丹麦）中，将供暖系统和通风设备按要求整合安装还很常见［87，Denmark，2000］。

通风设备的控制和调试非常重要，可以通过多种方式实现。用电子设备测量每分钟的转数，在通风管道中的测量风扇用来得到管道中的空气速度，空气速度和压力与转速有关。

以下是猪舍中主要应用的通风技术［27，IKC Veehouderij，1993］，［125，Finland，2001］。

猪舍排气通风是通过在侧墙或者屋顶中的风扇运转实现的。利用可调的通风口或窗户用来引入新鲜空气。风扇一般将空气从天花板上的一个或多个孔排到室外，形成负压，使得新鲜空气通过进气口进入猪舍内。新鲜空气入口通常开在靠近天花板的墙上，或直接开在天花板上，这样气流可以从屋顶和天花板间流至出口（图 2.29）。

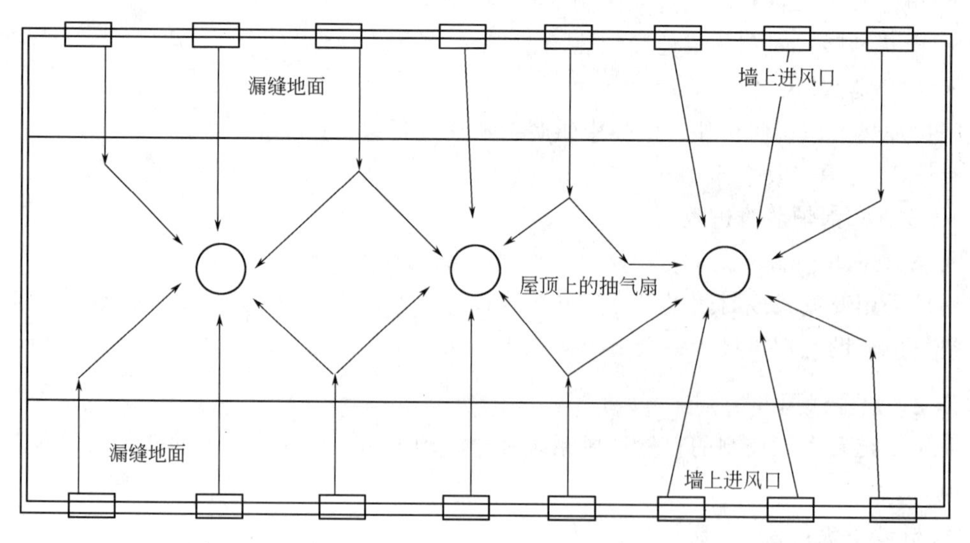

图 2.29 排气通风系统中气流示意［125，Finland，2001］

在排气通风系统中一般屋内的空气压力都低于屋外。当室外较温暖时，排气通风系统工作良好，因此更适合较温暖气候的国家使用，而且所占市场份额也相应较大。在生长育肥猪的农场里应用经合理调节的排气通风设备，供暖的花费就会相对较低。

在配有压力通风系统的猪舍中，用风扇将空气吹入猪舍，导致室内的空气压力比室外的高，由此产生的压力差使得空气由出口流至室外（图 2.30）。应用压力通风系统可以对进入猪舍的空气进行预热，因此冬天的部分供暖可由压力通风系统来完成。这套系统的主要问题在于只使用一个鼓风点时气流会不均匀。靠近风扇的空气很冷而且气流很急，远离风扇的空气气流的速度会急剧下降。使用鼓风管道可以避免出现这个问题，一般安装在猪舍的中间。

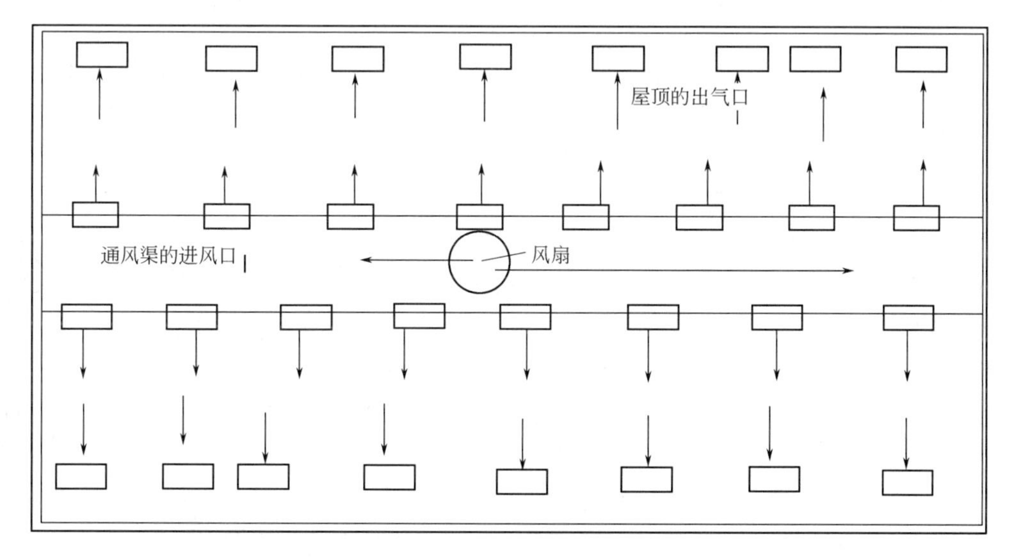

图 2.30 压力通风系统气流示意［125，Finland，2001］

空气被鼓入通道内，然后扩散至整个猪舍。气流的分布和流动方向由喷嘴控制。湿度有时会成为主要影响因素，当空气没有被预热时，内部的压力比外部的压力高，会造成水分在管道表面冷凝。这就是在较寒冷地区压力通风系统没有普遍推广的原因。这套系统只能用在混凝土猪舍中，因为湿气会损坏绝缘材料和结构性材料。

混合通风系统由排气和压力通风系统结合而成。在排气通风中，排出的气体是通过风扇被带出猪舍的（图 2.31）。猪舍中的负压致使替换的空气无法进入猪舍，故空气只能通过通道进入。因此混合通风系统的屋内外的压力差要比排气通风或是压力通风系统都要小。在混合通风系统中，热交换器用来减少附加的热量需求。因为空气既被吸入又被吹出，混合通风系统比排气通风或是压力通风系统耗能高。而且这种系统的吹气口和吹气管道数量是另外两种系统的两倍以上，其投资费用也较高。

自然通风系统原理是利用暖空气和冷空气之间的气压差形成的风、温度以及“烟囱效应”使得高温空气上升，之后冷空气补充进来，造成冷空气和暖空气之间的密度差以及压力差，从而形成空气流动。“烟囱效应”由空气入口、出口的位置和开关状态以及屋顶的倾斜程度等决定（倾斜角度 25°；0.46m/m 围栏宽）。显而易见，应用自然通风系统的猪舍的设计和结构都非常重要。由于效果的好坏主要依靠温差，因此通风需求最低时（即冬天）效果最好。

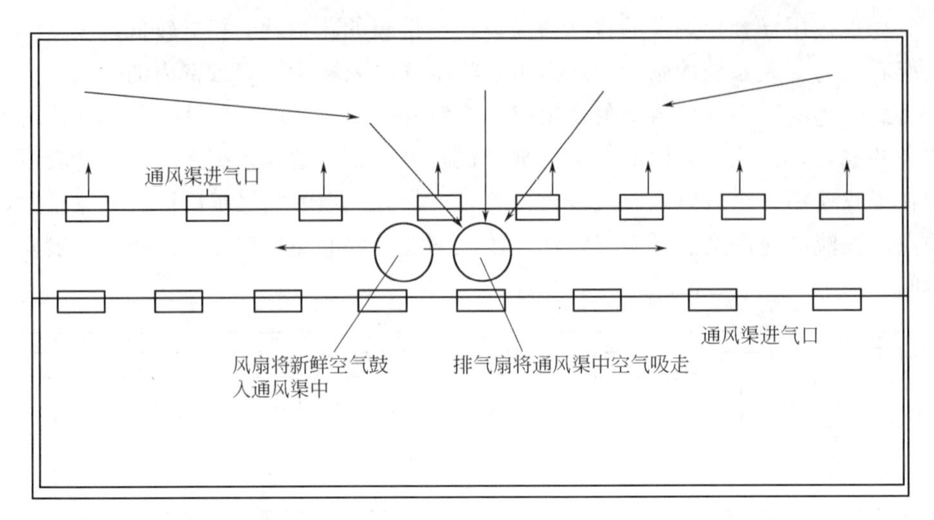

图 2.31 混合通风系统气流示意 [125，Finland，2001]

自然产生的负压相对较小。据报道，即使在芬兰冬天的负压也低于 20Pa，而夏天要借助于压力通风设备。因此要结合室内外空气温度变化交替使用几种通风系统。在荷兰，风是影响自然通风的主导因素。

空气进口处的自动调节阀用于控制自然通风（ACNV）。根据猪对外界感知设定的传感器会向系统发射信号，以调节进口的开关，增加或减少气流。

在漏缝地面系统中，通风是从粪便坑中吸进空气，这一方法被认为是减少圈内粪便气体百分比的有效方法。这一系统对空气通道的长度和直径有特别的要求。

不论哪种设计或应用原则，通风系统都应当根据猪的生长阶段和时令提供所需的通风速率，牲畜周围的空气速度必须保持在 0.15～0.29m/s 以下，以避免其能明显感觉到气流。

空怀母猪和怀孕母猪对温度的要求相对较低。在西班牙和意大利，许多农场只有自然通风系统，风直接从外面刮进猪舍。不过，在较大的农场里动物的密度较大，可以通过风扇通风设备满足通风需求。

排气扇是经常需要用到的，但是在西班牙压力通风系统渐渐流行，这一系统与蒸汽制冷系统（降温系统）联合，不仅可以实现通风，还可以降低建筑物内的空气温度。

在整个欧洲，仔猪保育舍常使用全自动运行（通过传感器控制）的通风系统控制室内气候条件。空气进口常常通过中间的通道（间接地），这一单元通风系统的设计要避免在牲畜周围通风。

在仔猪出生的第一周要额外局部供暖。通常是在实体（非板条）地面的躺卧区域装有加热灯（气体或电加热），也可以在地面下铺设热水管道或储水池来加热。

育成仔猪仍需要合适的温度，因此需要控制温度和通风。在寒冷的天气需要供暖，用到的供暖系统包括：辐射供暖灯、电供暖系统（电阻线加热的暖床）、热水供暖系统（地板下或架空的管道）。

生长育肥猪自身的体温足以提供一个舒适的环境，因此供暖并不常见。在生长期猪的圈舍中，初始的几个星期内有时会提供可移动的盖来创造更舒适的平躺区域。大多数生长育肥猪的圈舍是自然通风的，空气直接从入口处进入圈内，但也常用到排风机。

在夏季温度极高地区的一些农场也会使用喷雾降温系统来降温。

2.3.2.3 猪舍照明

规章 91/630/EEC 列出了猪舍的照明要求，规定猪不能一直处在暗处，需要正常的光照时间。对动物的照明必须控制好，不应对猪的生长起到负面影响。光线可以是人造的或者是从窗口进入的自然光，但一般会提供额外的电灯光。

不同的灯泡有不同的能量需求，荧光灯的效率比白炽灯高 7 倍，但是价格高。照明设备应当与安全生产的通用标准一致，且具有防水性。安装好的照明设备要确保有足够的光强进行维修和控制。

2.3.3 喂食系统和饮水系统

2.3.3.1 饲料配方

猪的喂养是为了猪的生长、上膘以及繁殖提供需要的净能量、必要的氨基酸、矿物质、微量元素以及维生素。猪饲料的组成以及供应量是减少猪舍向环境排放废弃物的关键。

猪饲料的配方较复杂，要以最经济的方式涵盖多种不同成分。不同的因素影响着猪饲料的成分。猪饲料配方的成分由地域决定。例如在西班牙，内陆更常用谷类食物，而在海岸线地区谷类有时会被木薯取代。现在通常使用不同的猪饲料配方以更满足于猪生长的需要。例如，对于怀孕母猪采用 2 阶段喂养方式，对于育肥猪采用 3 阶段喂养方式。这里仅对猪饲料中的必要元素进行简短的概述。

猪饲料中的一个重要特征是其所能提供的能量，特别是能量中真正能被猪所利用的净能量。净能量是指能被以脂肪形式储存的最大能量，用 MJ/kg 表示。

因为猪自身的新陈代谢不能提供必需的氨基酸，故猪需要通过食物来提供。它们分别是：精氨酸、组氨酸、异亮氨酸、亮氨酸、赖氨酸、甲硫氨酸(+胱氨酸)、苯基丙氨酸(+酪氨酸)、苏氨酸、色氨酸和缬氨酸。这些氨基酸中有两种含有硫：甲硫氨酸和胱氨酸。胱氨酸并不是必需的，但是胱氨酸是甲硫氨酸的前驱体（两分子的胱氨酸合成一分子的甲硫氨酸），因此他们总是一起出现。首要的限制性氨基酸是：亮氨酸、甲硫氨酸(+胱氨酸)、苏氨酸和色氨酸。为了提供足够的氨基酸，在猪的喂养中要通过挑选合适的食物或是外加合成氨基酸来满足最低氨基酸要求 [172，Denmark，2001]，[201，Portugal，2001]。

猪对矿物质和微量元素的需求是一个复杂的问题，因为这两者之间会有相互作用。饲料中这两者的剂量是以 g/kg（矿物质）、mg/kg（微量元素）来衡量的。对于骨组织来说钙和可消化的磷很重要。钙对哺乳期很重要，磷对能量系统很重要。他们之间的功能常常是互相关联的，因此要特别关注它们投放剂量的比率。猪的生长阶段不同或者饲养目标不同，矿物质元素的最小剂量需求也不同。相比较生长育肥猪，较小的仔猪（包括育成仔猪）和哺乳期的母猪的钙和磷需求量更大。而镁、钾、钠和氯也要进行充足的供应。

微量元素要求分为最小和最大剂量，因为这些元素高于一定水平时反而会产生毒性。

重要的微量元素有铁、锌、锰、铜、硒和碘。一般这些元素都能满足需要，但是对于尚在哺乳期的仔猪要通过注射补充铁。铜和锌的投加量要比实际生长需要量大，因为他们有药理学功能，对生长起到好的作用（植物激素作用）。然而，欧盟和各成员国内部的相关规定也已经出台，例如在意大利，就对饲料中添加的铜和锌添加量作了限制，以减少动物粪液中这两种金属的含量。

维生素是一种有机物，对许多生理过程来说很重要，但是猪自身一般不能提供维生素（或是不足量），因此要在猪的喂养过程中添加相应的维生素。维生素主要有以下两类：

- 脂溶性维生素，包括维生素 A、维生素 D、维生素 E、维生素 K；
- 水溶性维生素，包括维生素 B、维生素 H（生物素）、维生素 C。

日常的喂养中饲料一般都含有脂溶性维生素，但水溶性维生素需要每天外加，因为动物无法储存这几种维生素（维生素 B_{12} 除外）。猪对维生素有最小需求量，但是最小量值受多种因素的影响，如压力、疾病和基因差异等。为了满足不同的需要，饲料生产者通常遵循一定的安全限值，一般会高于实际需要量。

饲料中添加的其他的物质是为了促进：

- 生长水平（生长，FCR），如抗生素和促生长物质；
- 饲料的质量，如维生素和微量元素；
- 饲料的技术特点（味道，结构）。

添加有机酸和有机酸盐有助于消化以及能量的更好地利用。

酶有助于催化猪消化过程中的化学反应。通过加强消化能力，可以增加猪对营养物质的吸收，提高新陈代谢的效率［201，Portugal，2001］。

在集约化畜禽养殖中，关于食物添加剂对环境的重要影响是与抗生素的使用以及抗药细菌的发展带来的潜在危害有关。因此这类物质的使用要严格的控制，并且以欧洲的水平限额进行登记。被授权使用的抗生素和促生长物质可以在整个生长阶段使用，因为这些物质在肠黏膜屏障内完全新陈代谢，不会在体内残留［201，Portugal，2001］。

欧盟委员会起草了一份关于在动物生长领域使用抗生素的报告［36，EC，1999］，Dijkmans 在笔记中对此报告进行了归纳总结。报告中说到传播疾病的细菌对抗生素产生的广泛的抗药性正成为人类医学科学领域的问题。正在增加的抗药性是由于在人类健康科学领域、兽医科学领域、动物哺乳中的食品添加剂中以及为保护植物而不断滥用抗生素引起的。

由于在饲料中投加抗生素，在动物的胃肠道中很可能会产生抵抗抗生素的微生物。这些抗药性的细菌可能会在农场附近侵袭人类。遗传物质（DNA）会被其他人类细菌病原体获得。人类感染的途径是受污染的猪肉、水源或是受粪便污染的食物。在农场附近居住的人们也有可能受感染。

在许多国家采用不添加抗生素的饲料进行喂养，例如在瑞典对所有的食物抗生素（包括欧盟授权的一些抗生素）施行禁令，在丹麦猪饲料中禁止使用一切抗生素。在其他的欧盟成员国的报告中也讨论了完全禁止使用抗生素的议题。人们关于FCRs和肥料产品中的抗生素的真正效用的看法并不完全一致。这点类似于杀菌剂的环境效应，如土壤和水的抗药性以及对土壤和水的生态影响都是未知的。在所有的欧盟成员国中抗生素即使不在猪饲料中使用，也可能会直接使用在动物身上［183，NFU/NPA，2001］。

2.3.3.2 喂食系统

在整个欧洲猪的喂养并没有统一的喂食系统。喂食系统与喂养活动有关，而喂养活动又与猪的养殖类型有关。例如在英国，养殖育成仔猪的农户将他们自己饲养的母猪下的猪仔喂养到30kg重的育成仔猪，专门养殖育肥猪的农户买下30kg重的仔猪，喂养至90kg左右时屠宰；而育种和饲养一体的农户自己饲养母猪，并饲养其下的仔猪，当仔猪长到90kg左右时屠宰［131，FORUM，2001］。

喂食装置的设计取决于猪饲料的构成。液体饲料喂养是最普遍的，但如在西班牙，98%的农场使用干式饲养，混合饲养也被应用。饲养方式是随意或受限的。例如在意大利有如下各种不同的喂食方式［127，Italy，2001］：

- 对用于空怀/怀孕母猪，80%的养殖场使用液体饲料；20%是干式饲养；
- 哺乳期母猪和断奶猪仔是干饲料饲养；
- 对于生长育肥猪，80%的养殖场是液体饲料喂养，5%的使用湿饲料，即干饲料加上5%的饮水，干式饲养占15%。

对于喂食系统，［27，IKC Veehouderij，1993］和［125，Finland，2001］给予了详细的介绍。喂食系统由如下部分构成：

- 料槽；
- 储存设备；
- 筹备系统；
- 运输系统；
- 剂量系统。

喂食系统有完全手动操作和全机械自动化系统两种。使用不同设计的饲料槽并采取措施来阻止猪躺在饲料槽里。饲料通常是干式供给的，再与水混合。购买不同种类的干饲料可使得混合后的食料接近所需营养物成分。干料通常是通过螺旋输送从仓库输送到混合机。

液体饲料给料器由混合容器和配料管构成，饲料与水在混合器内混合后通过软管分配给动物。混合食料的定量配给是通过称重或计算机控制自动精确完成的，依照饲养计划混合，但需要时也可用别的饲养方案代替。液体饲料给料也可通过人工称重并所需的量来完成。

在空怀和怀孕母猪的散放中，给料机由中心饲喂装置构成，能够探测母猪脖子周围的标签，机器识别动物并提供所需要的数量的食物。适时调整供应数量以使得母猪能按其所需尽可能经常地多吃。

饲料分配方式随其类型不同而不同。干饲料可以通过饲喂手推车或是机械化软管或是和液式饲养一样使用螺旋送料器来进行输送。液式饲养是通过泵送系统产生的压力将液体饲料泵入塑料管系统进行喂养。离心泵能够产生高达3bar的压力，能输送大量饲料。活塞泵的容量稍低，但是不受系统中压力的限制。

喂食系统的选择很重要，它能够影响猪的日增膘量、FCR和饲料损失百分比［124，Germany，2001］（表2.8）。

表2.8 喂食系统对日增膘量，FCR和饲料损耗的影响［124，Germany，2001］

喂食系统	日增膘量/(g/d)	饲料转化率/(kg/kg)	损耗/%
干式饲养	681	3.05	3.23
自动压碎分配器	696	3.03	3.62
液式饲养	657	3.07	3.64

2.3.3.3 饮水供应系统

饮水供应系统多种多样。饮水可采用深水井或是公共供应系统供应。水质要求是和人类所用水质一样。在一些欧盟国家中，设置一大容量的储水池进行消毒处理；在每个房间或是区域里可能有稍小些的贮水池来完成水和药剂及维生素类的分配。可使用吸液管，塑料管或是管道等不同的供水体系［130，Portugal，2001］。

饮用水可以通过不同的方式分配给动物：

- 采用伸入料槽中的乳头饮水器；
- 采用杯式乳头饮水器；
- 采用鸭嘴式饮水器；
- 通过填满饲料槽。

猪挤压乳头饮水器，水就流进饲料槽或是饮水杯中。仔猪的最小需求流量是0.75～1.0L/min，母猪是1.0～4.0L/min。

当猪吮吸鸭嘴式饮水器，阀门打开，从该饮水口供水，但水不会流进饲料槽或是饮水杯子中。鸭嘴式饮水器的流量是0.5～1.5L/min。

通过填充饲料槽给动物供水，可使用简单的水龙头精确计量所需水的体积。

2.4 饲料的加工和储存

许多农业活动涉及饲料的加工和储藏。许多饲养户向外部生产者购买可以直接使用或只需进行有限加工的饲料。另一方面，一些大型企业自己生产饲料的主要原料，购买一些添加剂来制作混合饲料。

饲料加工包括研磨（或粉碎）及混合。因为液体饲料不能储存很长的时间，一般在饲喂前不久混合饲料原料以获得液体饲料。磨碎和破碎耗时耗能。其他能耗较高的部分是混合设备和用于运输饲料的传送带或空气压缩机。

饲料加工和饲料储运设备通常安装在尽可能接近猪舍的地方。农场生产的饲料通常像干谷物一样储存在谷仓或棚中，会释放呼吸作用产生的二氧化碳气体。工业饲料可以是干的或湿的。如果是干的则经常被压成球状或粒状便于处理。干饲料用大罐卡车运输，然后直接卸到封闭的仓库中，因此不存在粉尘问题。

存储饲料的仓库有许多不同的设计，使用的材料也不同。它们可以是立在地面上的平底型，或者是依靠支撑结构立于地面的圆锥形。尺寸和存储容量也多种多样。现在通常是由聚酯纤维或类似的材料建成，里面尽可能光滑以防止残留物粘在壁上。对于液体饲料，一般采用树脂材料来抵抗低 pH 值或高温。

饲料筒仓通常是一个单独的建筑，但在意大利市场上销售的筒仓设计是可以部分运输并在农院组装的。仓库往往配备了内部检验的检修孔和在装载饲料时的排气或释放高压的装置，也安装通气和搅拌（特别是大豆）的设备，以使饲料更容易地传输出仓库（图 2.32）。

图 2.32 英国建在鸡舍旁的饲料仓库示例

2.5 粪便的收集和储存

粪便是一种有机物质，为土壤提供有机质和农作物提供养分（比矿物肥浓度低）。以粪浆或固态粪便方式收集和储存。集约型畜牧业的粪便不必实地储存，肉鸡粪便可能有传播疾病危险故要特别注意。

粪浆包括院子或建筑物中的牲畜的排泄物和雨水、冲洗水和废草垫、饲料的混合物。液浆可能会被抽出或依靠重力排出。

固体粪便包括农家肥料（FYM），由覆盖的干草、含有稻草成分的牲畜排泄物，或者机械固液分离器分出的固体组成。大多数家禽产生固体粪便，一般可堆积处理。猪粪通常是以粪浆的形式进行处理。

液浆可以在牲畜舍下的储存设备中长时间保存，但在内部的存储是临时的，定期需将粪便转移到农场的外部存储设施中以便进一步处理。粪便存储设备通常有最低容量的要求，保证会有充分的存储空间直到进一步处理（表 2.9）。特别是液浆存储，所需要的容量要求能达到允许最低出水高度和降雨的存储，这取决于应用的粪浆存储类型。存储设备的容量与能否进行土地施用期间的当地气候条件、农场大小（动物数量）和产生的粪浆的数量有关，用月份而不是立方米表示。通常，储存期是 6 个月的大粪浆储存设备可以储存 2000m^3 或更多的粪浆。

表 2.9 欧盟成员国中家禽或猪粪便的存储时间 [191，EC，1999]

欧盟成员国	外部粪便存储设备存储能力①/月	气候
比利时	4～6	大西洋气候/大陆性气候
卢森堡	5	大西洋气候/大陆性气候
丹麦	6～9	大西洋气候
芬兰	12(除厚垫料系统外)	北方气候
法国	3,4 或 6(在布列塔尼地区)	大西洋气候
德国	6	大陆性气候
奥地利	4	大陆性气候
希腊	4	地中海气候
爱尔兰	6	大西洋气候
意大利	3(固态粪便);5(粪液)	地中海气候
葡萄牙	3～4	地中海气候
西班牙	≥3	地中海气候
瑞典	8～10	北方气候
荷兰	6(猪粪液)室内家禽粪便处理周期	大西洋气候
英国	4～6	大西洋气候

① 自由饲养的家禽垫料床可认为是粪便存储区。

粪便可以有相对高的干物质含量（干家禽粪便和垫料床的粪便），也可以是粪便、尿及清洗水混合而成的粪浆。粪便的储存设施要求储存物不易于溢出。

粪便存储器的设计和所应用的材料常常要根据在导则、国家或地区条例（例如德国、英国、比利时）中的规范和技术要求进行选择。这些规范通常是基于防止任何地下或地表水污染的水条例。通常也包括维修和检查相关的程序条款，以防止液体粪浆流出对水资源带来的危害。

粪便现场存储的空间规划受水源保护制约，也必须保护养殖场附近对气味敏感的对象。有规章规定了养殖场到最近居民的最小距离，这主要根据饲养量和地形特征制订，例如主导风向和附近邻居的类型等。

常见粪便存储系统有：

- 固体或垫草类粪便的储存器；
- 粪液池；
- 土制堤坝粪便存储器或储存塘。

2.5.1　家禽粪便

大多数固体粪便在饲养房产生后，暂存在饲养房中直到生产周期结束后清除，例如：

- 深坑或厚垫层蛋鸡系统大约一年一次；
- 肉鸡（菜鸡）约 6 周一次；
- 火鸡 16～20 周一次，鸭子 50 天一次。

例如，在荷兰，大部分的家禽屋舍（89%）有 1 周的储存能力，10%有一年的存储能力，1%有高达 3 年存储能力（深坑系统）。

一些鸡蛋生产系统允许更频繁的粪便清除，大部分可每天清理一次。对于自由放养系统，家禽可以到户外环境中活动，粪便将会随地撒在田地里。

蛋鸡粪便含水率一般为 80%～85%，若每天定期清扫可降低到 70%～75%。初始含水量受饲料影响，而干燥速度受外界气候、屋舍环境、通风和粪便处理系统的影响。一些饲养系统能降低粪便含水量进而降低氨气释放量。一些蛋鸡应用类似于肉鸡的垫草系统。屋舍内粪便的收集和储存系统见 2.2.2 部分相关内容。

肉鸡（菜鸡）通常是饲养在用刨木花，锯屑或稻草铺成的垫料床上，同时垫料和粪便混合，产生极干燥（干物质约占 60%）且易碎的粪便，一般称为鸡粪。碎纸有时也用作垫料。鸡粪质量受温度和通风率、饮水方式及其管理、饲喂方式及其管理、饲养密度、饲料和鸡的健康的影响。该系统的详细描述见 2.2.2 部分相关内容。

火鸡通常饲养在用刨木花铺成深 75mm 的垫层上，产生粪便干物质约占 60%，类似于肉鸡粪。该系统的详细描述见 2.2.3 部分相关内容。

鸭子通常饲养在由大量稻草做成的垫层上，大量的水溢出，导致干物质成分所占比例下降（大约 30%）。该系统的详细描述见 2.2.3 部分相关内容。

2.5.2　猪粪

粪浆可储存在猪舍部分或全部漏缝地板下。储存时间短但也可通过设计延长到几个星期。猪舍内粪便收集和储存系统见 2.3 部分相关内容。若需要进一步的存储，粪液在重力下流入或者用泵打至收集坑或者直接进入到粪液存储池。有时还会使用粪液槽。

用大量的稻草制成垫层，产生的固体粪便定期从房舍中清除（每 1 天、2 天或 3 天）或在每几个星期出栏一批猪之后清除（厚垫料层猪舍）。固体粪便和 FYM 被储存在混凝土院子里或者是田地里准备还田。

许多猪场既产生粪液又有固态粪便。从猪舍里分别收集粪便和尿液以减少氨气的排放（见第 4 章）已经成为一种发展趋势。如果粪液和固态粪便不需进一步处理，可能会在储存库里再次混合。

2.5.3 与垫料混合的固体粪便的存储系统

与垫料混合的固体粪便通常都由前置式装载机或（链）传送带系统运送，存放在敞开或在密闭的存储仓防渗的水泥地板上。存储仓可以建造侧墙以防止粪浆或雨水泄漏，存储仓常和污水罐连在一起，分开存储液体部分，可以定期清空污水罐，把罐中的物质移到粪浆储存处。同时采用双层建筑结构可以使粪便的液体部分和雨水排入粪便存放区下方的存储池（图 2.33）。

图 2.33 液体部分单独处理的与垫料混合的粪便存储（意大利）

在还田前会暂时在野外堆放。可能原地存放几天或长达几个月，因此选择存放点的时候应该注意选择没有径流进入水道或地下水的地点。

只有一个成员国（芬兰：约 90％的农民被纳入农业-环境项目下的农业环境保护计划）目前要求农民将这样的粪堆进行覆盖。

2.5.4 粪浆存储系统

2.5.4.1 存储罐储存粪浆

粪浆用泵从粪浆坑或粪浆房屋内的粪浆渠道抽到外面的粪浆存储处。粪浆通过管道或粪浆槽运输，可以储存到地上或地下的粪浆罐。

粪浆存储系统包括收集和运输设施。收集设施即用于液体粪便、浆液和其他废水收集和管道输送的结构-技术设施（渠道、排水沟、坑、管道、滑动闸门）和泵站。阀门和滑动闸门是控制返流的重要设备。尽管单一阀门设计仍然常见，但由于安全的原因建议使用双联阀（滑动闸门）设计。

用于液体粪便和浆液均质和运输的结构-技术设施称为运输设施。

地下储藏罐和集粪坑通常用来储存少量的粪浆，并且在粪浆被抽到更大的粪浆储存处之前可以作为集粪坑使用。它们一般为方形，由钢筋加固的木块、现场调制的混凝土、混凝土板成品、钢护板或玻璃纤维强化塑料（GRP）建成。对于木料或砖，需要额外关注防渗透性，这一点可以通过使用弹性涂料或衬里解决。有时较大的储存池使用钢筋混凝土或砌块墙或者混凝土面板制成；这些储存池通常是长方形的，可以全部置于地面之上，也可能部分位于地下。在寒冷的地区例如芬兰，由钢筋混凝土材料建成的容量达 $3000m^3$ 的地下储藏罐用于粪浆储存是非常常见的［188，Finland，2001］。

地上的圆形存储池通常由弯曲的钢护板或混凝土构件建成。钢护板通过涂油漆或陶瓷层来防腐蚀。一些混凝土储存池可能部分位于地下。通常所有储存池都必须建在设计恰当的钢筋混凝土地基上。在所有存储池的设计中，地基的厚度以及墙和槽底结合处密封的程度是防止粪浆泄漏的重要指标。典型的系统是在主存储池旁边有一个带栅帽的集粪坑。泵用于将粪浆转移到主存储池中；泵可以接一个额外出水口，使得粪浆可以在集粪坑混合。位于地上的粪浆池可以通过带有开口的管道将之灌满，管道开口可以位于粪浆表面之上或者之下。在排放和进水之前，液体粪便通常用水力或气动搅拌系统激起沉积物和漂浮物，从而达到营养物质的均匀分布。粪浆可以使用螺旋桨混合，螺旋桨可以安装在储存池的侧壁上，或者悬挂在储存池上方的支架上。搅拌会造成大量有害气体的突然释放，特别是在室内的时候，因此需要适当的通风。

主储藏池有时会装有一个泄水阀可以将粪浆全部清空到集粪坑，也可以用安装在储藏池的泵将其全部抽走。

粪浆储藏罐可以是敞口的，也可以用天然或人工漂浮物（如粒状材料、谷物壳或漂浮的膜）或固定物（如帆布或者混凝土盖）覆盖，可防止雨水进入并减少气体排放。

2.5.4.2 堤坝存储池或贮留池存储粪浆

堤坝存储池或贮留池通常在很多欧盟国家用来延长粪浆的存储时间。它们的设计差别很大，既有没有任何监控措施的简单池塘，也有相对监控良好的铺有厚塑料膜（聚乙烯或丁基橡胶）用来保护地下土壤的存储设备。贮留池的容积取决于产生粪浆的养殖场大小和操作运行需要。对于仅为储存目的建造的典型的贮留池，没有具体的测量数据可用来描述其特征［201，Portugal，2001］。在这些存储池中粪浆可以用泵或螺旋

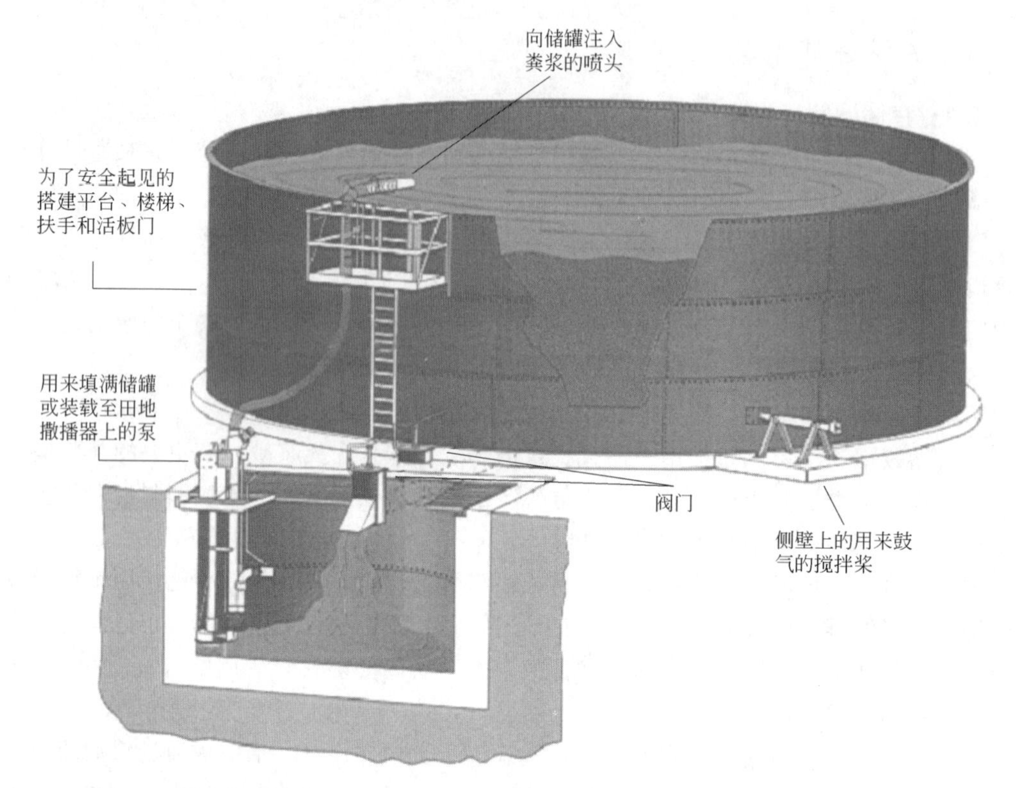

图 2.34 带有地下集粪坑的地上粪浆储藏罐示例［166，Tank manufacturer，2000］

浆混合（图 2.34）。

用作建造堤坝存储池的土壤必须具有稳定性和低透水性的特点，而这意味着必须采用黏土含量较高的土。这些储存池可以地下、地上或者半地下/半地上的形式建设。堤坝存储池还必须预留最小出水高度（图 2.35）。

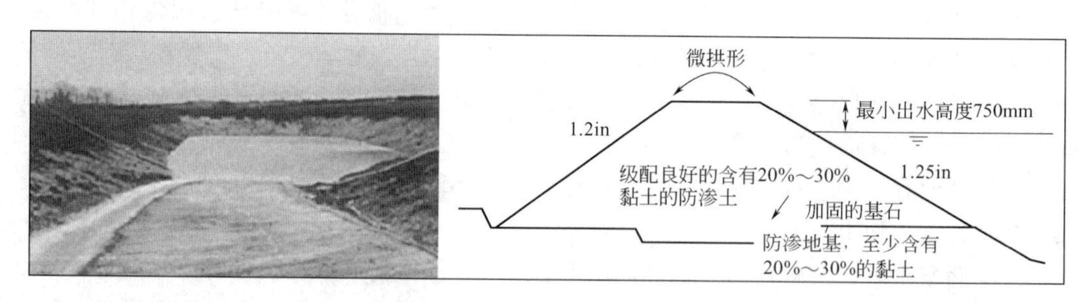

图 2.35 堤坝存储池和设计参数示例［141，ADAS，2000］

粪浆通过管道或者真空槽输送，对于这种土壤筑堤的储存池可以配备有入口坡道。堤坝存储池周围通常用栅栏防护，防止意外发生。

意大利和葡萄牙一些养殖场使用的是多重堤坝存储池或贮留池。在葡萄牙，这些系统一般遵守处理要求来进行设计和运行。然而，鉴于粪浆不得不在系统中停留相当长的时间，贮留池常常起储存的作用［201，Portugal，2001］。在每个存储区，粪浆停留一定的时间进行好氧或厌氧降解。最终，粪浆从最后一个贮存池移走，进行进一步的处理。不同储存区之间的运输可以使用机械，也可以利用每个储存点的高度差用重力转移。

2.5.4.3 柔性集装袋中的粪浆储存

对短期储存或相对少量的粪浆，可以使用柔性集装袋存储。空的集装袋可以从一个地方带到另一个地方。较大的集装袋可以更长久地安放在土方工程中来提供长期的储存。这样的储存袋可以用泵来进行填充和清空，较大的存储可以提供混合单元。

2.6 养殖场中粪便就地处理

尽管在欧洲大部分养殖场不用下面所列的方法也可以处理粪便，但是的确有很多粪便处理系统用于实践，且一些处理系统被组合应用。其他一些新的方法仍处在研发阶段或者只在极少数的养殖场得到示范性应用。在一些地区，粪便采取集中组织和处理的方式，许多养殖场的粪便集中收集后运到公共处理设施处理 [17，ETSU，1998]，[125，Finland，2001]，[144，UK，2000]。

粪肥处理优于或取代还田应用模式可能由于以下原因：

- 回收粪便中的能量（沼气）；
- 减少储存和还田过程中的臭气排放；
- 降低粪便中的氮含量以缓解因还田处理而产生的地下水和地表水污染；减少臭气；
- 便于安全远距离运输，或运送到其他地方作其他方式应用。

后两种系统在一些地区得到应用并有剩余营养物产生。

（1）应用粪便中的能量　粪便经厌氧消化，有机组分转变为甲烷，甲烷可回收在养殖场或附近地区作为燃料应用。

（2）减少储存和还田时的臭气排放　储存中或储存后的粪便会引起恶臭，厌氧、好氧处理或添加其他添加剂可减少臭气排放 [174，Belgium，2001]。

（3）降低粪便中的总氮量　粪便中的含氮化合物（有机氮、铵盐、硝酸盐、亚硝酸盐）可以转化为环境友好型的氮气（N_2）。降低氮含量的技术有：

- 焚烧：将含氮化合物氧化为氮气；
- 生物反硝化，细菌将有机氮和氨氮转化为硝酸盐或亚硝酸盐（硝化作用）后，经反硝化作用转化为氮气；
- 化学氧化，向粪便中添加化学试剂并提高温度和压力使含氮化合物发生氧化。

（4）粪便处理后用以出售或便于粪便的安全运输　使粪便体积以及其中的含水率降低，同时，粪便中的致病微生物失活（可防止畜禽病原菌传播到其他地方），臭气排放量降低。有时分离出粪便中不同的组分用以销售。常用技术如下。

- 过滤：分离固体（主要是磷）液体部分（主要是氮）；
- 释氨：调节 pH 值，氨气从粪液中挥发出来后被吸收；
- 膜过滤：预过滤后，用反渗透从水中分离出氮盐和磷盐；

- 化学沉淀：添加氧化镁和磷酸产生磷酸铵镁沉淀；
- 蒸发：粪液加热或减压，蒸汽被浓缩后进一步处理；
- 干燥：通过环境温度或生物体温（见 4.5）或通过化石燃料、粪便发酵产物沼气燃烧来干燥固体粪便；
- 石灰处理：添加石灰后 pH 值升高，导致氨气挥发分离，温度升高，粪便体积减小；
- 堆肥：有机组分的生物降解致使固态猪粪或家禽粪便体积减小以及病原菌灭活（例如在荷兰家禽粪便用于生产蘑菇）；
- 造粒：干燥粪便制成肥粒。

以下几个部分将具体讨论这些处理技术。

2.6.1 机械分离

某些养猪场中使用机械分离法将原始粪浆中的纤维/固体成分（体积分数 10%）与液体组分（体积分数 90%）分离。使用楔形丝筛网或振动筛分离出的固体产物干物质成分占 8%～10%。分离器通过纤维滤带或不锈钢穿孔板挤压粪浆实现固液分离，其固体产物干物质成分为 18%～30%。其他物理分离技术包括沉淀分离（sedimentation）、离心分离（centrifugation）或膜分离（membranes）。在某些情况下化学絮凝剂可以起到促进分离的作用。通常，经过机械分离的液体部分较之于原始粪浆更易于储存和管理。分离技术在许多国家中都有应用，尤其在意大利，许多地区规定要求分离处理猪场粪浆。分离后进行堆肥可以进一步提高固体产物的价值。剩余液体部分可实施好氧处理以脱除多余的氮，或不经处理直接进行土地利用。

2.6.2 粪液的好氧处理

养猪场中可采用好氧处理来降低猪场粪浆的臭味释放，某些情况下还能起到脱氮作用。粪液可经曝气（液态堆肥），或与足量的其他废弃物混合后在堆垛或桶中进行堆肥。曝气过程中，好氧过程可在不需要干燥或固化粪便的条件下改善粪液的性质。粪便中含有大量植物及微生物的营养物质，也含有能够应用这些营养物质的微生物。粪液中通入的空气促进好氧分解的进行，同时释放热量，利用氧气进行新陈代谢的细菌及真菌也在这一过程中增殖。反应主产物为二氧化碳、水和热量。设计时必须考虑场地条件、负荷率及处理后的粪浆在施用于土地前的存放时间。

具体设计因地而异，并考虑负荷、粪浆在土地利用之前需要的处理和存储时间的影响。系统中可引入机械固液分离机。法国，尤其是法国的布列塔尼（Brittany）地区有许多用于脱氮除磷的处理厂，其他国家也有一些通过好氧处理除臭的案例，如德国、葡萄牙及英国。粪浆经好氧处理后可用于冲洗漏缝地面下的沟槽、管道或渠道。

2.6.3 固态粪便的好氧处理（堆肥）

固态粪便的堆肥处理是一种好氧处理方式，在养殖场粪堆中会自然发生。需高孔隙度（30%～50%）以满足充分供氧的需求。堆肥的温度在50～70℃能杀灭大部分病原菌，堆肥产品中干物质所占比例高达85%。

堆肥处理是否适用取决于粪便结构，要求最低干物质含量在20%以上。典型的FTM肥堆不能满足彻底堆肥的要求。在受控的堆肥中，粪便在满足好氧条件并能进行机械化操作的合适规模的堆垛中进行堆肥处理。使用粉碎的稻草并与粪便以合适的比例混合同时控制长堆垛中的温度和湿度能够达到最好的堆肥效果。堆肥也可在筒仓中进行（比如预干燥的家禽粪便）。由堆肥槽和曝气、搅拌设备结合使用加强发酵过程，并在容器或箱中进行后发酵和干燥处理的特殊系统也发展起来了。

固态粪便的正确堆肥处理能够降低还田物料体积和臭气释放。为便于管理，在堆肥之后也可进行造粒处理。

2.6.4 厌氧处理

一些猪场采用厌氧消化处理以减小粪液中臭气的释放。该过程在无氧的沼气罐中进行。温度、过程控制、反应时间以及底物混合不同厌氧消化过程也不同。实践中，最常用的是中温厌氧消化（33～45℃）。高温厌氧消化更适用于大型反应器。

最终消化产物是沼气（大约50%～75%的甲烷以及30%～40%的二氧化碳）和稳定化的沼液。沼气可用于产热或发电。厌氧消化后通常会进行机械分离。

2.6.5 厌氧塘

厌氧塘适于在温暖的气候环境中（例如希腊和葡萄牙）处理粪液。在希腊，所有的粪液必须要处理并遵循特定的法律条款，但在葡萄牙仅当出水排入河道时才需满足法律条款。厌氧塘系统首先进行固液机械分离，然后对固体成分和液体部分分别进行处理。粪液进入沉淀池或塘中，之后溢流或被泵至厌氧塘中（通常3～5个塘）。厌氧塘既是废水存储装置又是生物处理器。具体设计因地而异，例如在意大利加盖用以收集沼气。

2.6.6 猪粪添加剂

猪粪添加剂是由能够和猪粪反应并改变猪粪特性的一系列不同化合物组成的产品。猪粪添加剂用以处理粪坑中的猪粪，以下这些不同程度的作用效果是添加剂产品的标签上的描述［196，Spain，2002］：

- 降低几种气体组分的排放量（NH_3 和 H_2S）；
- 降低臭气量；

• 猪粪物理性质改变，使其更易应用；
• 增加猪粪肥效；
• 稳定病原微生物。

一般来说，第 2 和第 3 条是养殖场采用添加剂处理粪便的主要原因。1～5 条的内容将在下面具体介绍。

（1）使用添加剂以降低几种气体组分的排放量　使用添加剂后几种气体组分的排放量降低（主要是 NH_3 和 H_2S）是最有意义也是最有争议的一点。文献指出猪排泄物中高达 90%的氮以尿素的形式存在。排泄物中的微生物分泌的尿素酶与尿素相接触时，将发生以下反应：

$$CO(NH_2)_2 + 3H_2O \longrightarrow 2NH_3 + HCO_3^- + OH^-$$

该反应主要受温度和 pH 值的影响，当温度低于 10℃或 pH 值低于 6.5 时反应停止。

（2）使用添加剂以降低臭气排放　厌氧条件下不同物质混合会产生臭气。臭气中有 200 多种物质已被识别：

• 挥发性脂肪酸；
• 醇类（吲哚、甲基吲哚、对甲苯酚等）；
• H_2S 及其派生物；
• 氨气；
• 其他含氮化合物（胺类和硫醇）。

养殖场、饲料、饲料管理以及气候条件不同，臭气中各组分比例和浓度也会有很大差异。这就可以解释为什么很多实例中会出现在当时的条件下，添加剂降低臭气排放的效果并没有被改善的情况。

（3）使用添加剂以改变猪粪物理性质　使用添加剂旨在利于粪便管理。使用添加剂是最常采取的措施，且效果有目共睹。它可增加粪便的流动性、减少表面结壳、减少溶解和悬浮固体含量以及降低粪便分层。然而，这些效果并没有在每一个实例中得到证实。

使用添加剂使粪坑易于清理，从而减少清理时间、降低水耗以及能耗。此外，能使粪便更加均匀，易于农用（剂量更精准）。

（4）使用添加剂以提高粪便肥效　肥效增加的本质原因是因为氨气释放量降低，从而氮保留在粪肥中。通常通过增强微生物细胞合成作用，使有机氮含量增加。

（5）使用添加剂以稳定病原微生物　粪便中微生物种类繁多，部分微生物促进了气体和臭气排放。粪大肠杆菌、沙门氏菌和其他猪病原菌、病毒、蝇卵以及线虫纲生物都可能存在于粪便中。

通常，因为不同微生物适宜的温度和 pH 值不同，所以粪便存储时间越长，病原微生物灭活率越高。微生物首先合成挥发性脂肪酸，故在第一个月的存储阶段 pH 值从 7.5 降到 6.5，pH 值的降低致使微生物存活率降低。一些添加剂专门设计用以控制 pH 值的降低，致使微生物存活率降低。一些添加剂专门设计用以控制病原微生物尤其是蝇卵。

2.6.6.1 粪便添加剂类型

（1）掩蔽剂和中和剂 芳香化合物（胡椒醛和香草醛）的混合试剂用以掩盖臭味，易被病原微生物降解。它的实际作用效果存在争议。

（2）吸附剂 能吸收氨气的物质很多，但斜发沸石的吸附效果最好。可将其添加到粪便中或直接吸附氨气。这些沸石还能改变土壤的结构同时还具有无毒、无危害性的优点。泥炭也能产生类似的效果，故有时也可采用泥炭。

（3）尿素酶抑制剂 尿素抑制剂可抑制上文中描述的将尿素转变为氨气的反应，有以下三种主要的尿素酶抑制剂。

① 磷酰胺：直接施加到土壤中，作用效果好。在酸性土壤作用效果更好，但会影响土壤中的微生物群。

② 丝兰提取物（Y. schidigera）：已尝试多次评价其作用潜力但是所获得的信息是有争议的，作用结果时好时坏。

③ 稻草：在许多文献中用作吸附剂。除吸附作用外，也使 C/N 比增加。其作用效果也存在争议，在一些应用中出现氨气排放量增加现象。

（4）pH 调节剂主要有以下两种类型。

① 酸调节剂 通常使用无机酸（磷酸、盐酸和硫酸）。一般来说作用效果好但是花费很高，添加的酸本身也很危险。在农场中不建议使用该方法。

② 镁盐和钙盐 镁盐、钙盐和粪便中的碳酸盐反应，使得 pH 值降低。此外，还能增加肥效不过也导致土壤盐度增加（氯化物）。有时采用该类型添加剂，但大都和其他添加剂结合使用。

（5）氧化剂 作用机理为：

- 氧化臭气组分；
- 给好氧菌供氧；
- 使产生臭气的厌氧菌失活。

强氧化剂比如过氧化氢、高锰酸钾、次氯酸钠的效果最佳，但存在危险不建议养殖场采用。部分氧化剂例如甲醛为致癌物。臭氧的效果已得到证实但是成本高。

（6）絮凝剂 无机化合物（氯化铁或氯化亚铁等）或有机聚合物。絮凝剂的使用可以大幅度降低磷含量，但同时会产生难以处理的废料。

（7）消毒剂和杀菌剂 可抑制产生臭气的微生物活性的化合物。价格昂贵，且持续使用会导致投加剂量逐渐增加。

（8）生物制剂 分为以下两种。

① 酶类：用来溶解固体物质，无毒无害物。实际效果主要与酶的种类、基质和适当的搅拌混合密切相关。

② 细菌

- 外源菌株：它们会与内源菌株之间产生竞争，从而更难以获得较好的效果。在厌氧坑或厌氧塘内使用效果较好，能降低有机物产甲烷量（投加甲烷菌会更有效，其对 pH 值和温度很敏感）。高效但需频繁地补充菌株。

• 强化内源菌株：此处的强化作用主要是基于添加碳酸盐基质来提高 C/N 比。在有足够碳源的条件下，通过有效的合成作用，将作为营养物质的氨氮转化成细胞组织中的有机氮。然而，也需要不断补加碳酸盐基质以避免氨氮恢复到起点水平。强化内源菌株不会产生有害作用，也没有显著的跨介质影响的报道。

2.6.6.2 农场使用粪便添加剂的总体效果

目前市场上有很多粪便添加剂，但不是在所有情况下都证实有效果。其中一个主要问题是缺乏标准方法来检测和分析结果。另一个与添加剂使用有关的问题是很多试验都只是在实验室条件下进行的，而非农场实地条件，两者之间营养物、营养管理、pH 值和温度的差异都会很大。除此之外，当坑或池内有大量猪粪要与添加剂进行混合时，最终取得的效果在更大程度上是依赖于混合效果而非添加剂本身。改善粪肥的流动特性能很好地改善混合效果。

每种化合物的效果高度依赖于正确的剂量、合适的投加时机和良好的混合。在某些情况下，可以观察到粪便添加剂对提高肥料价值有一定的作用，而这种作用又与农作物种类、施肥时间和剂量有关。

必须强调的是在很多情况下，使用添加剂对人类和动物健康的影响及其他环境方面的影响目前还不明确，正因为此也限制了添加剂的使用。

2.6.7 泥炭混合

液态粪便通过与泥炭混合可以转化成固态粪便，且有专门为此设计的搅拌器，使这种方法变得可行、实用。稻草或锯屑也可用作填充物质，但是芬兰的研究表明，泥炭吸收水分和氨的效果更好，而且能防止有害微生物的增长。在芬兰，液态粪便罐的储存能力不足以容纳所有产生的液态粪便，但新建粪便存储罐经济性较差，因此这种方法尤其在芬兰农场中被推荐使用。对于腐殖质贫乏的土壤，泥炭粪肥是一种良好的土壤改良剂。与单独的液态粪便相比，其与泥炭混合释放的臭气更少，这里的混合是指将完全搅匀的液态粪便泵入机器内与泥炭进行混合。

2.7 粪肥施用技术

有一系列的设备和技术可用于粪水和固态粪肥的农用，具体见下面章节的描述。目前，许多粪水农用过程主要是依靠机器沿着洒布宽度向空中抛洒进行的。在某些国家（如荷兰），要求使用带状洒布机和喷射器以减少排放。固态粪肥是在粉碎成小块后再进行农用。有时粪肥是通过犁、圆盘或其他合适的耕作设备进入土壤的。粪肥不总是撒布在农场主自己的土地上，而是经常要利用承包商形式进行粪肥播撒。

在西欧，河流和地下水中的硝酸盐的主要来源是农田。在某些水域，高浓度硝酸盐引发的环境和健康问题的关注已经反映在 EC 硝酸盐指令中（91/676/EEC），该指令旨在减少农业硝酸盐污染。在“行动计划”下，要求欧盟委员国指定硝酸盐脆弱区域，并制订相应的措施，包括限制有机粪肥中氮、“封闭期”内要求高含氮量的粪肥不能在草地和耕地上（在沙质和浅层土壤上）施用以及其他指定的不能施用粪肥的情况。在爱尔兰，磷负荷也被用作一种粪肥施用的限制性因素。

许多国家制定了其他法规来管理粪肥农用，尝试根据农作物的营养需求来平衡施肥量。如荷兰的矿物质登记系统、丹麦的义务年度肥料计划和爱尔兰 IPC（Integrated Pollution Control 为猪及禽类养殖认可机构）所要求的肥料管理计划。在某些情况下，这些法规是针对一些特定的地区，但是也会发生不同的情况（比利时、德国和意大利）。在许多国家，粪肥在秋冬季节的某些时间是不允许施用。有些国家（如意大利、葡萄牙和芬兰）对牲畜的饲养密度有严格限制，即每公顷土地可消纳的饲养牲畜产生的粪肥。

农田施用可进一步规定在一年中某些特定时期不能进行粪肥施用，而在另一时期可以最大限度地施用粪肥来进行规范，例如，在秋季收割后可以最大限度地施用粪肥。在某些情况下，也可在春节施用。

在其他国家和地区，没有具体的法规对粪肥农田利用进行控制，而是依靠一些出版发布的指南来进行建议性指导，如英国的“良好实践规范”。

如果粪肥施用得当，可以节省化肥使用，减少水土流失，而且由于添加了有机质，可以改善干旱区土壤条件。调控和规范粪肥施用是一个复杂的过程，因为在很多情况下，拥有集约化畜牧业企业的农场并不具备消纳粪肥施用的土地。然而，粪肥施用具有重要的环境影响，因为它可能产生臭气、氨的排放，以及氮磷向土壤、地下水和地表水的排放。施用粪肥的设备的能耗也需要一并考虑。具体施用技术和设备会在以下章节中详细叙述，但会因下列因素而有所不同：

- 粪肥类型（粪水或干粪）；
- 土地的用途；
- 土壤结构。

2.7.1 粪水运输系统

在欧洲主要有四种类型的粪水运输系统，它们可以与粪水播撒系统联合起来使用。这些运输系统的特点见表 2.10。

2.7.1.1 真空罐车

- 通过用气泵从罐车内抽出气体形成真空，从而将粪水吸进罐车内；清空罐车时，则通过气泵对其增压，促使粪水流出罐车。
- 可以用于大部分粪浆的运输作业；具有广泛适用性。

2.7.1.2 泵吸罐车

- 通过粪水泵将粪水泵入或泵出罐车，这里的粪水泵可以是离心式（如叶轮式）或者容积式泵（PD泵），如凸轮泵。

- 一般比真空式罐车的喷撒精度（m^3 或 t/hm^2）要高。
- PD泵的维护工作量较大。

2.7.1.3 带式软管

- 粪水通过牵引管输送到安装在牵引机上的喷洒系统；而且，直接通过离心式或容积式泵将粪水从粪水储存库泵入软管内。
- 当在地面上拖拉软管时，会对农作物产生一定的损害；而且在粗糙或坚硬的土地上会出现软管本身损坏和磨损的问题。
- 一般在高施肥率条件下适用；在湿土壤条件下，较重的机器会留下压痕，容易造成径流。

2.7.1.4 灌溉车

- 这是一台自走式机器，并附带有可弯曲或可卷起的软管。依靠离心式或容积式泵将位于附近粪水存储池的粪水泵入设置的地下管网，再由管网输送到软管内。
- 适合半自动化操作，但是需要防污染保障措施（如压力开关和流量开关）。
- 灌溉车一般在高施肥率情况下适用。

表 2.10 四种粪液肥运输系统特性的比较 [51，MAFF，1999]

特征	运输系统			
	真空罐车	泵吸罐车	带式软管	灌溉车
干物质含量	≤12%	≤12%	≤8%	≤3%
是否需要分离或粉碎	否	否(离心) 是(容积泵)	否(离心) 是(容积泵)	是
功率	→→→	→→	→→	→→(取决于场地尺寸和形状)
施用量的精度控制	√	√√(离心) √√√(容积泵)	√√(离心) √√√(容积泵)	√√
土壤压实度	▼▼▼	▼▼▼	▼▼	▼
投资成本	€	€(离心) €€(容积泵)	€€€	€€
每立方米粪液肥所需劳动力	🚹🚹🚹	🚹🚹🚹	🚹🚹	🚹

注：→、√等符号的数量表示相应投入的程度和大小。例如，灌溉车需要投入的劳动力较少。

2.7.2 液态粪肥施用系统

2.7.2.1 喷洒机

喷洒系统用于将沼粪液肥喷洒到地面上。喷洒粪肥的常用技术主要由拖拉机和尾部带有喷洒系统的水箱构成。喷洒机可以看作一个参照系统（图 2.36）。未处理的粪浆利用压力经排放管口喷出，并常使用倾斜的挡水板增加喷洒的范围。

图 2.37 展示的是一个软管卷绕轮灌溉车，在可开动的卡车上装配了远程喷灌器，这

图 2.36 装有挡板的喷洒机样例 [51, MAFF, 1999]

图 2.37 喷灌器样例 [220, UK, 2002]

也是一种喷洒机。联结软管的卡车可以拉出 300m 远的范围，当软管绕回卷绕轮时喷洒系统可以自动关闭。稀释的粪水通过主管道从粪液储池泵吸到卷绕轮软管中，主管道主要铺设在地下，并在田间许多地方都有排液阀门。图中的喷洒机就是高压操作的喷灌器 [220, UK, 2002]。

喷洒也可以在低轨道和低压条件下操作来产生大液滴，这样可以避免雾化和风漂移作用。图 2.38 展示了一台牵引机在冬小麦农作物中用含两片挡水板的吊杆施用稀释猪粪水的情形（四月份）。粪水通过带式软管从粪水池进入牵引机。值得注意的是，对冬小麦施用粪水也可以在四月份之后进行。在英国萨克福马，由于猪粪水很稀，容易从农作物上流到土壤中，所以不会产生叶焦问题。

图 2.39 所示的是同种类型含两片挡水板的吊杆施肥器在英国汉普对冬小麦施肥的情形，但是，这次的吊杆是在牵引机与罐车结合体的后面。粪水由罐车提供，并以低轨道在

图 2.38 低轨道低压喷洒技术样例［220，UK，2002］（一）

图 2.39 低轨低压喷洒技术样例［220，UK，2002］（二）

低压条件下喷洒。

2.7.2.2 带式喷洒机

带式喷洒机通过一系列悬挂或牵引在吊臂上的管道以条带状分布在地面处喷洒粪液肥。带式喷洒机通过一个管道灌入粪液肥，并依靠其他管道出口压力来使粪液肥均匀喷洒。高级的系统使用旋转布液器将粪液肥均匀分配到每个出口（图 2.40）。典型的喷洒机宽 12m，每条管道间距 30cm。

该技术适于在草场和耕地中使用，例如在种植农作物的田垄中喷洒粪液肥时可以使用。由于机器本身较宽，该技术不适于小型、不规则形状的农场，或是坡度较大的场地。当粪液肥中杂草含量过高时管道可能会发生堵塞。

2.7.2.3 从蹄式喷洒机

这种喷洒机同带式喷洒机具有相似的构型，它在每个管道下设置了拖板，这样可以将粪液肥投加到作物冠层下面的土壤上（图 2.41）。该技术主要适用于草场。将窄的拖板在土壤表面拖曳就可以将草的茎叶分开，这样粪液肥就通过 20～30cm 的空隙灌注到拖板在

图 2.40 使用旋转布水器增强侧边喷洒能力的带式粪液肥喷洒机样例

图 2.41 从蹄式喷洒机样例 [51，MAFF，1999]

土壤表面犁开的窄沟中。粪液肥灌注的土壤条带应在草冠以下，故草的高度至少在 8cm 之上。机械可覆盖的区域宽度可达到 7～8m。场地的尺寸、形状和坡度以及土壤表面的砾石均会对该技术的应用产生影响。

2.7.2.4 粪液肥注入机 (敞式槽)

粪液肥可以注入表层土壤以下。粪液肥注入机有很多种，但每种只适用于一到两种注入方式：一种是敞式槽浅层注入，深约 50mm（图 2.42）；另一种是深层注入，深约 150mm。

该技术主要用于草场。不同形状的割刀或圆式犁刀用于在垂向上切出 5～6cm 深沟槽用于施用粪液肥。典型的沟槽间距为 20～40cm，工作宽度为 6m。粪液肥施用率需要根据

图 2.42 敞式槽浅层粪液肥注入机样例 [51, MAFF, 1999]

需求进行调整，以保证粪液肥不会溢出敞口的沟槽表面，流到土壤表面上。该技术不适合用于砾石较多的土壤，也不适用于土层较浅或很密实的土壤，因为在这样的条件下，割刀或圆式犁刀很难切割出均一的土壤深度以满足工作要求。

2.7.2.5 粪液肥注入机（闭合槽）

该技术的注入深度可以很浅（5～10cm），也可以很深（15～20cm）。注入的粪液肥完全由注入尖头后部的压轮或压筒压实土壤形成的闭合槽进行覆盖。浅层闭合槽注入系统比敞式槽能更好地降低氨气排放。为了实现这一附加优势，土壤的类型和条件需要能够实现沟槽的有效密封。因此同敞式槽系统相比，该技术得到大范围推广应用。

深层注入机通常由一系列固定在侧翼上的尖齿组成，也叫雁脚钉，它们用于将粪液肥横向地注入土壤以保证较高的利用效率。典型的尖齿间隔为 25～50cm，工作宽度为 2～3m。尽管这种技术的氨气去除效率很高，但是该技术的应用范围仍然很有限。深层注入机的使用仅限于耕地，因为机械破坏降低草地的牧草产量。同时，土壤深度和黏土矿物与砾石含量、地面坡度和具有较高牵引力的大型拖拉机都是该技术的限制性因素。在这种应用中，以一氧化二氮和硝酸盐形式损失氮的风险性更大。

2.7.2.6 掺混

掺混可以按照土壤种类和土质条件通过圆盘犁或耕耘机等其他设备实现。在地面将粪肥施入土壤是一种有效降低氨气排放的手段，粪肥必须埋入土壤才能实现最好的效果。而该方法的使用效果还依赖于耕作机械，例如在耕地上施用固态肥时主要使用犁。在无法使用注入技术的地区，该技术也可以用于粪液肥的施用。

在将草场改为耕地（如旋转系统中）及追播过程中，同样可以使用掺混技术。由于将肥料施于地面时氨气迅速逸散，在施肥后立即掺混就可以有效降低氨气的排放。同时，掺混可以减轻施肥地区因臭气扩散对周边地区的影响。

为实现施肥后立即掺混，掺混机需要独立的拖拉机牵引，并应紧跟在施肥机之后。图2.43展示了某承包商使用的配备大水箱的掺混设备，有时使用小水箱和独立的拖拉机组合也可以实现相同功能。这样，施肥和掺混就可以实现一步到位［197，Netherlands，2002］。

图2.43 配备大水箱的掺混设备［197，Netherlands，2002］

2.7.3 固态粪肥施用系统

施用固态肥常用三种固态肥施肥机。

（1）旋转施肥机 一种侧面排料施肥机。它由圆柱状车体和尾部连有链锤的动力分导驱动轴构成，链锤绕着圆柱中心轴运行。当转轮旋转时，链锤就将固态肥从车体侧面甩出（图2.44）。

（2）后部排料式施肥机 一种将移动挡板或其他装置固定在拖车车体上的施肥机，施肥时主要从施肥机后部输出固态肥。这种机械可以使用垂直或水平的锤子，有时添加盘式

图2.44 旋转施肥机样例［51，MAFF，1999］

旋转犁（图 2.45）。

图 2.45 后部排料式施肥机样例［51，MAFF，1999］

（3）“两用施肥机” 一种侧面排料施肥机，拥有敞顶 V 形车体，兼能处理粪液肥和固态肥。施肥机前端常设有快速旋转叶轮或转轮，从侧部甩出肥料。转轮由装在施肥机底部的螺旋送料器或其他装置送料，滑动门可以控制送料速度（图 2.46）。

图 2.46 两用施肥机样例［51，MAFF，1999］

2.8 农场运输

农场运输量取决于农场规模、布局，燃料、饲料的储存，以及饲养工艺、牲畜舍、产品加工（例如鸡蛋的包装和分级）、粪便储存和相应的土地处理模式。饲料通常是通过机械作用或者气提作用运输，在一些猪场湿饲料直接泵入饲料槽。

通常来说，拖拉机是粪便运输及土地应用的主要工具，尽管在一些猪场粪浆通过泵和管路系统来运输（例如在英国）。许多农场雇佣的承包商配备有大型设备甚至有自驱动的施肥机等。禽舍等混凝土区域周围的粪便通过拖拉机驱动的刮粪器或者装载机/抓斗来收集运输。在一些蛋鸡养殖场，通常使用传送带运输粪便。鸡蛋包装过程中，使用机械抓斗运送到包装处，并使用叉车实现卡车的装卸运输。叉车也用来从禽舍向运输车转运鸡笼。

通常搬运工人在农场建筑周围执行各种各样的搬运任务。在整合了幼仔、饲料、燃料、包装等输入过程和产品输出过程的大型鸡蛋生产公司周边，道路运输量会非常大。

2.9 维护和清洁

维护和清洁过程主要涉及机械设备和牲畜舍。铺设垫料的农场场地也可以通过清扫或者喷水来清洁。

构筑物的常规维护是十分必要的，维护范围包括饲料进料系统和其他的输送设备。通过检查风扇、温度控制器、排气口、反向气流遮挡板及应急设备等来确保通风系统的正常运行。饮水供给系统需要定期检查。必须精心维护畜禽养殖环境，确保符合动物福利立法的要求，并可以减少臭味的排放。

建筑物的清洁和消毒一般在批与批的饲殖周期之间，粪便清理工作也是在这期间完成。所以，清洁频率与每年的生产周期数相同。在典型的猪场，冲洗废水一般排入粪浆系统，但在鸡类养殖场，此类的冲洗废水在土地应用或者进行其他处理前，一般先分别收集储存在地下储存系统中。在包装派送产品的场所，需要更加严格的卫生管理。

清洁时通常使用高压冲水，有时会添加表面活性剂。消毒时通常用福尔马林等药剂配合喷雾器来使用。例如在鸡群中发现沙门菌时，需要喷洒消毒剂 [125, Finland, 2001]。

运输车辆如拖拉机和粪便播撒机等也需要定期维护（翻新和修理）和清洁。除了结合设备说明中的要求进行适当维护外，在设备运行期间需要定期的检查。相应的活动都要使用燃油、清洁剂，并且设备的运行需要能耗。

为了方便修理和维护，许多农场常备有易耗物品。经过培训的农场员工可以进行日常的维护和清洁工作，但更复杂和专业的维护工作需要专门技术人员。

2.10 废弃物的使用与处置

畜禽养殖场运行中产生的废弃物有：

- 杀虫剂；

- 兽药产品；
- 油类和润滑剂；
- 金属碎片；
- 废弃轮胎；
- 包装物（硬质塑料、塑料薄膜、硬纸板、废纸，玻璃、货盘等）；
- 饲料残留物；
- 建筑垃圾（水泥、石棉、金属）。

粪便、尸体以及废水的处理都有相关的法规要求，具体内容在本书其他章节讲述。

大部分废弃物是纸类和塑料类包装材料。最常见的危险废物来自使用过的药物或过期的药物。农场中也有部分清洁用品以及其他操作过程中残留的化学用剂。

废弃物处理方法很多。现有环境保护和废弃物管理方面的欧盟及地方法规规范了废弃物的储存、处置，促进了废弃物减量化工作及循环材料的资源化应用。

通常来说，大型农场的废弃物处理处置成本更低。废弃物贮存在小垃圾桶等容器中，由市政或者专门的收集机构收集。在没有公共垃圾收集机构的地区，农场不得不自己进行废弃物的收集和运输，并对产生的相应费用和废弃物处置负责（芬兰）。在偏远地区，收集工作会十分困难甚至无法进行。

近期，英国调查了农场废弃物的处理情况。在废弃物无法收集运离农场时，有如下技术手段可供选择：

- 储存；
- 空地燃烧；
- 填埋；
- 回收利用。

农场外处理包括如下处理路线：

- 填埋；
- 垃圾桶储存，包含在户内收集中；
- 供应商回收；
- 运至合同处理商处。

燃烧处理包装材料和废油在一些欧盟国家仍十分普遍，然而在其他地方，任何物质的焚烧处理都是严格禁止的。在一些欧盟国家，废油通过专门容器储存收集后在农场外进行处理。对于处理各种塑料产物如塑料容器等，焚烧也是最普遍的处理方法。

兽药类物质由专用箱子收集，有时也通过兽药供应商回收处理，也存在焚烧和填埋的处理情况。

饲料残留物可以与农场粪便或粪浆进行混合后进行土地利用，或者通过其他的手段回收利用。

剩余轮胎可通过不同方法进行处理，如供应商回收、就地焚烧和堆放处置等。

2.11 畜禽尸体的储存和处置

通常由合同商提供畜禽尸体的收集和处理服务。在意大利，很多农场具有在特殊压力温度条件下将畜禽尸体加工为液体饲料的设备［127，Italy，2001］。当然在其他欧盟地区也有这种案例，但是这种处理方式在逐渐减少，甚至被完全禁止了。

填埋和露天焚烧是最常用的处理方法。在一些欧盟地区，如荷兰、德国、丹麦、法国等，填埋是严格禁止的，但在英国、意大利、西班牙，在获得授权的情况下允许进行填埋。一些农场具有畜禽尸体焚烧设备，这些设备往往是不能达到废气排放标准的简易焚烧炉。在英国大约有 3000 座小型焚烧炉（小于 50kg/h）在运行，这些焚烧炉主要是在大型畜禽养殖场中。焚烧飞灰进行填埋或采用其他处理方法。否则畜禽尸体收集后在其他地点进行处理。除此之外，畜禽尸体也可以进行堆肥处理。

2.12 废水的处理

废水主要包括生活污水、工业废水、农业废水等经过使用后排放，使用过程中性质发生变化。地表径流和雨水会进入到废水排放系统中。畜禽养殖场的清洁废水包括残留的粪尿、垫料、饲料残渣以及清洁剂、消毒剂等。

废水，又叫污水，主要来自设备及个人洗刷用水，地表径流尤其是粪便污染的开放水泥场地。废水量与降雨量密切相关。污水可以与粪浆混合处理，也可以通过专门的储存设备单独处理。

在禽类养殖场，污水处理目标是保持粪便干燥，降低氨气排放并且使粪便易于处理。废水储存在专门设备中进行单独处理。

在猪场，污水通常加入到粪浆中混合处理或者直接进行土地利用。已有的粪浆处理系统有很多种，在 2.6 部分中有详细描述。芬兰一些农场使用固体粪便处理系统，废水通过沉淀池后进入土壤处理系统或者流入沟渠。

如果分开处理，污水可以通过灌溉系统进行土地利用（英国）或者在当地市政或农场内的污水处理设备进行处理。

2.13 发电供热设备

一些农场安装了太阳能或者风力发电机来补偿电力消耗。太阳能的供给依赖天气状况，无法作为农场的主要能源，一般作为附属能源或者低价能源的替代品来使用。风力发电机尤其在风速高的地区能提供电力。如果多余的电力能够进入当地电力网络的话，风力发电是更加经济实惠的能源，但评价其可行性及环境效益需要更详细的信息。在一些欧盟地区，粪便储存和处理过程中产生的沼气受到越来越多的关注。

2.14 排放物的监测与控制

在 IPPC 指令（96/61/EC）中，章节 9.5 中关于监测做出了如下描述：

“这个许可应该包括适度放宽的监测要求，明确测试方法和频率，评估过程和提供符合许可要求的可靠数据的义务。在涉及章节 6.6 附表 1 中设备时，使用本段所述技术前要考虑成本和效益。”

这段文字可以解读为畜禽养殖场应该避免过度监测的信号。

本部分内容给出常规监测的一些建议。考虑到成本和效益，本部分无法提供评估农场适当监测水平所需的信息。

在一些地区，农场需要登记 P 和 N 的使用。这种情况常见于环境压力大的地区的养殖场。平衡结果可以给出很明确的营养物质的输入量和流失量。这些信息可以用于优化猪饲料中添加的营养物质的量和粪便的土地利用。

一些农场评估土壤的营养状态，并依据植物需要和轮种要求来使用适度的有机和矿物肥料。精度水平取决于对土壤和粪便做的评估，以及某些被认可的营养管理方案，这些方案用公开的信息或经验或推测对营养需求进行评估。相关地区的立法详见章节 2.7。

农民需保留物品购置记录，虽然记录的具体要求不尽相同。清单记录主要包括饲料、燃料（包括电力）和水，因此所使用过的物品的数量都可以计量。既然饲料和水是畜禽养殖系统的主要物质输入，不论是否保留购置记录，农场都会计量相应的使用量。大部分禽类养殖场还会购置褥草垫料；而猪场会用自己生产的稻草或用粪便与周边农场交换获得干净的稻草。

在大型农场，计算机化的记录和管理投资、输入和输出已经越来越普遍。在数据采集记录过程中，会使用到水表、电表和室内气候管理的电脑等。

需要定期检查粪浆储存系统是否出现腐蚀、泄漏或者其他可能的问题并及时解决。需要专业的技术人员在储存设施清空后进行检查。

往水体中的定期排放需要严格遵守相关立法，并符合相关的排放条件和监测要求（波兰、意大利）。

目前，除非一些特殊情况下，农场并不监控气体的排放。特殊情况包括周边居民对噪声和臭气的抗议等。在爱尔兰，污染综合控制许可条例中要求对臭气、噪声、地表水、地下水、土壤和固废的排放和取样点进行监控。

3 集约化畜禽养殖场资源消耗与污染排放概况

本章基于信息交换体系框架下提供的信息，展示了畜禽养殖场各种活动中资源消耗与污染排放的相关数据，旨在概述适合于描述欧洲现状的数据范围，并为第 4 章中所涉各种技术的应用效果提供参考基准。本章尽可能的描述影响数据变化的因素，但在一些情况下只是简单涉及。数据采集的具体环境在第 4 章中将有详尽的叙述。

3.1 前　言

集约化养殖场的主要生产系统和技术在第 2 章中已进行了介绍。所报道的资源消耗和污染排放水平的数据有时会比较模糊并难以理解，同时基于各种因素也会产生很大变化。

（1）信息结构　为了阐明集约化畜禽养殖场的污染排放情况，理解第 2 章中所述农场活动间的相互关系是十分必要的。显然不同资源的输入量与排放量之间是有直接联系的。

在考察输入量和排放量时，主要关注与畜禽新陈代谢有关的污染排放。核心问题是畜禽粪便，包括产生量、组分、收集储存处理方法以及土地利用问题。这同时也体现在各种畜禽活动的顺序上，其中，将饲料作为主要的资源消耗，将粪便的产生作为最重要的污染排放。

（2）数据的理解　资源消耗和污染排放量取决于很多因素，例如畜禽繁殖量，所处生长阶段以及养殖场管理系统。除此之外，气候、土壤条件也需要考虑。因此，平均值代表的意义有限。表格数据列出了资源消耗和污染排放量最大的可能变化范围。在信息允许范围内，本书尽可能对数据变化作相应的文字解释，但无法做到十分详细。在欧盟成员国地区使用的标准单位与其他地区有可能会有不同。如果两地间的数据在相同的数量级，它们将共同构成相应的数据范围，不会进行明确区分。资源消耗和污染排放以及相关影响因素有不同的监测手段和不同的监测时间。为了便于比较和参考，会给出影响资源消耗和污染排放特征的相关因素。

在评估资源消耗和污染排放量时，需要区分独立活动和农场整体的活动。情况允许时，同独立活动直接相关的数据会与第 4 章中涉及的减排技术建立直接联系。有时，在独立活动的基础上很难确定污染排放量，此时，将农场作为整体进行资源消耗和污染排放的评估显得更为便捷。农场主要活动引发的环境问题见表 3.1。

表 3.1　农场主要活动引发的环境问题

主要农场活动	主要环境问题	
	资源消耗	可能的排放
禽舍系统 畜禽养殖方式(笼养、板条箱或自由放养) 粪便(内部)储存和清理方式	能源、褥草	气体排放(NH_3)、臭气、噪声、粪便
禽舍系统 室内温湿条件调控设备 畜禽进食和饮水系统	能源、饲料、水	噪声、废水、飞尘、CO_2
饲料以及饲料添加剂的储存	能源	飞尘
隔离设备中的粪便储存		气体排放物(NH_3)、臭气、土壤排放物
粪便外剩余物的储存		臭气、土壤排放物、地下水
畜禽尸体的储存		臭气
动物装卸载		噪声
粪便的土地利用	能源	气体排放物、臭气、土壤排放、地下水、地下水中氮磷钾元素排放、噪声
农场内粪便处理	添加剂,能源,水	气体排放、废水、土壤排放
饲料研磨	能源	飞尘、噪声
废水处理	添加剂、能源	臭气、废水
废弃物焚烧(畜禽尸体等)	能源	气体排放物、臭气

在对猪场进行资源消耗和污染排放评估时，需要了解猪场使用的生产系统。生长和肥育的目标屠宰体重为 90～95kg（英国），100～110kg（其他）或 150～170kg（意大利），并具有不同的生产周期。在欧盟地区，禽类养殖场生产系统间的差别不大。需要说明使用的动物单位来标准化处理数据，以获得可比性。为此，欧盟国家使用“动物单位（animal unit）”或者“动物当量（equivalent animal）”。然而由于欧盟国家间定义的不同，相关单位的使用存在一些问题。例如：在瑞典，1 动物单位＝3 头母猪＝10 头屠宰期猪＝100 只母鸡。而在爱尔兰 1 动物单位＝1 头屠宰期猪，而且 10 动物单位＝1 头产仔母猪。在葡萄牙，猪的动物当量平均为 45kg，然而，在意大利目前数据显示相应代表性的数据为 85kg。

3.2 资源消耗水平

3.2.1 饲料消耗与营养水平

畜禽养殖过程中饲料消耗量及其组成是决定粪便产生量、化学组成及生理结构的重要因素。因此，在集约化畜禽养殖场中，饲料量是决定农场环境友好性的重要影响因素。

畜禽养殖场污染排放量主要取决于饲养动物的新陈代谢过程，主要包括两个部分：肠胃系统中饲料的酶促消化；营养物质在肠胃系统中的吸收。为满足动物的营养需求、实现生产目标，对上述新陈代谢过程的深入理解促进了一大批饲料和饲料添加剂的研发与推广。提高饲料中营养物质的利用率不仅获得了更高的生产效率，也降低了环境负担。由于畜禽个体能量需求不同，包括生存需要、生长率、生产水平等，整体资源消耗水平也相应变化。饲料摄入总量是由生产周期、日常摄入量和生产目的共同决定的，同时也受畜禽本身的影响。

资源消耗量的数据单位为 kg/(只·周期)，或者 kg/kg 产品（鸡蛋或肉类）。由于使用不同畜禽物种、不同生产目标（蛋重或是肉重）、不同生产周期，数据之间的比较是十分困难的。

下面章节介绍饲料摄入量和畜禽营养需求，并说明了可能的数据变化以及相关影响因素。

3.2.1.1 家禽饲养

不同家禽种类的指导性饲养水平见表 3.2。禽类饲养的目的和饲料中各物质成分在章节 2.2.5.1 中有相应叙述。饲料中氨基酸成分的计算基于相关禽类“理想蛋白质”的概念。根据“理想蛋白质”的定义，可以通过表征赖氨酸水平并将其余氨基酸转化为饲料中实际赖氨酸水平来确定所需氨基酸的水平。目前实际数据（包括可变区间）如表 3.3 所列。氨基酸平衡值来自文献推荐值，而目前蛋白质和赖氨酸水平的评估结果为欧盟的实测水平值。

表 3.2 不同禽类的生产周期、转化率和饲料量水平

[26, LNV, 1994], [59, Italy, 1999], [126, NFU, 2001], [130, Portugal, 2001]

家禽种类	饲养周期	FCR①	饲料量/[kg/(只·周期)]	总数/[(kg/(只·年)]
蛋鸡	12～15 月	2.15～2.5②	5.5～6.6	34～47(产蛋期)
肉食幼鸡	35～55 天(5～8 只/年)	1.73～2.1	3.3～4.5	22～29
火鸡	120(雌)～150(雄)天	2.65～4.1	33～38	
鸭子	48～56 天	2.45	5.7～8.0	
珍珠鸡	56～90 天	2	4.5	

① FCR，为饲料转化率。

② FCR 用千克饲料能生产的千克鸡蛋表示，在垫料系统中值更高。

表 3.3 氨基酸平衡推荐范围和蛋白质赖氨酸水平评估

[171，FEFANA，2001]，[Mack et al.，1999]，[Gruber，1999]

	肉鸡	蛋鸡	火鸡
通用能量水平(基于新陈代谢能量)/(MJ/kg)			
阶段一	12.5～13.5		11.0～12.5
阶段二	12.5～13.5		11.0～12.5
阶段三	12.5～13.5	11～12	11.5～12.5
阶段四			11.5～13.5
阶段五			
通用蛋白质水平(总量)(粗蛋白=N×6.25)			
阶段一,饲料/%	24～20		30～25
阶段二,饲料/%	22～19		28～22
阶段三,饲料/%	21～17	18～16	26～19
阶段四,饲料/%			24～18
阶段五,饲料/%			22～15
通用赖氨酸水平,总量			
阶段一,饲料/%	1.30～1.10		1.80～1.50
阶段二,饲料/%	1.20～1.00		1.60～1.30
阶段三,饲料/%	1.10～0.90		1.40～1.10
阶段四,饲料/%			1.20～0.90
阶段五,饲料/%			1.00～0.80
mg/天		850～900	
推荐氨基酸平衡水平(以赖氨酸百分比表示)/%			
苏氨酸:赖氨酸	63～73	66～73	55～68
蛋氨酸+胱氨酸:赖氨酸	70～75	81～88	59～75
色氨酸:赖氨酸	14～19	19～23	15～18
缬氨酸:赖氨酸	75～81	86～102	72～80
异亮氨酸:赖氨酸	63～73	79～94	65～75
精氨酸:赖氨酸	105～125	101～130	96～110

饲料中钙磷应用水平如表 3.4 所示。

表 3.4 禽类饲料中钙磷含量 [117，IPC Livestock Barneveld College，1998]，[118，IPC Livestock Barneveld College，1999]，[26，LNV，1994]，[122，Netherlands，2001]

项目	禽类			
	蛋鸡/[mg/(只·天)]	肉鸡/(g/kg 饲料)		
		0～2 周	2～4 周	4～6 周
Ca/%	0.9～1.5	1.0	0.8	0.7
P/%①	0.4～0.45	0.50	0.40	0.35

① 有效磷含量。

3.2.1.2 猪的饲养

根据猪的体重和所处生长阶段不同，饲养方法和饲料配方是不同的。后备母猪、空怀母猪、怀孕母猪以及哺乳母猪的饲料是不同的，崽猪、育成仔猪、生长育肥猪以及待出栏生猪的饲料也是不同的。饲料量以 kg/天和所需能量/kg 饲料计。不同猪饲养方法的相关表格和数据很多，本小节仅给出欧洲报道应用的饲养方法的数据。在某些例子中也可能会用到更高或更低的营养水平。最终的摄入量由消耗食物总量以及营养组分浓度共同决定，并给出不同饲料的建议最低摄入量以满足猪每日平均的能量需求。一头母猪在整个产仔过程包括干燥阶段，所需供给的饲料量按输入能量来计为 1300～1400kg/年。

母猪的平均营养需求量见表 3.5，哺乳期母猪的营养需求量比怀孕期母猪略高。饲料中要求含有更多的粗蛋白和赖氨酸。母猪的能量需求会一直增加到崽猪出生。生产以后，母猪的每日能量需求随着仔猪成长而增加。在断奶后直到初次交配，母猪需要一直保持高能量水平以便及时恢复和预防体质变差。交配后，可降低饲料中的能量含量。怀孕母猪在冬天需要比其他季节更高的能量供给。

饲料中的氨基酸组分按照相关牲畜种类“理想蛋白质”的概念配制。根据“理想蛋白质”的定义，可以通过表征赖氨酸水平并将其余氨基酸转化为饲料中实际赖氨酸水平来确定所需氨基酸的水平。实际应用情况见表 3.5、表 3.6。推荐的氨基酸平衡值来自文献，而目前蛋白质和赖氨酸水平的评估结果来自欧盟的实测结果。

表 3.5 母猪的氨基酸平衡推荐范围和蛋白质赖氨酸水平评估（一个阶段表示一个主要生长期）[171，FEFANA，2001]（参考文献中的氨基酸用量来自于 Dourmad，1997；ARC，1981）

	哺乳母猪	怀孕母猪
一般能量水平(基于新陈代谢能量)/(MJ/kg)		
哺乳期	12.5～13.5	
怀孕期		12～13
一般蛋白质水平(总量)(粗蛋白＝N×6.25)		
哺乳期饲料/%	18～16	
怀孕期饲料/%		16～13
目前赖氨酸水平总量		
哺乳期饲料/%	1.15～1.00	
怀孕期饲料/%		1.00～0.70
氨基酸建议范围(与赖氨酸含量的比值)/%		
苏氨酸:赖氨酸	65～72	71～84
蛋氨酸＋胱氨酸:赖氨酸	53～60	54～67
色氨酸:赖氨酸	18～20	16～21
缬氨酸:赖氨酸	69～100	65～107
异亮氨酸:赖氨酸	53～70	47～86
精氨酸:赖氨酸	67～70	—

表 3.6 猪的氨基酸平衡推荐范围和蛋白质赖氨酸水平评估（一个阶段表示一个主要生长期）[171，FEFANA，2001]（参考文献中的氨基酸用量来自 Henry，1993；Wang etFuller，1989 and 1990；Lenis，1992）

	猪
一般能量水平(基于新陈代谢能量)/(MJ/kg)	
阶段一(仔猪)	12.5～13.5
阶段二(育肥猪)	12.5～13.5
阶段三(生猪)	12.5～13.5
一般蛋白质水平(粗蛋白＝N×6.25)总量	
阶段一，饲料/%	21～17
阶段二，饲料/%	18～14
阶段三，饲料/%	17～13
一般赖氨酸水平总量	
阶段一，饲料/%	1.30～1.10
阶段二，饲料/%	1.10～1.00
阶段三，饲料/%	1.00～0.90
氨基酸建议范围(与赖氨酸含量的比值)/%	
苏氨酸	60～70
蛋氨酸	50～64
色氨酸	18～20
缬氨酸	68～75
异亮氨酸	50～60
精氨酸	18～45

母猪饲料中钙和磷的添加量见表 3.7。

表 3.7 母猪饲料中的钙和磷含量 [27，IKC Veehouderij，1993]，[59，Italy，1999]，[124，Germany，2001]

项　　目	交配期和怀孕期母猪	哺乳期母猪
饲料/[kg/(母猪・每天)]	2.4～5.0	2.4～7.2
含钙量(饲料)/%	0.7～1.0	0.75～1.0
总磷(饲料)/%	0.45～0.80	0.55～0.80

猪的饲养主要依据其体重，一般随其体重增加而增加饲料摄入。猪长至育肥期结束时（最后 20～30kg），饲料量保持不变。表 3.8 是一个来自意大利的例子，饲料根据猪的体重不同而有所区别。一般来说，体重较轻的猪饲料量是根据需要随意供给的，这有利于其肌肉的积累。但肥猪的饲养是定量的，因为肥猪的生活习性更易于积累脂肪以至于越来越重。饲料的组成也因此不同，例如：对于肥猪来说，13～15 公升的料浆（含有 5%～6% 的干物质）可以替代 1kg 的干饲料。料浆的用量不断增加，肥猪体重从 30kg 的体重增加

至130kg，饲料从3～4L/(头·天) 增至10～12L/(头·天)（饲料体积超过此标准可能会降低饲料转化率）。

表 3.8 意大利有关较轻猪和肥猪喂养的定量饲料表 [59，Italy，1999]

肥猪							
体重/kg	25 及以下	30	50	75	100	125	150＋
饲料(88%干物质)/(kg/天)	随意	1.2～1.5	1.5～2.0	2.0～2.5	2.5～3.0	2.7～3.2	3.0～3.4
饲料(%体重)	～	4～5	3～4	2.7～3.3	2.5～3.0	2.2～2.5	2.2～2.2
饲料(新陈代谢重量)($w^{0.75}$)①/%	—	10～12	8～10	8～10	8～10	7～9	7～8
较轻猪							
饲料(88%干物质)/(kg/天)	随意	1.5	2.2	2.8	3.1	—	—
用来消化能量/(MJ/kg)	13.8	13.4	13.4	13.4	13.4	—	—
赖氨酸/%	1.20	0.95	0.90	0.85	0.80	—	—

① w 为自然体重。

仔猪和育肥猪生长过程中的饲料数量取决于猪品种、饲料转化率、日生长量、育肥期的长短和最终体重等因素。从25kg长至110kg的猪，大约需要消耗260kg的饲料。饲料的营养水平相当重要，营养水平必须足以满足猪每日增长所需能量。从表3.9中可以查到各种重量猪的饲料需要量。猪从30kg生长至最后，其饲养阶段可分成2～3阶段。在这些阶段中，营养成分因猪需求的不同而不同。第一阶段是猪体重介于45～60kg，第二阶段是介于80～110kg。当某种饲料用于喂养体重介于30～110kg的猪时，其营养物质含量应等于两阶段饲料营养水平的平均值。

猪仔和生猪饲料中的钙和磷含量，见表3.9。

表 3.9 生长育肥猪饲料中的钙和磷含量 [27，IKC Veehouderij，1993]，[124，Germany，2001]，[59，Italy，1999]

营养成分	猪体重			
	30～55kg	55～90kg	90～140kg	140～160kg
钙(饲料)/%	0.70～0.90	0.65～0.90	0.65～0.90	0.65～0.80
总磷(饲料)/%	0.44～0.70	0.45～0.70	0.50～0.70	0.48～0.50

在意大利，育肥猪在生长育肥期不同体重范围的猪需要不同剂量的营养（表3.10）。

表 3.10 意大利不同体重区间的肥猪饲料平均营养水平 [59，Italy，1999]（饲料原材料）

/%

营养成分	体重介于35～90kg的猪	体重介于90～140kg的猪	体重介于140～160kg的猪
粗蛋白(CP)	15～17	14～16	13
粗脂肪	4～5	＜5	＜4
粗纤维	＜4.5～6	＜4.5	＜4

续表

营养成分	体重介于35～90kg的猪	体重介于90～140kg的猪	体重介于140～160kg的猪
总赖氨酸	0.75～0.90	0.65～0.75	0.60～0.70
总蛋氨酸+胱氨酸	0.45～0.58	0.42～0.50	0.36～0.40
总苏氨酸	0.42～0.63	0.50	0.40
总色氨酸	0.15	0.15	0.10～0.12
钙	0.75～0.90	0.75～0.90	0.65～0.80
总磷	0.62～0.70	0.50～0.70	0.48～0.50
消化能力/(MJ/kg)	>13	>13	>13

3.2.2 水耗

总用水量包括动物的日常用水，以及用来清洁圈舍、设备和空地的用水量。清洁用水对农场废水产生量有很大影响。

3.2.2.1 禽舍耗水量

3.2.2.1.1 禽类日常用水

家禽养殖中提供的用水需要满足禽类的日常生理需求。水的摄入量取决于以下因素：

- 家禽品种和年龄；
- 家禽健康状况；
- 水温；
- 环境温度；
- 饲料成分；
- 饮水系统。

随着环境温度的升高，肉鸡最小摄入量呈几何级数增长。蛋鸡产蛋率的提高同样增加每日用水量［89，Spain，2000］。就饮水系统而言，乳头式饮水器由于较少的溅水量而比环形饮水器更具优势。

表3.11列出了禽舍的平均用水量。仅有肉鸡和蛋鸡的水/饲料比见于相关报告。

表3.11 不同品种家禽每生长周期每年用水量

［27，IKC Veehouderij，1993］，［59，Italy，1999］，［26，LNV，1994］

家禽种类	水量/饲料平均值/(L/kg)	每个生长周期的用水量/[L/(只·生长周期)]	每年的用水量/[L/(只·年)]
蛋鸡	1.8～2.0	10(直到产蛋)	83～120(产蛋)
肉鸡	1.7～1.9	4.5～11	40～70
火鸡	1.8～2.2	70	130～150

3.2.2.1.2 清洁用水

污水主要来自禽舍的清洁用水。饮水系统的漏损通常并入粪便中考虑。产生湿粪便的养殖场（未在禽舍中干燥）可将清洁产生的废水收集于专门的粪便储存设备中。产生干粪便的养殖场污水会另外收集储存（如水箱）。表 3.12 列出了用于不同类型禽舍的清洁用水估计值。

用水量依赖于清洁技术和高压清洁系统的水压而变化。此外，热水和蒸汽替代冷水后也能减少清洁用水量。

蛋鸡的清洁用水量因鸡舍类型不同而有所区别。一般每 12～15 个月鸡舍就要清洁一次。笼养蛋鸡的用水量小于厚垫料床饲养的蛋鸡。鸡舍的清洁用水量根据垫料床中板条的铺设区域大小而有所变化。板条铺设区域越大，用水量越大。全实体地板用水大约 $0.025m^3/m^2$，芬兰和荷兰肉鸡清洁用水量相差较大，荷兰用水量大约比芬兰多了 10 倍。使用热水可减少 50％的清洁水量。

表 3.12 禽舍的清洁用水量估算值 [62，LNV，1992]

家禽种类	每次用水量/(m^3/m^2)	每年的次数	每年用水量/(m^3/m^2)
笼养蛋鸡	0.01	0.67～1	0.01
厚垫料床蛋鸡	>0.025	0.67～1	>0.025
肉鸡	0.002～0.020	6	0.012～0.120
火鸡	0.025	2～3	0.050～0.075

3.2.2.2 猪舍耗水量

3.2.2.2.1 日常用水

猪的日常用水量有四个来源：

① 维持体内平衡和生长所需的用水；

② 必需用水以外多摄入的水；

③ 布水系统结构不合理造成饮水过程中浪费的水；

④ 满足猪某些行为需求的水，例如：满足猪用来“嬉戏”的水；

猪每千克饲料所需的水的公升数主要由以下几个因素决定：

- 年龄和体重；
- 健康状况；
- 不同生长时期；
- 气候条件；
- 饲料及饲料构成成分。

生猪每千克饲料摄入所需的用水随年龄增长而下降，而考虑到育肥结束前猪体重的增加会增加其饲料摄入量，猪每日的绝对饮水量仍是增加的（表 3.13）。意大利常养殖大型生猪，在育肥结束前，主要用水与饲料比为 4∶1 的液体形式饲料，当料浆来自奶酪生产时其比例可达 6∶1。减少饲料成分中的粗蛋白可以减少水摄入量，一般减少 6％的粗蛋白，可以减少 30％的水摄入量。

摄水量对母猪维持体内平衡和产仔、产奶是重要的。较高的摄水量对猪哺乳期的吸收能力和怀孕期的泌尿系统都是有利的。

表 3.13 生猪和母猪在不同生长阶段的用水量 [27, IKC Veehouderij, 1993], [59, Italy, 1999], [125, Finland, 2001], [92, Portugal, 1999]

猪品种	不同生长期	水/饲料/(L/kg)	用水量/[L/(天・头)]
生猪	25～40kg	2.5	4
	40～70kg	2.25	4～8
	70kg～成猪	2.0～6.0	4～10
后备母猪	100 天	2.5	
母猪	受孕 85 天		5～10
	受孕 85 天至产仔	10～12	10～22
	哺乳期	15～20	25～40(无限制)

水(或液体)的摄入对于生猪的生长和粪便的产生量、质量都有很大影响。体重从25kg长至60kg的猪,需要的饮水量从4～8L/(头・天)增加至6～10L/(头・天)。一般来说,饮水量的增加会增加粪便的排泄并降低其中的干物质百分比(表 3.14)。这个规律对于生猪、哺乳期的母猪(包括猪崽)和种猪都适用,也适用于其他形式的液体包括乳浆、脱脂奶和青贮液。

表 3.14 水/饲料比值对生长期猪和待宰生猪粪便产量和干物质的影响 [27, IKC Veehouderij, 1993]

水:饲料	水/料比/[kg/(头猪・天)]	粪肥产量/[m^3/(头猪・年)]	干物质含量/%
1.9:1	2.03	0.88	13.5
2.0:1	2.03	0.95	12.2
2.2:1	2.03	1.09	10.3
2.4:1	2.03	1.23	8.9
2.6:1	2.03	1.38	7.8

饮水系统的形式和输水速度影响了水的溢漏和粪液的产生。表 3.15 表明乳头式饮水系统的饮水速度增加 2 倍会导致粪液体积增加 1.5 倍,从而降低了粪液中干物质的含量。

表 3.15 喷嘴系统的输水对生长期猪和成猪粪便排泄及其干物质含量的影响 [27, IKC Veehouderij, 1993]

饮水量/[L/(头猪・min)]	肥料产量/[m^3/(猪・年)]	干物质含量/%
0.4	1.31	9.3
0.5	1.45	8.1
0.6	1.60	7.2
0.7	1.81	6.1
0.8	2.01	5.2

3.2.2.2.2 清洁用水

清洁用水的用量直接关系到养猪场产生的废水量。养猪场的用水不仅受到清洗技术的影响,也受到圈舍系统影响,因为为了清除粪液而需要更多的水清洗地板。例如,地板板条区域面积越大，清洁用水使用就越少。清洁用水的相关数据并不充分。表 3.16 提供了在不同类型的农场或地板系统测得的一些数据，但由于高压清洗和清洁剂的使用使得数据的变化范围较大。因此，不同地板系统的变化不能解释不同农业类型的变化。

表 3.16 猪舍清洁用水估算 [59，Italy，1999]，[62，LNV，1992]

系统/农场类型	用水量	系统/农场类型	用水量
固体地板	$0.015m^3$/(头·天)	育种猪场	$0.7m^3$/(头·天)
部分漏缝地板	$0.005m^3$/(头·天)	生猪饲养场	$0.07 \sim 0.3m^3$/(头·天)
漏缝地板	0		

3.2.3 能源消耗

禽畜养殖场能源消耗的量化是所有生产系统中最复杂的，因为其组织形式和系统配置是不统一的。此外，应用于生产系统的技术常根据农场结构和生产特征的不同而不同，而生产系统很大程度上决定了能源消耗量。另一个能源消耗的重要影响因素是气候条件 [188，Finland，2001]。

能源消耗数据的收集比较困难，因为能源消耗量通常变化很大，也没有明确的监测手段。

由于不同类型能源载体的计量单位不同，需要统一转换为千瓦时或瓦时每天来进行比较。

数据可以按每头每天来表示，但如果计算超过一年，通风和热输入的季节影响可以均衡化。

意大利、英国和芬兰的家禽和养猪场能源报告及其主要结论在下面的章节介绍 [59，Italy，1999]，[72，ADAS，1999；73，Peirson，1999]。

3.2.3.1 家禽养殖场

蛋鸡场中，由于蛋鸡的高放养密度需要低温，人工加热禽舍并不常见 [74，EC，1999]。保证产蛋母鸡最低标准的应用会增加对蛋鸡养殖场的能源消耗，但也受节能技术的影响。日常需要能源的管理措施主要包括：

- 冬季供暖水；
- 饲料配给；
- 房屋通风；
- 照明，为保持全年恒定照明就会产生较高能耗，以保证在年内光照时间最短的日子里提高产蛋量；
- 鸡蛋收集和分选，每 50～60m 的输送带能耗约为 1kW·h；
- 运行分类及包装设备。

在肉鸡养殖场，主要的能源消费包括：

- 生产周期最初阶段的局部加热，需要空气加热器来提高效率；

- 饲料的配给和预处理；
- 房屋通风，每1000只肉鸡的通风量在冬夏之间从2000～12000m³/h之间变化。

意大利蛋鸡场的能源消耗主要涉及饲料预处理、鸡舍通风和冬季必要的用水加热，会比肉鸡场能耗高30%～35%，如表3.17所列。一年内能源消耗的变化主要同养殖场类型和养殖系统类型密切相关。肉鸡场普遍需要控制环境温湿条件，所以季节变化对能耗的影响较为明显，例如冬季加热造成的能耗就高于夏季通风所用的能耗。肉鸡场一般夏天电（通风）耗达到最大而冬天热能（加热控制室温）能耗达到最大。而蛋鸡场冬天不需要加热，主要能耗高峰来自夏天加强通风所消耗的电能［59，Italy，1999］。

表3.17给出了意大利肉鸡和蛋鸡场的一些必要活动的能源需求，可用以计算它们的总能耗。每日能耗由所使用的设备及其尺寸、节能措施和由保温措施不当造成的能量损失等决定。

表3.17　意大利家禽养殖场的日常活动能耗情况［59，Italy，1999］

活动	预计能源资源消耗/[W/(只·天)]	
	肉鸡	蛋鸡
局部加热	13～20	
饲喂	0.4～0.6	0.5～0.8
通风	0.10～0.14	0.13～0.45
照明	—	0.15～0.40
鸡蛋保存(瓦时/蛋/日)	—	0.30～0.35

基于以上意大利数据计算的总能耗会因养殖场类型不同而在3.5～4.5W/(只·天)之间浮动。英国家禽养殖场的能耗值并不在这个范围内，其蛋鸡场和肉鸡场的能耗均高很多（见表3.18）。

需要指出，英国的研究数据包含了家禽业在其他部门使用的能源，从而可能高估了一个家禽养殖场的实际能耗。例如：那些自己加工原饲料的家禽养殖场明显要比那些直接购进饲料的养殖场耗能高（例如，气动锤式粉碎机资源消耗能源总量：15～22kW·h）。

表3.18　英国家禽养殖场的能源使用状况［73，Peirson，1999］

<table>
<tr><th>种类</th><th>出栏/存栏量</th><th>能量消耗(kW·h/只)</th><th>生产时间/只鸡</th><th>能量消耗/[kW·h/(只·天)]</th></tr>
<tr><td>肉鸡</td><td>200000只/年</td><td>2.12～7.37</td><td rowspan="2">42天</td><td>0.05～0.18</td></tr>
<tr><td rowspan="4">蛋鸡</td><td>200000只/年</td><td>1.36～1.93</td><td>0.03～0.046</td></tr>
<tr><td></td><td>能量消耗/[kW·h/(只·年)]</td><td>产蛋期</td><td>能量消耗/[W·h/(只·天)]</td></tr>
<tr><td>75000只</td><td>3.39～4.73</td><td rowspan="2">1年</td><td>9.29～12.9</td></tr>
<tr><td>75000只</td><td>3.10～4.14</td><td>8.49～11.3</td></tr>
</table>

注：该表格数据包括了所有形式的能量载体（燃料，电能）和耗能活动。

除了年度趋势，每天的电能消耗也随着农场使用的技术系统类型而变化。通常情况下，每天有两个饲料配给用电高峰。至于其他家禽品种，报告指出火鸡的能消大约每年每只1.4～1.5kW·h［124，Germany，2001］，［125，Finland，2001］。

3.2.3.2 养猪场

猪场耗能与照明、取暖和通风相关。自然光是最佳光源，但在自然光变化非常大的地区就必须使用人工照明。猪舍照明能耗在欧洲随地区不同而差异显著。

用于加热的能耗取决于猪的种类和猪舍系统。文章［72，ADAS，1999］中显示，能耗的变化范围非常广。

当使用粉碎机采用气动传输用来研磨谷物时，饲料处理的总能耗在5～22kW·h/t之间。制粒或者粉碎饲料将使能耗加倍，每吨约需20kW·h。

表3.19 英国典型不同种类猪舍年能耗概况［72，ADAS，1999］

猪舍类型/管理模式	能量输入 种猪/生猪/[kW·h/(只·年)]	能量输入 幼猪/种猪/[kW·h/(只·年)]
供热-分娩/保育舍		
不间断的加热灯(250W)	15.0	
一半功率的加热灯	10.2	
控制温度的保育盒	7.8	
供热-育成仔猪舍		
通风和加热控制较差的平板房	10～15	200～330
通风良好的平板房	3～5	70～115
自动加热/通风的猪舍	3～6	130
通风		
干燥的母猪舍		30～85
分娩舍		20～50
使用风扇的分娩舍	1～2	
使用风扇的平板房	1～2.25	
使用风扇的喂养舍	2～5	
使用风扇的生猪舍	10～15	
自动通风	很少量的	
光照		
所有类型的猪舍	2～8	50～170
研磨和搅拌		
所有饲料的准备	3～4.5	20～30

根据表3.19的数据，计算出不同规模两种养殖场类型的总能耗（表3.20）。

表3.20 英国不同规模不同养殖场类型每头猪年总能耗概况［72，ADAS，1999］

幼猪和母猪的猪群大小	能量消耗/[kW·h/(头母猪·年)]	种猪和生猪猪群大小	能量资源消耗/[kW·h/(猪·年)]
<265母猪	457～1038	<1200头猪	385～780
265～450母猪	498～914	1200～2100头猪	51～134
>450母猪	83～124	>2100头猪	41～147

意大利每头生猪的日能耗根据不同类型相同养殖规模（至少10头/养殖场）的养殖场计算而得，如表3.21所列。可以发现，数据分布范围较广。生猪养殖场比母猪和混合型养殖场的平均能耗低，尤其是柴油和电能消耗较少。

表3.21 意大利养猪场的能量来源和各种类型养猪场的日均能耗 [59，Italy，1999]

能量来源	各种规模农场的能量消耗 /[kW·h/(头·天)]		
	综合性农场	育种场	生猪场
耗电量	0.117	0.108	0.062
柴油	0.178	0.177	0.035
天然气	0.013	0.017	0
石油	0.027	0.011	0.077
液化气	0.026	0.065	0.001
总热量资源消耗	0.243	0.270	0.113
总能量资源消耗	0.360	0.378	0.175

在意大利，养殖场规模对能耗的影响如表3.22所列。养殖场的规模越大其能量资源消耗越高，这是由于大型养殖场使用具有较高能耗的高级技术造成的（因子2.5）。有趣的是，这与英国的情况正好相反。在英国，大规模养殖场比小规模养殖场在单头生猪上的能量投入要低 [72，ADAS，1999]。

表3.22 意大利不同规模养殖场各种能量来源的日均能耗 [59，Italy，1999]

能量来源	各种规模养殖场的能耗(猪场) /[kW·h/(头·天)]			
	500头的养殖场	501～1000头	1001～3000头	3000头以上
耗电量	0.061	0.098	0.093	0.15
柴油	0.084	0.107	0.169	0.208
天然气	0.002	0.012	0.023	0.01
石油	48	29	0.011	0.049
液化气	0.042	0.048	0.018	0.026
总热量资源消耗	0.176	0.196	0.221	0.293
总能量资源消耗	0.237	0.294	0.314	0.443

调查发现另一不同点是，在意大利电能被认为是基本的能量来源，但是养猪场的能源供应主要是化石燃料，供应了总能量需求的近70%。在英国，大部分的能量使用的是电能（>57%）。

3.2.4 其他投入

3.2.4.1 垫料(褥草)

褥草垫料的消耗量取决于畜禽种类、禽舍系统和饲养者的偏好，常用每千只畜禽资源消耗褥草立方米数或每只畜禽每年资源消耗褥草千克数来表示（表3.23)。由于动物福利的立法和市场需求要求更多褥草垫层的禽舍系统，蛋鸡和生猪养殖的垫料资源消耗量将进一步提高。

表 3.23 禽舍系统中不同畜禽不同垫料的典型使用量 [44，MAFF，1998]

畜禽种类	禽舍系统	垫料使用	典型的使用量	
			kg/(年·只)	m^3/1000 头
蛋鸡	厚垫料床	刨木花 破碎的秸秆 38～50mm	1.0	3
肉鸡	厚垫料床	刨木花 破碎的秸秆 粉碎的纸张	0.5kg/(只·批)	2.3
		泥炭	0.25～0.5kg/(只·批)	
火鸡	厚垫料床	刨木花 破碎的秸秆	14～15(公) 21～22(母) (2.7 批)	
成鸡	围栏	秸秆	102	

3.2.4.2 清洁用品

清洁用品（清洁剂）投加使用后，进入污水处理设施或粪液中进行处理。

用于清洁禽舍的清洁剂种类很多，但是关于清洁剂用量的数据很少。有报道称对于禽类平均每立方米使用 1L 清洁剂，但是对于饲养牲畜使用的清洁剂是很难定量的，并且没有代表性数据报道。

3.3 污染物排放水平

畜禽养殖场的大部分排放物取决于粪便的数量、结构和成分。从环境角度讲，粪便是养殖场需要处理的最重要废弃物，因此本章在开始讨论养殖场废弃物排放水平之前，先对畜禽粪便的特征进行描述。

养殖场的环境问题大部分集中在 NH_3-N、NH_4^+-N 和 P_2O_5 的排放上。不同养殖场活动的污染物排放水平是不同的，但禽舍被普遍认为是最大的污染源（表 3.24）。

表 3.24 英国养殖场不同活动的 NH_3-N 排放量（1999）[139，UK，2001]

排放量	禽类		牲畜	
	kt	%	kt	%
禽舍排放量	29.21	68.6	20.41	69.9
储存排放量	0.21	0.5	1.83	6.3
土地使用排放量	12.40	29.1	6.17	21.1
户外排放量	0.76	1.8	0.80	2.7
总排放量	42.58	100.0	29.21	100.0

粪便的特性首先受饲料质量的影响，包括饲料中干物质和营养物质（N，P 等）的含量等，同时也受畜禽饲料转化率的影响（FCR）。由于饲料特性差别很大，鲜粪便中各物质的含量也会表现出相应的变化。减少排放的措施与收集方式（禽舍内收集）有关，粪便的储存和处理会影响粪便的构成和成分，最后影响与土地应用有关的排放。

排放物水平是一系列数值范围而不是单一的平均（平均值），它不能是公认的变化值也不能是确定的较低水平值。报告中的最低和最高水平值构成了整个欧洲的排放范围，影响这种变化的因素也有相应的解释。对于国家标准，在不同的范围内排放是不同的，这是建立在使用相似影响因素的基础上的。本书在可能出现偏差的数据位置都做了相应的解释。

3.3.1 粪便排泄物

本节讲述粪便的排放量及其营养物质含量。目前，对于粪肥产生过程、不同生产阶段营养物质的变化以及饲料成分的变化都已经进行了大量的研究。可以通过数学模型粗略计算排放量、标准排放损失和某些矿物质的保留量。下面是一个计算不同动物营养物质排放量的例子（表 3.25）。用已知的饲料成分确定生产 N 和 P_2O_5 的潜在矿物质总量，在储存、处理和传播过程中损失的平均 N 量大概占总产量的 15％ [174，Belgium，2001]。

表 3.25 比利时用于计算粪便中矿物质总量的模型 [207，Belgium，2000]

畜禽种类	粪便中无机物总产生量/[kg/(只·年)]	
	P_2O_5	N
7～20kg 的猪	2.03×(P 摄取量)－1.114	0.13×(N 摄取量)－2.293
20～110kg 的猪	1.92×(P 摄取量)－1.204	0.13×(N 摄取量)－3.018
＞110kg 的猪	1.86×(P 摄取量)＋0.949	0.13×(N 摄取量)＋0.161
＜7kg 的种猪	1.86×(P 摄取量)＋0.949	0.13×(N 摄取量)＋0.161
蛋鸡	2.30×(P 摄取量)－0.115	0.16×(N 摄取量)－0.434
肉鸡	2.25×(P 摄取量)－0.221	0.15×(N 摄取量)－0.455

注：1. P 的摄取量用每年每只畜禽的摄取 P 量计
2. N 的摄取量用每年每只畜禽的摄取的原始蛋白量计

3.3.1.1 排泄量和家禽粪便的特征

根据禽舍系统和粪便收集方式的不同，可以获得不同的畜禽粪便：

- 来自笼式禽舍蛋鸡和鸭子的湿粪便（0～20％DS）；
- 来自具有干燥设施的笼式禽舍的干粪便（＞45％DS）；
- 来自蛋鸡、肉鸡、火鸡和鸭子禽舍的厚垫料床的粪便（50％～80％）。

干物质含量在 20％和 45％的粪便一般难处理，在实际处理时需要加水稀释以便使用水泵输送。垫料床的粪便是混有褥草的粪便，主要是由具有铺设褥草的混凝土禽舍和漏缝地面的禽舍所排出的残余物。干物质含量影响很大，随着干物质含量的升高，NH_3 的排

表 3.26 不同家禽禽舍系统鲜家禽粪便的粪便产量、干物质含量和营养物质水平概况

[2，LNV，1994]，[127，Italy，2001]，[135，Nicholson et al.，1996]

种类	禽舍系统	产生的粪便		物质含量(干重的百分比)/%						
		kg /(禽舍·年)	干物质浓度 /%	总氮	氨氮	尿酸氮	P	K	Mg	S
蛋鸡	排式(Battery)～开放储存	73～75	14～25	4.0～7.8	ND	ND	1.2～3.9	ND	ND	ND
	深坑式	70	23.0～67.4	2.7～14.7	0.2～3.7	<0.1～2.3	1.4～3.9	1.7～3.9	0.3～0.9	0.3～0.7
	高架式	ND	79.8	3.5	0.2	0.3	2.9	2.9	0.7	0.7
	排式(Battery)～带式刮粪	55	21.4～41.4	4.0～9.2	0.5～3.9	<0.1～2.7	1.1～2.3	1.5～3.0	0.3～0.6	0.3～0.6
	排式(Battery)～粪便传送带(机械干燥)	20	43.4～59.6	3.5～6.4	ND	ND	1.1～2.1	1.5～2.8	0.4～0.8	ND
	粪便传送带(机械干燥)/后干燥	ND	60～70	ND	ND	ND	ND	ND	ND	ND
	垫料床(放养)	ND	35.7～77.0	4.2～7.6	0.7～2.2	1.7～2.0	1.4～1.8	1.6～2.8	0.4～0.5	0.3～0.7
	大笼舍(Aviary)系统	ND	33.1～44.1	4.1～7.5	0.5～0.9	1.9～2.3	1.2～1.4	1.6～1.8	0.4～0.5	0.4～0.5
肉鸡	垫料床(5～8 批)	10～17	38.6～86.8	2.6～10.1	0.1～2.2	<0.1～1.5	1.1～3.2	1.2～3.6	0.3～0.6	0.3～0.8
火鸡(肉)	垫料床(2.3～2.7 批，公鸡和母鸡)	37	44.1～63.4	3.5～7.2	0.5～2.3	<0.1～1.1	1.3～2.5	1.9～3.6	0.3～0.7	0.4～0.5
鸭	各种形式(包括全漏缝地板和垫料床)	ND	15～72	1.9～6.6	1.2	<0.1	0.7～2.0	2.2～5.6	0.2～0.7	0.3

放量减少，计算表明，快速干燥使得干物质含量大于50%后，NH_3（g/h）的排放量可以减少到干物质含量小于40%时排放量的一半。

通过不同途径可以产生出不同团聚程度的家禽粪便。根据分析报告，对各种来源的粪便进行对照，不同的畜禽种类和禽舍系统的粪便组成非常相似。

干物质含量对于总营养物质量［135，Nicholson et al.，1996］是非常重要的控制因素，表3.26中的数据用干物质含量表示粪便中营养物质量的变化。粪便中铵氮（NH_4^+-N）和尿酸氮的含量与养殖场饲料中有效氮的供应相一致。该数据来源于英国的研究报告［135，Nicholson et al.，1996］，报告中的数值范围与其他来源的数据相符。

饲料类型、禽舍系统（粪便干燥设施和垫层的应用）和家禽的种类是这种变化的影响因素。从饲料角度考虑，容易看到饲料中的蛋白质含量越高，粪便中氮的含量越高。对于不同的家禽，氮的浓度在一个小范围内波动。对于蛋鸡，有些禽舍系统在干物质含量上的变化波动更大，这可能是由于相应的管理模式造成的，但是无法确定是否还有其他因素。

3.3.1.2 猪粪的特性和排泄量

每年猪粪、尿液和粪液产量与猪的种类、饲料中的营养物质含量和饮水系统有关，也与生猪不同生长时期典型的新陈代谢有关。猪崽断奶后，饲料转化和体重增加主要影响了每头牲畜的排泄，而生长速率和肌肉百分率的重要性相对下降。母猪的排泄受个体间挤压的影响不大，但猪崽受挤压后排泄变化很大。饲养周期的长度以及饲料/水比是导致每年粪液产量波动的重要因素（表3.27）。屠宰重量越重，产生粪液量越大（英国，培根肉猪产量是4.5～7.2kg/(头·天)。

表3.27 不同猪种类平均每日及每年产生的粪便、尿液和粪液量范围

［27，IKC Veehouderij，1993］，［71，Smith et al.，1999］，［137，Ireland，2001］

猪的种类	产物 /[kg/(头·天)]			产量 /(m^3/猪)	
	粪便	尿液	粪液	每月	每年
怀孕母猪	2.4	2.8～6.6	5.2～9	0.16～0.28	1.9～3.3
分娩母猪①	5.7	10.2	10.9～15.9	0.43	5.1～5.8
仔猪②	1	0.4～0.6	1.4～2.3	0.04～0.05	0.5～0.9
成猪③	2	1～2.1	3～7.2	0.09～0.13	1.1～1.5
成猪(－160kg)	ND	ND	10～13	ND	ND
后备母猪	2	1.6	3.6	0.11	1.3

① 进水量随饮水系统变化。

② 饮食和饮水系统变化。

③ 成年猪的重量在85～120kg。

下面介绍粪便中营养成分的变化。饲料组成和饲料利用率决定了猪粪便中N、P含量水平。饲料利用率难以恒定，但对猪代谢过程的进一步了解使人们有可能通过改变猪饲料的营养成分控制粪便的成分。猪不同生长阶段饲料的利用率不同，如商品猪的饲料利用率在2.5～3.1的范围内。

影响氮、磷排泄水平的重要因素：

- 饲料中 N 和 P 的含量；
- 猪品种；
- 生产水平。

通过分析饲料中 N、P 摄入量与粪便中 N、P 排泄量的关系，科学家已经建立了通过土地使用量估算猪粪液排泄量的模型。文献表明用模型计算出的畜禽排泄物量和用饲料摄入量计算出的数据是一致的。因此，模型能够用来作为一般性的指导，但在个别农场存在不完全适用的情况 [71，Smith et al.，1999]。

许多文献明确指出低粗蛋白（CP）摄入量导致粪便中较低的氮排放量。随着氮资源消耗量降低而保留量保持稳定，氮损失可以大幅度减少（表 3.28）。

表 3.28 减少饲料中粗蛋白量对生长期猪和成年猪在日消耗氮量、保留氮量和损失氮量的影响 [131，FORUM，2001]

类　型	氮的产量/(g/d)					
	资源消耗量		保留量		损失量	
	低 CP	高 CP	低 CP	高 CP	低 CP	高 CP
生长期	48.0	55.6	30.4	32.0	17.5	23.7
长成期	57.1	64.2	36.1	35.3	21.0	28.9
总量	105.1	119.8	66.5	67.3	38.5	52.6
相对量/%	88	100	99	100	73	100

注：CP：Crude protein，粗蛋白。

哺乳母猪每年 N 和 P 的排泄量是普通母猪和小猪排泄量之和。表 3.29（荷兰）表明褥草的尺寸也会对 N 和 P 的排泄量有一定的影响，同时这些数据明确表明饲料中氮含量影响氮排泄量，技术性能上差异（如猪数量等）的影响较小，氮利用率最高的是哺乳母猪和育成仔猪。

表 3.29 哺乳母猪（205kg）与不同数量育成仔猪（25kg 以下）猪舍每年平均排氮量 [102，ID-Lelystad，2000]　　kg/年

项　　目	仔猪的平均数量					
	17.1		21.7		25.1	
	N1	N2	N1	N2	N1	N2
影响氮排泄的因素						
仔猪饲料	29	27.4	29	27.4	29	27.5
妊娠母猪	22	20.4	22	20.4	22	20.4
哺乳母猪	25.5	23.9	25.5	23.9	25.5	23.9
氮排泄量						
氮排泄量	28.7	26.2	29.5	26.7	29.5	26.6

注：N1：饲料中含有较高的氮含量；N2：饲料中含有较低的氮含量。

相对来说，怀孕母猪和育肥猪的氮利用效率是比较低的，这在意大利表现得更明显。意大利大型猪（最后可以长到 160kg）比小型猪蛋白质利用率低，因为猪体重水平高导致

低氮保留量（表 3.30）。生长期和肥育期是排泄氮的主要时期（排泄量占总排泄量的 77%～78%），必须重视在饲料和喂食上采取措施以促进元素平衡，生长期和成年畜禽氮排放和氮吸收量一般较高，例如全封闭循环养殖场为 65%。

表 3.30 不同生长期的畜禽的氮保留量（意大利数据）［59，意大利，1999］

氨氮平衡/[g/(只·天)]	生长阶段/kg		
	40～80	80～120	120～160
氮吸收量	40.9	69.3	61.3
氮排放量	25.3	45.7	40.7
氮保留量/% (氮排放/氮吸收)	61.9	65.9	66.4

养殖中促进成熟的方法很重要。在意大利通常使用 1.5 个成熟期，在其他欧洲国家，不同养殖系统一般有 2.5～3 轮的生长周期，重量可以达到 90～120kg。相应地，单位动物全年的氮排放水平在 10.9～14.6kg 之间（表 3.31）［102，ID-Lelystad，2000］。

表 3.31 不同种类生猪的氮年排放量［102，ID-Lelystad，2000］，［59，Italy，1999］

生　猪	生猪数量			
	法国	丹麦	荷兰	意大利
育肥期/kg	28～108	30～100	25～114	40～160
排泄量/(kg/头)	4.12	3.38	4.32	—
年排泄量/(kg/占地)	10.3～12.36	8.45～10.14	10.8～12.96	15.4①

① 1.5 成年猪群/年。

和氮排放量类似，磷排放量随着饲料中总磷的含量、生猪的遗传类型和生猪重量级别的不同而不同（见表 3.32）。日粮中可被利用的磷含量是决定粪便中磷排放量的重要因素。提高日粮中可利用磷含量（植酸酶）是降低粪便中磷排放量的重要方法。各种猪群中，断奶期仔猪的磷保留量最高。

表 3.32 猪体内磷的消耗量、保留量和排泄量［138，the Netherlands，1999］　kg/头猪

	天数	消耗量	保留量	排泄量			
				粪便	尿液	总量	%
种猪							
哺乳母猪	27	0.78	0.35	34	0.09	0.43	55
干燥＋怀孕母猪	133	1.58	0.24	0.79	0.55	1.34	85
总量/循环量	160	2.36	0.59	1.13	0.64	1.77	75
总量/年	365	5.38	1.35	2.58	1.46	4.04	75
生猪							
猪崽(1.5～7.5kg)①	27	0.25	0.06	0.12	0.07	0.19	75
育成仔猪(7.5～26kg)	48	0.157	0.097	0.053	0.007	0.06	38
育肥猪(26～113kg)	119	1.16②	0.43	0.65③	0.08	0.73	63

① 基于 21.6 幼猪/种猪/年；
② 摄入饲料 2.03kg/天，其中 4.8gP/kg 饲料；
③ 摄入饲料 2.03kg/天，其中 2.1gdP/kg 饲料。

除了氮和磷，钾、氧化镁和氧化钠的排放量见表 3.33。

表 3.33 粪便的平均组成和标准偏差（见括弧中）

[27，IKC Veehouderij，1993]，[49，MAFF，1999]　　kg/1000kg

	干物质(dm)	有机物(OM)	Nt	Nm	Norg	P_2O_5	K_2O	MgO	Na_2O	密度/(kg/m^3)
粪液										
育肥猪	90	60	7.2	4.2	3	4.2	7.2	1.8	0.9	1040
	(32)		(1.8)	(1.1)	(1.3)	(1.5)	(1.9)	(0.7)	(0.3)	
母猪	55	35	4.2	2.5	1.7	3	4.3	1.1	0.6	
	(28)		(1.4)	(0.8)	(1)	(1.7)	(1.4)	(0.7)	(0.2)	
粪便中的液体部分										
育肥猪	20～40	5	4.0～6.5	6.1	0.4	0.9～2.0	2.5～4.5	0.2～0.4	1	1010
母猪	10	10	2	1.9	0.1	0.9	2.5	0.2	0.2	
固体粪便										
猪(秸秆)	230～250	160	7.0～7.5	1.5	6	7.0～9.0	3.5～5.0	0.7～2.5	1	

注：Nm 可代谢的氮，Norg 有机氮，Nt 总氮。

3.3.2 畜禽圈舍系统的污染物排放

除了粪便之外，废气排放是畜禽圈舍系统主要的排放物，主要包括氨气、臭气和粉尘。由于粉尘常伴随臭味并对动物和人类有着直接的危害，所以减少粉尘排放是十分重要的。气体排放物的数量和变化由很多相互联系又相互影响的因素决定。主要因素如下。

- 禽舍和粪便收集系统的设计；
- 通风系统和通风频率；
- 采用的供暖和室内温度；
- 粪便的数量和质量由如下几个方面决定：喂养方法、食物配方（蛋白质含量）、褥草的使用、补水和补水系统、畜禽数量。

下面的章节将阐述畜禽圈舍系统排入空气的不同物质的排放水平，通常采用额外的空气洁净技术达到最低的排放水平（末端处理装置），例如化学吸收器。

畜禽圈舍的大部分气体排放物质以氨气形式释放（表 3.30）。同时应该关注诸如甲烷（CH_4）和一氧化二氮（N_2O）等其他的气体（温室气体）的排放［140，Hartung E. and G. J. Monteny，2000］。饲料中的化合物通过动物新陈代谢和粪液中的化学反应产生 NH_3 和 CH_4。N_2O 是尿素氨化反应的二次产物，可以通过尿液中的尿酸转化形成。

3.3.2.1 禽舍的污染物排放

表 3.34 给出了禽舍污染物排放的概况。表中氨氮的排放量已经给出，也给出了其他物质的浓度和排放情况，其余的数据可以总结得到。

一氧化二氮（N_2O）、甲烷（CH_4）和非甲烷挥发性有机物（nmVOC）的增加与粪便的室内贮存方式密切相关。在粪便频繁翻动的情况下，这些物质的量是非常低的。通常硫化氢气体（H_2S）浓度很低，大约 $1mL/m^3$［59，Italy，1999］。

表 3.34　禽舍空气污染水平概况 [26，LNV，1994]，[127，Italy，2001]，[128，Netherlands，2000] [129，Silsoe Research Institute，1997] [179，Netherlands，2001]

kg/(鸡・年)

<table>
<tr><th rowspan="2">家禽</th><th rowspan="2">NH_3</th><th rowspan="2">$CH_4$①</th><th rowspan="2">N_2O①</th><th colspan="2">粉尘①</th></tr>
<tr><th>可吸入量</th><th>可吸出量</th></tr>
<tr><td>蛋鸡</td><td>0.010～0.386</td><td>0.021～0.043</td><td>0.014～0.021</td><td>0.03</td><td>0.09</td></tr>
<tr><td>肉鸡</td><td>0.005～0.315</td><td>0.004～0.006</td><td>0.009～0.024</td><td>0.119～0.182</td><td>0.014～0.018</td></tr>
<tr><td>火鸡</td><td>0.190～0.68</td><td rowspan="3">没有数据</td><td rowspan="3">0.015②</td><td rowspan="3" colspan="2">没有数据</td></tr>
<tr><td>鸭子</td><td>0.210</td></tr>
<tr><td>珍珠鸡</td><td>0.80</td></tr>
</table>

① 近似值来源于 [129，Silsoe Research Institute，1997] 测定的结果。

② 意大利提供每个品种的有效均值。

对深坑蛋鸡鸡舍和典型肉鸡鸡舍系统下 NH_3、CO_2 和灰尘的浓度以及排放量进行统计 [129，Silsoe Research Institute，1997]，可以看到肉鸡鸡舍内氨氮浓度峰值（超过 1 小时）会增大到 $40g/m^3$，这被认为是由于垫料管理不善造成的。表 3.34 中肉鸡鸡舍氨气排放量的数据来自荷兰的参考文献 [179，Netherlands，2001]。

Silsoe 研究中心发现 NO_2 和 CH_4 的量稍微高于环境背景值。吸入粉尘量的范围为2～$10mg/m^3$，呼出粉尘量的范围为 0.3～$1.2mg/m^3$。相比人类长期暴露情况下吸入粉尘的限值 $10mg/m^3$ 来说，这个数值已经相当高了，并远远高于推荐的动物吸入粉尘限值 $3.4mg/m^3$。

高通风频率增加了排放物的浓度 [129，Silsoe Research Institute，1997]。

一般来说，垫料床系统比笼式系统的粉尘排放量高。由于粉尘可以作为部分空气排放物的载体，而垫料系统的气态化合物如 CH_4 和 NO_2 的排放量较大。这个结论已得到证实 [140，Hartung E. and G. J. Monteny，2000]。另外，调查发现气体污染物排放量变化范围很大，最高可达表格中的 10 倍水平，最低则无法检出或者稍微高于环境背景值。

3.3.2.2　猪舍污染物排放

猪舍污染物的排放量由很多难以量化的因素决定，具有很大的可变性。营养含量和饲料结构、喂养方法和进水量都是主要的影响因素。环境温湿条件和圈舍的维护水平是导致排放进一步变化的可能因素。因此，计算排放量时需要格外精确。表 3.35 根据不同地区和不同喂养方法总结了文献中排放量。关于甲烷（CH_4）和一氧化二碳（N_2O）的数据仅做参考。这些数据并不全面，可以用作限值。不同文献来源的限值并不相同，表中仅列出最低和最高的观察水平。

研究表明，猪舍饮水与喂食区域位置的设计、猪群的群体行为及其对室内温湿条件变化的反应都会影响生猪的排泄行为并因此改变他们的排泄量。例如，设计实体或部分漏缝地面、升高温度以刺激生猪躺在非板条区域地面的粪便上获得凉爽的舒适感，这样可以将粪便分散均匀并加速生猪排泄。又如，在设计了群组功能区域的猪舍中，可以发现由于种群秩序，大龄母猪很容易将通往进食和排泄区域的狭小过道堵住，这会妨碍年幼的母猪自由进入这些区域，造成幼猪开始在设计的板条区域外面排泄，引起排放氨的含量增加。因此，需要细心照顾以确保这些区域的畅通。

表 3.35 猪舍系统的空气污染物排放含量的范围 [10，Netherlands，1999]，[59，Italy，1999]，[83，Italy，2000]，[87，Denmark，2000]，[140，Hartung E. and G. J. Monteny，2000]

kg/(单位动物占地·年)

品 种		圈舍系统	$NH_3$①	$CH_4$②	N_2O②
母猪	怀孕期		0.4～4.2	21.1	没有数据
	哺育期		0.8～9.0	没有数据	没有数据
仔猪	<30kg		0.06～0.8	3.9	没有数据
育肥猪	>30kg	全部漏缝地板	1.35～3.0	2.8～4.5	0.02～0.15
		部分漏缝地板	0.9～2.4	4.2～11.1	0.59～3.44
		实垫料地板	2.1～4	0.9～1.1	0.05～2.4

① 最小的 NH_3 值是通过末端处理后达到的。
② 提供最小和最大的值。

3.3.3 室外粪便存储设备的污染物排放

固体粪便和粪液的存储是氨、甲烷和其他异味物质的排放来源。固体粪便渗滤液也被视为污染排放物。粪便存储地的污染物排放由以下这些因素决定：

- 粪便/粪液的化学成分；
- 物理特性（dm%、pH 值、温度）；
- 排放表面；
- 气候条件（环境温度、雨水）；
- 覆盖物。

其中最主要的因素是由喂养方法决定的干物质含量和营养成分。另外，通过室内收集手段来减少污染排放的畜禽圈舍技术和粪便粪液的储存也会影响粪便的成分，猪粪液的物理特性通常导致低氮排放。由于大部分的干燥粪便沉陷在粪液罐的底部，粪液表面不会形成硬壳层。开始 NH_3 从粪液的表面层释放出来，之后近似排尽的表面层可以阻止进一步的挥发。几乎没有氮释放之后，一些来源深部层的挥发物质逸出，约占挥发物的 5%～15%（平均 10%）。低蒸发量很可能是由中性 pH 值引起的。搅拌会将干物质提升到表层并增加 NH_3 蒸发，从而使气态污染物排放达到峰值。

表 3.36 来自不同粪液存储技术的 NH_3 排放量 [127，Italy，2001]

品种	粪便和粪液存储技术	因素/[kg/(头·年)]	损耗/%
		NH_3	NH_3
家禽	固体粪便露天存储	0.08	没有数据
猪	固体粪堆	2.1	20～25
	尿液存储池	没有数据	40～50
	地上存储器里的粪液	2.1	10
	储留池的粪液	没有数据	10

由于对气态污染物的定量很困难，相关的具体数据也很少报道。通常会参考排放因子[kg/(头·年)]或者粪便平均存储期N损失的百分值。表3.36列举了一些存储技术以及相关的排放量。

3.3.4 粪便处理的污染物排放

出于多种原因，粪便一般直接在养殖场中进行处理，第4章对几种处理技术及其环境特点进行了介绍。数据一般仅说明所选区域消耗和排放水平，很难作大范围推广。

粪便和粪液的输入量视养殖规模而定。多种添加剂被用来促进化学反应或者处理那些不需要的元素。这些可能影响到水或空气中的排放量。

在处理的过程中，产生的渗滤液体可能被排放到水体中。虽然采用了许多降低异味的技术，但是并非最优的工艺条件还是会产生异味。燃烧会排放灰尘和其他的烟气。沼气池等技术的使用用于获得加热器和发动机的燃气，但会有尾气排放。

3.3.5 土地利用的污染物排放

粪浆和粪便的化学成分及其处理方式决定了土地利用的污染物排放量。跟存储和使用前采用的处理方法、持续时间一样，这些物质组成根据饮食的设计而不同。长时间露天存储的话，作为农家肥料使用，N和K_2O的值会比较低。粪液会因为污水冲刷而减色，虽然干燥物质减少，但是粪液的体积会增加。

为了获得土地覆盖物的代表值，需要进行大量抽样。分析干燥物质、氮、磷、钾、硫和镁元素的总含量。氨氮和堆肥过程中的硝态氮、家禽粪便中变形氮均要进行测量。这些测量值是由每公斤干燥物质、每吨固体肥料公斤数或者每立方米粪液公斤数三种单位来度量的。

氮存在于肥料、矿物和有机物质中。矿物中的氮有很大部分是以一种矿物质氮的形式存在并可被植物稳定吸收利用，它也能以氨气的形式释放到空气中。接下来铵转换成土壤中的硝酸盐氮，通过硝酸盐淋滤和反硝化可能发生进一步的损耗［49，MAFF，1999］。

两个主要损失过程降低了可利用粪肥氮在土地利用之后的利用效率。它们将在下面部分进行讨论，包括：

- 氨挥发；
- 硝酸盐淋滤。

3.3.5.1 空气污染物排放

在土地占用的过程中有许多因素影响氨的排放量，如表3.37所示。

农家肥和家禽粪便直接施用于土壤表面时，肥料中实际含有的65%和35%的氮会以氨氮的形式流失。在粪液中，干物质含量是影响氮流失的重要因素，例如含有6%干物质的粪液比含有2%干物质的粪液氮损失量多20%［49，MAFF，1999］。

表 3.37 由土壤向空气释放的氨氮排放量影响因素［37，Bodemkundige Dienst，1999］

因素	特性	影响
土壤	pH	低 pH 值条件下低排放
	土壤的阳离子交换能力(CEC)	高 CEC 导致低排放
	土壤湿度	影响不确定
气候因素	温度	高温度下高排放
	沉淀性	造成稀释和更好的渗透性，因此向空气中排放量减少，但是向土壤中排放量增加
	风速	高风速导致高排放
	空气湿度	低空气湿度导致高排放量
管理	应用方法	低排放技术
	粪便类型	干物质含量、pH 值和氨氮含量影响排放水平
	时间和剂量	避免温暖、干燥、有光照和有风的天气，过高的剂量增加了渗透时间

3.3.5.2 土壤和地下水污染物

家畜饮食中大量的氮、磷和钾以粪便和尿液的形式排放。除此之外，粪便中也包括其他营养物质，例如硫、镁和微量元素。由于种种原因，并不是所有的元素都能被植物利用，一些元素会造成环境污染。

典型的污染一般分为两种：点源和面源污染。点源水污染指对水源直接的污染，比如大雨之后存储在庭院过剩的粪液溢流后污染水源。面源污染不像点源污染那样，它会污染水和空气且不易发现。面源污染是长时间在一个广大的土地上进行农业耕作时发生的，而不是通过一个具体的行为或一件事，它对环境有长期的影响。

排放到土壤和地下水的农业排放物中，最重要的是氮和磷的残留。氮和磷的分布过程有：

- 氮淋滤、(NO_2，NO，N_2）的反硝化和径流排泄；
- 磷淋滤和径流排泄；
- 氮和磷在土壤中积聚。

在 1993 年到 1994 年，家禽家畜产生的粪便中氮元素含量 50kg/hm^2（如希腊、西班牙、意大利、葡萄牙、芬兰和瑞士）到 250kg/hm^2 不等（比如比利时和荷兰），部分地区的高负荷是由于大量饲养生猪和家禽导致粪便过量产生造成的。氮盈余从－3kg/hm^2（葡萄牙）到 319kg/hm^2（荷兰）。在葡萄牙，氮盈余是负值，这意味着植物氮摄取量超过了氮施用量。在 1993 年到 1994 年比利时、丹麦、德国、爱尔兰、卢森堡和荷兰这些国家的粪便的产量超过欧洲 15 国的平均产量（61kg/hm^2）。生猪和家禽产生的粪便平均量为 15kg/hm^2（表 3.38），这些区域中有大约 22％的地方粪便产量超过 100kg/hm^2，主要集中在生猪和家禽的生产基地［77，LEI，1999］。

1997 年的全球环境发展报告中家禽产生的粪便量用总氮量表示，见表 3.38。该报告显示粪便的主要来源不是生猪和家禽，而是其他的动物（主要是牛科类动物）。

表 3.38 畜禽粪便氮排放压力概况（1997）[205，EC，2001]

成员国	每种动物的氮产量/%			总氮/$\times 10^3$t
	猪	家禽	其他	
奥地利	20.3	4.7	75	158.6
比利时	23.1	5.9	71	273.5
丹麦	39	3.6	57.4	241.8
芬兰	15.4	2.9	81.7	81.5
法国	8.4	10.1	81.5	1639
德国	17.0	4.3	78.7	1288.5
希腊	4.1	8.0	87.9	201.7
爱尔兰	2.9	1.2	95.9	517.8
意大利	10.8	10.2	79	695.7
卢森堡	4.3	0.2	95.5	14.1
荷兰	22.8	9.4	67.8	490.9
葡萄牙	15.0	10.6	74.4	136.8
西班牙	22.1	6.1	71.8	771
瑞士	13.8	4.2	82	141.3
英国	6.2	6.6	87.2	1132.6
欧洲15国	13.5	6.9	79.6	7784.9

3.3.5.3 排入地表水的氮、磷和钾

氮、磷和钾通过渗滤和径流的方式进入地表水。氮渗滤主要发生在冬季和沙质土壤中，特别秋季和冬季在空地上散铺粪便表现更为明显。在土壤过饱和或者受到侵蚀时，磷元素会在施用后随地表径流而流失。在粪便施肥之后即遭受大雨或土壤已经饱和的情况下磷更容易流失[208，UK，2001]。在低有机质土壤中，元素流失量会少很多。

3.3.5.4 重金属的排放

根据通用的定义，重金属指密度大于5g/cm^{3}的金属。其中，铜、铬、铁、锰、镍和锌属于必需元素，Cd、Hg和铅是非必需元素。超过某一特定浓度后，这些元素会对微生物、动物和植物产生毒理影响，而元素缺乏也会导致营养不良。

重金属进入到农业生态系统有几种途径，例如：

- 自然界自身来源，如岩石的风化；
- 大气沉降物；
- 粪便农业再利用，农药和灌溉；
- 人造化肥；
- 副产品，例如污水、污泥；
- 河堤崩溃；
- 饲料输入；
- 饲料添加剂和兽药。

根据德国农业重金属污染的研究，重金属的主要来源分别是大气沉降物（铬、铅、锌）、有机肥料（镉和铬）和粪便排放物（铜、锌和镍）。

目前，定量化研究比较困难且相关数据也不足。从表3.39和表3.40可以看到不同数据来源的生猪和家禽粪便的相关分析，分析结果差异很大。可以看到，粪便尤其是在猪粪便中铜和锌含量很高，这主要源于食物添加剂的使用（铜和锌盐）。

表3.39 粪液和干燥粪便中的重金属浓度 [101，KTBL，1995]

粪便类型	重金属/(mg/kg 干物质)					
	铬	镉	铜	镍	铅	锌
猪粪液	0.50～1.8	2.2～14.0	250～759	11～32.5	7.0～18.0	691～1187
猪的固体粪便	0.43	11	740	13		1220
蛋鸡粪便(潮湿的)	0.2～0.3	<0.1～7.7	48～78	7.1和9.0	6.0和8.4	330～456
蛋鸡粪便(干燥的)			32和50			192～300

表3.40 粪液和干物质中重金属的含量 [174，Belgium，2001]

粪便类型	pH值	干物质/(kg/1000kg)	重金属/(mg/kg 干物质)					
			镉	铬	铜	镍	铅	锌
猪粪液	8.5	94.2	0.6	12.1	603.0	23.4	<5	1285
猪粪液	7.9	107.9	0.6	11.3	580.8	22.3	<5	1164
猪粪液	8.9	99.6	0.63	7.6	292.0	21.9	<5	861.6
猪粪液	7.5	68.5	<0.5	8.3	210.4	29.2	<5	747.8
猪粪液	6.9	95.3	<0.5	19.5	203.8	24.9	<5	1447.0
猪粪液	7.9	45.4	<0.5	8.3	290.0	22.0	<5	955.3
猪粪液	7.9	35.4	<0.5	14.3	720.5	26.7	<5	2017.0
猪粪液	8.4	40.5	0.86	12.3	1226.0	25.4	<5	1666.0
猪粪液	8.4	39.3	0.51	11.3	398.1	26.6	<5	1159.0
猪粪液	8.0	86.9	<0.5	12.4	258.1	22.9	<5	1171.0
蛋鸡	7.2	722.4	<0.5	<0.5	99.3	14.5	<5	543.3
蛋鸡	6.5	473.1	<0.5	6.3	48.4	14.5	<5	536.0
肉鸡	6.4	540.1	<0.5	<0.5	147.1	7.7	<5	465.9
肉鸡	6.0	518.0	<0.5	<0.5	132.4	16.5	<5	454.2
肉鸡	6.3	816.6	<0.5	<0.5	53.8	16.9	<5	279.9

在粪肥农用中，这些浓度水平即被视为可能被排放到土地中的重金属含量，相对的影响程度取决于以上提到的其他因素的影响。在德国，由于生猪和禽类粪肥农用所造成的重金属负荷估计值见表3.41。

表 3.41 德国生猪和禽类粪肥对年平均重金属输入影响的估计值 [101，KTBL，1995]

粪便类型	重金属/[g/(hm²/年)]						
	产量/(10^6t 干物质)	Cd	Cr	Cu	Ni	Pb	Zn
猪粪水	1.6	0.09	0.9	38.15	1.76	1.01	88.33
猪固体粪便	2.0	0.05	1.3	87.32	1.53	0.00	143.95
蛋鸡粪便(湿)	0.3	0.00	0.14	1.07	0.14	0.13	7.01

3.3.6 臭气的排放

臭气排放来源于前面各部分章节所描述的各个过程。各个排放源对本行业臭气排放总量的贡献值不同，且取决于厂房日常维护、粪便成分和粪便处理及储存技术等因素。臭气排放的测定以欧洲臭气单位 OU_e 来表征（表 3.42)。自臭气排放被报道以来，一些试验对低蛋白和“常规”蛋白饲料喂养做了比较，所得结果已被多次引用。

表 3.42 报道的猪粪水臭气排放水平值

排放物	低蛋白	“常规”蛋白
臭气单位/(OU_e/s)	371	949
H_2S/(mg /s)	0.008	0.021

来源：多种注释 TWG。

3.3.7 噪声

集约化养殖场所产生的噪声已成为当地的环境问题，对那些靠近居民区的养殖场尤其需要予以特殊考虑。养殖场中高噪声也会对动物的状态和成长产生影响，并会损坏农场工作人员的听力。

等效连续噪声（L_{aeq}）用来衡量和评估农场噪声水平，这就使得不同强度或者间歇性的噪声源得以比较。

尚未有典型的现场噪声水平值的相关报道。由现场产生的等效连续噪声水平是表 3.43 和表 3.44 所列不同活动噪声水平的组合并加以时间区间的修正。不同活动的组合很显然会导致不同等效噪声水平。

背景噪声是指通常环境中的噪声，比如禽舍的周围。它包括道路交通，鸟鸣、飞机等，还可能包括禽舍中已有的噪声。

为了说明所有变化的间歇性噪声，背景噪声级用 L_{a90} 来表示，并且要求测量期间内 90%时间的噪声等级均高于 L_{a90}。由于活动的变化，背景噪声在 24 小时内也不断变化。在农村地区，白天背景噪声典型值为 42dB，在清晨时可能降到 30dB 以下。

噪声对周围敏感物的最终影响取决于很多影响因素。例如地面、反射物、接收物的构造和噪声源的数量都决定了测量的声压水平。下表仅列出在若干噪声源的情况下噪声源处或很接近噪声源处的声压水平。远离农场的敏感物处噪声等级通常都是较弱的。

这些数据必须被为已报道的测量数据。总噪声等级会有所变化，这取决于农场管理、所养殖动物的数量和种类以及使用的设备。

3.3.7.1　家禽养殖场的噪声源和噪声释放

家禽农场的噪声源与以下有关：

- 家畜本身；
- 禽舍；
- 饲料生产和处理；
- 粪肥管理。

一些具体产生活动的典型噪声源如表 3.43 所列，声压水平在靠近声源或者在很短的距离处测量。

表 3.43　家禽禽舍中典型噪声源和噪声等级实例 [68，ADAS，1999]，[26，LNV，1994]

噪声源	持续时间	频率	白天/晚上活动	声压水平/dB(A)	等效连续噪声等级 L_{aeq}/dB(A)
禽舍通风机	连续/间歇	全年	白天和晚上	43	
饲料配送	1h	每周 2～3 次	白天	92(5m 处)	
研磨混合单元 —室内 —室外				 90 63	
燃气配送	2h	6～7 次/年	白天		
应急发电机	2h	每周	白天		
抓鸡(肉鸡)	6～56h	6～7 次/年	早餐/晚上		57～60
清洁(肉鸡)					
1. 粪肥处理	1～3 天	6～7 次/年	白天		
2. 动力清洗等	1～3 天	年		88(5m 处)	
清洁(蛋鸡)					
1. 粪肥处理	最多 6 天	每年	白天		
2. 动力清洗等	1～3 天			88(5m 处)	

注：L_{aeq}等效连续噪声等级——可变强度噪声的单位。

3.3.7.2　养猪场的噪声源和噪声释放

养猪场的噪声源与以下有关：

- 家畜本身；
- 圈舍；
- 饲料生产和处理；
- 粪肥管理。

一些具体产生活动的典型噪声源如表 3.44 所列，声压水平在靠近声源或者在很短的距离处测量。

表 3.44 猪舍中典型噪声源和噪声等级实例 [69, ADAS, 1999], [26, LNV, 1994]

类型	持续性	频率	白天/晚上活动	声压水平/dB(A)	等效连续噪声等级 L_{aeq}/dB(A)
正常猪舍噪声	连续	连续	白天	67	
喂食 小猪 母猪	1h	每天	白天	93 99	87 91
备料	3h	每天	白天/晚上	90(内) 63 (外)	85
储备物搬运	2h	每天	白天	90~110	
饲料配送	2h	每周	白天	92	
清洁和粪肥处理	2h	每天	白天	88 (85~100)	
撒厩肥	8h/天, 持续 2~4 天	季节性/每周	白天	95	
通风机	连续	连续	白天/晚上	43	
燃料配送	2h	每两周	白天	82	

3.3.8 其他污染物排放的量化

家禽和养猪场废弃物的总量和组分相差是很大的。2.10 节定义的各种类别的代表性数据未见报道。英国报道了一组全国范围内的统计数据 [147, Bragg S and Davies C, 2000]。

农场每年产生 44000t 包装废物，其中，有 32000t 是塑料制品（聚乙烯和聚丙烯）。

农场废水作为粪水的一部分，其排放量难以确定。废水总量还受降雨和清洗水的影响。据报道，BOD 一般在 1000~5000mg/L [44, MAFF, 1998]。

总之，自然养殖条件下集约化养殖业的污染物排放数据不足或者无法编入本文件。大部分数据涉及氨气排放或从粪便排入土壤和地下水的潜在污染物。集约化养殖业污染物排放的量化较为困难，需要明确的协议条款才能使不同成员国和不同生产环境下所收集的数据得以比较。

BAT 判定过程中的技术方法

本章叙述了 BAT 判定过程中相关的技术方法，提供了在 IPPC 规定范围内集约化养殖农业部门确定最佳可行技术（第 5 章）的背景知识，但是并未详尽列出，一些其他技术或者技术组合也可以应用，通常被视为过时的技术并未列入其中。此外，并不是集约化畜禽养殖全部的系统和技术都包含其中，第 2 章所介绍的养殖系统也没有全部列出。

本章每一小节所述的系统或技术都与第 2 章、第 3 章顺序一样。但是，尚不能给出所有在现场应用的养殖技术的替代减排技术，只能以表 4.1 所列的形式描述尽量多的生产系统和技术。

表 4.1　第 4 章每种技术的相关信息

项目	信息类型
说明	技术说明(若第 2 章未叙及)
获得的环境效益	主要的环境影响,包括所达到的排放值和效益。与其他技术比较获得的环境效益
跨介质影响	使用该技术所带来的任何负面作用和对其他介质的不良影响。与其他技术产生的环境问题比较以及如何预防或解决这些问题
运行数据	消耗(原料、水和能量)和排放/废物的性能数据以及技术管理、维护和控制等其他有用的信息,包括动物福利方面
适用性	该技术在实际生产中该如何应用,以及使用中的任何局限因素
成本	成本信息(年度投资额和运行成本)及所有节省款项(如减少的消耗及废物收费等)
实施动力	实施的当地条件和要求,除环境因素以外其他实施驱动因素(如消费市场,动物福利,财务计划等)
参考养殖场	在欧洲或其成员国应用该系统的养殖场。如果该技术尚未应用,则给出简短说明
参考文献	关于该技术更详细的可供参阅的文献

如第1～3章所述，集约化养殖中采取环境措施主要是为了减少粪便所产生的排放，不同阶段所应用的各种减排技术是相互联系的。显而易见，在畜牧业早期的生产线中所采用的减排措施会对后面所有应用的减排措施的效果和效率产生影响。例如，饲料的营养成分和喂养方式对动物行为产生重要影响，但同时也会影响粪便组成，进而对从牲畜舍、存储和土地利用时排放到空气、土壤和水体的排放物产生影响。IPPC导则着重强调了预防作用，因此，本章首先讨论营养管理作用，其次是综合的或者末端处理技术措施。

重要的是，减排技术效益与其运作方式密切相关，简单应用某一项减排措施并不能达到其可以实现的最佳效果，因此，本章从最佳环境管理实践的要素出发，再关注具体的减排技术措施。最佳环境管理实践的各个方面在［105，UK，1999］和［107，Germany，2001］上进行了总结，见4.1节。

本章尽可能的提供了能够或者已经应用在养殖业中的技术信息，包括相关的成本和有效使用该技术的背景条件。

4.1 最佳农业环境管理实践

农业、食品生产和农村开发对每个人而言都是值得关注和至关重要的。所有的机构都越来越关注如何实现和展示良好的环境绩效。所有组织活动、产品和服务都对环境产生影响并与之相互作用，而且与养殖户和动物的健康安全以及养殖场所有的运行和质量管理系统也密切相关。简而言之，好的养殖场管理意味着力争一个良好的环境绩效，这与动物生产效率的提高有着紧密联系。

最佳实践的关键在于研究养殖场的各项活动如何影响环境，然后通过为养殖场每项活动选择一个最适用的技术形成技术组合来逐步消除或减少排放物的不利影响，目的是将环境问题坚决纳入决策过程中。一个拥有最佳实践的企业会重视教育与培训、恰当的活动策划、监测、修理和维护、应急计划与管理等问题。管理者应该能够提供证明重视这些问题能使系统运营正常的证据，大部分成员国(［45，MAFF，1998；43，MAFF，1998；44，MAFF，1998］，［106，Portugal，2000］和［109，VDI，2000］)所编制的“最佳实践准则”中都有提及。这些举措与一些企业为了获得被认可的环境管理系统的正式认证所采取的许多措施是一致的。

构成农场管理的各种不同的活动都有助于取得全面良好的环境绩效。因此，指定专人负责管理和监督农场活动是非常必要的。尤其在大企业里，负责人未必是老板自己，而是农场管理者（经理），则必须确证以下事项：

- 考虑选址、空间规划等方面；
- 确认和实施教育和培训活动；
- 经营活动规划得当；
- 监测原料投入和废物排放；

- 应急程序；
- 执行维修和保养计划。

农场管理者和员工都应该定期检查和评估这些活动，以求进一步的发展和改善。在这个阶段，对各种替代技术（如新兴技术）进行评估也是非常有利的。

4.1.1 选址和空间规划

很多情况下，养殖场对环境产生的影响是由于养殖场生产活动中不当的空间布置引起的，常见的包括不必要的交通运输、额外的活动以及对敏感地区的污染物排放。良好的养殖管理在一定范围内可以弥补这方面的不足，但是重视生产活动的空间规划会取得事半功倍的效果。

评估新建畜禽养殖设施用地或规划改建现有设施都属于良好养殖场实践活动的一部分，需要做到以下方面：

- 消除或者尽量减少不必要的运输和额外活动；
- 与需要保护的敏感场所保持足够的距离，如与周边民居保持适当距离，以避免恶臭带来的冲突；
- 考虑养殖场未来的发展潜力；
- 满足建设规划大纲或农村发展规划的所有要求。

除了技术评估，还需要考虑当地气候条件和地形特征，如丘陵、山脊、河流等[107，Germany，2001]。

对于牲畜或猪混合养殖设施而言，可根据排放的高低来决定其与关键敏感场所距离的远近。

敏感场所周围的空气污染可以通过有效空间规划、搬迁或集聚排放源得到消除，如将其聚集至中央废气通风井排放。另如，可以增加排放源离敏感场所的距离，或将排放源搬至下风向处，或者通过管道将废气排放到一定距离之外[159，Germany，2001]。

4.1.2 员工和培训

养殖工作人员必须熟悉生产系统，而且对于自己负责执行的任务必须接受适当的培训。他们应当能够将自己的任务和职责与其他员工的联系起来，这样才能够使他们对环境影响和设备故障有更深的了解，因此工作人员需要接受额外的培训来明确这些连锁影响。定期培训和学习也是有必要的，尤其是在引进新技术或改进操作方法的时候。建立培训记录制度可为员工技能及能力的定期审查和考核提供依据。

4.1.3 活动规划

良好的规划可确保生产活动的平稳运行，减少不必要的排放，很多活动都能从中获益。以粪水的土地利用为例，这涉及一些需要互相协调的任务和操作，包括：

- 对田地进行评估，识别产生河道径流的风险，然后再决定是否适合粪水土地应用；
- 避免恶劣的天气条件下进行土地利用，以免导致重大连锁环境影响；
- 与河道、孔穴、树篱和邻近房屋保持一定的安全距离；
- 确定适当的施用频率；
- 检查机器是否运行良好；
- 确定运输路线，避免交通堵塞；
- 确保有充足的粪水储存，装载过程能有效进行，如检查泵、搅拌器、闸门开关和阀门的状况；
- 定期对施肥区域进行评估，检查是否有任何形成径流的迹象；
- 制订应急方案。

其他需要规划的活动包括：燃料、饲料、肥料和其他材料的输入；生产过程；猪、家禽类、鸡蛋和其他产品及废物的现场输出。次级承包方和供应商都必须明确这些活动规划的内容。

4.1.4 监测

为了寻求改善盈利能力和环境效益的方法，了解资源投入和废物产生量是必要的。对水耗、能耗（天然气、电、燃料）、牲畜饲料量、废物产生量以及无机肥和粪肥现场利用情况的定期监测将会作为审核和评估的基础。如果可能的话，监测、审核和评估应该与牲畜群及具体操作相关联或者视情况在每个生产单元上逐个进行，从而更好地找出对应的改进之处。同时，监测还有助于识别异常情况并采取适当措施。

荷兰所采用的物质簿记系统（The mineral bookkeeping system）就是在养殖场水平上监测投入和产出的物质流来降低物质消耗和氨释放的实例，这使得荷兰农业能够达到硝酸盐指令的目标和规定［77，LEI，1999］。

4.1.5 应急方案

应急方案能够帮助养殖场处理非计划内的排放和意外事故，如水污染。应急方案也包括火灾风险和可能发生的人为破坏。应急方案应该包含：

- 标明水源和排水系统的农场详图；
- 短时间内可利用的处理污染事件的装备清单（例如用来疏通地面排水沟堵塞的器械或用于控制溢油的泡沫板等）；
- 应急服务、监控者及其他的电话号码，如下游土地业主；
- 应对潜在事件的行动方案，如火灾、粪水泄漏、粪水储存器坍塌、不可控的粪堆径流和溢油等。

意外事件发生后，应及时回顾和修订应急程序，看能从中吸取什么样的经验教训，现有方案的不断改进也是十分重要的。

4.1.6 修理和维护

检查生产建筑和设备以确保它们处于良好的运行工况是十分必要的，而为该工作制订和执行一个有条理的计划将会减少问题的产生。应该配备相应的说明书和手册，并且员工需要接受适当的培训。

清洁措施有助于降低污染排放，包括饲料仓库、排粪区、运动区、休息区、普通通道和除粪通道、圈舍设施和设备，以及圈舍周边区域的清洁和干燥。采用低损失饮水技术可以避免饮水外漏（如家禽饲养中带有滴杯的乳头式饮水器）。

牲畜圈舍常包含绝热层、风扇、通风口、逆风口、温度传感器、电子控制器装置、故障防护系统、水和饲料供给系统和其他需要定期检查和维护的机械和电子机械装置。

定期检查粪水储存器是否腐蚀、泄漏迹象。任何故障都要及时修复，必要时可寻求专业协助。粪便/水储存罐最好每年至少清空一次，或是依据建造质量和土壤及地下水的敏感性设置合理的清空频率，清空时检查内外表面，从而使任何结构问题和损坏都能得到修复。在某些情况下，仅采取外观检查效果是有限的，建议通过监测地下水质变化来判断是否泄漏。

对长期使用的粪肥播撒机（固态和液态粪肥）进行清洁和检查可以使其性能得到改善。在使用阶段，也应该进行定期检查，同时按照操作指南对其进行维护。

粪水泵、搅拌器、分离器、灌溉器以及控制设备应该按照操作指南定期检修。

必须在养殖场储备足量的易损零件，以便尽快地实施修理及维护。一般情况下，例行维护可以由受过适当培训的养殖场工作人员实施，更为复杂或专业的工作则需由专业人员进行更精确的操作。

4.2 营养管理措施

4.2.1 一般原则

（1）说明

降低排泄物中营养元素（N，P）的含量能够减少排放，营养管理涵盖能实现该目标的所有技术。营养管理的目的在于通过营养物消化率的提高和平衡含氮的不同组分来改善动物体蛋白质合成效率并满足动物的营养需求。各种技术都想设法达到饲料中所需营养物（尤其是N和P）的最小施用水平。理想情况下，排泄物中的营养元素水平可以低至动物体内最低限度的代谢过程所产生的排泄水平。换句话说，营养措施的目的是减少未消化吸收的氮，该部分氮随后会通过尿液排出。相关技术可分为以下两种类型。

① 改善饲养特性，比如通过：

- 降低蛋白质饲料的应用，提高氨基酸及其相关化合物的使用；
- 将低磷饲料的应用，提高植酸酶和/或易消化无机磷酸盐的使用；
- 其他饲料添加剂的使用；
- 促生长物质的合理使用；
- 增加高消化性原料的使用。

② 在使用可消化磷和氨基酸的基础上制订具有最佳饲料转化率的平衡饲料配方（遵循理想蛋白质的理念）[172，Denmark，2001] [173，Spain，2001]。

现今，主要的研究力度都投入到了如何提高饲料的可消化性，因此大量的消化酶在动物饲料工业得到使用。但是，在生长/生产时期采用与动物需求相匹配的日粮配方（阶段饲养）同样可以达到降低排放的目的。在实践中，两种技术的结合是减少污染负荷的最有效的途径。上述的一些方法如分段饲养已经被成功应用，但是其他技术仍需要进一步的研究。许多已公开的研究阐述了日粮平衡和减少氮摄入对氮排放量的影响以及其降低氨排放的效果，这方面的信息交流主要集中在猪和家禽类的营养管理上，生猪饲养在这方面的数据要多于家禽的饲养。

（2）环境效益

对猪和家禽类而言，饲料中蛋白减少 1%，如从 18%降到 17%，能使氮和氨产生量降低 10%（见表 4.9）。在用氨基酸替代完整蛋白质的评估上，虽然家禽养殖方面的研究不如生猪养殖丰富，但是它们的结果是一致，都表明了方法的可行性。然而鉴于目前的认识水平，在替代物选择范围上，家禽要比猪更为严格 [171，FEFANA，2001]。

遗传学和营养学方面的进展极大提高了饲料的有效利用率。饲料利用率的提高增加了减少饲料中氮含量和进一步降低氮排放的可能性。例如，有实验结果表明，与目前使用的饲料（21%）相比，低蛋白质饲料（17%）饲养肉鸡产生的氮排放得到显著降低，但是由于氮保留率的提高（32%），减少的氮排放是通过合成氨基酸得以补偿的。与此同时，粪便中含有更高的脂肪量和较低的氮含量。

低磷饲料能够降低粪便中磷含量。为了提高可消化性，在饲料中加入了植酸酶（见 4.2.4 节）。同时，高消化性的无机磷酸盐饲料也是可供使用的，效果将在 4.2.5 节中阐述。

总之，经验表明粪便中 N 和 P 含量是可以明显降低的。由于养殖场实践、饲养品种和营养管理的不同，不同欧洲农业区的 N 和 P 的最低排放量不同。

为了表示氮和五氧化二磷排放的可减少量，将标准条件下的排泄水平（表 4.2 和表 4.3）与采用参考饲养方案时的排泄水平进行比较，结果如表 4.4 和表 4.5 所示。

（3）跨介质影响

无论是通过限制营养过度摄入还是改善动物的营养利用率，营养管理都是降低污染最为重要的防护措施。粪便中无机物产出的降低和其结构及特性变化（pH 值，干物质含量）将会影响圈舍、储存及应用的氮排放水平，同时还会降低对土壤、水、空气（包括臭气）的污染负荷。

表 4.2 比利时、法国和德国氮排放的标准水平 [108，FEFANA，2001]

动物种类	比利时/[kg/(头·年)]	法国[①]/(克/动物)	德国[②]/[kg/(头·年)]
仔猪	2.46	440	4.3
肥育猪	13	2880～3520	13.0
种公猪和母猪	24	16.5kg/(头·年)	27～36
肉鸡	0.62	25～70	0.29
蛋鸡	0.69	0.45～0.49kg/(头·年)	0.74
火鸡	2.2	205	1.64

① 圈舍中25%的气态氮损失和仓库里5%的气态氮损失已经从N排放中扣除。这里并不包含粪肥土地施用过程中的损失。

② 仓库里10%的气态氮损失和粪肥土地施用过程中20%的气态氮损失已经从N排放中扣除。

表 4.3 比利时、法国和德国 P_2O_5 排放的标准水平 [108，FEFANA，2001]

动物种类	比利时/[kg/(头·年)]	法国/(克/动物)	德国/[kg/(头·年)]
仔猪	2.02	0.28	2.3
肥育猪	6.5	1.87～2.31	6.3
种公猪和母猪	14.5	14.5 kg/(头·年)	14～19
肉鸡	0.29		0.16
蛋鸡	0.49		0.41
火鸡	0.79		0.52

表 4.4 与法国和德国标准排放水平相比后采用参考饲养方案所得的N产出减少百分数 [108，FEFANA，2001]

动物种类	法国 CORPEN 1 /%	法国 CORPEN 2 /%	德国 RAM /%
仔猪	−9	−18	−14
肥育猪	−17	−30	−19
种公猪和母猪	−17	−27	−19～−22
肉鸡			−10
火鸡			−9
蛋鸡			−4

表 4.5 与比利时、法国和德国标准排放水平相比后采用参考饲养计划所得的 P_2O_5 产出减少百分数 [108，FEFANA，2001]

动物种类	比利时 /%	法国 CORPEN 1 /%	法国 CORPEN 2 /%	德国 RAM /%
仔猪	−31	−11	−29	−22
肥育猪	−18	−31	−44	−29
种公猪和母猪	−19	−21	−35	−21
肉鸡	−38			−25
火鸡				−36
蛋鸡	−24			−24

然而，应该指出，能获得更高的饲料转换率的基因型同样会带来生长速率的提高。对系统性营养不足的亲本品种而言，较高的生长速率可能会导致肉鸡的残废量增加（亲本品种的随意饲养造成繁殖障碍）。因此需要在较高生长速率和潜在的福利问题之间寻求平衡。

（4）实际数据

对三个国家（比利时、法国、德国）中的任何一个而言，排放降低量都是在采用一系列预先规定和标准化的营养规范（表 4.6）的基础上得到的。在比利时，定义了以下 3 种类型的饲料：

表 4.6　比利时、法国和德国的营养管理：参考饲料特性

动物		比利时 MAP	法国 CORPEN1	法国 CORPEN2	德国 RAM
仔猪	策略	(7～20kg)：低磷饲料	两阶段饲喂	两阶段饲喂	
	粗蛋白质		猪仔：20.0％ 仔猪(＜28kg)：18.0％	猪仔：20.0％ 仔猪(＜28kg)：17.0％	猪仔(＜30kg)：18.0％
	磷	(7～20kg)：0.60％	猪仔：0.85％ 仔猪(＜28kg)：0.70％	猪仔：0.77％＋植酸酶 仔猪(＜28kg)： 0.60％＋植酸酶	仔猪(＜30kg)：0.55％
育肥猪	策略	两阶段饲喂	两阶段饲喂	两阶段饲喂	两阶段饲喂
	粗蛋白质		生长期(28～60kg)： 16.5％ 长成期(60～108kg)： 15.0％	生长期(28～60kg)： 15.5％ 长成期(60～108kg)： 13.0％	生长期(＜60kg)： 17.0％ 长成期(＞60kg)： 14.0％
	磷	生长期(20～40kg)： 0.55％ 长成期(40～110kg)： 0.50％	生长期(28～60kg)： 0.52％ 长成期(60～108kg)： 0.45％	生长期(28～60kg)： 0.47％＋植酸酶 长成期(60～108kg)： 0.40％＋植酸酶	生长期(＜60kg)： 0.55％ 长成期(＞60kg)： 0.45％
母猪	策略	低磷饲料	两阶段饲喂	两阶段饲喂	两阶段饲喂
	粗蛋白质		哺乳期：16.5％ 妊娠期：14.0％	哺乳期：16.0％ 妊娠期：12.0％	哺乳期：16.5％ 妊娠期：14.0％
	磷	0.60％	哺乳期：0.65％ 妊娠期：0.50％	哺乳期：0.57％＋植酸酶 妊娠期：0.50％＋植酸酶	哺乳期：0.55％ 妊娠期：0.45％
肉鸡	策略	两阶段饲喂			
	粗蛋白质				开始期(1～10 天)：22.0％ 生长期(11～29 天)：20.5％ 成熟期(30～40 天)：19.5％
	磷	生长期(＜2 周)：0.60％ 成熟期(＞2 周)：0.55％			开始期(1～10 天)：0.70％ 生长期(11～29 天)：0.55％ 成熟期(30～40 天)：0.50％
蛋鸡	策略	低磷饲料			
	磷	0.50％			

注：MAP—肥料行动计划（2000 年 3 月设立）；CORPEN—法国农业氮磷污染减排方案研究委员会；RAM—德国粗蛋白质改良饲料的缩写。

- 低氮饲料；

- 低磷饲料；
- 低氮磷饲料。

低磷饲料已经通过饲料制造商和政府之间的合约在法律上得到规范［174，Belgium，2001］。

在德国，低氮磷饲料的 RAM 饲养方案是由农民和饲料生产者共同研发的，它们也由地方农业会控制的合约来规范。

在法国，CORPEN 方案建议在低蛋白和/或低磷饲料基础上对每个生理阶段（例如仔猪、哺乳/妊娠母猪、育肥猪）进行两阶段饲养。

当实际饲养方案与规范要求不一致时，可利用“回归”系统根据饲料特性函数（蛋白质或磷含量）来计算真实的排放水平。例如，比利时所采用的方程如表 4.7 所列。在法国，“简化衡算方程”考虑影响猪排泄的主要因素，如饲养技术和性能水平，它已经以计算表和计算模型的形式发表。

（5）适用性

营养管理系统已经在一些成员国得到应用，而且有实践经验作为依据。

① 监测营养物输入和输出。

表 4.7 比利时用来计算真实排放水平的回归方程［108，FEFANA，2001］

动物种类	N 总排放量/［kg/(头・年)］	P_2O_5 排放量/［kg/(头・年)］
7～20kg 猪崽	$Y=0.13X-2.293$	$Y=2.03X-1.114$
20～110kg 猪	$Y=0.13X-3.018$	$Y=1.92X-1.204$
重于 110kg 猪	$Y=0.13X+0.161$	$Y=1.86X+0.949$
母猪(包括小于 7kg 的猪仔)	$Y=0.13X+0.161$	$Y=1.86X+0.949$
种公猪	$Y=0.13X+0.161$	$Y=1.86X+0.949$
蛋鸡(包括育种蛋鸡)	$Y=0.16X-0.434$	$Y=2.30X-0.115$
雏蛋鸡	$Y=0.16X-0.107$	$Y=2.33X-0.064$
肉鸡	$Y=0.15X-0.455$	$Y=2.25X-0.221$
育种肉鸡	$Y=0.16X-0.352$	$Y=2.30X-0.107$
雏育种肉鸡	$Y=0.16X-0.173$	$Y=2.27X-0.098$

注：Y—每个动物每年 N 和 P_2O_5 的产量（kg）；
X—每个动物每年天然蛋白质（CP）和磷（P）的消耗量（kg）。

② 在那些集约化畜牧业造成巨大环境压力的区域，农民必须对他们的氮和/或磷的使用情况进行登记。“矿物质簿记系统”会监测养殖场水平上的输入和输出量。调控规章有：法国的环境保护分类设施条例（ICPE），比利时的粪肥行动计划（MAP），荷兰的无机物簿记系统（MINAS）等。

③ 基于饲养特性估计粪水中无机物输出。

由于无机物输出与其摄入量十分相关，因此它应该根据饲养特性来计算，这已经在那些实施营养管理系统的欧盟成员国当中得到应用。法国（CORPEN）、比利时（MAP）和德国（RAM）的系统使用情况在环境效益部分给出。

（6）费用

对集约化养殖场以减排为目标的营养措施的成本和效益进行评估是十分复杂的。这种管理措施在减少氮素污染方面潜在的经济和环境效益已经在最近的一份报告中由荷兰农业经济研究所进行了评估［77，LEI，1999］。它通过使用不同预测模型和相似类比方法评估了当前和未来欧洲的政策变化对全国、区域及养殖场的氮污染水平的影响。

值得关注的是，由于饲料中蛋白水平的降低会增加谷类的使用，因此谷类的价格变化对营养管理措施的可持续能力有重要影响。从这个角度而言，营养管理的费用又取决于欧盟共同农业政策（CAP）改革所取得的效果。然而，欧洲对谷类的定价并不是独立的，而是与大豆价格相关联，而后者的价格由国际市场决定。这些费用水平会影响营养管理措施的经济可行性，因此低的大豆价格可以提高饲料中蛋白水平。通过连续的CAP改革，饲料中含更高的谷类水平已经得到认可，与现行标准相比实施低蛋白质饲养的费用也相应降低（表4.8）。

表4.8 饲养管理中复合饲料费用和N含量指标［77，LEI，1999］

	猪		家禽	
	目前日粮	低蛋白日粮	目前日粮	低蛋白日粮
费用指标				
CAP—1988	100	103	100	101
CAP—1994	89	92	88	88
CAP—2000	73	74	74	74
饲料中N含量指标/(kg N/t 饲料)				
CAP—1988	100	85	100	96
CAP—1994	97	83	99	95
CAP—2000	88	83	96	93

注：费用指标是相对数值，无单位，以目前所使用的日粮为100，其他与之比较得出相应数值。

因此可以得出以下结论："与大量粪便的后处理相比，采用预防性的营养管理来降低养殖场氮输出具有更大的经济竞争力"。这份报告还认为粪肥农用规范将会变得更加严格，而且多余粪肥的后处理将会变得更为昂贵。

在一些地区，除佛兰德斯地区和荷兰外，谷类使用的增加能使饲料蛋白含量降至该区域可控制的最低水平。其他附加的营养管理措施仍将有益于那些没有充足土地来利用其粪肥的集约化牲畜养殖场。

另外，欧洲饲料制造商联盟（FEFANA）认为营养管理措施的成本和可负担性取决于当地商品供应（如谷类的可购性）、当地粪肥土地利用的可能性（土地不足将会提高饲养措施的价值）和高蛋白饲料的国际市场价格（较高的高蛋白饲料市场价格会增加饲养措施的可购性）。在国际市场和欧洲市场上，谷类价格降低、蛋白饲料如大豆粉价格上升以及工业氨基酸供应量增加都有助于降低通过饲养措施控制动物生产过程中氮排放的费用。然而，通过计算单一的费用额来评估饲养措施相关费用是不可行的，因为饲料价格的市场波动太大，因而不能获得一个具有普遍代表性的估价。但是，一般情况下，可以假设猪和家禽饲料的额外成本在总成本的0～3%的范围之内波动（FEFAC估计家禽的增长率为

2%～3%，育肥猪为1%～1.5%［169，FEFAC，2001］）。在大豆粉价格非常低的时期，额外的饲料成本可能会增加到5%左右［171，FEFANA，2001］。

（7）实施动力

营养管理措施的应用受到粮食和大豆市场价格的极大影响。一方面的实施动力来自于潜在的成本节约，因为营养管理措施能够减少粪肥储存及农用中后续减排技术的使用。

（8）参考养殖场

根据硝酸盐指令（the Nitrate Directive），位于硝酸盐脆弱区（如布列塔尼，荷兰，比利时和德国）的很多养殖场，为了控制污染已经开始遵循一些营养约束条件［171，FEFANA，2001］。

在法国，自从关于生猪养殖的CORPEN推荐规范在1996年发布以来，低蛋白日粮两阶段饲养（尤其是对母猪养殖）有了很大发展。据报道，到1997年底，接近1/3的肥育猪和60%的母猪已经采用这种方式饲养［169，FEFAC，2001］（参考布列塔尼AGRESTE 27期，1998年6月）。

（9）参考文献

［28，CORPEN，1996；29，CORPEN，1996；30，CORPEN，1997］，［37，Bodemkundige Dienst，1999］，［77，LEI，1999］，［81，Adams/Röser，1998］，and［108，FEFANA，2001］。

4.2.2 分段饲养

（1）家禽分段饲养

针对家禽养殖，提出了不同的饲养方案，目的是在能量和氨基酸需求之间寻求适当的平衡或通过改善禽类的饲料消化途径来影响对营养的摄取。

蛋鸡的分段饲养涉及不同生产阶段对Ca和P水平的调节，要求动物群中的个体之间差异不大，且从一种饲料转换到另一种之间有渐变的过程。

肉鸡的分段饲养目前在一些欧洲国家得到应用。饲养被分为三个阶段，每个阶段的营养需求都有较大的不同，而每个阶段的目标都是实现饲料转化率（FCR）的最优化。在第一阶段采用较严格的饲养方案会促进后续阶段的有效生长。该阶段必须喂养高水平的蛋白质和氨基酸，并且两者要平衡；在第二阶段，禽类的消化能力将会改善，从而可以消化更多含较高能量的饲料；在第三阶段，再次降低蛋白质和氨基酸含量，但是能量供应保持不变。在所有阶段中，Ca-P之间的平衡保持不变，但是总浓度降低。

与肉鸡相比，火鸡需要大量的饲料。它们在不同阶段的需求变化与肉鸡相同。所需蛋白质和氨基酸浓度随着年龄的增长而下降，所需的饲料能量却逐渐增加。养殖的火鸡类型不同时，所采用的阶段数目也有变化，通常为4～5阶段。例如，荷兰采用5阶段饲养，这意味着5种不同的饲料，虽然可以划分为更多的阶段，但是需要相应调整比例。对于火鸡而言，饲料的形状会影响其FCR和生长，测试表明，粒状饲料优于粉末状饲料。

（2）生猪分段饲养

生猪分段饲养在于对25kg到100～110kg（屠宰重量）的猪相继采用2～4阶段的喂养。饲养方案在不同的国家有所不同。两阶段饲养方案（25～60kg和60～110kg）发展良好，但是可以进一步发展，以能同时考虑环境和经济价值。意大利的饲养方案与欧洲其他欧盟国家的大有不同，其屠宰重量（140～150kg）更重。

生猪的多阶段饲养目的在于为猪提供混合饲料以满足其对氨基酸、矿物质和能量的需求。这需要定期地（从每天到每周）将高营养饲料与低营养饲料混合。多阶段饲养的进一步发展将与养殖场的粮仓和饲料配送系统的发展相关联[171，FEFANA，2001]。

在英国，对生长/育肥猪采用5阶段低粗蛋白质/可消化能量比（CP/DE）喂养的研究一致表明，与商业化的两种饲料喂养策略相比，该方法中粪便产生较低的总氮和氨氮量[110，MAFF，1999]，[111，MAFF，1999]。

母猪的分段饲养至少针对哺乳期和妊娠期两种不同的饲料。在整个欧洲对妊娠期和哺乳期母猪采用不同方式喂养得到了很好的发展，在某些情况下，在临产前会得到特别的喂养[171，FEFANA，2001]。

（3）环境效益

① 肉鸡　据报道，肉鸡的分段饲养实现了15%～35%的氮减排。

② 待出栏猪　待出栏猪的3阶段饲养能减少3%的氮排放和5%的磷排放。多阶段饲养可实现额外减排，能减少5%～6%的氮和7%～8%的P_2O_5排放。

③ 母猪　与未采用分段饲养相比，母猪的两阶段饲养能够减少7%氮排放和2% P_2O_5排放。

（4）跨介质影响

分段饲养首先实现氮和磷的减排，并会进一步减少圈舍和外部粪肥储存产生的排放物。与此同时，用水量和粪水体积也相应减少。

（5）适用性

据报道，猪的分段饲养需要用精细和昂贵的设备进行处理，因此适宜于在大规模生产企业中应用。在实践中，3阶段饲养可能是生长/育肥猪的最可行的选择[77，LEI，1999]。

多阶段饲养同样适用于液体饲喂系统，并且液体饲喂系统变得越来越普及。然而，多阶段饲养用于小养殖场的连续喂养系统难以实施[173，Spain，2001]。

计算机系统可以在需要的阶段自动实现高营养饲料与低营养饲料的适当混合配比，该系统的应用需要有合格人员进行操作[173，Spain，2001]。

（6）成本

到目前为止，还没有相关成本数据的报道。然而，多阶段饲养费用预期较高，因为额外的不同饲料的储存设施和混合设施会产生额外费用[173，Spain，2001][171，FEFANA，2001]。

（7）参考文献

[26，LNV，1994]，[27，IKC Veehouderij，1993]，[77，LEI，1999]，[110，MAFF，1999]，[111，MAFF，1999].

4.2.3 添加氨基酸生产低蛋白饲料

(1) 说明

这项技术在文献中经常被提到，其原则是用必需的适量氨基酸来喂养牲畜，同时限制摄入过量蛋白质以取得最佳效益（图 4.1）。低蛋白饲料的制备需要降低富含蛋白质的组分（如豆粕），同时补充氨基酸使饲料营养平衡。一些市场上可买到的和注册的氨基酸有赖氨酸（L-赖氨酸）、蛋氨酸（DL-蛋氨酸和类似物）、苏氨酸（L-苏氨酸）和色氨酸（L-色氨酸）。其他必需氨基酸有可能在将来被提出，并可能进一步降低饲料中蛋白含量[108，FEFANA，2001]。

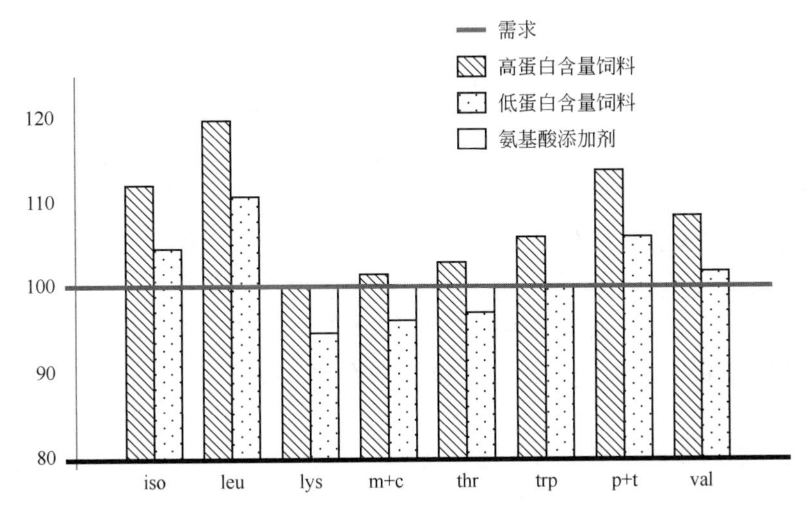

图 4.1 保持足够的氨基酸供应时动物蛋白质的摄取量减少 [77，LEI，1999]

注：iso—异亮氨酸；leu—亮氨酸；lys—赖氨酸；m+c—甲硫氨酸+半胱氨酸；thr—苏氨酸；trp—色氨酸；p+t—脯氨酸+酪氨酸；val—缬氨酸

(2) 环境效益

① 家禽

- 饲料蛋白含量降低 1%会造成蛋鸡减排 10%的氮，肉鸡、火鸡及其他肉禽减排 5%~10%的氮；
- 低蛋白质饮食有助于减少圈舍的氨排放，肉鸡实验表明，粗蛋白降低 2%会使氨减排 24%；
- 生长期鸡的饲料蛋白含量减少 3%能降低 8%的耗水量 [108，FEFANA，2001]。

② 猪　Ajinomoto 动物营养组织（Ajinomoto Animal Nutrition）报道的一篇综述文章中有关于低蛋白饮食（仅补充工业氨基酸）对氮和猪粪水排放影响的数据，这些数据来自欧洲内外的大量各类资料 [99，Ajinomoto Animal Nutrition，2000]。其中一些试验研究发现，对于 25~110kg 的猪饲料蛋白含量降低 1%会使氮减排 10%。

试验还发现，在没有任何特殊减排技术的情况下，各种类型猪饲料中蛋白含量可减少达 2%，相应的氮减排可以达到 20%。然而，有必要添加四种必需氨基酸（赖氨酸、蛋氨酸、苏氨酸和色氨酸）以防止生长速率下降。

已发表的各类研究所得到的结果非常类似，如表 4.9 所列。

表 4.9 降低饮食中蛋白含量和使用低蛋白饲料对降低氮和氨排放的效果总结

［99，Ajinomoto Animal Nutrition，2000］

参 数	蛋白含量降低 1%的效果/%	使用低蛋白饲料	
		常见累积效果/%	最佳累积效果/%
总氮排放量	－10	－25	－50
粪浆中氨含量	－10	－30	－50
粪浆 pH 值	—	－0.5 点	－1 点
氨气排放量	－10	－40	－60
耗水量(随意)	－2～－3	－10	－28
粪浆体积	－3～－5	－20	－30

低蛋白饲料同样可以降低臭气组分的排放，如 H_2S［108，FEFANA，2001］（参考 Hobbs et al.，1996）。

饲养措施对圈舍减排实际效果会因一些因素而变化，如室内空气温度、气流速率（通风率）和粪肥表面积等。

饮食结构调整也可以降低动物的用水量，这样就可以节约用水并降低待处理的粪便体积。随着干物质含量的提高，粪浆的肥料价值也有所上升。

（3）跨介质影响

上述讨论的参考试验中提供的低蛋白氨基酸强化饲料并不会影响生长、饲料转化率或猪体内的氮保留率。

（4）运行参数

猪集约化饲养的运行数据未见报道。猪的活重范围一般在 25～110kg 之间，采用两阶段或多阶段的饲养方式。

（5）适用性

对于低蛋白饲料的应用并没有必需的特定技术要求。然而，所采用的粗蛋白质水平在不同国家会有所不同。

低蛋白饲料饲养降低了动物生长过程中的产热，这是有好处的，尤其是对处于炎热夏天的地中海成员国。而且这种效果在母猪哺乳期时更为明显。

根据英国的情况，家禽类营养学家认为对于 18～40 周的蛋鸡，目前未添加在饲料中的色氨酸是一种限制性氨基酸。因此，在英国饲料中含有 15.5%～16.5%的粗蛋白质水平（见表 5.5）不具有技术可行性，需要较高的粗蛋白质水平。

在英国，猪完全是圈养，生长到较低体重时就被屠宰，并且同时具备瘦肉囤积最大化的遗传基因，如表 5.1 所列的范围最大值可能不具有技术可行性。根据英国的情况，采用较高的 CP 水平时，同时仍然可降低猪整个生长周期内氮的输入量。

在大规模的养殖场中，降低氮污染的方法很容易实施，原因在于：

- 投资较少，对养殖场并不需要进行结构改造；

- 每座饲料加工厂一般能覆盖很多养殖场，因此降低了养殖场单独配备的成本；
- 关于营养管理成本评估的说明已在 4.2.1 节中给出，低蛋白饲料饲养除可能会有一些饲料制备费用外，并不需要特殊设备和新的投资。

营养措施费用评估要考虑以下因素：

- 额外饲料成本；
- 节水节约的成本；
- 粪便运输、处理和土地利用节约的成本；
- 节约投资成本，如储存空间减小而节约的成本。

为了阐述降低粗蛋白饲料的效果，进行相关的计算是必要的，但是计算结果取决于对成本因素所作的一些假设。某篇出版物中假定饲养成本增量在 15%～3%之间变化 [116，MAFF，1999]，而另一篇提出饲养成本节省了约 3% [115，Rademacher，2000]。

葡萄牙的相关报道指出对于育成仔猪和待出栏猪，当降低粗蛋白水平至 2.0%～2.5%并且用氨基酸进行营养平衡，饲养成本增加 5.5%～8%；对于妊娠期和哺乳期母猪，分别增加了 2.9%和 4.9%。这些计算是在 2001 年 5 月的原材料价格基础上进行的。考虑到原材料、主要富蛋白质材料以及计算饲养成本所涉及因素的价格浮动，需要更多成员国在成本方面的信息 [201，Portugal，2001]。

(6) 参考养殖场

低蛋白、氨基酸类添加剂饲料在一定程度上已经用于一些集约化畜禽养殖生产领域。

(7) 参考文献

[77，LEI，1999]，[82，Gill，1999]，[100，MLC，1998]，[108，FEFANA，2001]，[115，Rademacher，2000] and [116，MAFF，1999]。

4.2.4 添加植酸酶生产低磷饲料

(1) 说明

这种技术已经在科学性和实用性文件中出版。由于消化道内缺乏适当的酶，猪和家禽通常没有可利用的含磷植酸酶。因此，该技术的原则是用适当水平的易消化磷喂养动物，以确保有最佳的效能和维持作用，同时限制通常存在于植物体内不易消化的含磷植酸酶的排放（表 4.10）。低磷饲料配方为：

- 添加植酸酶；
- 增加植物饲料原料中有效磷量；
- 减少无机磷在饲料中的使用。

目前，有 4 种植酸酶制剂被欧盟授权为饲料添加剂（指令 70/524/EEC N 类）。

植酸酶新产品的授权依赖于对产品的评估，它应确保对所声明的动物种类都有效。

目前一些植物育种公司正在研发新方法，这涉及培育含高活性植酸酶和/或低植酸含量的植物品种 [173，spain，2001]。

(2) 环境效益

以下关于猪和家禽的相关数据可以在许多介绍植酸酶的出版物中找到，这些资料总结了在不同饲料和不同情况下的可能的相对摄入减少量。

表 4.10 指定植物饲料的总磷量、植酸磷和植酸酶活性

[170 FEFANA，2002]，**参照 J. Broz，1998**

生产饲料的原料	总磷量/%	植酸-P/%	植酸酶活性/(U/kg)
玉米	0.28	0.19	15
小麦	0.33	0.22	1193
大麦	0.37	0.22	582
小黑麦	0.37	0.25	1688
裸麦	0.36	0.22	5130
高粱	0.27	0.19	24
麦麸	1.16	0.97	2957
米糠	1.71	1.1	122
大豆豆粕	0.61	0.32	8
花生粉	0.68	0.32	3
油菜种子粉	1.12	0.4	16
向日葵瓜子粉	1	0.44	62
豌豆	0.38	0.17	116

① 猪

• 在饲料中加入植酸酶，仔猪的植物磷消化率可提高 20%～30%，育肥猪、待出栏猪及母猪为 15%～20%。

• 一般而言，通过使用植酸酶，饲料中磷减少 0.1%，仔猪的磷排放将减少 35%～40%，育肥猪和待出栏猪为 25%～35%，母猪为 20%～30%。

② 家禽

• 在饲料中加入植酸酶，肉鸡、蛋鸡和火鸡的植物磷消化率可提高 20%～30%，具体与饲料配方中使用的植物材料所含植酸酶量有关。

• 一般而言，通过使用植酸酶，饲料中磷减少 0.1%，肉鸡和蛋鸡的磷排放将减少 20%以上。

相关试验表明，低磷植酸酶类饲料与高磷含量饲料相比，并不影响牲畜的生长、饲料转换率和产蛋量。

低磷植酸酶类饲料的配方需要整体审视以避免发生磷和钙比例失衡。在养殖场中，含低磷植酸酶类添加剂饲料的使用并不需要特殊技能。

(3) 跨介质影响

根据最近研究发现，植酸酶不仅提高了磷消化率，而且也能提高蛋白质消化率 [170，FEFANA，2002；Kies et al.，2001]。

(4) 运行参数

相关运行数据未见报道。然而，作为饲料添加剂，植酸酶在改善磷消化率方面的效果已得到动物营养科学委员会（SCAN）的积极评价。

(5) 适用性

植酸酶能以粉末、颗粒或液体混合在饲料里，粉末和颗粒状用于温度不太高（最高为80～85℃）的生产过程中。需要注意的是，每一种产品的稳定性能有所差异，稳定性方面的相关信息可以由供应商提供。

当饲料生产过程处于高温环境时，可以使用液态植酸酶。在这种情况下，需要采用特殊流体设备对液体产品进行后续颗粒化，一些饲料厂已经配备这种应用酶制剂的系统。

在养殖场中，当在相同条件下应用时（单一或多阶段饲养方案），低磷植酸酶类饲料的应用与高磷含量饲料相比，并没有特别的附加条件。

在大规模养殖场中很容易实施降低磷污染的控制措施，原因有：

- 粉末和颗粒状的植酸酶无投资要求，但是使用液态植酸酶时饲料厂需要一些投资；
- 养殖场并不需要结构上的改动；
- 每座饲料厂可以供应许多养殖场［170，FEFANA，2002］。

（6）费用

关于营养管理成本评估的介绍已在4.2.1章节中给出。养殖场上低磷植酸酶类饲料的应用并不需要特殊设备和新的投资。另外，通过加入植酸酶和调整营养水平来调整饲料配方能降低饲料成本［170，FEFANA，2002］。

（7）参考养殖场

自从十几年前市场上首次推出植酸酶产品后，饲料行业就一直生产低磷植酸酶类饲料，特别是（但不仅局限于）在集约化畜禽养殖区域。自从肉粉和骨粉禁止使用后，这种给猪和家禽类用的饲料在欧盟和第三世界国家一直发展很快［170，FEFANA，2002］。

（8）参考文献

- FEFANA，2000-WP′Enzymes and Micro-organisms′contribution to BREF document.
- Broz J. 1998-Feeding strategies to reduce phosphorus excretion in poultry-in：5. Tagung Schweine und Geflügelernährung-01-03-12-1998-pp. 136-141.
- Kies，A. K.，K. H. F. van Hemert and W. C. Sauer，2001-Effect of phytase on protein and amino acid digestibility and energy utilisation. World′s Poultry Science Journal，57，109-126.

4.2.5 高消化性的无机饲料磷酸盐

（1）说明

无机饲料磷酸盐被归类为无机饲料。指令96/25/EC的B卷第11章中包含了几种类型的饲料级磷酸盐。它们具有不同的无机元素含量和化学成分，因此磷的可消化性也不同。高消化性无机饲料磷酸盐的使用会对营养元素排泄和环境产生积极影响［198，CEFIC，2002］。

（2）环境效益

在动物饲料中加入可消化的饲料磷酸盐会降低动物饲料中磷含量水平，进而减少排泄到环境中的磷含量。如表 4.11 所列。

表 4.11 基于 van der Klis and Versteegh（1996）提供的家禽的可消化性对磷减排量的计算［198，CEFIC，2002］

饲料磷酸盐	可消化性/%	掺入率/%	掺入量/gP	P 吸收量①/g	P 排泄量①/g
脱氟磷酸盐	59	1.56	28.0	16.5	11.5
磷酸二氢钙	84	0.87	19.6	16.5	3.1

① 来源于无机饲料级磷酸盐。

从计算数据可以明显看出，用易消化的饲料磷酸盐替代劣质的饲料磷酸盐具有巨大的环境效益。这些数据同样适用于生猪养殖。

（3）适用性

饲料磷酸盐可以以粉末或颗粒状形式添加到动物饲料中，这要取决于最终产品的物理性质。饲料磷酸盐的化学成分和可消化磷含量是可预测的，部分原因是它们不受工艺条件的影响（如温度或湿度）。高消化性饲料磷酸盐使用方便，无论在全料或矿物质饲料中都可以添加易消化饲料级磷酸盐，而且养殖场或饲料复合厂都不需要新的投资［198，CEFIC，2002］。

（4）成本

关于营养管理成本评估的说明已在 4.2.1 部分给出。使用高消化性饲料磷酸盐不会增加成本，因为饲料磷酸盐是基于含磷总量出售的。实际上，易消化的无机饲料级磷酸盐是按可消化的磷含量计算的，在使用经济性方面超过其他饲料磷酸盐。对养殖场与饲料复合厂而言，低含磷量意味着节约成本。同时，磷的减排也降低了农民处理粪便的成本［198，CEFIC，2002］。

（5）参考养殖场

在集约化牲畜养殖产生环境问题的地区，一些饲料生产商和养殖场已经开始大量使用高消化性的无机饲料磷酸盐。值得注意的是，荷兰的应用结果表明，高消化性饲料磷酸盐的使用没有对动物生产性能产生负面影响，反而对磷减排有积极影响［198，CEFIC，2002］。

（6）参考文献

- Phosphorus Nutrition of Poultry. In：Recent Advances in Animal Nutrition，Nottingham.
- University Press. Pages 309-320 by van der Klis，J. D.，and Versteegh，H. A. J.（1996）.
- A guide to feed phosphates by Sector Group Inorganic Feed Phosphates of CEFIC.
- Feed phosphates in animal nutrition and the environment by Sector Group Inorganic Feed Phosphates of CEFIC.

4.2.6 其他饲料添加剂

（1）说明

可在畜禽饲料中少量添加的其他添加剂有：

- 酶制剂；
- 生长激素；
- 微生物。

抗生素的使用和缺点已在2.3.3.1部分中进行了介绍。

(2) 环境效益

酶类和生长激素的使用在减少饲料的使用量的同时可使牲畜实现相同的生长速度，进而减少猪排泄物中的营养元素约3%的排放量，对于家禽可减少5%左右。同时，这些减排也意味着FCR提高了0.1个单位[199，FEFANA，2002]。

饲料酶制剂的使用，通过对非淀粉多糖（NSP）的降解降低了消化物质的黏度，从而减少了粪便含水量。这将潜在地降低畜禽废物的发酵作用，进而减少氨气排放量[199，FEFANA，2002]。

(3) 运行参数

相关运行数据未见报道。然而，这些饲料添加剂的效果（见指令70/524/EEC附件）得到了动物营养科学委员会（SCAN）的积极评价。

(4) 适用性

饲料添加剂能以粉末、颗粒或液态形式混合在饲料里。粉末和颗粒状的添加剂使用于温度不太高（最高为80～85℃）的生产过程中。需要注意的是，每一种产品的稳定性能有所差异，稳定性方面的信息可以由供应商提供。

当在饲料生产过程中涉及高温时，可以使用液态添加剂。在这种情况下，需要特殊流体设备对液体产品进行后续颗粒化，一些饲料厂已经配备有这种使用添加剂的系统。

在养殖场中使用饲料添加剂时，不需要特殊的设备。在大规模畜禽饲养场中很容易实现，原因有：

- 粉末和颗粒状的添加剂无投资要求，但是液态添加剂需要一些投资；
- 养殖场并不需要结构上的改动；
- 每座饲料厂可以供应许多养殖场[199，FEFANA，2002]。

(5) 成本

关于营养管理成本评估的介绍已在4.2.1节中给出。动物生产性能的改善可以弥补引入的成本[199，FEFANA，2002]。

(6) 参考养殖场

饲料添加剂一般用于在动物集约化生产中，在改善动物生长和污染减排上效果显著[199，FEFANA，2002]。

(7) 参考文献

- FEFANA，2000-WP 'Enzymes and Micro-organisms' contribution to BREF document.
- Geraert P. R.，Uzu G.，Julia T.，1997-Les Enzymes NSP：un progrès dans l'alimentation des volailles-in 2° Journées de la Recherche Avicole 08-09-10-04-1997-pp. 59-66.

• Eric van Heugten and Theo van Kempen-Understanding and applying Nutrition concepts to reduce nutrient excretion in swine-NC State University College of Agriculture and Life Sciences-15 pages document published by North Carolina Co-operative Extension Service.

• A. J. Moeser and T. van Kempen-Dietary fibre level and xylanase affect nutrient digestibility and excreta characteristics in grower pigs-NC State University Annual Swine report 2002.

4.3 高效用水技术

(1) 说明

在养殖场中，可以通过减少动物喂水时的溅出，以及减少其他与动物营养需求不相关的用水来实现降低用水量的目的。水的合理利用是良好农业管理的一部分，包括以下方面：

• 在每批牲畜饲养结束后，用高压清洗机清洗圈舍和相关设备，然而，重要的是要在清洁度和最低用水量之间找到平衡；

• 定期校准饮水装置，以避免溢漏；

• 通过计量耗水量来对用水量进行记录；

• 检测和修理泄漏；

• 单独收集雨水，并用作清洁用水。

降低动物耗水量是不切实际的，耗水量会因饲料的不同而变化。尽管一些策略中包含限制性用水，但是无论何种条件下给牲畜充足的水摄入一般被认为是一种职责。

对于家禽养殖，原则上有3种饮用水系统可以应用（另见2.2.5.3部分相关内容）：

• 低容量的乳头式饮水器或高容量的滴杯饮水器；

• 水槽；

• 圆盘饮水器。

对于生猪养殖，通常采用以下3种类型的饮水系统（另见2.3.3.3部分相关内容）：

• 在水槽或杯中的乳头式饮水器；

• 水槽；

• 鸭嘴式饮水器。

对于猪和家禽来说，所有饮水设施均具有一定的优缺点。

营养物减排的营养管理措施已在4.2节有所叙述。它们的使用会对水的摄入产生副作用，实际上这可视为与营养管理措施相关的跨介质影响。

(2) 环境效益

4.2节介绍了营养管理措施对耗水量和随后的粪浆产生量的影响。对于家禽，事实证明，蛋白质含量降低3%时，水的摄入量下降8%。

当猪可以无限制地获得水时，自然会减少水的摄入量。文献表明，低蛋白饲料有助于减少用水量，结果如图4.2所示。

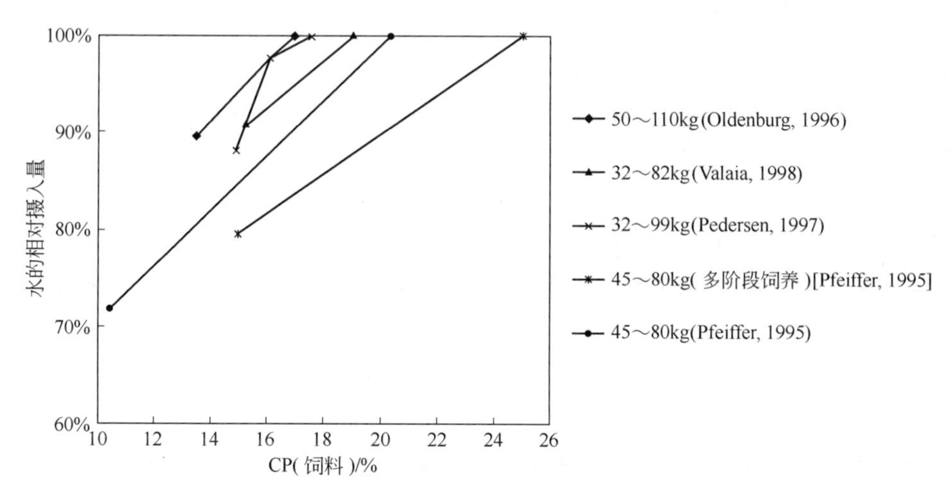

图4.2 低蛋白饲料对猪摄入水量的影响［99，Ajinomoto Animal Nutrition，2000］

（3）跨介质影响

通常在猪舍中，冲洗水会流入粪水系统中，这意味着，减少水的摄入量会减少粪肥的体积。

（4）运行参数

在不同条件和体重范围内已经获得相应结果。

（5）适用性

参见4.2部分相关内容。对营养措施的应用没有严格限制。

（6）费用

参见4.2部分相关内容。

（7）参考文献

［99，Ajinomoto Animal Nutrition，2000］，［112，Middelkoop/Harn，1996］。

4.4 能源高效利用技术

用于提高能源利用率的措施不仅涉及最佳农业实践，还与选择应用合理的设备及圈舍建筑设计有关。节能措施也有助于削减年度运行成本。本节在介绍一些常用措施后，会给出几个节能技术实例。节能方法也与圈舍的通风密切相关。

控制通风率是调控圈舍内部温度最简单的方法。圈舍温度的影响因素有［176，UK，2002］：

- 猪自身产热量；
- 所有的热量输入（如热垫或仔猪用加热灯）；
- 通风率；
- 圈舍空气吸收的热量；
- 饮用水、水槽、溅出水和尿的蒸发散热量；
- 墙壁、屋顶和地板引起的热损失；
- 外部温度；
- 饲养密度。

通风系统的设计需要满足以下两点要求：

① 在炎热夏季，且当饲养的全是体重最重阶段的牲畜时，系统具有足够的能力调控圈舍内温度；

② 在寒冷冬季，且当饲养的全是体重最轻阶段的动物时，也有足够的调控能力提供最低通风率。

考虑动物福利的因素，最低通风率应能提供足够的新鲜空气和去除有害气体。

如果圈舍是自然通风而非强制通风系统，那么能源的需求将大大减少。然而，自然通风不是对所有牲畜种类都有效。

4.4.1 养鸡场能源有效利用的最佳实践

4.4.1.1 取暖燃料

通过以下方法可以大量降低取暖燃料的使用量：

- 将取暖空间与其他空间分离，并减小空间大小；
- 在取暖空间内，正确调控取暖设备和促进暖空气在圈舍的均匀分配，如在空间内适当地分配加热设备；均匀供暖也可防止位于圈舍低温区域内的传感器启动不必要的加热装置；
- 定期检查传感器，并保持清洁，以便能准确探测圈舍内温度；
- 屋顶处的暖空气应能够循环到地面；
- 在室内气候条件允许范围内尽量减少通风率，进一步降低热损失；
- 将通风孔设置在墙壁下部（热空气上升），减少热量损失；
- 地板上再铺一层绝热材料，例如在地板结构中铺设的专用绝热层，这将减少热量损失，从而降低燃料消耗（特别在地下水位较高时）；
- 应及时修复圈舍结构中裂缝和开缝；
- 在蛋鸡圈舍内，流入和流出的空气流之间，可以用水加热器来补充热量；这种系统是可以用来加热空气以干燥鸡笼下方皮带上的粪便，从而减少氨的排放量。

最低通风量的控制也要求建筑物具有良好的密闭性。如果需要用加热来保持垫料的干燥度，那么其他不必要的湿度来源应当予以消除（如饮水器水溢出等）。间歇运行的风扇应配备逆流百叶窗，以减少热损失。

在欧洲西北部，新禽舍设计时的建筑物绝热设施的U值推荐为不低于0.4 W/（m^2·℃）。

4.4.1.2 电能

减少用电量的常用措施包括：

- 选择正确类型的风扇，并考虑其在建筑物中的正确位置；
- 安装单位耗能低的风扇；
- 有效使用风扇，如满负荷运行一台风扇比半负荷运行两台风扇更经济；
- 用日光灯代替白炽灯泡（需要注意到它们的“生物”适用性是不确定的）；
- 应用合理照明策略，如采用可变照明阶段，例如采用 1 个照明阶段和 3 个黑暗阶段组合成的间歇照明来代替每天 24 小时照明，这样可以减少约 2/3 的电量。

荷兰 Spelderholt 的应用研究所尝试用间歇风干方式来干燥蛋鸡粪便，进行了 3 次试验，其结果如表 4.12 所列。

表 4.12 蛋鸡笼舍系统中粪便的间歇性风干

氨排放量和粪便干物质含量									
连续空气干燥①					方案				
	空气温度/℃	相对湿度/%	干物质含量/%	NH_3/[g/(只·年)]	方式	节能量②/%	干物质含量/%	NH_3/[g/(只·年)]	相对于连续干燥的排放量③
试验 1 (1996)	19.6	70	62	9	15 分钟开 0.7m³/15 分钟关	50	51	11	122
试验 2 (1997/1998)	18	88	55	18	1 天关/4 天开 0.7m³	20	52	21	117
					4 天开 0.5m³/1 天开 0.7m³	10	52	22	122
试验 3 (1999)	15.6	91	59	14	1 天关/3 天开 0.5m³ 和 1 天开 0.7m³	28	53	23	164

① 连续空气干燥和其他方案：每小时每只鸡 $0.7m^3$ 的空气量；所有粪便干物质（连续和各方案）为干燥 5 天后采样。
② 与连续风干比较进行估算。
③ 连续风干的排放量为 100。

来源：荷兰 Spelderholt 应用研究所［Pluimveehouderij，2000，12］。

参考文献

［26，LNV，1994］，［73，Peirson，1999］，［107，Germany，2001］。

4.4.1.3 低能照明

（1）说明

禽舍中使用不同类型的照明灯代替白炽灯泡可达到节能目的。荧光灯（即 TL 灯）可取代白炽灯泡，并且可组合使用来调整微闪光的频率（>280000），从而使动物免受波动的影响。

目前市场上有各种不同类型的荧光灯（类型代码取决于制造商），举例如下：

- TL 灯（Φ38 mm），系列分 20W、40W、60W，范围不可调。
- TLM 灯（Φ38mm），系列分 40W 和 60W，可调，可在低温、相对湿度较高的条件下应用，并且不需启动器也能迅速开启。

• TLD 灯（Φ26mm），系列分 18W、36W 和 58W。

• TLD HF（高频），系列分 16W、32W 和 50W，要始终与电子开关组合使用，灯光可调。

• SL 灯，系列分 9W、13W、18W 和 25W，带弯曲灯管的荧光灯，可在灯座上使用，不可调。

（2）环境效益

表 4.13 总结了几种对比情况。相比于传统灯泡，荧光灯具有较高的光效（lm/W）。额定功率和所使用的小时数决定了年能耗量，用小型荧光灯取代白炽灯泡可节省高达 75%的能耗。用 26mm 的低功率管取代 38mm 的荧光灯可节省高达 8%的能耗。

（3）适用性

能否调节决定某些型号的灯在禽舍内的使用。TLM 型号灯容易调节，而 TLD 型号灯不可调节。高频型灯（TLD HF）具有最高的光效，但需配备调节设备才具有可调性。除了 TLD HF 型号灯外，大部分的灯都可用于现有禽舍。表 4.14 给出了灯泡寿命数据。对于白炽灯泡，其寿命定义为灯泡中有 50%的灯丝坏掉的使用时间；对于荧光灯泡其寿命定义为灯泡亮度衰减 20%，并且有 10%已不再工作的时间。调光会影响灯的寿命，尤其会减少白炽灯泡的寿命。

表 4.13 不同类型灯泡和荧光灯的光效及可调节性 [26，LNV，1994]

灯的类型	功率/W	光通量/lm	光效/(lm/W)	可调节性
白炽灯	40	385	10	是
白炽灯	60	650	11	是
白炽灯	100	1240	12	是
SL 灯	9	425	47	否
SL 灯	13	600	46	否
TL M	20	1200	60	是
TL M	40	2900	73	是
TL D	15	960	64	否
TL D	30	2300	77	否
TL D HF	16	1400	87	是
TL D HF	32	3200	100	是

不同类型灯泡的使用对畜禽健康的影响尚未得到评估，但是，不管是现在还是将来，这方面影响都应得到重视。

表 4.14 禽舍用不同类型灯的寿命 [26，LNV，1994]

灯泡类型	寿命/h	灯泡类型	寿命/h
白炽灯泡	1000	TLD HF 灯	125000
TLM 灯	6000	SL 灯	8000
TLD 灯	6000～8000		

（4）成本

荧光灯的价格一般比白炽灯泡高，TLD/ HF的价格是TLD型灯的2～3倍。年运行成本（包括新设备安装的分期偿还费用）主要取决于电价以及需要购买的备用品数量。

据考察，SL型或其类似型灯已广泛应用于许多设施中，这是因为这种类型的荧光灯可以很容易应用到现有的白炽灯设施中。

（5）参考养殖场

众所周知，低能照明应用广泛。

（6）参考文献

[26，LNV，1994]。

4.4.1.4 采用加热和冷却垫料地板（组合地板系统）的肉鸡舍

（1）说明

一般情况下，肉鸡舍内会有空气加热系统。“组合地板系统”用于加热地板和地板之上的物质（如垫料）。该系统包括热泵、由管道组成的地下储存设施以及位于地板下2～4m处的一层隔离中空带（中空间隔为4cm）。该系统采用两个水循环系统：一个用于禽舍供水；另外一个用作地下存储室。这两个循环系统都是封闭的，且通过一个热泵相互连接。

在肉鸡舍内，中空带被设置在水泥地面以下（10～12cm）的绝缘层内。流过中空带的水的温度将会决定地板和垫料是被加热还是被冷却。

可以从禽舍流出的热水中获取热量，同时将该热量回用于加热地板上的循环水。由热泵散发的热量会被储存在地下绝缘管中，需要时随时可以抽取。

当肉鸡进入生产周期的第一天时，水被加热，并且流过地板下面的中空带以加热地板。生产周期内肉鸡需要一定的热量，直到第21天左右（温度达28℃左右）。经过短暂的平衡期，成长过程将会产生大量的热量，通常情况下这些热量被辐射到建筑物下面的土壤中。而现在这些热量被冷水所吸收，然后被引至热泵。热泵将来自禽舍水循环的热量转移到第二个水循环当中，该循环将热量储存在地下。在此同时，肉鸡被降温并保持在25℃左右（图4.3）。

肉鸡离开禽舍后，对鸡舍进行清空和清洁。准备进入下一个生产周期的，就可以从地下储存室抽取热水，通过热泵来加热鸡舍水循环系统内的水。由于地板被预先加热，因此要将地板加热到雏肉鸡所需要的鸡舍温度只需要较少的能量。一旦肉鸡进入鸡舍（阶段1），就可以使用存储的热量，从而仅需补充较少的热量。

经过短暂的调整期（阶段2）后，需要再次降温（阶段3），此时由鸡舍散发的热量被存储在地下，将被用于下一个生产周期（图4.4）。

（2）环境效益

主要效益是降低能耗。将上一个生产周期产生的热量进行回用减少了14%的通风率。能耗的节约量取决于安装系统，目前为止最高能减少50%的能耗。具体的数据结果详见表4.15。

（3）跨介质影响

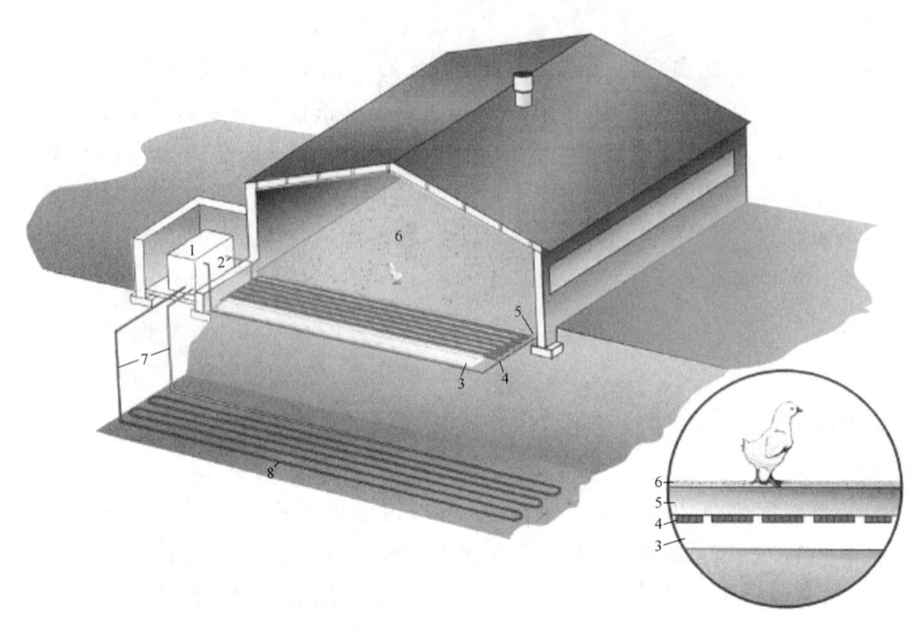

图 4.3　肉鸡舍热量回收系统安装示意

1—热泵；2—禽舍交换器的供水和回流管道；
3—绝缘层；4—管道；5—混凝土层；6—木屑/垫料；
7—地下交换器的供水和回流管道；8—地下交换器

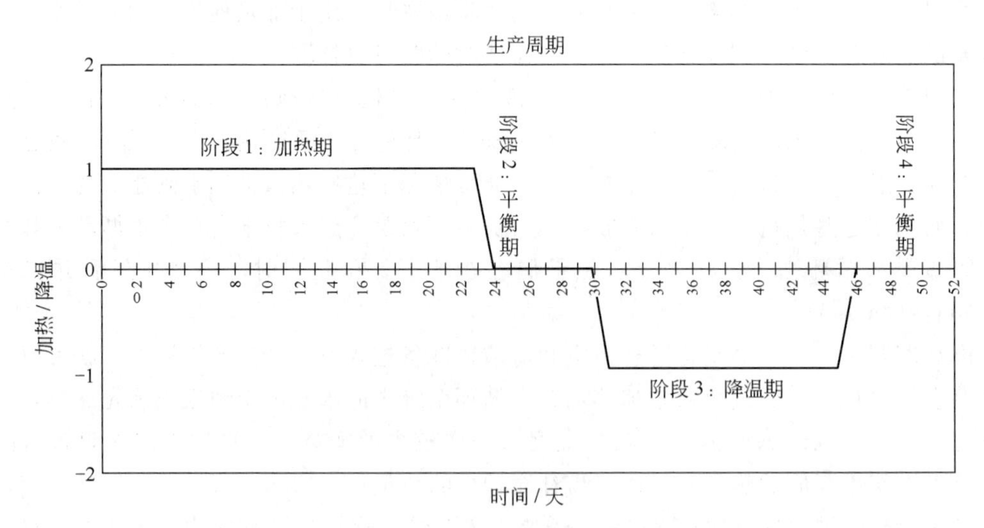

图 4.4　肉鸡的一个生产周期内“组合地板系统”工作原理示意

该系统在四个生产周期内的平均氨气排放量为 0.045kg/(m^3 · 年)，而参考装置的氨气排放量为 0.066kg/(m^3 · 年)。因此这种采用加热和冷却空气的系统的氨氮减排量约为 32%。

在投加垫料和引入家禽之前对禽舍进行预热，将会避免水汽冷凝在地板上而弄湿垫料。粪便垫料的混合物在养殖期末不能粉碎，因为这会导致高污染物的排放。

表 4.15 组合地板系统的应用结果 [113，R&R Systems BV，1999]

	燃料类型/燃料利用	投 入	能量当量/(MW·h/年)	费用[2]/欧元	$CO_2^{③}$/t
参照	石油	49.5 m^3	549	6273	65
	天然气	36.1 m^3	321	9277	158
	电	40 MW·h	40	3757	14.8
	总量		910	19307	237
所应用的组合地板系统	加热	63.6 MW·h	63.6		23.5
	通风	34.4 MW·h	34.4		12.7
	热泵[1]	189 MW·h	189		44.4
	总量		287	9194	80.6
减少量(以参照的百分数计)			623 (70 %)	10113 (52 %)	156.4 (66 %)

① 热泵的性能系数：4.4。

② 参考 1999 年，根据荷兰电价的最低和最高关税进行校正。

③ CO_2 当量：油为 3.2，天然气为 1.8，电为 0.37。

该系统能提高肉鸡生产性能（降低死亡率、提高肉制品价格、改善饲料转化率），并在改善畜禽的福利方面起到积极作用（降低热应激，降低死亡率，减少疾病率）[178，Netherlands，2002]。

（4）运行数据

8 万只肉鸡的养殖规模需要 3 个 0.1kW 的热泵，肉鸡饲养密度为 18 只/m^2，6 个周期的平均死亡率为 2.34%（变化范围 1.96～3.24）。禽舍条件并未引起任何问题。起初冷地板表面会有一点凝结水，但很快就会消失，并没有造成地面及垫料的潮湿。除了减少通风量外，使用组合平板系统不需要对现有的禽舍做任何改变。该系统还可以进行模块化的建设。

2001 年，对同一养殖场内两种不同鸡舍饲养的肉鸡性能进行了抽样和比较。其中一个鸡舍安装了组合平板系统（2 号鸡舍），另一个鸡舍没有安装（1 号鸡舍），结果见表 4.16。结果表明，2 号鸡舍即安装了组合平板系统的鸡舍内，肉鸡死亡率和能源费用都较低，而每公斤肉鸡的额外支付却较高。

表 4.16 荷兰达尔夫森 Henk Wolters 内的养殖场水平 [178，Netherlands，2002]

项 目	1 号鸡舍	2 号鸡舍(组合平板)
肉鸡总数/只	33000	34000
死亡率/%	4.97	2.85
收获重量/g 第一次饲养 35 天	1681	1692
收获重量/g 第二次饲养 42 天	2250	2236
每公斤的额外费用/欧元	0.2	0.4
料肉比(1500g)/%	1.55	1.40
加热费用/(欧元/肉鸡)	3.13	2.10

（5）适用性

新建禽舍和现有禽舍内都可应用该系统。在现有禽舍内安装该系统时，由于需要建造隔热层，因此成本会略偏高。依据肉鸡舍的位置，有时需要在养殖场院子内和地下进行设施建造。

对于具有多个鸡舍的肉鸡养殖场，可以考虑使用空鸡舍内的热水来加热另一个将要投入使用的鸡舍用水，从而能进一步降低泵抽取所需的能量，但这一做法还尚未付诸实践。

土壤条件必须能够适合建设封闭的循环水地下储存设施。该技术不适合在硬质土壤及岩石化的地区应用，在荷兰和德国地区应用的深度为地下 2～4m。

到目前为止，在霜冻时间长、土壤冻结严重的地区，尚无组合平板系统应用的相关资料。

（6）成本

对于每平方米养殖 20 只肉鸡的肉鸡栏的投资成本为 2 欧元/栏。运行成本（包括折旧、利息和维修费）为 0.20 欧元/(栏肉鸡·年)。据报道，年增产量约为年运行成本的 3 倍。例如，兽医成本减少了约 30%，能源成本减少了约 52%，投资回报时间约 4～6 年 [178，Netherlands，2002]。

如果在一天中的某个时间段为低电价，那么还有可能进一步降低成本。

（7）参考养殖场

2001 年，总肉鸡养殖量为 50 万只的 5 家企业都采用了此系统（其中荷兰有 4 家企业，德国 1 家企业）。2002 年，用于 50 万只肉鸡养殖场的系统正在建设中。到 2002 年底，荷兰应用该系统的养殖场总养殖规模预计能达到 100 万～150 万只，约占荷兰总产量的 2%～3% [178，Netherlands，2002]。

（8）参考文献

[IMAG，Rapport 98-1004]。

4.4.2 养猪场最佳能源利用实践

按照能源节约的潜力大小进行优先排序，结果如下：加热、通风、照明、饲料准备。

养猪场内减少能量消耗的常规运行措施包括：

- 更好地利用养殖舍容量；
- 优化动物养殖密度；
- 根据动物健康和生产需求来降低温度。

一些用于减少能源消耗的可能措施：

- 在充分考虑动物健康所允许的最低空气需求量基础上，减小通风；
- 建筑物保温处理，尤其是给加热管加保暖层；
- 优化加热设备的位置及参数调控；
- 考虑热量回收；
- 考虑在新建禽舍体系中采用高效锅炉。

对于强制通风系统，污染物排放浓度和具体的能源需求会随着空气流速的增加而增加，如在夏天。强制通风系统的设计、建设和运行是为了使通风系统的流阻被维持在尽可能低的水平，例如：

- 安装短的空气管道；
- 避免空气管道截面的突变；
- 避免管道方向的改变和障碍物（如挡板）的应用；
- 清除落在通风系统和风扇上的灰尘；
- 避免在排放点上面安装防雨保护盖。

在必须对臭气进行控制的地方，可明确提出通过采用高排放速度来提升排放的空气流。为了确保全年高空气流而采用的旁路系统会导致能耗加倍。

应该选择那些在一定的空气流速和空气压力下能耗最低的风扇，低功率固定转速（低速度单元）的风扇比高转速（高速度单元）风扇所消耗的能量要少，然而，低速风扇只能用在低流阻（<60Pa）的通风系统中。

与变压器调节型风扇和电子调节型风扇相比，以电交换（EC）技术为基础设计的风扇在整个可调速度范围内都具有明显的低能耗特点。新的节能风扇能减少30%的能量需求，因此，尽管其购买价格较高，但分期投资相对较快。如果为了运行一系列的风扇，那么建议采用复联组转换布置，这意味着每一个风扇连续的运行或者停止影响着气流的体积。对于最大效率来说，在这种复联组转化布置中每一个都在运转，在满负荷时对需要的通风体积具有一定的贡献。因此，气流体积与运转风扇的数量相对应。

通过采用综合系统来控制加热和通风体系可以实现显著的节能效果，该综合系统与畜禽的需要是最佳配置。

排气清洗系统能够显著提高强制通风系统的流阻。为了达到必需的空气流速，特别是在夏天，需要具有较高额定功率需求的高容量风扇。此外，运行生物洗涤器的水循环泵和生物滤池的加湿泵也需要能耗（4.6.5节）。

在母猪饲养中，为了加热乳猪爬行区域需要安装区域加热体系，热水地板供暖比电地板供暖系统或者红外电暖器具有更高的能源利用率。对于采用自然通风的禽舍来说，休息区设置在绝热箱内（即所谓的保育箱和床），不需要额外的加热系统。

沼气设施运行中，由沼气产生的能源（加热和发电）能够利用（回收）代替化石燃料，然而，据报道只有养猪场和酿酒厂能够全年利用这些热能。

饲料准备过程中，与气动转运相比，通过机械运输将饲料由磨坊输送至混合装置或存储间时可以降低50%的能耗。

一些实例表明，改进分娩舍的加热灯可以将能耗由330kW·h/(猪·年)降低到220kW·h/(猪·年)。

参考文献

[27，IKC Veehouderij，1993]，[72，ADAS，1999]。

4.5 禽舍污染物减排技术

本章收集的信息主要关于禽舍大气中排放污染物的减排措施。通过减少畜禽粪便量、改变粪便组成、抑或从禽舍中去除粪便后储存到其他地方或者立即施用到土地上等措施可以减少污染物的排放。通过干燥来减少氨氮排放可以防止粪便中的 N 损失，从而可以维持粪便中的 N 含量。那么粪便中有更多 N 可被利用，从而施用到土地上，可能在后续的土地撒播过程中被释放出来。

2.2 节对大量技术进行了专业描述，但是本章将会对综合技术、改进设计以及末端治理等技术进行特性评估，包括评估它们的性能及适用性。

定量化数据主要来自荷兰、意大利和德国，其他信息是对实用技术的报道，但尚未给出相关的环境绩效水平。关于污染物排放标准，荷兰首先是对禽舍、禽舍条件及饲养提出一些要求并形成了特殊协议（见附录 5)，之后才出台了排放标准；意大利的数据已经过计算或测量，但所采用的协议尚未报道；德国的数据不包含排放因素和降低的百分比，然而对禽舍技术和管理系统进行了详细的描述（表 4.17)。

需要注意的是，成本数据必须进行谨慎解释，例如，意大利的成本数据考虑了利润和应用技术导致的负利润；德国的成本数据在计算时考虑了人工费和折旧费的因素。

4.5.1 蛋鸡笼舍技术

这些系统整合技术可被看做是对禽舍设施、鸡笼类型、粪便处理系统和粪便储存设施的不同设计，大部分技术是对鸡笼下开放粪便储存设施技术的改进，这种开放式粪便存储技术并未被认为是潜在的最佳可行技术，但可作为参照系统，此处不进行深入的描述。据报道，这种禽舍（禽舍与存储相结合）的氨氮排放量的范围从 0.083kgNH_3/(存栏・年)(荷兰）到 0.220（意大利）kgNH_3/(存栏・年)。

首先将笼舍区域内的粪便清除到粪便存储设施内，这些粪便存储设施可与鸡笼相连，也可以是一个养殖场内的独立存储建筑物。为了比较不同的系统，必须对鸡笼的排放物和存储区域的排放物进行评估。粪便存储间的排放物主要取决于禽舍产生的粪便的干物质含量（干物质%)，存储区域内空气温度以及粪便堆本身的温度。粪便内的化学反应会导致粪便中氨氮的排放，粪便本身的湿度也会增加氨氮的排放，尽管向粪便中加水形成浆液将会减少氨氮排放。虽然在实践中为了使浆液更容易泵出需要加水，但由于加水会产生臭味及过大的粪液体积，因此人们逐渐减少对这种方法的采用。烘干粪便是抑制化学反应的一种方法，并可以减少排放量，粪便干燥得越快氨氮的排放量越少。许多技术都采用在粪便传输带上面形成气流，从而强化粪便的干燥。经常清除粪便与干燥粪便相结合能够使禽舍氨氮的排放量减少到最低的程度，而且以一定的能耗为代价，还可减少粪便存储设施内的污染物排放。

正如 2.2 节所介绍，笼式鸡舍与非笼式鸡舍之间有明显的区别。现有蛋鸡舍所采用的技术必须根据欧洲关于蛋鸡健康的新规定 [74，EC，1999] 来进行评价，这将会逐渐淘汰一些过去常用的笼舍系统，并且只许可采用富集笼舍设计或者可选择的系统（自由放养或者饲养棚)。

表 4.17　用于产蛋鸡层架式鸡笼的系统综合技术特性的归纳

鸡笼系统	NH_3 减少量/%	跨介质影响	适用性	额外投资[②] /(欧元/栏)	运行成本 /[欧元/(栏・年)]
参照:鸡笼下方敞口的粪便存储设施	0.083～0.220 [$kgNH_3$/(栏・年)]				
4.5.1.1 节:曝气的开放式粪便存储设施(深坑或高架式鸡舍和槽式鸡舍)	−443 到 30[①]	• 风扇的能耗	• 低劳动力 • 特殊建筑	0.8	0.03(能耗) 0.12(总)
4.5.1.2 节:棚屋系统	n. d.	• 低能量输入	• 特殊建筑 • 开放存储	n. d.	n. d.
4.5.1.3 节:通过刮板将粪便清除至封闭存储设施	0(排除储存设施的排放)	• 刮板所需能耗 • 气味	• 需要单独的存储设施	n. d.	n. d.
4.5.1.4 节:通过皮带将粪便输送到密闭存储设施	58～76	• 传送带带所需能耗 • 存储设施的排放物	• 需要单独的存储设施 • 为了更高减少量而需要饲料斗的特殊结构	+1.14	+0.17(总)
4.5.1.5.1 节:具有皮带输送粪便及强制空气干燥功能的垂直层叠式鸡舍	58	• 传送带和干燥所需的能量 • 存储设施的低排放物(45%干物质量)	• 需要单独的存储设施	0.39(I) 2.05(NL)	0.193(I) 0.570(NL)
4.5.1.5.2 节:具有皮带输送粪便及搅拌强制空气干燥功能的垂直层叠式鸡舍	60	• 搅拌器和传送带所需的能耗 • 存储设施的低排放物(45%干物质量)	• 需要单独的存储设施	2.25(I)	0.11(能耗) 0.310(总)
4.5.1.5.3 节:具有皮带输送粪便及改良型强制空气干燥功能的垂直多层鸡舍	70～88	• 高能量输入 • 低气味水平	• 需要单独的存储设施 • 预加热以提高减少量	0.65(I) 2.50(NL)	0.36(I) 0.80(NL)
4.5.1.5.4 节:鸡笼之上具有粪便输送带和干燥通道的垂直层叠式鸡舍	80	• 高能量输入 • 存储设施的较低排放物(80%干物质)	• 需要单独的存储设施 • 干燥通道之上的特殊结构	2.79(I)	0.23～0.28(能耗) 0.48 总(I)
2.2.1.1.6 节:富集型鸡舍	58	• 依据输送带系统的能量输入(25%～50%干物质)	• 完全更换鸡舍系统 • 从 2012-1-1 开始的强制系统	n. d.	n. d.

① 负减少量是指与参照鸡舍相比增加的排放量；
② 成本的不同部分原因是由于利益（Ⅰ）的涵盖；与参照鸡舍相比的额外成本；
注：n. d. 是指无数据。

4.5.1.1 具有曝气开放式粪便存储设施的鸡舍系统（深坑或者高架式和槽式禽舍）

（1）说明

这些鸡舍系统已经在2.2.1.1.2节中描述过了，在鸡舍上部的垂直分层鸡笼与下部的存储区域之间有一个开放式的连接。

（2）获得的环境效益

排风扇使空气在禽舍中流经鸡笼和粪便堆。虽然粪便经空气干燥，但是仍然会发生一些厌氧发酵反应，从而产生较高氨氮排放物。据报道，风扇出口处的排放物浓度范围在0.154 kgNH_3/(栏产蛋鸡·年)（意大利预测值）到0.386kgNH_3/(栏产蛋鸡·年)（荷兰测量值）之间。地区间的显著差别可能是由不同的气候条件所造成。该系统在地中海气候区域比在低温气候区域具有更好的性能［182，TWG，2002］。

预计渠道鸡舍具有与深坑鸡舍相同的污染物排放量。尤其是在冬天通风率较低的情况下，鸡笼区域内的氨氮含量可能会减少，但是粪便存储设施内排放物的量却不会减少。

用聚乙烯穿孔管对粪便供应额外的空气可能会减少氨氮的排放，但至今尚无相关数据报道。

（3）跨介质影响

应用这些系统时需要给风扇提供能量，但必须要注意的是这些风扇将会同时为粪便存储设施和产蛋鸡舍进行通风。

（4）运行数据

该鸡舍系统会产生干物质含量为50%～60%的粪便。因为粪便干燥较快，因此鸡笼内气味很小。在开放式存储设施出口处会有排放物。通常情况下，粪便会被存储一个全循环期（13～15个月），不需要单独的存储设施。

实际上，渠道鸡舍和深坑鸡舍常遇到一些问题，由于氨氮排放量较高，从而使得在这些地方工作变得尤其困难。苍蝇和脏鸡蛋也会造成问题，通过良好的维护可以解决。

在荷兰，该系统因为氨氮排放量高、苍蝇和气味的问题而正在逐渐被淘汰［179，Netherlands，2001］。

（5）适用性

在意大利，该系统被应用于大型养殖场，因为其劳动力投入要求低。然而，该系统只适用于新建鸡舍，因为对于粪便存储设施来说需要足够的高度，虽然现有双层产蛋鸡舍等现场构筑物也可能改造成高层鸡舍，但是目前尚无数据证明其可行性。

（6）成本

据报道，附加底层的额外投资成本可以与不建造外部存储设施的投资相抵消［127，Italy，2001］。与开放式存储系统相比，额外投资成本相当于0.8欧元/存栏，额外的能耗成本为0.03欧元/(年·存栏)，总的额外年成本为0.12欧元/(存栏·年)。这意味着随着排放物由0.220kgNH_3/(存栏·年)减少到0.154kgNH_3/(存栏·年)，其投资大约可以减少1.84欧元/kgNH_3。

（7）参考养殖场

许多成员国都采用深坑鸡舍系统［英国、荷兰（250万只规模）、意大利（800～900

万只规模)]。

(8) 参考文献

[10, Netherlands, 1999], [119, Elson, 1998], [179, Netherlands, 2001]。

4.5.1.2 棚屋内的鸡笼系统

(1) 说明

2.2.1.1.3节给出了简要描述。在该系统中，上层的层叠式鸡笼和下面的存储区之间没有开放式连接，但是存储区是敞开式的。

(2) 环境效益

鸡舍和存储间的排放物（气味、氨氮）应该一起被评价，以便对该鸡舍系统进行正确的评估。一般认为鸡舍中的排放物非常低。人们相信在废物处理、粪便干燥和氨氮排放量等方面，干栏鸡舍会比深坑鸡舍的运行效果更好，但是目前尚无量化的数据来支持这种说法。鉴于粪便存储处的敞开设计，排放物很难被测量。据报道，粪便中的氨氮量保持在较高水平，从而预计氨氮排放量很低。排放物和环境效益将会随着气候条件的改变而变化。

(3) 跨介质影响

产蛋鸡舍的通风系统需要能耗，另外开启自动阀门（如果使用的话）也需要能耗。

(4) 运行数据

所有的粪便通过重力从鸡笼被运送到存储间。刮板机应该一天运转两到三次，以确保粪便具有足够黏性能够堆积形成侧面陡峭的粪堆，较大的表面积有利于粪便干燥。虽然在春天和夏天温暖气候条件下采用最大通风量时干燥速度最快，但其干燥是逐渐的。在测试过程中发现，年终时粪便含水率在20%以下（或者干物质高于80%），鸡舍内的氨氮量未超过3mL/m^3。

(5) 适用性

旧的深坑型鸡舍能够改造成干栏式鸡舍，但是需要改造其他设计。这种技术需要与深坑系统采用不同的管理。阀门的设计是关键，因为它的开启度需要根据通风量的变化而改变，在清除粪便时阀门必须完全打开，并且处在自动防护模式下。设计良好的阀门会加快粪便干燥，并且预防风进入存储环节。

(6) 参考养殖场

在英国干栏式鸡禽得到了发展和应用。

(7) 参考文献

[119, Elson, 1998]。

4.5.1.3 通过刮运机将污泥运送到封闭存储间的笼舍系统

(1) 说明

该系统是开放存储系统的替代选择。系统采用较浅的粪便坑，因此粪便需要频繁地被清除，清除掉的粪便被运输到养殖场外或者储存在养殖场内单独的存储间中。

(2) 环境效益

系统排放物包括鸡舍的排放物和单独粪便存储设施的排放物两部分。据报道蛋鸡舍的污染物排放量与参照系统相当，约为 0.083kgNH_3/(存栏·年)。该系统的废气排放量少于参照系统废气量，因为该系统内少有厌氧区域存在。

(3) 跨介质影响

跨介质影响主要取决于一年运行一两次前段式装载机所需能耗与每两天运行一次刮板机所需能耗之间的差异。

(4) 运行数据

除了刮板机的运行外，要运行该系统不需要其他特殊的要求。

(5) 适用性

该系统构成简单，但其应用需要一个单独的存储设施，因此不期望将其应用于任何新建禽舍系统。

(6) 成本

被认为是低成本系统。

(7) 参考养殖场

来自荷兰的应用数据显示，不到1%的产蛋鸡养殖场采用了该系统。

(8) 参考文献

[10, Netherlands, 1999], [26, LNV, 1994], [122, Netherlands, 2001]。

4.5.1.4 通过粪便输送带将粪便清除至封闭的存储间的鸡笼系统

(1) 说明

在 2.2.1.1.5 节中描述了通过输送带清除粪便的系统。利用干净的输送带不断地将粪便传送到封闭的存储间可以确保鸡笼氨排放量较低。通过加宽进料口可以将粪便清扫到在鸡笼间运行的输送带上，对鸡笼的这种改造确保了粪便的清除。该系统需要额外的粪便存储设施。

(2) 环境效益

虽然该系统的环境性能取决于粪便清除的频率，但其效果仍然好于刮板机清除系统(见 4.5.1.3 节)，因为刮板机系统通常会清除不干净而残留一些粪便。清理的频率越高，鸡笼内排放物就越少，例如，有报道称如果每周至少清除 2 次粪便，那么每年每存栏鸡的氨氮排放量就会减少 0.035 公斤。如果每天清理 2 次，则每年每存栏鸡的氨排放量将减少到 0.020 公斤。

由于粪便被运输至鸡舍外，并且输送带上没有粪便残留，因此减少了臭气水平，从而改善了鸡舍的气候环境。该系统不需要粪便干燥设备，湿粪便被运出鸡舍后会被储存到其他地方，或者直接进行土地利用。

(3) 跨介质影响

应用该系统需要额外的能耗来运行输送带。在进料口增设刮板设备和提高粪便运输频率都可以达到最低的污染物排放量。据估计所需要的额外能耗只是由于粪便输送带运行频率的提高。

(4) 运行数据

该系统产生湿粪便而非干粪便。

在荷兰，由于湿粪便的高销售成本和相对高的氨排放量，该系统正在逐渐被淘汰[179，Netherlands，2001]。

（5）适用性

具有粪便输送带的鸡笼可同时用于新建鸡舍和现存鸡舍，它们通常是与层叠式鸡舍同时使用。人们质疑的一点就是，与其他更成熟可行的系统相比，提高粪便清除频率的方法是否可以被认为是一种提高。

（6）成本

与开放式存储系统相比，每周清除2次的额外投资成本为1.14欧元/存栏。粪便高频率清除需要的进料斗将需要额外投资费用。这些花费尚无报道。污染排放量减少58%（与参照系统相比），成本相应减少约23.6欧元/kg NH_3。而每只产蛋鸡每年的额外运行成本为0.17欧元。

（7）参考养殖场

在荷兰，采用该系统所养殖的母鸡规模约为352.4万只。该系统只是偶尔在新建鸡舍内使用。而关于应用具有进料斗结构鸡笼系统的资料还未见报道。

（8）参考文献

[10，Netherlands，1999]，[128，Netherlands，2000]，[179，Netherlands，2001]。

4.5.1.5 具有粪便输送带和粪便干燥功能的层叠式鸡舍

本节介绍目前开发的用于干燥鸡笼下方输送带上收集的粪便的各种设计形式，以及与其相关的环境效益。

4.5.1.5.1 具有粪便输送带及强制空气干燥功能的层叠式鸡舍

（1）说明

蛋鸡产生的粪便被收集于粪便输送带上，每一层都有一个输送带。输送带上方设有多孔管道，用来对输送带上的粪便进行通风（空气也可能被预热）如图4.5、图4.6所示。每周一次将粪便清理到禽舍外封闭的粪便存储设施内，粪便可在此储存较长时间。在某些养殖场内，粪便被装到容器中，且在两周内清运出养殖场。

（2）环境效益

当安装强制通风干燥系统，并且采用0.4m^3空气/(产蛋母鸡·h）的干燥能力时，干燥7天就能使粪便的干物质含量达到45%。NH_3的排放量为0.035kgNH_3/(产蛋鸡存栏·年)。清粪后，输送带上不会残留粪便。

（3）跨介质影响

粪便输送带和干燥粪便的风机需要能耗，如果要预热的话还需要额外能耗。在现代的鸡舍中，使用热交换器来进行预热，其具体过程是将外面的空气抽进交换器内，并利用禽舍内排出的空气对其加热。所需额外能耗的量会有不同，报告数据表明，与参照系统相比，该系统所需的额外耗能为1.0～1.6kW·h/(母鸡存栏·年)，总耗能则为2～3kW·h/(存栏·年)。

（4）运行数据

该系统可实现很低的NH_3排放量，降低禽舍内的臭气。预热的空气可以干燥粪便，

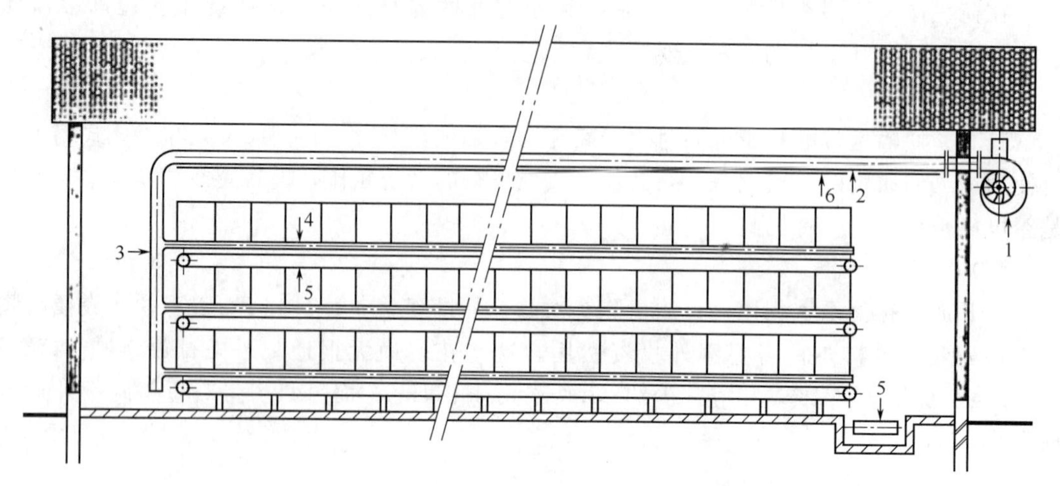

图 4.5 带强制（空气）干燥装置的鸡笼结构简图［10，Netherlands，1999］

1—离心风机；2—聚乙烯管；3—空气分配管；4—多孔管；5—粪便清除输送带；6—冷凝水排水槽

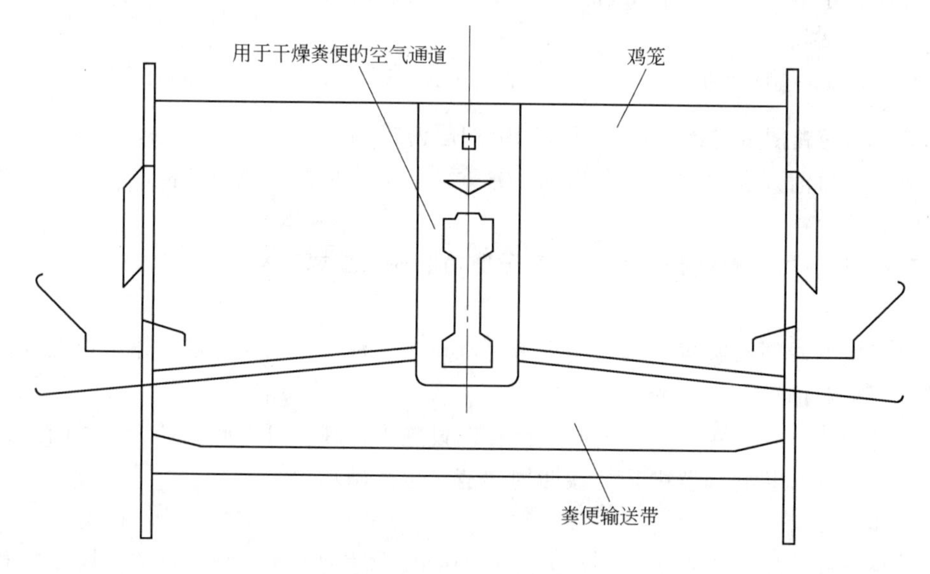

图 4.6 两个鸡笼共用一个粪便输送带和空气干燥通道的设计简图［10，Netherlands，1999］

而产生的额外好处就是在鸡笼内能达到动物适宜的气候环境。因此，与参照系统相比，该系统能取得更好的蛋产量。

（5）适用性

该系统可以应用于 3 层或 3 层以上鸡笼的新建及现有鸡舍。甚至可以在已有不带干燥设备的输送带式鸡笼系统内加装通风系统，但目前尚无实例报道。

（6）成本

与参照系统相比，该系统的成本必须要考虑以下两方面的因素：外部粪便存储设施可能较简陋（无浆液，只有干物质）；层叠式鸡舍能容纳更多的产蛋鸡。根据这些成本因素，额外投资成本会有所不同，据报道约在 0.39 欧元/(存栏·年)（意大利）到 2.05 欧元/(存栏·年)（荷兰）之间。

额外的能耗成本会有所不同，同样的年运行成本也会不同。据报道，年运行成本在意大利为 0.193 欧元/(存栏·年)，在荷兰为 0.57 欧元/(存栏·年)。

投资效率也变化较大。与参考系统相比，如果要减少 60%的氨排放量，那么该系统应用在意大利时每减少 1 公斤 NH_3 将花费 1.45 欧元，而应用在荷兰时每减少 1 公斤 NH_3 将要花费 42.70 欧元。

（7）参考养殖场

在荷兰，采用该系统所饲养的母鸡达 1459.8 万只。12 年前该系统被研发出来时，其 NH_3 排放量为 0.035kg/(存栏·年)，现如今，该系统已应用于大部分新建禽舍内，并得到了改建。

（8）参考文献

[10，Netherlands，1999]。

4.5.1.5.2 具有粪便输送带及搅拌强制空气干燥功能的层叠式鸡舍

（1）说明

该系统与之前的系统（4.5.1.5.1 节）具有相同的设计原理。在输送带上方安装一系列搅拌器，其中每两个笼子（背靠背）配一个搅拌器。每个搅拌器通过连杆驱动，连杆会驱动一排搅拌器同时运行，从而使空气在输送带上的粪便表面流动（见图 4.7）。与之前系统的区别在于该系统用于干燥粪便的空气不是从外部获得，而是使禽舍内空气在粪便输送带表面流动。这成为该系统的一大优点，因为不需要预热空气或使用热交换器，就像采用空气再循环装置一样（从而也不会出现在交换器和空气管内灰尘堵塞问题）。禽舍内粪便清理采用一周一次，干物质含量至少能够达到 50%。

（2）环境效益

该系统 NH_3 排放量约为 0.089kg NH_3/(存栏·年)（意大利），这表示与参考系统的排放量 0.220kgNH_3/(存栏·年)（意大利）相比，降低了 40%。

（3）跨介质影响

驱动搅拌器的能耗要低于多孔管系统的能耗。但是，搅拌器的运行会产生一些噪声。

（4）运行数据

与采用之前的系统（4.5.1.5.1 节）一样，该系统也能达到较低的 NH_3 排放。由于空气循环的持续进行，禽舍内会形成良好的气候环境，禽舍温度保持均匀。而且，与之前的技术相比，本技术会使鸡舍内的气味更低。

（5）适用性

本系统可应用于新建及现有的禽舍内，可以建成 4～8 层的鸡笼。甚至可以在现有不带干燥设备的输送带式鸡笼系统内加装搅拌装置，但目前尚无实例报道。

（6）成本

与参考系统相比，额外投资为 2.25 欧元/存栏。额外能耗成本为 1.0～1.2kW·h/(年·母鸡)，相当于 0.11～0.14 欧元/(年·存栏)。总的额外成本（投资+运行费用）为

图 4.7 搅拌式强制空气干燥的原理 [127，Italy，2001]

0.31 欧元/(存栏·年)。也就是说，与参考系统相比，NH_3 减排量为 60%时，成本会减少 2.32 欧元/kgNH_3。

(7) 参考养殖场

目前，意大利的某些大型养鸡场正在使用该系统，由该系统养殖的产蛋鸡规模约为 700000～800000 只。

(8) 参考文献

[127，Italy，2001]。

4.5.1.5.3 具有粪便输送带及改良型强制空气干燥功能的层叠式鸡舍

(1) 说明

设计原则如同 4.5.1.5.1 节所介绍。禽舍每隔 5 天清除粪便一次，首先将粪便装在封闭容器内，然后在两周内将其运出养殖场。该系统内粪便的干燥需要安装强制通风干燥系统，其干燥能力要达到 0.7m^3/(产蛋鸡·h)，空气温度达到 17℃。最大干燥周期为 5 天，粪便的干物质含量至少要达到 55%。

(2) 环境效益

该系统的 NH_3 排放量范围从 0.010kgNH_3/(存栏·年)（荷兰）到 0.067kgNH_3/(存

栏·年)(意大利)。

(3) 跨介质影响

鸡舍内产生的臭气相对较小。噪声水平与 4.5.1.5.1 节所述系统相类似。与其他类型的空气干燥系统相比,该系统干燥粪便需要较高的能耗,但是通过预热引入的空气可以降低能耗。灰尘水平低于其他类型的鸡舍系统。

(4) 运行数据

该系统能够达到较低的 NH_3 排放。当空气被预热时,粪便会变得更干,同时鸡笼内产蛋鸡周围的环境得到改善,从而使生产率得到提高。在现代产蛋鸡舍内干燥空气的预热是通过热交换器,即利用排出的干燥空气来加热从外面引入的空气。

(5) 适用性

该系统可应用于新建及现有的鸡舍系统内,可以建成 3～10 层的鸡笼。然而目前尚无关于在现有粪便输送带系统内加装此干燥系统的资料。

(6) 成本

对于养殖规模大的养殖场,如果想充分利用可用空间以达到高存栏密度,那么该系统可谓成本低廉。但是,据报道成本具有很大差异。意大利具有较低的成本,部分原因是较高的鸡蛋价格产生的额外收益抵消了使用该改良系统的费用。

与参考系统相比,额外投资在 0.65 欧元/存栏(意大利)到 2.50 欧元/存栏(荷兰)之间变化。每年每只母鸡的年成本在 0.365 欧元到 0.80 欧元(含电费)。与参考系统相比,要实现 70%～88%氨减排量,则成本效率减少量在 2.34～34.25 欧元/$kgNH_3$ 之间。

(7) 参考养殖场

该系统是 20 世纪 90 年代末研发的。目前,荷兰利用该系统养殖的产蛋鸡约有 200 万。现如今这些带有粪便传送带和强制通风干燥功能的鸡舍系统多应用于大型企业的新建以及改扩建禽舍内。

(8) 参考文献

[10, Netherlands, 1999], [124, Germany, 2001], [127, Italy, 2001]。

4.5.1.5.4　具有粪便输送带及干燥通道的层叠式鸡舍

(1) 说明

本系统与前面空气干燥输送带系统的设计原理相似。粪便被收集到鸡笼下面的传送带上,然后由传送带输送到每排鸡笼的一端,在此粪便被提升到位于鸡笼上方干燥通道内的干燥传输带上,该干燥通道的运行贯穿整排鸡笼。粪便在通道内的传输带上铺开干燥。当从通道的一端运行到另一端而完成一个全过程之后,粪便会从一条传输带卸到通道内最下面的输送带上,此输送带会收集所有干燥后的粪便,并运行最后一个过程至另一端。此干燥过程表明在一个完整的过程之后粪便的干物质含量会很高。干燥通道采用离心风机进行通风,离心风机将空气由屋顶的烟囱排出(图 4.8)。干燥空气取自于通道两端的鸡舍内。输送带每几分钟运行一次,通道内的总运行时间为 24～36h。

(2) 环境效益

据报道,该系统的氨排放量从 0.015$kgNH_3$/(存栏·年)(荷兰)到 0.045$kgNH_3$/(存栏·年)(意大利),产生的粪便干物质含量高达 80%。

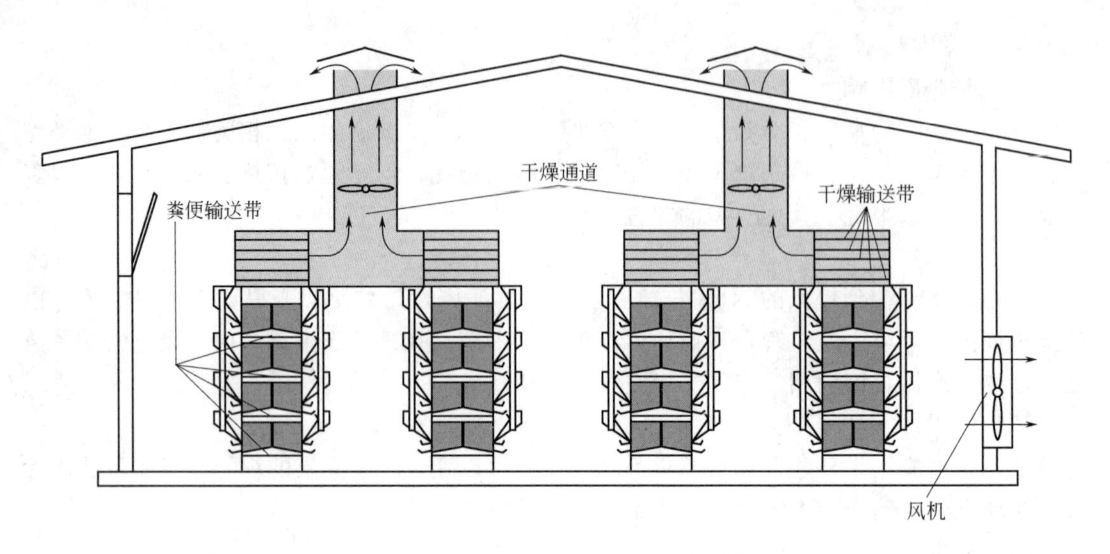

图 4.8 层叠式鸡笼上方干燥通道系统简图

(3) 跨介质影响

干燥通道内的通风需要耗能。实际能耗取决于设施大小（即鸡笼数量）和通道本身内的空气阻力。要想评估系统设计及运行情况对能耗的影响状况还需要更详细的信息。通过抽走室内空气，可以认为臭气水平会非常低。

(4) 运行数据

该系统一般与鸡舍通风联合起来使用。这两个通风系统必须要同步运行，从而避免互相干扰，否则可能会影响干燥通道系统的运行。

(5) 适用性

该系统已被应用于4～6层的鸡笼系统中。应用过程中是否需要对现有鸡舍进行翻新或改建，至今尚无报道，但是需要在屋顶上加装排除干燥空气的烟囱。烟囱高度会影响风机容量和能耗。同时，还需要有外部干粪存储设施（容器或其他）。

(6) 成本

该系统的成本来自于意大利的报道，额外投资为2.79欧元/存栏。额外能耗为2.0～2.5kW·h/(年·产蛋鸡)，相当于0.23～0.28欧元/(存栏·年)。总额外成本（投资+运行费用）为0.48欧元/(存栏·年)。也就是说，与参考系统相比，要减少80%的氨排放量，则成本较少量为2.74欧元/kgNH_3。

(7) 参考养殖场

在意大利，采用该系统养殖的产蛋鸡约为100万只。

(8) 参考文献

[127，Italy，2001]。

4.5.2 蛋鸡的非笼养技术

对于鸡蛋生产，非笼养殖系统需要不同的管理制度，因此需要与鸡笼养殖系统分开考虑。但由于目前对这些系统尚无经验报道，故应给予它们同等程度的考虑。因此，虽没有确定的参考系统，但是 4.5.2.1.1 节中所描述的基本设计已得到采用。关于非笼养殖系统的设计总结见表 4.18。

4.5.2.1 厚垫料或地板养殖系统

4.5.2.1.1 蛋鸡的厚垫料系统

（1）说明

2.2.1.2.1 节已对蛋鸡的厚垫料系统进行了介绍。

（2）环境效益

该系统的氨排放量约为 0.315kgNH_3/(存栏・年)。

表 4.18 产蛋鸡的非笼养殖技术特性汇总

非笼养系统	NH_3 减少量 /%	跨介质影响	适用性	成本[①] /(欧元/kgNH_3 减少量)
参考：4.5.2.1.1 节：产蛋鸡的厚垫料系统	0.315 [kgNH_3/(存栏・年)]	自然通风；80% 干物质；有灰尘	普遍适用	
4.5.2.1.2 节：具有强制粪便干燥的厚垫料系统	60	• 空气流通和空气加热需要能量	要求有地板	16.13
4.5.2.1.3 节：具有多孔地板及强制干燥的厚垫料系统	65	• 空气流通和空气加热需要能量	要求有地板	n. d.
4.5.2.2 节：大鸡舍系统	71	• 高灰尘量 • 能量需求取决于传送带系统	需特殊设备	n. d.

① 成本差异包含收益（意大利）。

注：n. d. 指无数据。

（3）跨介质影响

若采用自然通风，则能耗相对较低。如果粪便的干物质含量高达 80%时，鸡舍内会因鸡的自由活动而产生大量扬尘。

（4）运行数据

在荷兰，厚垫料系统的饲养密度约为 7 只/m^2，采用的是强制通风。鉴于鸡舍内存在浓度较高的粉尘，建议饲养员要佩戴防尘面罩。产蛋结束后粪便和垫料会一并清除到坑中。

厚垫料系统为蛋鸡提供了良好的环境可以自然生长。鸡舍内部按照不同功能区来建造，这使得该系统比鸡笼系统更适合产蛋鸡。而且，从技术角度讲，该系统比鸡笼更容易实现均匀的通风和照明，对蛋鸡的观察也简单易行。但比起笼养系统和大型养殖系统，产蛋率则较低，而且比笼养时的饲料消耗量偏高，这是因为产蛋鸡的活动频繁而饲养密度却较低。

减少饲养密度也会产生一些问题，比如冬天会使垫料物质和鸡舍内环境变得潮湿。因此这就使得该系统比笼养和大型饲养系统需要更多的能耗。数量较大的鸡群容易引发产蛋鸡的好斗行为（出现啄食羽毛和同类相食现象）。同时，类似于鸡蛋产在地板上而不是产在蛋巢中等偶然性问题也会发生。肠内寄生虫也会产生危害，因为产蛋鸡会接触粪便和垫料。若采用鸡舍内粪便存储设施，那么室内空气中氨浓度会高于利用粪便输送带将粪便定期排到室外存储坑的情况。

(5) 适用性

该系统已被应用于现有鸡舍建筑中。由鸡笼系统改建成这种地板养殖系统需要对鸡舍进行全面修改。

(6) 成本

该系统的成本预计较高，因为与其他系统相比，该系统产蛋率较低。据报道［124, Germany，2001］，总成本估算为 20.90 欧元/存栏，其中包括如下内容：

- 人工费　　2.70 欧元（以 12.5 欧元/h 计）
- 资金投资　　4.20 欧元（11％年成本：5％折旧费，2.5％维修保养费，7％利率）
- 运行成本　　14.00 欧元

总成本　　20.90 欧元/存栏

(7) 参考养殖场

在荷兰，大约已建 1000 个这样的鸡舍，可容纳 600 万只产蛋鸡，占总养殖量（3000 万只）的 20％。

(8) 参考文献

［128，Netherlands，2000］，［124，Germany，2001］，［179，Netherlands，2001］。

4.5.2.1.2 带有粪便强制空气干燥的厚垫料系统

(1) 说明

该系统以上述厚垫料系统为基础，采用强制通风降低氨气排放量。强制通风采用空气管，20℃时的通风量为 1.2m^3 空气/(存栏·h)，空气在板条下存储的粪便上或传送带上的粪便表面流过（图 4.9）。

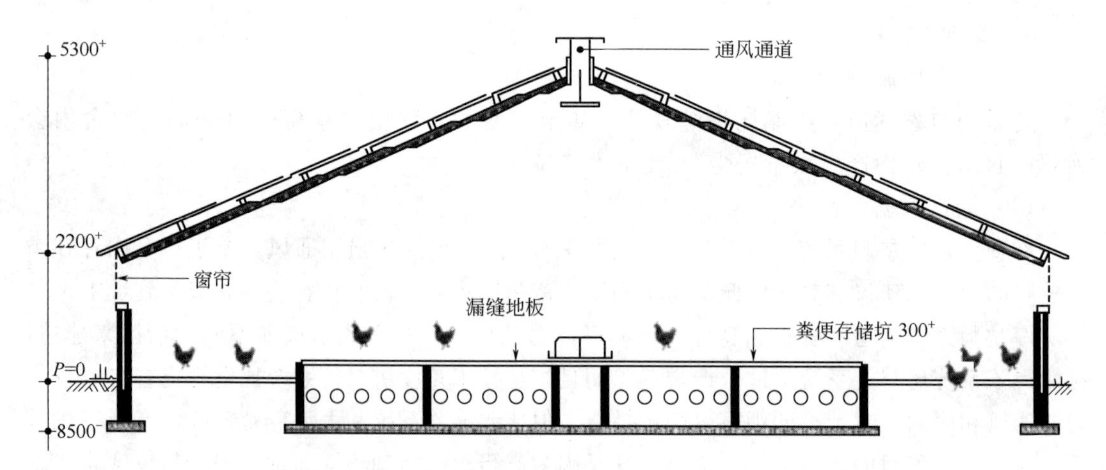

图 4.9　漏缝地板下通风管强制干燥的厚垫料系统［128，Netherlands，2000］

(2) 环境效益

对于粪便坑存储来说，采用强制通风使粪便迅速干燥可以将排放物降低到 0.125kgNH_3/(存栏·年)。与参照系统（0.315kgNH_3）相比，该系统的氨减排量为 60％。而利用粪便输送带频繁清粪预计能达到更低的氨排放。

(3) 跨介质影响

与参照系统相比，该系统还能降低臭气量。由于要达到空气管所需的 20℃温度必须安装供热系统，因此该系统的能耗较高。另外，维持空气流动还需额外能耗。空气从侧墙上的小孔抽入，由房顶上的山形开口排出。

(4) 运行数据

该系统的管理与标准厚垫料设计基本一致。

(5) 适用性

该系统只能在漏缝地板下具有足够空间的蛋鸡舍内使用。传统的粪坑深度一般为 80cm，但当采用该系统时深度需额外增加 70cm。由采用深地板系统的养殖户来看，他们喜欢该系统的理由是本系统无需对传统设计做大的修改。

(6) 成本

与参照系统相比（4.5.2.1 节），该系统的额外投资成本为 1.10 欧元/存栏，额外年成本为 0.17 欧元/存栏。即当氨减排 60%（由 0.315kgNH_3 减少到 0.125kgNH_3）时，成本相应减少约 5.78 欧元/kgNH_3。

(7) 参考产蛋鸡舍

该系统是一种非常新的方法，在荷兰只有一个养殖场（规模为 40000 只产蛋鸡）采用了该系统，德国采用该系统的养殖场占 5%。预计该系统的应用在未来会有所增加。

(8) 参考文献

[122，Netherlands，2001]，[124，Germany，2001]，[181，Netherlands，2002]。

4.5.2.1.3 强制干燥的多孔地板厚垫料系统

(1) 说明

产蛋鸡鸡舍采用传统构造（墙、顶等）。垫料层与漏缝地板的应用比率为 30∶70。产蛋区位于漏缝地板区域内。在粪便和漏缝板下面有多孔地板，空气通过该多孔地板以干燥上面的粪便（见图 4.10）。多孔地板的最大粪便负荷为 400kg/m^2，多孔地板（空气通道）与粪坑底部的距离至少 10cm，且空气通道约占多孔地板总表面积的 20%。

(2) 环境效益

该系统可达到 65%的氨气减排量［即与参考系统排放量 0.315 kgNH_3/(存栏·年）相比，该系统为 0.110kg/(存栏·年)］。

(3) 跨介质影响

因强制通风，该系统的能耗较高。

(4) 运行数据

鸡粪通过漏缝板后掉落到多孔地板上，产蛋初期在多孔板上覆盖约 4cm 厚的木屑层。预热过的空气从下方通过粪便下多孔板的开口流进鸡舍。为达到合适的干燥程度，需安装出口压力为 90Pa 时容量为 7m^3 空气/h 的通风设备。粪便在多孔地板上停留约 50 周（产蛋期），之后被清理出鸡舍。漏缝木板与多孔地板之间的距离至少为 80cm。连续的空气使粪便持续干燥，干物质含量达到 75%。饲养员需戴面罩来自我保护。

饮水设施必须安装在漏缝板上面，但要设计好管路防止水流失。

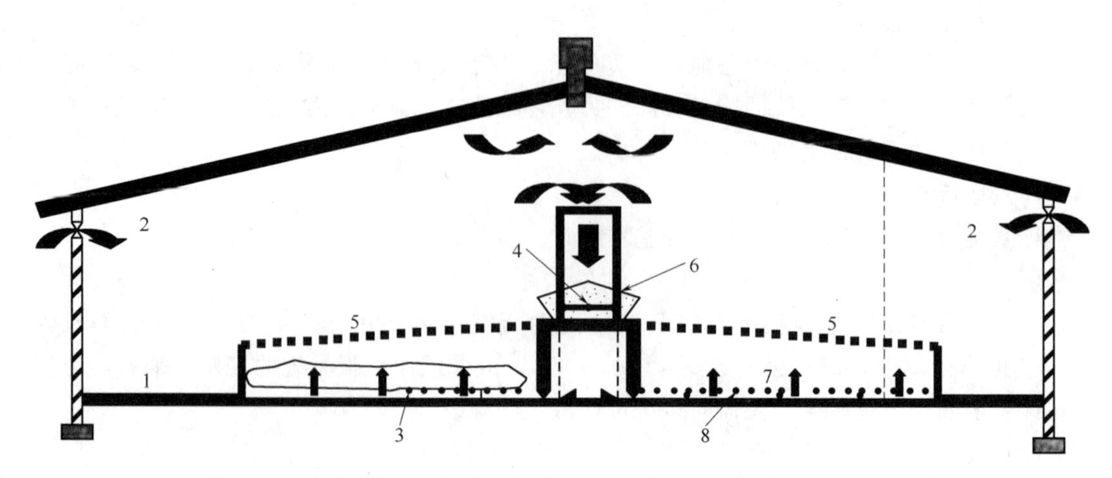

图 4.10 多孔地板强制干燥的厚垫料系统［128，Netherlands，2000］

1—铺有垫料的地板；2—进气口；3—粪便；4—用于粪便干燥的通风设施；5—漏缝板；6—产蛋巢；7—多孔地板；8—空气通道

（5）适用性

该系统更倾向于在新建鸡舍中应用，但是在现有鸡舍内也可应用，只是需要额外资金投入。

（6）成本

投资成本为 1.20 欧元/存栏，年运行成本为 0.18 欧元/只鸡。

（7）参考养殖场

在荷兰，应用该系统的养殖场约有 10 个（2001 年数据）。

（8）参考文献

［128，Netherlands，2000］，［179，Netherlands，2001］，［181，Netherlands，2002］。

4.5.2.2 大鸡舍系统

（1）说明

系统介绍见 2.2.1.2.2 节。

（2）环境效益

有关该系统的氨排放量只有荷兰进行过报道，其值为 0.09kgNH_3/(存栏·年)，比非笼养系统低 71%。氨的减排量与粪便的清除有关，当采用粪便输送带以至少每周一次的清除频率时可去除约 90%的粪便。剩余 10%的粪便在每个周期结束后和垫料一起清理掉［179，Netherlands，2001］。

（3）跨介质影响

与笼养系统相比，应用该系统的鸡舍内空气中灰尘浓度明显较高，这对人和动物的黏膜具有非常严重的影响。能耗主要取决于通风，其范围在非粪便输送带系统的 2.70kW·h/(存栏·/年) 到通风粪便输送带系统的 3.70kW·h/(存栏·年) 之间。

（4）运行数据

该系统内养殖的母鸡比鸡笼内养殖的产蛋鸡具有更大的行动自由度，而后备母鸡必须来自于大型成长鸡舍。相比传统地板养殖系统，大型鸡舍系统更有利于禽类友好，因为母鸡的生活空间更加规范。由于饲养密度较大，冬天鸡舍内温度较适宜。而且，饲料转换率以及产蛋率均高于地板养殖系统。设置一个外部觅食区可增加鸡舍内部可用空间。

然而，该系统内的鸡群能够直接接触粪尿，粪尿内的肠道寄生虫会对其产生危害。同时，该系统中鸡蛋受污染的概率较大，鸡也可能在舍外产蛋。大量的鸡饲养在一起，加上自然光照的引入，可能促使鸡群的好斗性行为，可能发生啄食羽毛和同类相食等事件，从而引起更高死亡率。鸡群不易观察，药品需求可能也会加大。

(5) 适用性

与鸡笼养殖和地板养殖相比，大型鸡舍系统应用较少，但是却已收集了大量的实际运行经验。由于对鸡舍限制的大型养殖系统内的鸡蛋没有特殊要求，因此，在德国通常只将该养殖系统与室外养殖结合使用。

(6) 成本

若配置通风粪便输送带，则成本总共为 16.5～22.0 欧元/(存栏・年)，其中包括：

- 人工费　1.2～2 欧元(以 12.5 欧元/h 计)；
- 资金投资 2.4～5.6 欧元(11%年成本：5%折旧费，2.5%维修保养费，7%利率)；
- 运行费用 12.9～14.4 欧元[124，Germany，2001]；

总成本　16.5～22.0 欧元。

(7) 实施的动力

从动物健康方面考虑可能会促进该大型鸡舍系统的应用。同时，管理委员会决定（委员会条约 No 1651/2001)：为明确养殖方法，除自由放养、棚养以及笼养外，不可应用其他术语，这一点也会促进该系统的应用 [179，Netherlands，2001]。

(8) 参考养殖场

通常情况下，大型养殖系统的鸡舍数量很少。荷兰报道的数据表明，大型养殖系统内养殖的产蛋鸡约为总量的 3% (649000 只)，不到总养殖场的 1%。

(9) 参考文献

见情况说明书 [124，Germany，2001]。

4.5.3　肉鸡饲养技术

传统养殖中，一般用地板全部铺满垫料的鸡舍来饲养肉鸡（见 2.2.2 节)。不论是从动物健康考虑还是为了减少氨气排放量，都必须要避免垫料潮湿。垫料的干物质量取决于以下因素：

- 饮水系统；
- 生长周期长度；
- 养殖密度；
- 是否采用地面保温。

在荷兰，设计了一种新的养殖技术来避免或者减少产生潮湿垫料。在此改进设计中(称为 VEA-系统，"肉鸡低排放养殖"的荷兰语缩写)，主要考虑了房屋的保温，饮水系统（避免溢出）以及刨花和锯末的应用。然而事实上，精确测量结果表明传统养殖系统和 VEA 系统具有相同的氨气排放量，即 0.08kgNH_3/(存栏·年)（荷兰），见表 4.19。

因此把 0.08kgNH_3/(存栏·年）看做是氨气排放量的参考水平。

在荷兰，虽然已开发了大量技术，但现今正在被应用的只是一些新的低氨排放系统。本节所接受的所有新开发系统都源自荷兰，都有强制干燥系统，即使空气穿过垫料和粪便层 [10，Netherlands，1999]，[35，Berckmans et al.，1998]。

很明显，由于通风率取决于自然空气流，因此鸡舍的进气口和出气口的设计至关重要。该系统的能耗（和成本）要低于风机通风的鸡舍系统。

表 4.19 肉鸡养殖综合技术系统特性

养殖技术	NH_3 减排量 /%	跨介质影响	适用性	年成本 /(欧元/kgNH_3 减少量)
参考：厚垫料风机通风鸡舍	0.080 [kgNH_3/(存栏·年)]	• 有灰尘 • 能耗取决于通风系统	• 普遍适用	
4.5.3.1 节：强制空气干燥的多孔地板鸡舍	83	• 高能耗	• 以参照为基础	2.73
4.5.3.2 节：具有浮动地板和强制通风的多层地板鸡舍	94	• 高能耗 • 灰尘浓度较高	• 需要层式设施	2.13
4.5.3.3 节：具有强制空气干燥和可拆卸鸡笼侧壁的多层笼舍	94	• 高能耗 • 灰尘浓度相当 • 如果应用垫料则灰尘浓度较低	• 需要层式设施 • 受健康因素影响	2.13

4.5.3.1 强制空气干燥的多孔地板鸡舍

(1) 说明

该系统与参考肉鸡鸡舍（2.2.2 节）相似。该系统有双层地板，上层地板为多孔型，孔面积至少占总面积的 4%，小孔用塑料或者金属网来保护。连续向上的空气流流过多孔地板，通风量至少为 $2m^3$/(h·存栏)。多孔地板上覆盖垫料，整个生长阶段（约 6 周）产生的粪便和垫料都存留在地板上。连续流通的空气可以干燥垫料（干物质量>70%），进而能够减少氨气排放量。改进的设计可以通过形成气流通路来改善干燥空气的分布，见图 4.11。

(2) 环境效益

对垫料和粪便进行通风可以大量减少氨气排放量，使排放量达 0.014kgNH_3/(存栏·年) [参考系统氨气排放量为 0.080kgNH_3/(存栏·年)]。

(3) 跨介质影响

强制通风需要能耗较高，其电耗和成本是参考系统的两倍。

(4) 运行数据

该系统内可能会存在种群特殊行为模式，然而在这些大型鸡群内，也会出现种群地位排名的竞争。该系统常用于封闭式鸡舍内。夏天鸡舍内空气温度会较低，因为双层混凝土

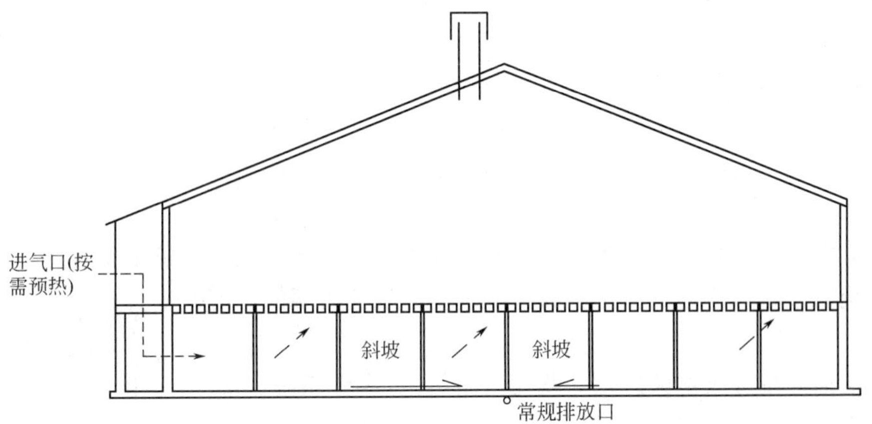

(a) 带强制空气干燥系统的多孔地板肉鸡鸡舍示意图

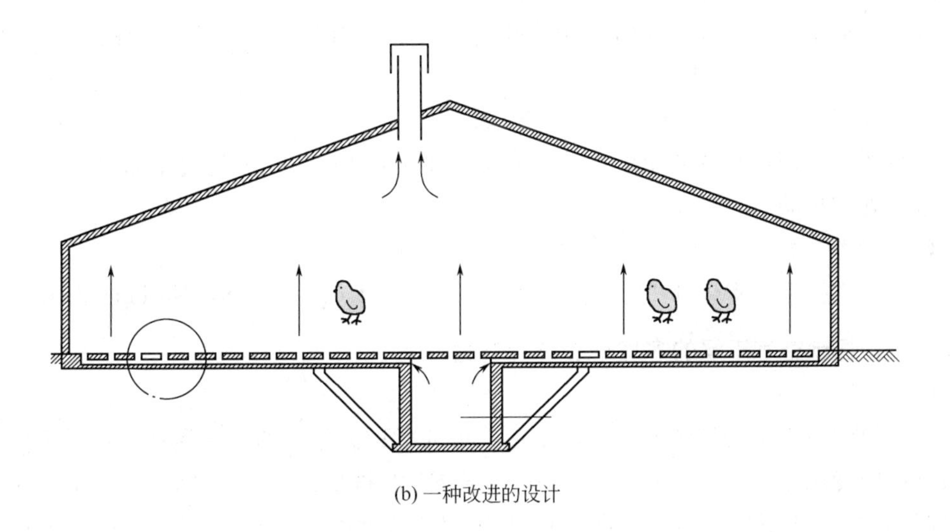
(b) 一种改进的设计

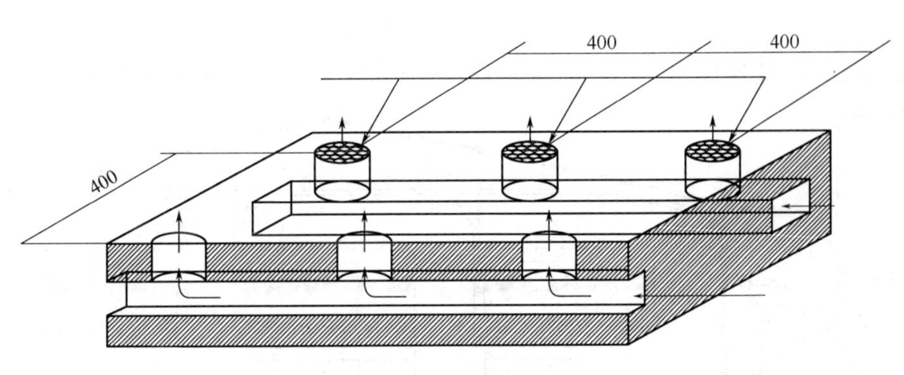

(c) 改进设计中的地板细节图

图 4.11 强制空气干燥的多孔地板鸡舍［128，Netherlands，2000］

地板会有空气冷却作用。由于该空气流靠近鸡群，因此能改善鸡舍内环境状况。若断电，又无通风，这种情况下外部的高温就会导致内部温度骤然升高（结果氨气及其他污染物排放量增加，进而引起肉鸡的死亡）。

由于粪便干物质含量高达 80%，因此肉鸡鸡舍内具有大量的灰尘。鸡群可以适应，但是饲养员必须戴空气面罩来自我保护。两个生长周期之间的清运工作需要大量劳动力。

（5）适用性

该系统只能在新建鸡舍内使用，因为多孔地板下的粪坑必须有足够的深度（2m），而现有鸡舍系统内不存在这样的深坑。改进技术可能会使需要的深度变浅。

（6）成本

本系统的额外投资成本大约是 3 欧元/存栏，比参考系统高 25%。相当于每减少 1kg 氨气排放，需要 45.5 欧元的额外投资［1000g/(80～14g)×3 欧元］。包括 65.90 欧元/m^2 的多空板和 20 只肉鸡/m^2 的养殖密度在内的额外投资成本需要进一步计算。在此情况下，额外运行成本为 0.37 欧元/(存栏・年)。

该系统成本高且收益仅限于 NH_3 排放量降低，因此目前只在少量的养殖场内应用［179，Netherlands，2001］。

（7）参考养殖场/肉鸡场

在荷兰，利用该系统养殖的肉鸡量约为 450000 只。该系统仍属于新技术，在一些中欧国家还处在试验阶段。

（8）参考文献

［23，VROM/LNV，1996］，［124，Germany，2001］，［128，Netherlands，2000］。

4.5.3.2 强制空气干燥的多层地板肉鸡鸡舍

（1）说明

该系统的特点就是连续向上或向下的气流通过铺有垫料的多层地板。通风空气由多层地板下面的专用通风管道［4.5m^3/(小时・存栏)］排出。浮动的地板由多孔聚丙烯带制成（图 4.12）。鸡群所住的隔间宽 3m，长由鸡舍长度而定。该地板系统分 3～4 层，生长期结束后，可移动地板可以将肉鸡输送到鸡舍尾部，在此将肉鸡装箱，运到屠宰场。

（2）环境效益

氨气排放量可降低到 0.005kgNH_3/(存栏・年)［为参考系统排放量 0.080kgNH_3/

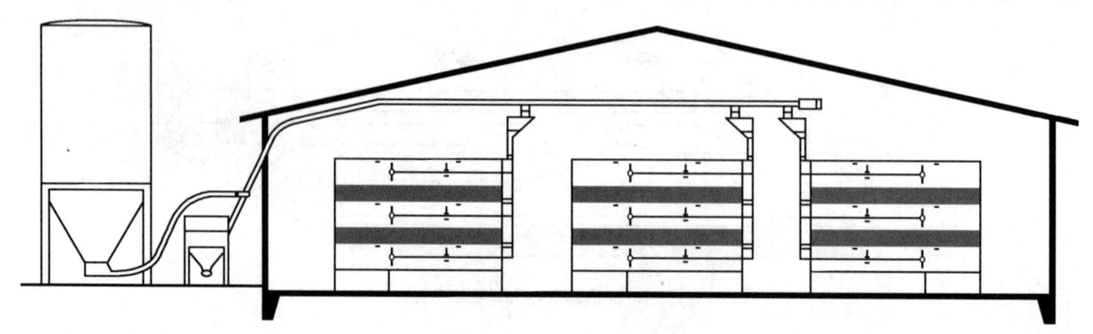

图 4.12 强制通风（向上流）的分层地板肉鸡鸡舍剖面示意［10，Netherlands，1999］

(存栏·年)的94%]。

(3) 跨介质影响

运行排风扇需要消耗更多电能。

(4) 运行数据

夏天肉鸡不会有热压力，这是因为空气流靠近鸡群。因为垫料干燥，故家禽很干净。随着空气向上流动以及粪便干物质量高达80%等原因，可能会出现灰尘问题，建议饲养员戴防尘面罩。采用空气下向流的设计时，灰尘问题相对较小。

(5) 适用性

该系统在新建及现有肉鸡鸡舍内都可使用。由于鸡舍要建成多层结构，因此建筑物必须有充足的高度。

(6) 成本

与参照系统相比，向下空气流的设计成本需要额外投资2.27欧元/存栏，即36欧元/kgNH_3。额外年成本为0.38欧元/存栏。

(7) 参考养殖场

该系统是最近才被研发出的。在荷兰，一个养殖场内应用该系统饲养的肉鸡数约为45000只。在一些中欧国家该系统仍处在试验阶段。

(8) 参考文献

[23，VROM/LNV，1996]，[128，Netherlands，2000]。

4.5.3.3 具有强制空气干燥和可拆卸鸡笼侧壁的多层鸡笼系统

(1) 说明

该系统是4.5.3.2节所述系统的改进，见图4.13和图4.14。该系统是多层鸡笼系统，肉鸡鸡舍本身属于传统的养殖舍结构，采用机械通风。该系统内的多层结构宽1.5m，长6m。每层都有镀膜漏缝板条，可使空气流在整个长度上流通。漏缝板条上铺一层刨花，肉鸡在其上可以刨也可排泄。

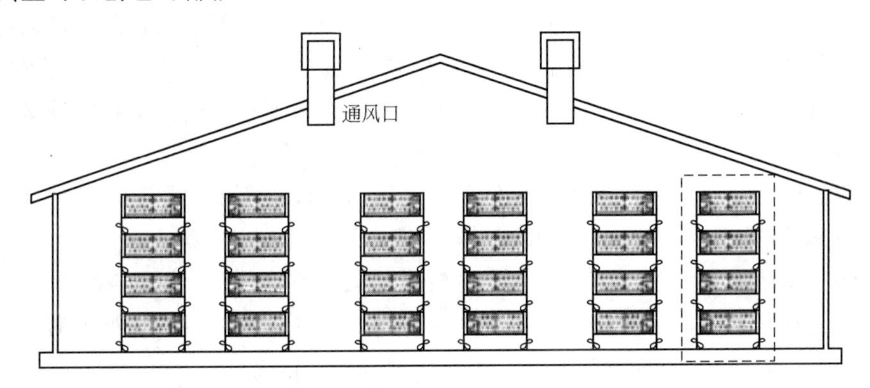

图4.13 肉鸡舍中多层式垫料鸡笼系统的结构示意 [128，Netherlands，2000]

空气管位于系统侧面来输送新鲜空气，并用于干燥输送带上的粪便。位于每层的中部还有一个额外的新鲜空气管道来给肉鸡通风。在每6周的生长期结束后，会卸掉鸡笼的侧面，肉鸡通过移动传送带运走。粪便也通过该输送带运至封闭的容器内，然后运到养殖场

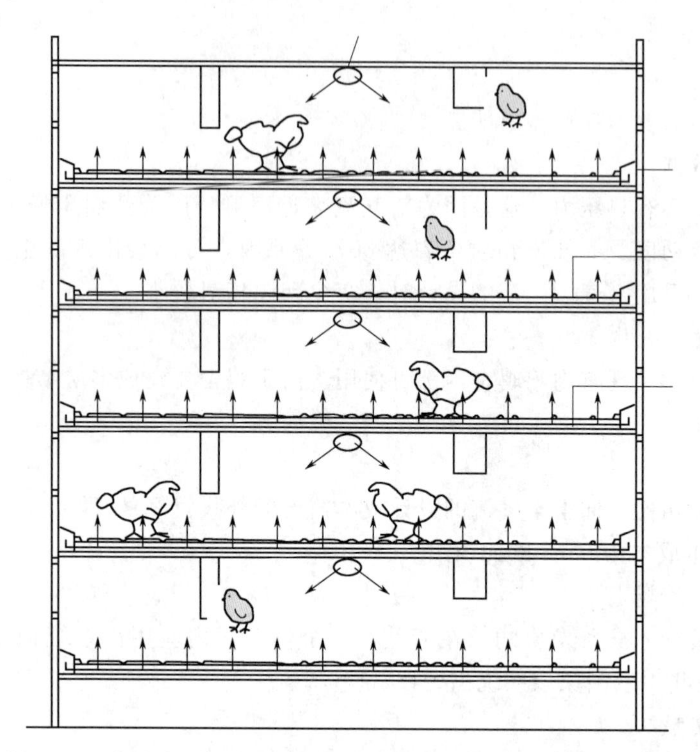

图 4.14 多层式垫料鸡笼的横截面示意 [128，Netherlands，2000]

外。该系统的应用也可以不铺设垫料。

(2) 环境效益

该系统的氨排放量减少了 94%，与多层地板系统相近，即为 0.005kgNH_3/(存栏·年)。垫料的应用似乎对氨的排放没有影响。

(3) 跨介质影响

与参考系统相比，由于该系统采用了强制通风，因此需要更高的能耗。可以推断，非垫料系统的灰尘要低于垫料系统。同样可以假设强制干燥的能耗是一致的。可以得出定期清除粪便对降低污染物的释放具有显著的影响。在以前的系统中，整个生长过程中鸡的粪便都保留在输送带上，这就需要更可靠的高强度通风来达到相同的污染物减排量。

(4) 运行参数

同样的，肉鸡鸡舍的臭气被大大降低了。与浮动地板系统不同的是，这种鸡舍内灰尘更多，因为粪便的干物质含量高达 80%。饲养员必须戴面罩来保护自己。

在非垫料系统的设计中，由于灰尘含量较低，因此鸡舍环境对肉鸡和饲养员较有利，但同时，缺乏垫料也会对鸡的行为产生不利的影响。而且，非垫料系统鸡舍的粪便清理和清洁需要的人工较少。

(5) 适用性

该系统不需要改变肉鸡鸡舍的建筑，只是鸡笼系统是特制的，必须要新安装设施。虽然这种系统的技术和环境效应都很好，但是从鸡的健康角度考虑会限制其进一步的应用。

(6) 成本

该系统的额外投资成本为3欧元，是总投资成本额12欧元/存栏的25%。肉鸡价格上涨了近15%。与参照系统相比，每降低1kg NH_3 的额外投资是40欧元[1000 g/(80g－5g)×3欧元]。

(7) 参考养殖场/肉鸡场

荷兰只有很少的养殖场（低于1%）应用了这种系统。在欧洲的其他国家也尚无该系统的应用报道。

(8) 参考文献

[23，VROM/LNV，1996]，[128，Netherlands，2000]。

4.5.4 火鸡饲养技术

(1) 说明

普遍使用的饲养火鸡的鸡舍技术在2.2.3.1.1节中进行了描述。

(2) 环境效益

对实际情况下普遍使用的全垫料地板的火鸡鸡舍进行了氨气排放量的检测，结果为0.680kg NH_3/(存栏·年)，而相关的饲养方法尚无报道。自然通风和敞开式鸡舍的污染物释放量和臭气水平会较低，但是很难进行精确的检测。

(3) 跨介质影响

由于鸡舍既可以是封闭式的，也可以是具有或不具有强制通风的开放式鸡舍，因此其能耗会各不相同。对于没有强制通风开放式鸡舍（100m×16m×6m）来说，有报道称其能耗约为1.50kW·h/(存栏·年)，如果采用强制通风，则能耗将会更高。

(4) 运行数据

根据火鸡的需求对鸡舍和管理策略进行调整。定期检查火鸡和设备的状况是一项“必需工作”，以保证运行效率达到最大。火鸡喜欢行动自由，因此食物和水必须安置在火鸡能快速找到的地方。火鸡能够表现出大量特有的行为模式，如挠抓、洗灰尘澡、伸展四肢和抖动翅膀等；火鸡彼此间的接触不受限制。具有稳定群居（啄食）秩序的鸡群会被建立起来。开放型鸡舍的室内环境质量要优于封闭型鸡舍。

(5) 适用性

商业火鸡养殖场内的大部分鸡舍都采用这种对建筑结构没有任何限制条件及特殊要求的鸡舍类型，而不是采用2.2.3.1.1节所介绍的类型。

(6) 成本

开放式自然通风的鸡舍系统比封闭式的便宜。据报道［124，Germany，2001］，德国的总成本（公鸡和母鸡的比值为50∶50）估计为34.71欧元/(存栏·年)，其中包括：

- 人工费　平均1.8欧元（以12.5欧元/h计）；
- 资本投资　4.46欧元（11%年成本：5%折旧费，2.5%维修修理费，7%利率）；
- 运行成本　28.45欧元；

总成本　34.71欧元。

(7) 参考养殖场

德国大部分养殖场采用封闭式鸡舍，但是新建的系统更倾向于采用开放式鸡舍。在荷兰采用这种封闭式系统的火鸡舍有 120 个（占 99%）。

（8）参考文献

[128，Netherlands，2000]，[124，Germany，2001]。

4.5.5 减少家禽养殖场大气污染物排放的末端治理技术

4.5.5.1 化学湿式洗涤器

（1）说明

在此系统中（见图 4.15），所有气体在排放到环境中之前都要通过一个化学洗涤器。在该化学湿式洗涤器单元中，泵鼓动着酸性洗涤液与流通的空气接触，吸收其中的氨气。经过酸洗涤之后，清洁空气排放到大气中。稀硫酸是最常用的洗涤剂，盐酸也可替代稀硫酸作为洗涤剂。氨气的吸收遵循以下化学反应：

$$2NH_3 + H_2SO_4 \longrightarrow 2NH_4^+ + SO_4^{2-}$$

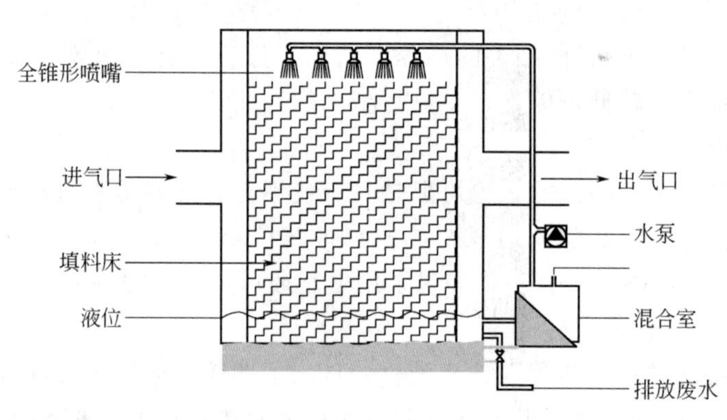

图 4.15 化学湿式洗涤器结构示意 [10，Netherlands，1999]

（2）环境效益

普遍应用的厚垫料层产蛋鸡系统和普遍应用的肉鸡饲养系统中氨气减排率见表 4.20。

（3）跨介质影响

该系统需要存储化学药剂。一个可能限制该技术应用的因素就是，出水中可能含有较高浓度的硫酸或盐酸（根据所用酸的种类）。采用化学洗涤同时也会增加养殖场的能耗。

（4）适用性

作为一项末端治理技术，该系统能在任何新建的或现有的禽舍内应用。在这种系统中气流能通过单孔将气流引入到吸收器内。但是这种技术不适合自然通风的禽舍。

鸡舍排放的废气中若灰尘含量很高，则会影响洗涤的效率。这就使得该洗涤器不适合于粪便干物质含量高或气候干燥的禽舍系统。在这种情况下，需要设置灰尘过滤器，这将会增加系统的压力和能耗。该系统需要进行日常检测和控制，这也会增加人工费。

（5）成本

见表 4.20 所示。表中的数据说明如下：对于肉鸡来说，参照的氨气排放量为

0.08kg/(鸡·年)，湿式洗涤器降低率为81%，因此氨气排放量为0.015kg/(鸡·年)。对于每存栏要达到该降低率其成本为3.18欧元，每千克氨气的成本为：(1000/65)×3.18=48.92欧元。该说明同样适用于产蛋鸡成本的计算[181，Netherlands，2002]。

表 4.20 采用湿式洗涤器处理产蛋鸡和肉鸡鸡舍排放物的运行及成本数据

性能参数	畜禽类型	
	产蛋鸡(厚垫料)	肉鸡
NH_3 释放量/kg(存栏·年)	0.095	0.015
降低率/%①	70	81
额外投资成本/(欧元/存栏)	3.18	3.18
额外投资成本/(欧元/kg NH_3)	145.50	48.92
额外年成本/(欧元/存栏)	6.70	0.66

① 产蛋鸡的参考 NH_3 排放量为0.032kg/(鸡·年)，肉鸡的参考量为0.080 kg/(鸡·年)。

(6) 参考养殖场/肉鸡场

荷兰大约有100万只蛋鸡和50000只肉鸡饲养在安装了化学湿式洗涤器的鸡舍内。

(7) 参考文献

[10，Netherlands，1999]。

4.5.5.2 安装穿孔输送带的外置隧道式干燥机

(1) 说明

产蛋鸡产生的粪便落到输送带上，然后被输送至隧道式烘干机上部的传送带上，该干燥隧道实际上是由多层穿孔的传输带之间的空间形成，输送带将粪便从一端输送至另一端，然后到达低一阶的传输带上向相反方向继续移动（见图4.16）。在最后一阶传动带的末端，粪便被排放到密闭的存储器或容器中，这时粪便的干物质含量为65%～75%。烘干隧道依靠抽取鸡舍中的空气进行通风，因此所需的额外能耗较少。隧道式干燥机通常安装在鸡舍的一侧。

(2) 环境效益

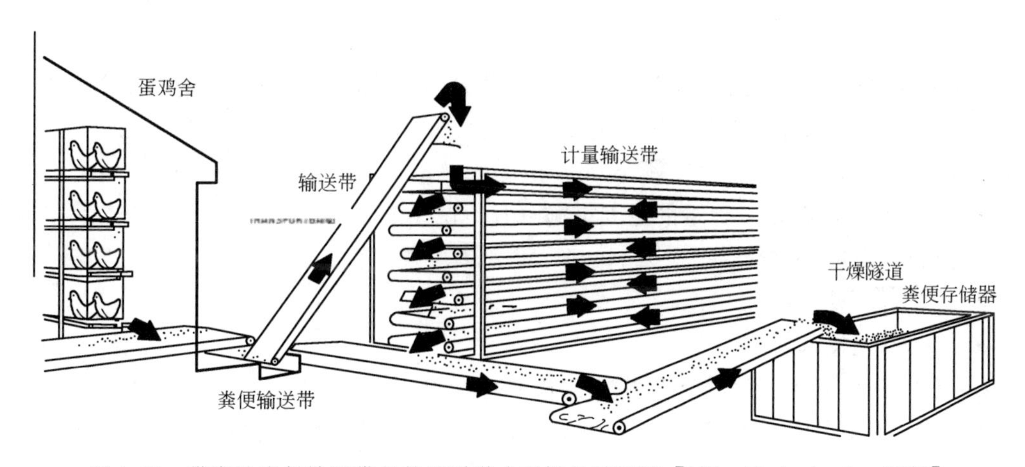

图 4.16 带穿孔粪便输送带的外置隧道式干燥机原理图 [128，Netherlands，2000]

据报道，这种鸡舍的 NH_3 排放量为 0.067kgNH_3/(存栏・年)，但是没有说明这是否是整个系统 NH_3 的总排放量，即是否包括烘干隧道释放的 NH_3。

(3) 跨介质影响

该系统的通风只需要少量的额外能耗（电量），因为隧道式干燥机所使用的风扇与给母鸡舍通风的风扇是一样的。因为需要同时运行更多的传送带，所以要运行额外的传送带需要额外的能耗。笼舍中臭味的水平可能要低于在舍内进行粪便干燥的鸡舍。

(4) 运行数据

这种装置可以在短时间内使粪便的干物质含量非常低。如果不能实现常规容器的运输，若要干燥粪便则需要一个独立的存储设施。

(5) 适用性

该系统可以在新建鸡舍内应用，但是更适合于现有鸡舍，因为该系统几乎不会与现有建筑结构相冲突，只需要找到一种从禽舍抽取热风以供烘干通道使用的方法。

(6) 成本

根据该系统在意大利的应用情况计算相关成本。虽然尚无针对投资成本的相关报道，但是用于烘干通道的额外投资成本可以与外置粪便存储设施的较低成本相抵消。额外的能耗成本很有限，仅相当于 0.03 欧元/(存栏・年)。额外的总运行成本（包括投资成本＋运行成本）为 0.06 欧元/(存栏・年)。也就是说，若 NH_3 的排放量降低 70%，则成本为 0.37 欧元/kgNH_3 减少量。

(7) 参考养殖场

据报道该系统在意大利已有一些应用。

(8) 参考文献

[127，Italy，2001]，[128，Netherlands，2000]。

4.6 降低猪舍污染物排放的技术

本节列出了用于减少猪的饲养设施污染物排放的相关技术。现有的资料完全着重于氨气向空气中的排放。这些技术可被分为以下几类：

- 综合技术；
- 降低猪粪总量及 N 含量的营养措施（4.2 节）；
- 控制猪舍室内空气；
- 优化猪舍设计；
- 末端治理技术。

4.2 节中介绍了通过营养调控措施来降低猪粪中的含氮量进而防止猪舍中氨气的排放。虽然很多因素影响污染物向大气中的排放，但是必须明确不同饲料之间的差异，从而可以对不同猪养殖技术的性能参数进行正确的评价。

在很多案例中，所提交的关于猪舍设计及相关的氨气排放量的信息中都没有说明是否应用了降低饲料中的氮含量的措施。因此猪舍性能的改善是否完全归因于设计的变化，还是有其他部分原因，如饲养技术等，这点不是很明确。假设一般采用阶段进料的饲养方式，则污染物排放水平（因素）可进行比较。为了消除这种影响，或为了可以对不同措施之间的差异进行解释，重要的一点就是采用规定了标准化饲养条件的检测方案以及可以对排放物进行比较的管理因素（例如见附录 5）。

通过降低猪粪表面的空气流速和保持室内较低的温度（地面污垢较少）等室内控制措施可以进一步降低污染物的排放。对猪舍环境进行优化控制，尤其是在夏季，对确保猪将粪便排到排粪区进而保持躺卧休息区和运动区域干燥和清洁。饲养区域和猪舍地面之上保持低风量、低进气温度、低风速都能降低室内空气污染物质的存在及排放。供气和废气排放孔（如，侧墙或山形墙的抽取，或废气管的线性抽取）的位置和尺寸都能极易影响猪舍内空气的流动模式。饲养区域内通过穿孔管和多孔天花板的传导能使进入的空气保持较低的流速。空气入口温度和流量可通过一些方式降低，例如，将新鲜空气的进气口安装在阴凉区，或通过送料通道及泥土（或水）换热器来输送空气。

这些因素必须加以控制，以满足猪的需要，往往需要一定的能耗。通过应用这些技术来评价和量化污染物排放量是很复杂的，目前尚无明确的结论报告。

地板系统的组合、粪便收集和粪便清除系统等猪舍设计技术引起了广泛关注。对猪舍系统的描述基本上涉及以下部分或全部原则：

- 降低排放粪便的表面积；
- 将粪坑内的粪便（粪浆）清除至外部浆液存储间；
- 采用额外的处理措施如曝气等来获得冲洗液；
- 冷却猪粪表面温度；
- 改变猪粪的化学/物理特性，比如降低 pH 值；
- 使用光滑、易清洁的表面。

这里做一些一般性的评价。减少全部漏缝地板至 50%漏缝的表面积，可以使排泄粪便的表面减少约 20%，其中排泄到实体地板部分的粪便也必须考虑在内。50%漏缝的地板系统在冬季运行良好，但是在夏天却不理想［183，NFU/NPA，2001］，而且当板条宽度和板条之间孔隙的比值接近 1 时，漏缝地板的影响较大。据报道如果这些地板采用软材料则能减少近 30%的氨挥发量。在取出地板下粪便时，如果粪浆表面和漏缝地板底部之间的距离小于 50cm，则会释放更多污染物。

原则上，漏缝表面和粪便排泄表面越小，污染物的排放量就越少，但是选择板条和非板条表面积之间的最佳比例更为重要。增加非板条面积将导致更多粪便留在实体地面上，从而氨气的排放量可能上升。这种情况是否会发生在很大程度上取决于排尿量及其能流走的速度，以及与底部粪坑之间的距离。光滑的凸地板能促进尿液的清除，但必须考虑动物的安全。

一般认为粪便的清除是非常有效的（例如，刮板能减少 80%，冲洗能减少 70%），但对某些类别效果不明显（例如肥育猪和妊娠母猪）。粪便的物理结构和粪坑地面的光滑程度可能会影响通过刮板清除粪便时的氨气减排效果。

关于垫料，由于对动物健康意识的提高，可以预计在猪舍内使用垫料将会在整个欧盟范围内有所增加。垫料能与具有自动控制的自然通风猪舍系统联合使用，其中垫料会使猪可以控制自身的温度，因此将会降低通风和加热的能量需求。从农艺的观点上来看，使用固体粪便而非粪便浆液被认为是一大优势，因为粪便中的有机物质进入土壤能改善土壤的物理特性，从而降低营养物质通过雨水径流和渗滤进入到水体。

为了能方便地进行对比，对不同种类猪的综合污染防治技术都进行了描述。能达到的减排量、应用成本、主要的重点特征都在每种猪舍介绍之前的表格里进行了归纳总结。为了比较减排技术的性能和成本，从实际角度考虑需要为每一类猪选择一种可供参考的技术。这种方法选择的技术具有最高的氨氮释放水平，这样其他技术的环境效益（减排量）则可与之进行比较评估。因此只能用相对值而非绝对值来指示可达到的水平，因为绝对值不仅与房舍的构造有关，还与其他很多因素有关。

虽然甲烷（CH_4）、非甲烷类挥发性有机物（nmVOC）和一氧化二氮（N_2O）都是值得考虑的因素，但是由于 NH_3 的排放量最大，作为最主要的空气污染物而受到了最多的关注。几乎所有关于降低猪舍污染物排放的资料都是关于降低 NH_3 的减排。假定能降低 NH_3 排放量的技术也能降低其他气态物质的排放。[59，Italy，1999] 此外，重要的是要意识到减少猪舍污染物排放很可能会潜在地增加粪便存储和应用时的 NH_3 的排放。

值得注意的是，并非所有提供的数据都是监测数据。其中一些是通过计算得到，一些是来源于实例中证实的可获得的信息。例如，在意大利所提供的案例中，通常按照母猪猪舍氨气排放量与肥育猪猪舍氨气排放量之间的固定比值 1.23∶1 来进行计算得到，这是因为并不是每个母猪猪舍的相关参数都是可得到的。

成本的计算由所包含的各种因素确定。例如，意大利的成本数据是负值，这实际上表示应用该猪舍系统的净利润。在这种情况下，采用参照猪舍系统将比可选猪舍系统的成本要高很多。除了意大利之外，成本数据不包括成本效益。

本节介绍并比较了潜在的减排技术。第 5 章介绍了应用这些技术的技术评估结果和经济效益。在某些国家，出于健康制度和市场需求的考虑，某些类型的猪舍是被限制使用或是不允许采用的。

所有降低猪舍 NH_3 排放的综合措施都将会使所应用的粪浆含有较高的氮含量，在田地里施用过程中很可能会被大量排放出来。

4.6.1 配种猪和妊娠母猪的系统综合养殖技术

(1) 说明

表 4.21 总结了配种母猪和妊娠母猪的养殖技术的性能参数。很多饲养技术也用于饲养成长猪及肥育猪（见 4.6.4 节），这些系统的性能水平见表 4.24。

目前配种猪和妊娠母猪可以单独饲养也可群养。但是欧盟关于猪的健康的法规（91/630/EEC）从保护猪方面规定了最低标准，要求母猪和后备母猪在怀孕 4 周之后到预产期前 1 周的时间内必须群养。该规定对于新建的或重建的猪舍从 2003 年 1 月 1 日起执行，对现有的猪舍从 2013 年 1 月 1 日起执行。

表 4.21　新建配种母猪和妊娠母猪的综合饲养技术的性能水平

章节	猪舍系统		NH_3 减排量/%	能耗/[kW·h/(存栏·年)]
4.6.1	在全漏缝地板、人工通风及底部粪便收集坑的猪舍系统内群养或单独饲养的母猪(参照系统)		3.12kgNH_3/(存栏·年)(丹麦)至 3.7kgNH_3/(存栏·年)(意大利)以及 4.2kgNH_3/(存栏·年)(荷兰)	42.2
	全漏缝地板(缩写为 FSF)			
4.6.1.1	配置真空系统的 FSF		25	与参照一致
4.6.1.2	配置冲洗渠的 FSF	无通风	30	22.8①
		通风	55	40.3①
4.6.1.3	配置冲洗排水沟或管道的 FSF	无通风	40	18.5①
		通风	55	32.4①
	部分漏缝地板(缩写为 PSF)			
4.6.1.4	配置减量粪坑的 PSF		20～40	与参照一致
4.6.1.5	配置猪粪表面冷却片的 PSF		52	高于参照
4.6.1.6	配置真空系统的 PSF	混凝土漏缝地板	25	与参照一致
		金属漏缝地板	35	与参照一致
4.6.1.7	配置冲洗渠的 PSF	无通风	50	21.7①
		通风	60	38.5①
4.6.1.8	配置冲洗排水沟或管道的 PSF	无通风	40～60	14.4①
		通风	70	30①
4.6.1.9	配置刮板的 PSF(妊娠母猪)	混凝土漏缝地板	15～40	高于参照
		金属漏缝地板	50	高于参照
	实体混凝土地板(缩写为 SCF)			
4.6.1.10	铺满垫料的 SCF		0～－67②	低于参照
4.6.1.11	铺稻草并配置电子喂养器的 SCF		38	低于参照

① 冲刷所需能耗，不包括通风的能耗。

② 负值减少量表示排放量增加。

显然某些技术相对其他技术而言具有更显著的降低污染物排放的潜力，但是即使采用同样的技术，不同的成员国所达到的减排水平也不同。各种因素如群养或单独饲养、是否采用稻草以及测试时的气候条件等都会影响污染物的排放水平。

上面提到的欧盟关于猪健康的法规（91/630/EEC 经议会指令 2001/88/EC 修订）包含了对地板表面的规定。对后备母猪和妊娠母猪来说，地板表面必须是连续的实地板，其中预留排泄孔最大不超过 15%。这些新规定对于新建或重建的猪舍从 2003 年 1 月 1 日起实施，对于现有的猪舍从 2013 年 1 月 1 日起开始实行。与现有典型的全漏缝地板（参照系统）相比，这些新的地板布置对污染物排放的影响尚未被研究。连续实地板的孔隙面积最大为 15%，要小于新方案中混凝土漏缝地板 20%（对母猪及后备母猪而言，最大间隙为 20mm，最小的板条宽度为 80mm）的孔隙率。因此总的影响效果是降低了孔隙面积。

（2）参考技术

对于母猪而言，这种技术是采用混凝土板条的全漏缝地板下的深粪坑。粪浆液既可以在每个育肥期后被频繁地清除，也可以减少清除频率。采用人工通风的办法来消除存储的粪浆排放出的气体。

（3）环境效益

随着禽舍条件的不同，相应的污染物排放水平也各有不同。据报道，群养（松散）的母猪排放的污染物量在 3.12kgNH_3/(存栏・年)（丹麦）到 3.70kgNH_3/(存栏・年)（意大利）之间，而单独饲养的母猪的排放水平较高，为 4.2kgNH_3/(存栏・年)（荷兰）。

（4）跨介质影响

人工通风的能耗是变化的，据估计，意大利的平均能耗为 42.2kW・h/(存栏・年)[185，Italy，2001]。

（5）运行参数

将可以获得污染物排放数据的环境进行标准化。这意味着不采用任何可以对排放物产生影响的特殊技术，或者不采用与常规的养殖户实际做法有很大不同的技术（如喂食，洒水，禽舍环境控制等）。

（6）适用性

该系统在欧盟地区已普遍应用。

（7）成本

据估计，新建设施的成本超过 600 欧元/(存栏・年)，其中包括投资成本（利息，津贴等）和运行成本（能耗，维护费用等）[185，Italy，2001]。

（8）参考养殖场

估计有 2381000 头配种母猪（占欧盟地区总数的 74%）和 4251000 头妊娠母猪（占欧盟地区总数的 70%）是单独饲养的。据推测很多是被饲养在全漏缝地板的猪舍中。

4.6.1.1 配置真空系统的全漏缝地板（FSF vacuum）

（1）说明

全漏缝地板下面的粪坑底部，每隔 10m^2 设置一个与污水处理系统相连通的出口。通过打开粪浆液主管道上的一个阀门来排出粪浆液（图 4.17）。轻微的真空条件的产生能促进粪浆的排除。根据粪坑本身的容量，粪坑可以每周清空一次或两次。

（2）环境效益

经常清除粪浆液能将 NH_3 排放量降低约 25%。意大利的数据显示 NH_3 排放量为 2.77kgNH_3/(存栏・年)。

（3）跨介质影响

因为该系统是人工操作的，因此没有额外的能耗需求。与部分漏缝地板或实体混凝土地板相比，清理地板所需要的水较少。这表明粪浆液排放过程产生的气雾可以通过开启阀门产生真空来清除。

（4）运行数据

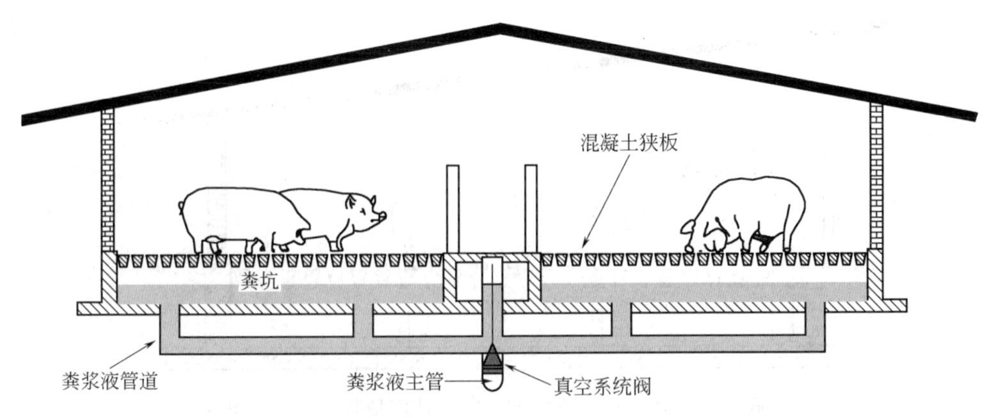

图 4.17 配置真空系统的全漏缝地板［185，Italy，2001］

与参照技术相比，该技术更容易操作［184，TWG ILF，2002］。

（5）适用性

在现有的猪舍中，该技术可与以下几种情况一起应用：

- 实体混凝土地板，并且具有足够的高度以建造在现有地板上；
- 对底部配置存储粪坑的全漏缝地板进行翻修。

（6）成本

据意大利的报道，与参照系统的成本相比，在新建猪舍内应用该系统时的负额外成本（即收益）为 8.60 欧元/(存栏·年)。

（7）参考养殖场

在意大利越来越多的养殖场在新建的妊娠母猪舍内采用该系统，例如，帕尔玛的萨托利养殖场。

（8）参考文献

［185，Italy，2001］。

4.6.1.2 底渠内长期存留粪浆液的全漏缝冲洗地板（FSF Flush channels）

（1）说明

在全漏缝地板的底渠中存有厚达 10cm 的粪浆层。用新鲜水或经曝气的粪浆清液对渠道进行冲刷，每天至少冲洗一次。经曝气的粪浆清液具有 5%的含固率。渠道会有轻微地坡度，以促进浆液的清除；将冲洗液从装置或猪舍的一端泵抽到另一端，在此对粪浆液进行收集后再移至外部粪浆存储器中（图 4.18）。

（2）环境效益

降低粪便的表面积和冲刷清除粪浆二者的共同效果是可显著降低 NH_3 的排放，当用新鲜水冲刷时能降低 30%的 NH_3 排放，用曝气后的清液冲刷时能降低 55%的 NH_3 排放。

（3）跨介质影响

运行该系统所需的能耗取决于底部粪坑到处理后的粪浆存储设施的距离。冲刷时需要额外能耗，估计量如下：

- 冲刷所需能耗为 8.2kW·h/(母猪·年)；

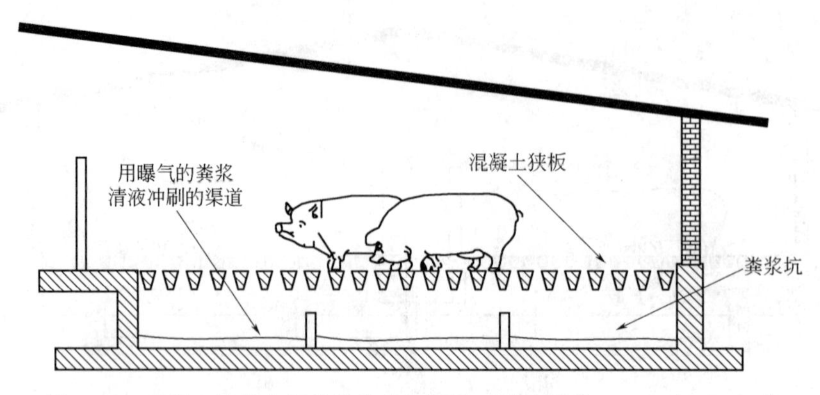

图 4.18 底渠内长期存留粪浆液的全漏缝冲洗地板［185，Italy，2001］

- 固液分离所需能耗为 14.6kW・h/(母猪・年)；
- 曝气所需能耗为 17.5kW・h/(母猪・年)。

总能耗低于或等于参照系统，因为该系统不需要人工通风。

经常冲刷也能降低产生的气雾。

因冲刷而产生的臭味高峰会对住在养殖场附近的受体造成滋扰。使用未经曝气的冲洗液比经过曝气的冲洗液冲刷时产生的臭味更浓。必须视情况来决定是一直超过承受负荷(不采用冲洗系统）还是只是承受峰值负荷更加重要［184，TWG ILF，2002］。

（4）运行数据

这种猪舍没有人工通风，假定自然通风和频繁的冲刷能实现足够的通风。

该系统的应用需要安装固液分离的装置，在粪浆液经曝气处理之前进行固液分离处理，然后将处理后的液体用泵抽回作冲洗液。

（5）适用性

在现有猪舍内通过对现有粪坑进行设计（比如深度）可以应用该系统。这种系统在现有实体混凝土地面上的应用已有实际案例，排水沟可以设置在现有地板上面，但是必须有足够的高度。

（6）成本

该系统在新建猪舍应用的额外成本为负值（即收益)，其值为 4.82 欧元/(存栏・年)。采用不曝气的清液进行冲洗时，负额外成本（即收益）为 12.16 欧元/(存栏・年)。在现有猪舍中，成本依据现有建筑的设计不同而变化，相关内容见 4.6.1 节。

（7）参考养殖场

该系统在妊娠母猪（及肥育猪）养殖中的应用越来越多，例如意大利帕尔玛市的 Borgo del Sole 养殖场。

（8）参考文献

［185，Italy，2001］。

4.6.1.3 配置冲刷沟或冲刷管道的全漏缝地板（FSF flush gutters)

（1）说明

全漏缝地板下安装很小的由塑料或金属制成的冲刷沟。冲刷沟稍稍具有一些坡度，从而使尿液能在沟槽内连续不断地排走。粪浆中分离出的液体部分来冲刷清除浆液，每天一到两次，见图4.19。尿液被连续不断地排到存储池。

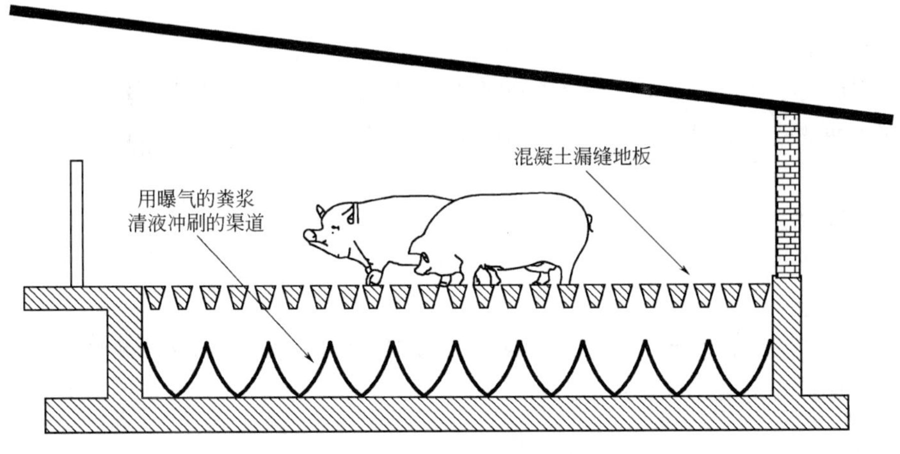

图4.19 配置冲刷沟的全漏缝地板［185，Italy，2001］

另一替代系统由围栏、全漏缝地面、镶嵌在每块狭板下混凝土中的PVC管道组成，见图4.20。斜面能使尿液不断地流走。为了清除粪便并清洁管道，需要对浆液进行分离并曝气处理回用，该循环可一天一次，或者一天多次。

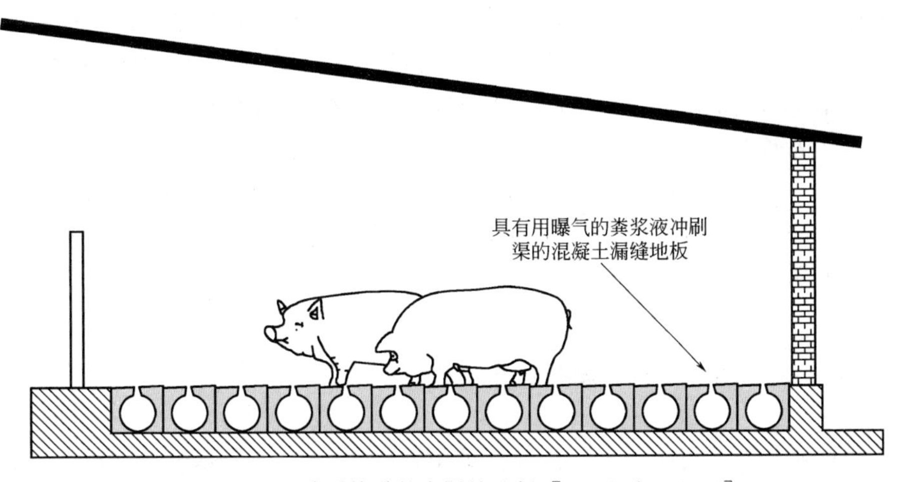

图4.20 配置冲刷管道的全漏缝地板［59，Italy，1999］

（2）环境效益

减少粪浆的表面积，增加粪浆去除频率以及尿液的持续排出都有利于降低NH_3的排放，当用新鲜的粪浆液冲刷时能降低40％的NH_3排放，当用曝气后的粪浆液冲刷时能降低55％的NH_3排放。据报道，采用管道还是排水沟对降低NH_3排放没有区别。

（3）跨介质影响

冲刷需要能耗，能耗量估计如下：

- 冲刷能耗为3.9kW·h/(母猪·年)；

- 固液分离能耗为 14.6kW·h/(母猪·年)；
- 曝气能耗为 13.9kW·h/(母猪·年)。

其中该系统不采用人工通风，例如在意大利，总能耗要低于人工通风的全漏缝地板系统。

通过频繁地冲刷也可减少气雾的产生。

因冲刷而产生的臭味高峰会对养殖场附近的受体造成滋扰。使用未经曝气的冲洗液比经过曝气的冲洗液冲刷时产生的臭味更浓。必须视情况来决定是一直超负荷（不采用冲洗系统）还是只是承受峰值负荷更加重要 [184，TWG ILF，2002]。

（4）运行数据

见 4.6.1.2 节。

（5）适用性

见 4.6.1.2 节。在意大利，排水沟和管道应用于妊娠母猪的饲养，并且有越来越多的养殖场采用管道系统来养殖成长猪。

（6）成本

在新建猪舍中应用该系统的费用范围从 0.56 欧元/(存栏·年）的额外成本（采用沟渠方式）到 5.54 欧元/(存栏·年）的负额外成本（即收益）（采用管道方式）。如果采用不曝气的浆液进行冲刷，则负额外成本（即收益）是 2.44～8.54 欧元/(存栏·年)。年额外运行成本对于不曝气冲刷系统为收益值 1.22～4.27 欧元/存栏，对于曝气冲刷系统其范围从额外成本值 0.28 欧元到收益值 2.77 欧元 [184，TWG ILF，2002]。鉴于盈利要少，则该系统的成本要稍高于冲洗渠系统。与渠道系统相比，曝气的排水沟系统会有净成本。

在现有猪舍内，成本会有所不同，主要取决于现有建筑的设计，详见 4.6.1 节。

（7）参考养殖场

在意大利，大约有 5000 只母猪（Bertacchini 养殖场）被饲养在配置排水沟的全漏缝地板型猪舍系统内，大约有 7000 只母猪被饲养在配置管道的全漏缝地板型猪舍系统中。

（8）参考文献

[185，Italy，2001]。

4.6.1.4 配置缩小粪坑的部分漏缝地板（SMP）

（1）说明

运用降低粪便表面积的原理，特别是采用宽度为 0.60m 的小粪坑的方式可以降低氨气的排放。粪坑装有三角形的铁的或混凝土的漏缝地板。母猪被单独饲养（图 4.21）。

在意大利，所采用的是下面具有粪坑的全漏缝外置通道的散养猪舍设计，不用频繁地清除粪浆液。室内，牲畜被饲养在实体混凝土地板上，有一个缺口可以通到外置的小通道（见图 4.22）。这种设计不能与猪舍内采用部分漏缝地面的散养母猪猪舍系统进行比较。所应用的减排技术显示了相似的环境效益和操作条件，但是成本稍有差异。

（2）环境效益

减少粪坑和粪浆的表面积和使用三角形漏缝地板快速排除粪便的联合效应能降低 20%～40%的 NH_3 排放。

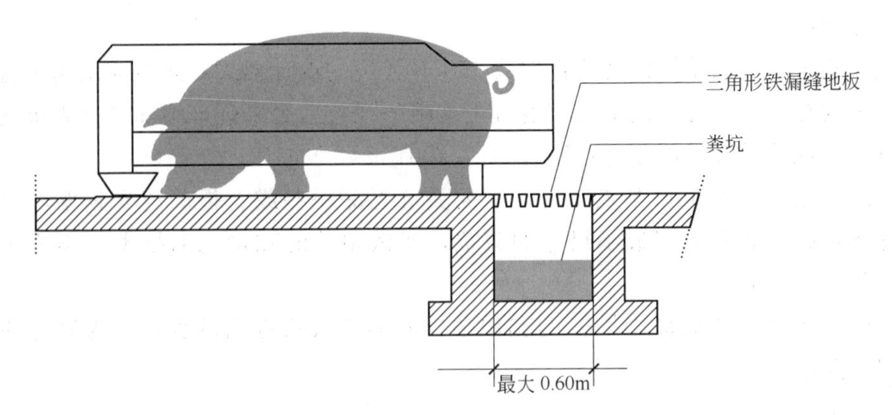

图 4.21 配置小粪坑的单独饲养猪舍 [10, Netherlands, 1999]

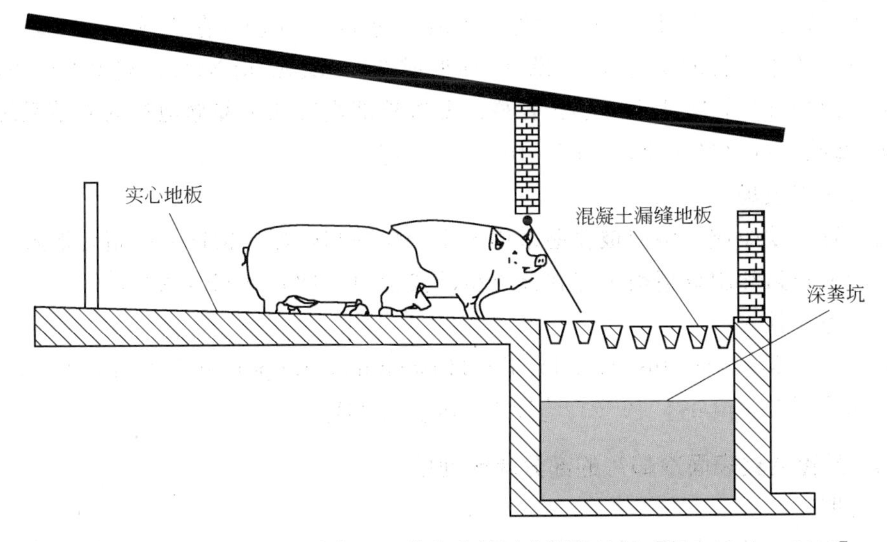

图 4.22 实混凝土地面和底部配置粪坑的外置全漏缝地板 [185, Italy, 2001]

在一个系统中，由于每头猪产生的猪粪的表面积不一样，单独饲养和群养的污染物排放量不一样。据报道散养的猪氨气排放量为 2.96kgNH_3/(存栏·年)（意大利），而单独饲养的猪氨气排放量分别为 1.23kgNH_3/(存栏·年)（丹麦）和 2.40kgNH_3/(存栏·年)。

(3) 跨介质影响

这些猪舍都可以采用自然通风或机械通风。丹麦采用机械通风，并且测得的最大通风量为 100m^3/(h·存栏)。在一些室外温度偏低的地区，这些猪舍还可安装辅助的加热装置，而能耗不会改变。

在外置粪坑的情况下，氨气排放量的降低对于猪舍内部的环境改善没有帮助，而这又常被认为是减少内置粪坑的优点之一。

在意大利，由于不需要人工通风，可节省能耗 [185, Italy, 2001]。

(4) 运行数据

通常粪浆在打开主污水管道系统的阀门时，通过倾斜的粪污管道，流入主污水管道而得到去除。一些系统安装了粪便刮板（见 4.6.1.9 节）。

（5）适用性

在现有猪舍中，该系统的适用性取决于现有粪坑的设计形式，虽然应用起来有很大难度，但并非没有可能。对于内部为实混凝土地板的现有猪舍来说，增加具有粪坑的外置小通道就可以实现该系统的应用［185，Italy，2001］。

采用最大宽度为0.60m的粪坑时，需要粪坑更深一些或者提高清粪频率，并且需要粪便的外部存储。如果采用最小尺寸的粪坑，那么相关的减量化的技术就不适用了（例如，爱尔兰＞0.90m）。

在一些欧洲国家（比如丹麦），母猪单独饲养的方式将逐渐减少，因为修订的法规规定要采用散养系统。

（6）成本

与全漏缝地板相比，该系统保持的氨气排放量依据参照而定。减少40％的氨气排放（4.2kgNH_3降至2.4kgNH_3）时，额外投资减少约17.75欧元/存栏或9.85欧元/kgNH_3减少量。额外的年运行成本为5.80欧元/存栏或3.25欧元/kgNH_3。减少20％的氨气排放时，据报道额外投资为1.76欧元/存栏。配置外部粪坑和全漏缝地板的养殖系统的额外投资为8.92欧元/(存栏·年)［185，Italy，2001］。

（7）参考养殖场

这是一种在欧盟成员国内被普遍采用的用于配种和妊娠母猪饲养的猪舍形式。在意大利，40％的成长猪和肥育猪被饲养在该类型的猪舍中［185，Italy，2001］。

（8）参考文献

Rosmalen，Research Institute for Pig Husbandry，rapport PV P1.158［10，Netherlands，1999］，［59，Italy，1999］，［185，Italy，2001］.

4.6.1.5 配置猪粪表面冷却片的部分漏缝地板

（1）说明

漂浮在粪便上的冷却片会降低猪粪表面的温度，见图4.23。地下水用作冷却剂。大量的冷却片安装在粪坑中，这些冷却片中装满水后漂浮在猪粪上。冷却片的总表面积至少要达到猪粪表面积的200％。热交换器起冷却的作用。收集的热量被用于地板加热系统。猪粪表层的温度不应高于15℃。该系统也可以应用在凸地板系统中，凸地板将两条渠道分开。漏缝地板由混凝土制成［186，DK/NL，2002］。

（2）环境效益

该系统所能达到的氨气排放量为2.2kgNH_3/(存栏·年)，与全漏缝地面系统相比较降低了50％（针对单独饲养的母猪）。

（3）跨介质影响

虽然热交换器能降低能耗，但是总的能耗还是要高于参照系统［184，TWG ILF，2002］。

（4）适用性

在荷兰应用的经验表明，该系统在新建猪舍和现有猪舍的改造中都很容易实施。围栏的设计和大小不是限制该系统应用的关键因素，然而，其他的成员国并不赞成该经验，认

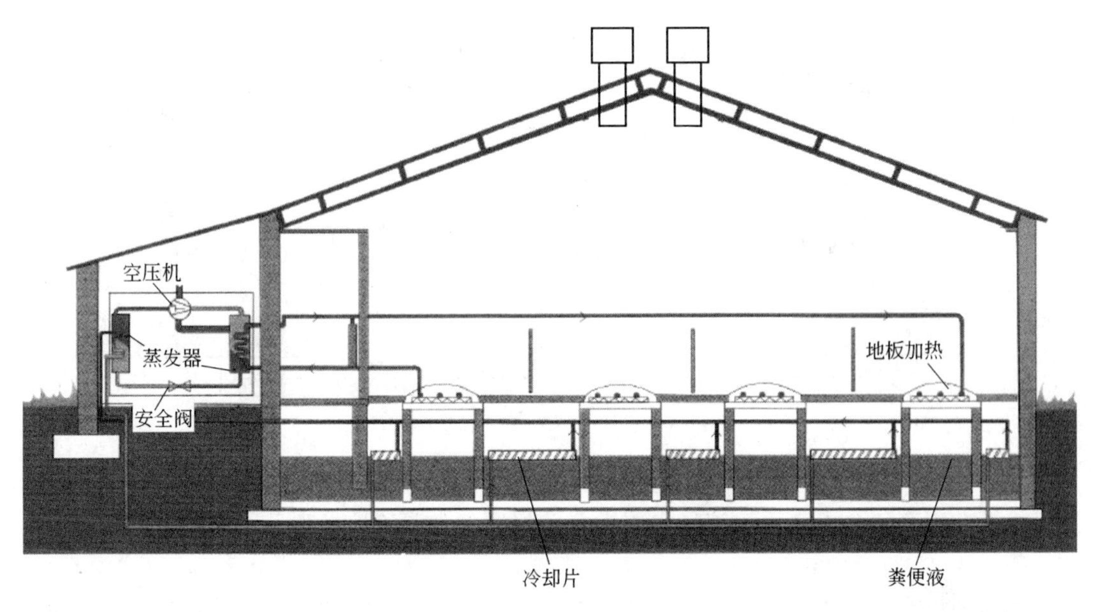

图 4.23 猪粪表面冷却片 [186，DK/NL，2002]，以 Wageningen，IMAG-DLO，rapport 96-1003 为参考

为该技术不容易操作和实施 [184，TWGILF，2002]。

（5）成本

该系统的额外投资为 112.75 欧元/存栏，这就意味着减排 50%的 NH_3，即 NH_3 排放量从 4.2kg 减少到 2.2kg 时，成本减少量为 56.35 欧元/kgNH_3 减少量。每年的额外成本为 20.35 欧元/存栏，即 9.25 欧元/kgNH_3 减少量。

（6）参照养殖场

荷兰有大约 3000 头配种母猪和妊娠母猪的存栏中安装了这种系统。目前该系统在很多重建和新建的猪舍中被广泛应用。

（7）参考文献

[186，DK/NL，2002]，参考 Wageningen，IMAG-DLO，rapport 97-1002。

4.6.1.6 配置真空系统的部分漏缝地面（PSF Vacuum System）

（1）说明和跨介质影响

见 4.6.1.1 节。

（2）环境效益

猪散养在配置真空系统的部分漏缝地面的猪舍内（图 4.24），如果采用混凝土漏缝地板氨气排放量能降低到 2.77kgNH_3/(存栏・年)，如果采用金属漏缝地板则能降低到 2.40kgNH_3/(存栏・年)，与参照相比，相对降低量分别为 25%和 35%。

（3）运行数据

与参照技术相比，该技术更容易操作 [184，TWG ILF，2002]。

（4）适用性

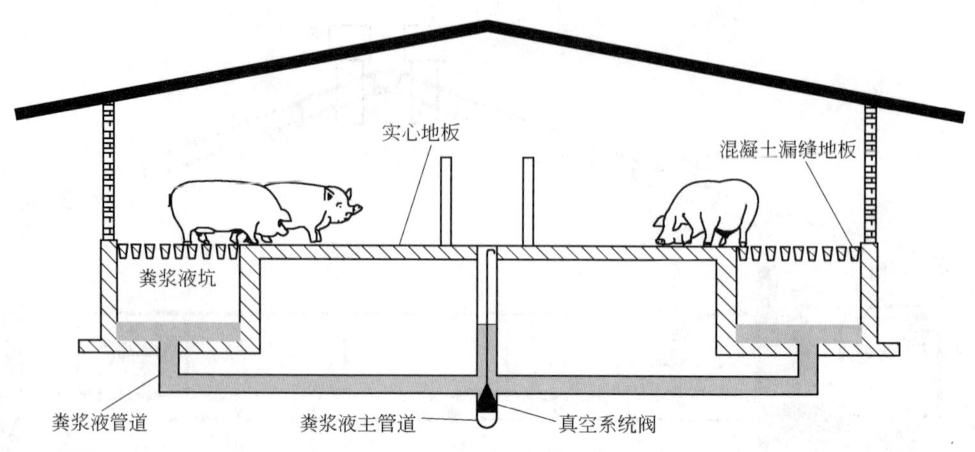

图 4.24 配置真空系统的部分漏缝地板 [185，Italy，2001]

如果在现有猪舍中应用，该技术要求禽舍配置部分漏缝地板和足够深的存储粪坑。

(5) 成本

目前还没有关于该技术投资成本的数据，但是年运行成本被认为与成长猪及肥育猪养殖系统相同，并且当新猪舍采用混凝土漏缝地板时负额外成本（即效益）为 4 欧元，当采用金属漏缝地板时负额外成本为 1.50 欧元 [184，TWG ILF，2002]。

(6) 参考文献

[185，Italy，2001]。

4.6.1.7 底部配置持久粪浆冲刷层的部分漏缝地板（PSF Flush channels）

(1) 说明和运行数据

见 4.6.1.2 节和 4.6.1.4 节中对外置通道设计的介绍。图 4.25 是一个外置通道的设计图，但配置漏缝地板和内置渠道的系统也适用于这种设计。

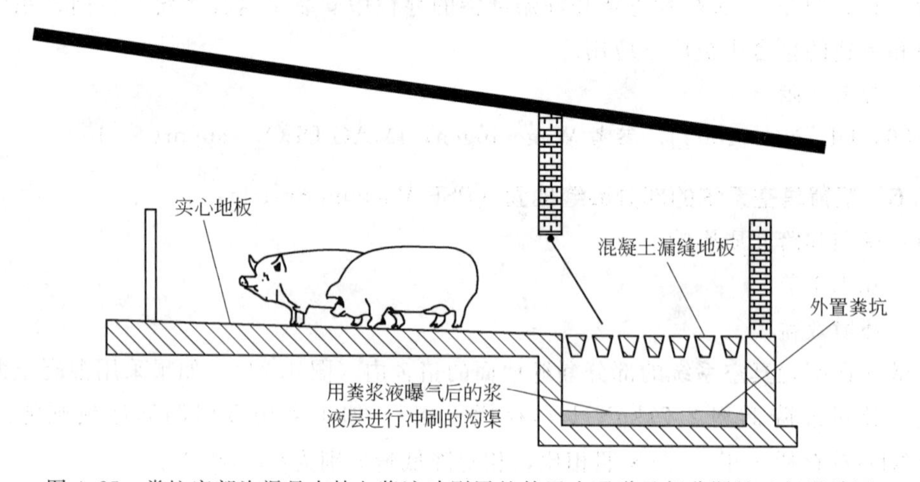

图 4.25 粪坑底部沟渠具有持久浆液冲刷层的外置小通道及部分漏缝地板设计图

(2) 环境效益

用曝气后的浆液进行冲刷可将氨气排放降至 1.48kgNH_3/(存栏·年)（60%），而用新产生的浆液进行冲刷时能降低至 1.85kgNH_3/(存栏·年)(50%)。目前尚无关于不同的漏缝地板材料对 NH_3 排放量影响的报道。

(3) 适用性

该系统可应用于部分漏缝地板下设置粪坑的现有禽舍。

(4) 跨介质影响

该系统运行的能耗由粪坑到处理后粪浆的存储池之间的距离决定。能耗指标有:

- 冲刷所需能耗为 3.4kW·h/(猪·年);
- 固液分离所需能耗为 18.3kW·h/(猪·年);
- 曝气所需能耗为 16.8kW·h/(猪·年)。

总能耗稍低于或等于参照系统,因为该系统不需要人工通风。

经常冲洗能降低气雾的产生量。

由冲刷而产生的臭味高峰会对住在养殖场附近的受体造成滋扰。使用未经曝气的冲洗液比经过曝气的冲洗液冲刷时产生的臭味更浓。必须视情况来决定是一直超过承受负荷(不采用冲洗系统)还是只是承受峰值负荷更加重要 [184, TWG ILF, 2002]。

(5) 成本

目前尚无有关该技术投资成本的数据,但是据估计年运行成本为负的额外成本(即收益),当不采用曝气时为 6.07 欧元,当采用曝气以及应用于新建猪舍时盈利为 2.89 欧元 [184, TWG ILF, 2002]。

(6) 参考养殖场

越来越多的养殖场在单独饲养妊娠母猪(以及成长猪和肥育猪)的新建猪舍内采用该技术。

(7) 参考文献

[185, Italy, 2001]。

4.6.1.8 配置冲洗沟渠或管道的部分漏缝地面

(1) 说明

该技术既可以在单独饲养的猪舍内应用,也可以在群养的猪舍系统中应用。猪粪表面积应该不超过 1.10m^2/猪。猪粪通过频繁地冲洗去除。漏缝地板由混凝土制成。排水沟的两端应该保持 60°的倾斜度。排水沟每天冲洗两次,冲洗液是新鲜的粪浆液或经过曝气的粪浆分离后的液体部分,其中干物质含量不能高于 5%(参见 4.6.1.3 节)。

对于群养的猪舍,关于应用的相关描述与 4.6.1.3 节相同。图中唯一的不同之处在于本系统中实体混凝土的地板表面更宽一些,底部配置粪浆沟渠或管道的板条部分要小一些(图 4.26)。

(2) 环境效益

减少猪粪表面积以及冲刷沟渠或管道可以使采用混凝土漏缝地板的单独饲养系统内氨气排放量降低到 2.50kgNH_3/(存栏·年)(荷兰,比利时)。对于散养的母猪,冲刷不采用曝气时 NH_3 排放量为 1.48kgNH_3/(存栏·年)(爱尔兰),采用曝气冲刷时 NH_3 排放量为 1.11kgNH_3/(存栏·年)(爱尔兰)。在意大利也采用混凝土漏缝地板。以上三组数

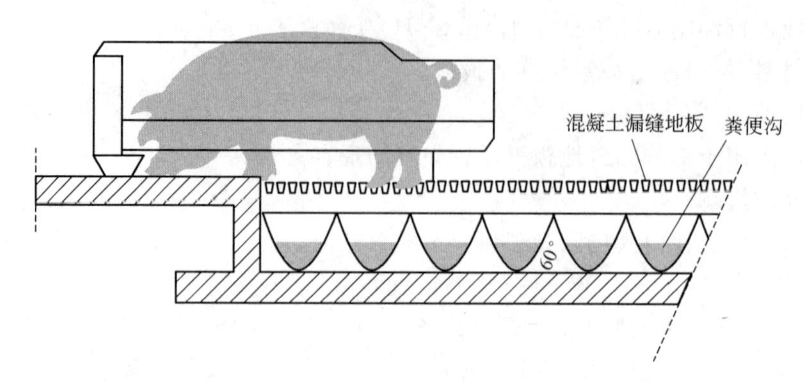

图 4.26　单独饲养的猪舍中配置冲洗渠的部分漏缝地板［10，Netherlands，1999］

据与参照值相比较 NH_3 排放量分别降低了 40%、60%和 70%。

（3）跨介质影响

这些系统之间的能耗具有很大差异，仅由目前可知的信息无法进行解释。能耗包括以下几项：

- 冲刷能耗为 2.4kW·h/(猪·年)；
- 固液分离能耗为 12.0kW·h/(猪·年)；
- 曝气能耗为 15.6kW·h/(猪·年)。

这几项能耗与 4.6.1.3 节中报道的能耗值有些微差别。泵的能耗根据冲洗液储存池的远近而变化。当每天冲刷两次时，额外抽取的能耗为 0.5kW·h/存栏。并且，就猪粪来说，推荐利用重力差使冲洗液回流到收集罐。猪粪中含量很低（约 5%）的干物质能沉淀在底部，这就不需要经过机械分离而直接将收集罐顶部的清液泵出重复利用。经过一段时间之后，收集罐的底部会有一层沉淀物，需要用泵将沉淀泵出并进行进一步处理。

如果该系统不采用人工通风，如在意大利，那么系统总能耗要低于采用人工通风的全漏缝地面系统的能耗。

因冲刷而产生的臭味高峰会对住在养殖场附近的受体造成滋扰。使用未经曝气的冲洗液比经过曝气的冲洗液冲刷时产生的臭味更浓。必须视情况来决定是一直超过承受负荷（不采用冲洗系统）还是只是承受峰值负荷更加重要［184，TWG ILF，2002］。

（4）运行数据

应用该系统需要配置固液分离的装置（罐），将液体部分在进一步处理即曝气或利用之前从浆液中分离出来，然后用做冲洗液。

（5）适用性

该系统在现有猪舍中的应用取决于现有粪坑的设计形式。如果粪坑足够深的话，应用该系统只需要做很小改动。

（6）成本

荷兰报道：该系统在单独饲养猪舍内的应用成本很高。在残留氨气排放量为 2.5kgNH_3/(存栏·年）的情况下，冲洗液进行曝气时的额外投资成本为 161.80 欧元/存栏，相当于 95.20 欧元/kgNH_3 减少量。年额外成本为 57.40 欧元/存栏，也就是 34.05

欧元/kgNH_3。冲洗液不进行曝气时额外投资成本为59欧元/存栏，额外年成本为9.45欧元/存栏。

意大利报道的成本数据要低很多，虽然这些数据来源于成长猪和肥育猪的养殖系统，对于群养猪舍系统来说，存栏成本当然会更低。这些成本数据与4.6.1.3节中报道的全漏缝地面的成本在相同范围内[185，Italy，2001]。

（7）参考养殖场

意大利应用很多，如Bertacchini养殖场。荷兰应用该系统的有2000个存栏。

（8）参考文献

[10，Netherlands，1999]，[59，Italy，1999]，[127，Italy，2001]。

4.6.1.9 配置刮板的部分漏缝地面（PSF scraper）

（1）说明

猪舍被分为混凝土缝隙部分（排粪区域）和向漏缝地板倾斜的实体水泥地面部分（躺卧区）。猪粪被收集在板条下面的收集坑中，其中的固体粪便经刮板经常清除至外部的粪坑（图4.27）。尿液经粪便渠道底部的排水沟可直接排到一个收集坑中。相关说明可参考4.6.1.4节中对外置通道的介绍。

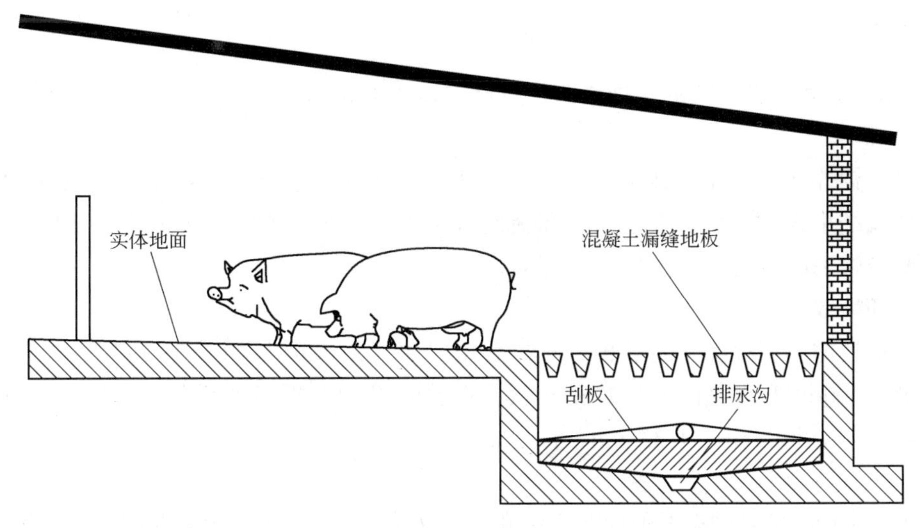

图4.27 配置刮板的部分漏缝地面（PSF scraper）[185，Italy，2001]

（2）环境效益

减少粪浆表面积以及经常将浆液清除至外部收集器中能降低NH_3的排放量，意大利报道应用金属漏缝地板和混凝土漏缝地板技术的NH_3排放量分别降至1.85kgNH_3/(存栏·年）和2.22kgNH_3/(存栏·年)，丹麦应用混凝土漏缝地板技术的NH_3排放量降至3.12kgNH_3/(存栏·年)。这些数据说明与参考系统相比进水漏缝地板可降低50%，混凝土漏缝地板可降低15%～40%。很显然，刮除频率和粪坑底面的光滑度是决定NH_3减排能达到什么程度的因素。

有趣的是，丹麦的数据显示与全漏缝地面相比较刮除猪粪的方法没有减排作用，两者

具有相似的 NH_3 排放量 3.12kgNH_3/(存栏·年)。

（3）跨介质影响

刮板的运行需要能耗。

（4）运行数据

排放量是多种情况下的平均值。刮板一天运行一次。通常情况下该系统运行情况良好，但是运转很困难，因为在粪坑的底面会形成结晶，从而会阻碍刮板的运行［184，TWG ILF，2002］。需要进行更多的研究来优化该系统的运转。

金属板的应用会使氨排放量更低，因为粪浆液能更快地进入粪坑。

（5）适用性

该技术应用起来较为困难，而且很大程度上取决于粪坑的设计。

（6）成本

尚无有关投资成本的数据，但是一般认为每只猪的年运行成本会很高［184，TWG ILF，2002］。

（7）参考养殖场

在意大利采用配置外置通道设计的此类系统非常少。该系统在丹麦和荷兰也有应用。

（8）参考文献

［59，Italy，1999］，［127，Italy，2001］。

4.6.1.10 地面铺满垫料的实体混凝土地板（SCF full litter）

（1）说明

母猪被饲养在几乎完全铺满一层秸秆或其他木质纤维素类材料的实体混凝土地板上，这些秸秆或纤维素材料用来吸收尿液和粪便（见图 2.15）。这样可以获得固态的粪便，固态粪便要经常去除以避免垫料层过于潮湿。

（2）环境效益

各地报道的数据存在一定差异，有的数据（如意大利的结果）与所应用的参考系统氨气排放量 3.7kgNH_3/(存栏·年) 相比没有差异，有的数据显著增长了 67%［如丹麦氨气排放量为 5.20kgNH_3/(存栏·年)］。

（3）跨介质影响

该系统中产生的是固态粪便而非浆液粪便，这从农业的角度来说是系统的一大优点。有机物质混入农田中能改善土壤的物理特性，可减少营养成分通过径流和渗滤进入到水体。

预计该系统的扬尘量会有所提高。在以下列出的参考文献中的猪生产过程以及肥育猪养殖过程都有较高的 NO 和 NO_2 排放量［188，Finland，2001］。

（4）运行数据

在丹麦，这种类型的猪舍可采用自然通风，也可采用机械通风。自然通风的猪舍前部有进风口，沿房顶屋脊处有出风口。在保温的猪舍中，进风口和出风口通常是可调整的。机械通风的建筑通常有负压系统或平衡压力系统。

通风量一般控制在最大为 100m^3/(存栏·h)。虽然母猪能够躲在很厚的垫料中来抵御低温，但是在欧洲较为寒冷的地区，减小通风过程中还会采用额外的加热设备来降低湿度。

(5) 适用性

对于现有的母猪猪舍，该系统的应用取决于现有条件和设计。鉴于欧洲关于动物健康法规的发展，该系统将来可能会受到更多的关注。

(6) 参考养殖场

欧盟的许多成员国都采用了该系统。

(7) 参考文献

[87，Denmark，2000]，[127，Italy，2001] 关于 NO 和 N_2O 高排放量的文献：

- Groenstein，Oosthoek，Faasen；'Microbial processes in deep-litter systems for fattening pigs and emissions of ammonia，nitrous oxide and nitric oxide，1993.
- Verstegen，Hartog，Kempen，Metz；'Nitrogen flow in pig production and environmental consequences'，EAAP publication number 69，1993.

4.6.1.11 配置垫料层和电子母猪喂养器的实体混凝土地板系统

(1) 说明

该猪舍系统包括垫床区、中心粪便区和电子喂养区三部分（图 4.28）。粪便排泄区域为实体混凝土地板。带牵引的刮板每天将实体地板上的粪便清除，而猪躺卧区垫料层的垫料每年只更换 1～2 次。

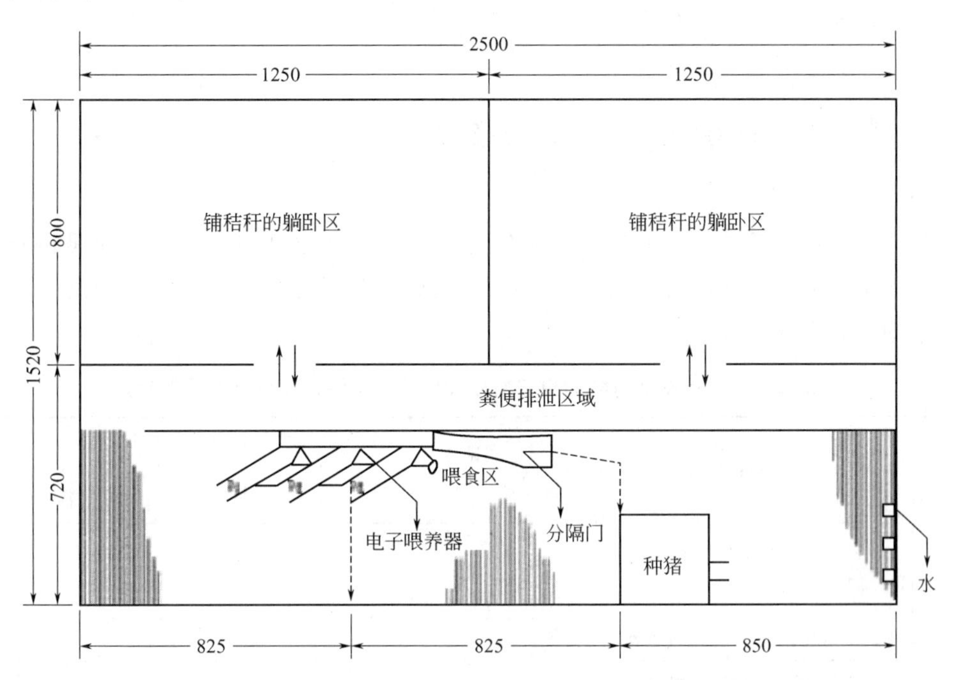

图 4.28 配置垫料层和电子母猪喂养器的实体混凝土地面系统 [175，IMAG-DLO，1999]

(2) 环境效益

应用该系统的效益取决于动物的行为，而动物的行为又受猪舍设计的影响。每头猪需要的躺卧面积至少为 1.3m²/头猪，尤其对于小母猪来说，躺卧区和排粪区之间需要设置宽敞的通道（最小 2m，最大 4m）。躺卧区入口处到最远的（分隔）墙之间的距离不应大于16m。每头猪粪便排泄面积不应超过1.1m^2/头猪。板条下的粪坑安装有真空系统。氨气排放量降低38%［即2.6kgNH_3/(存栏·年)，荷兰］。

（3）跨介质影响

该系统的能耗非常低，因为该系统通常不需要加热装置，并且配置自然通风系统。氮氧化物的排放是可以忽略的。甲烷的排放量为39g/(天·头猪)，但是要确定如何与参照系统进行比较还需要进一步研究。

（4）适用性

该系统在新建猪舍和某些现有猪舍中的应用情况都非常好。在现有禽舍内应用该系统取决于现有粪坑的设计，但是通常应用起来很困难。

（5）成本

该系统的成本不高于参照系统。但是目前尚无有关额外人工费等的成本计算，因此这些的成本都未知。

（6）参考养殖场

根据欧盟的法规，养殖场必须将母猪进行群养。荷兰有超过50%的新建猪舍采用了该系统，在一些改建猪舍内也有应用。

（7）参考文献

［175，IMAG-DLO，1999］。

4.6.2 针对怀孕期母猪的系统综合养殖技术

说明

针对怀孕期母猪养殖的参考技术及替代技术的性能参数见表4.22。怀孕期的母猪群养在覆盖很多垫料的实体混凝土地面上，这样母猪们就能筑建它们的窝。在该系统内猪粪在猪舍中即得到干燥。

表4.22 针对怀孕期母猪的用于新建设施的系统综合养殖技术性能参数

章节	猪舍系统	NH_3减排量/%	额外投资成本/(欧元/存栏)①	额外年运行成本/[欧元/(存栏·年)]①	能耗/[kW·h/(存栏·年)]
2.3.1.2.1	配置全漏缝地面和底部收集深坑的圈舍(参照系统)	8.70(意大利) 8.30(荷兰,比利时) kgNH_3/(存栏·年)			
	全漏缝地面圈舍				
4.6.2.1	配置全漏缝地面和斜板的圈舍	30～40	260	29.50	与参照相同
4.6.2.2	配置全漏缝地面及水粪混合渠的圈舍	52	60	1.00	与参照相同
4.6.2.3	配置全漏缝地面和粪便渠冲刷系统的圈舍	60	535	86	高于参照
4.6.2.4	配置全漏缝地面和粪便接纳盘的圈舍	65	280	45.85	与参照相同

续表

章节	猪舍系统	NH_3 减排量/%	额外投资成本/(欧元/存栏)①	额外年运行成本/[欧元/(存栏·年)]①	能耗/[kW·h/(存栏·年)]
4.6.2.5	配置全漏缝地面和粪便表面带冷却片的圈舍	70	302	54.25	高于参照
	部分漏缝地面的圈舍				
4.6.2.6	配置部分漏缝地面的圈舍	34	无数据	约0	与参照相同
4.6.2.7	配置部分漏缝地面和粪便刮板的圈舍	35	785	147.20	高于参照

① 来源：[10，Netherlands，1999][185，Italy，2001][37，Bodemkundige Dienst，1999][184，TWG ILF，2002]。

参照系统在2.3.1.2.1节中进行了描述和说明，包括在新建猪舍内，这是应用最普遍的系统。布局可根据小猪区域和板条的位置而各有不同，但是基本上预测设计及排放量会在相同范围内。用于母猪散养的猪舍设计（见第2章），也可以作为可供选择的参照系统。

对于参照系统，在采用了人工通风的情况下，所报道的母猪包括仔猪在内的氨气排放量为8～9kgNH_3/(存栏·年)。

成本之间的差异很大，并且与所达到的减排量无关。例如，与参照系统相比较，以非常少的成本也可达到50%的NH_3减排。

4.6.2.1　下部安装斜板的全部漏缝地板的圈舍

（1）说明

漏缝地板下面会放置表面非常光滑的平板（混凝土或其他的材料制成）。平板的尺寸可根据围栏的大小进行调整。平板倾向中央粪坑的坡度至少12°，其中央粪坑与污水系统相连通（图4.29）。粪浆液通过重力或泵抽来清除至存储室，每周清除一次。漏缝地板由铁或塑料制成。

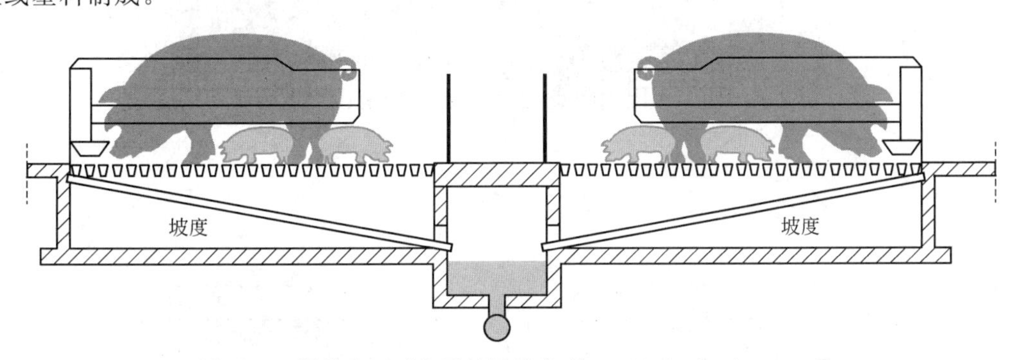

图4.29　漏缝地面下安置斜板示意[10，Netherlands，1999]

（2）环境效益

应用该系统的效益取决于斜板表面的光滑度能够使尿液持续不断地排走，并使粪浆能够流到中心主粪坑。同样的，经常将中心粪坑清空也会降低污染物排放。污染物主要来自于残留在斜板上的粪浆。减排量各不相同，但是有报道称减排量可达30%[6.0kgNH_3/(存栏·年)]（意大利）和40%[5.0kgNH_3/(存栏·年)]（荷兰和比利时）。

(3) 跨介质影响

这种系统存在产生飞蝇的问题，因此已经过时不被采用了。

(4) 适用性

这种系统在新建和重建的建筑中都很容易应用实施。围栏的设计不是影响该系统适用性的关键问题。基于该系统的原理，发明了一种新的系统（见 4.6.2.2 节）。新系统将水渠和粪便渠进行整合，实现了更高的氨气减排量，且成本并不高于此系统。

(5) 成本

该系统的额外投资成本为 260 欧元/存栏，即达到 40%的减排量的成本为 78.80 欧元/kgNH_3。额外年运行成本为 29.50 欧元/存栏或 8.95 欧元/kgNH_3。意大利报道的投资成本比参照系统还要低。

(6) 参考养殖场

在荷兰和意大利，只有很少的母猪猪舍采用了这种系统。该系统目前正在被一种原理一致但设计不同的新系统所取代（见 4.6.2.2 节）。

(7) 参考文献

[10，Netherlands，1999]，[185，Italy，2001]，[37，Bodemkundige Dienst，1999]。

4.6.2.2 配置水粪结合渠的全漏缝地面圈舍

(1) 说明

母猪生活在固定的位置，这样粪便排泄区域也就很明确。粪坑被分成两部分，前面为很宽的水渠，后面是较小的粪渠。这样很大程度地降低了粪便表面积，也就降低了氨气的排放（图 4.30）。前部的渠道里储存部分水。系统内板条由铁或塑料制成。

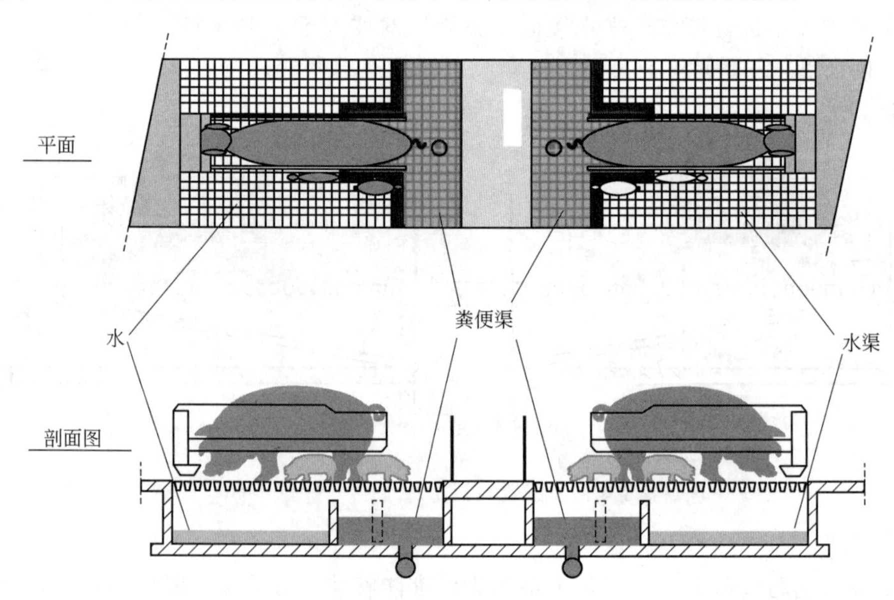

图 4.30 水粪结合渠示意 [10，Netherlands，1999]

(2) 环境效益

该系统降低了粪的表面积，并且通过污水处理系统经常清除粪浆。能够达到 52%的减排量［4.0kgNH_3/(存栏·年)］(荷兰，比利时)。

(3) 跨介质影响

频繁地清除粪浆需要额外的能耗，需要用水来填充粪坑的前部。

(4) 适用性

该系统在对采用参照技术的现有建筑的重建中很容易应用实施，因为围栏的设计形式不是影响该系统适用性的关键因素。简单地需要做的就是将两个坑分开。

(5) 运行数据

一般来说，这两个粪坑被清空至相同的污水处理系统，进而流入粪浆储存池。水一轮换一次(大约 4 周)。前部完全排干、清理、消毒，然后再填充干净的水。

(6) 成本

额外投资成本为 60 欧元/存栏，即达到 52%的减排量的成本为 13.85 欧元/kgNH_3 减少量。额外年运行成本为 1.00 欧元/存栏或 0.25 欧元/kgNH_3。

(7) 参考养殖场

在荷兰有 5000 头母猪采用该系统进行饲养。

(8) 参考文献

［10，Netherlands，1999］，［37，Bodemkundige Dienst，1999］。

4.6.2.3 配置排粪沟冲刷系统的全漏缝地面圈舍

(1) 说明

小排粪沟减少了猪粪的表面积，从而降低了氨气的排放。该系统在部分或全漏缝地面的猪舍中都是可以应用的。粪便通过冲刷系统不断地被清除掉。漏缝地面由三角形铁制漏缝地板组成。排粪沟的两侧有 60°的坡度(图 4.31)。排粪沟一天冲洗两次，采用粪浆固液分离后的液体部分进行冲洗，冲洗液的干物质含量不超过 5%。

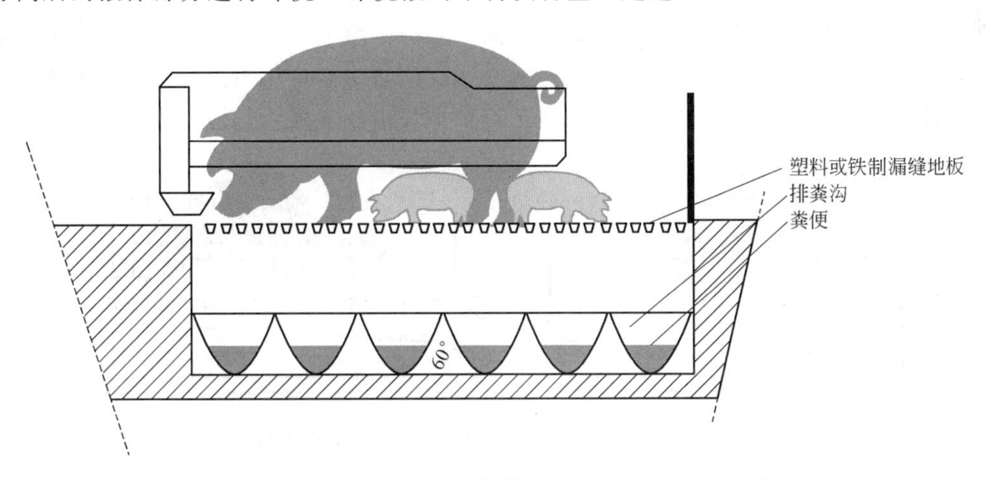

图 4.31 排粪沟冲刷系统［10，Netherlands，1999］

(2) 环境效益

该系统限制了排粪沟内粪便的表面积，并与塑料或铁制三角漏缝地板快速排除粪便系统相结合，进行一天两次的冲刷能够使 NH_3 排放量降低 60%［3.3kgNH_3/(存栏·年)］

(荷兰，比利时)。

(3) 跨介质影响

该系统因冲刷粪渠而需要的额外能耗为 8.5kW·h/(存栏·年)。

因冲刷而产生的臭味高峰会对住在养殖场附近的受体造成滋扰。使用未经曝气的冲洗液比经过曝气的冲洗液冲洗时产生的臭味更浓。而且必须视情况来决定是一直超过承受负荷（不采用冲洗系统）还是只承受峰值负荷更加重要。

(4) 适用性

在现有猪舍内应用该系统取决于现有粪坑的设计形式，但是似乎在参考系统中应用不是难事。

(5) 成本

额外投资成本为 535 欧元/存栏，这意味着达到 60%的减排量即从 8.3kgNH_3 降低到 3.3kgNH_3，成本为 107 欧元/kgNH_3 减少量。额外运行成本为 86.00 欧元/(存栏·年)，即 17.20 欧元/kgNH_3。

要达到更好一些的减排效果，该系统的额外成本会比配置独立水渠和粪便渠的系统大幅增加，所提供的信息不能解释这种差异。

(6) 参考养殖场

荷兰大约有 500 头怀孕期的母猪采用这种系统进行饲养。

(7) 参考文献

[10，Netherlands，1999]，[37，Bodemkundige Dienst，1999]。

4.6.2.4 配置集粪盘的全漏缝地板圈舍

(1) 说明

漏缝地面下面设置一个预制的集粪盘，可以根据围栏尺寸来调整集粪盘大小，集粪盘一端深深嵌在围栏的一端中，另一端向中心粪渠倾斜，坡度至少 3°（图 4.32)。集粪盘与污水处理系统相连通，应该每三天清除一次粪便。此技术的应用与围栏的设计形式，或是否是全部漏缝还是部分漏缝地板没有关系。漏缝地板由铁或塑料制成。

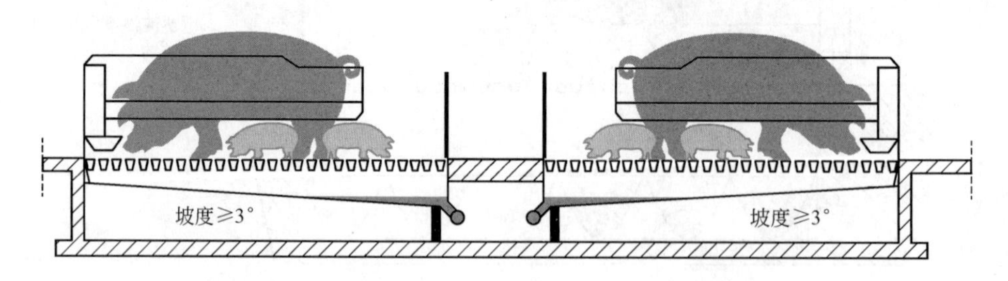

图 4.32 配置集粪盘的全漏缝地面 [10，Netherlands，1999]

(2) 环境效益

减少猪粪表面积和经常去除粪浆能实现 65%的 NH_3 减排 [2.9kgNH_3/(猪所占空间·年)]。与斜板系统相比较，虽然二者在结构方面很相似，但是该系统能提高 50%的减排效果。更低的排放表面积和更高的粪浆清除频率是决定二者减排效果差异的主要因素。

(3) 适用性

该系统在现有建筑的改建过程中应用较为便利。围栏的设计形式不是决定此系统能否应用的关键因素。

(4) 成本

额外投资成本为280欧元/存栏，意味着达到65%的减排量，即从8.3kgNH_3降低到2.9 kgNH_3，其成本为53.85欧元/kgNH_3减少量。额外年运行成本为45.85欧元/存栏，也就是8.80欧元/kgNH_3。

(5) 参考养殖场

荷兰大约有10000头母猪采用这种系统饲养。该系统是最近才被研发出来（1998年），目前该系统正被应用于大量的重建及新建建筑内。

(6) 参考文献

[10，Netherlands，1999]。

4.6.2.5 配置猪粪表面冷却片的全漏缝地面圈舍

(1) 说明、跨介质影响、适用性

参见4.6.1.5节，见图4.33。

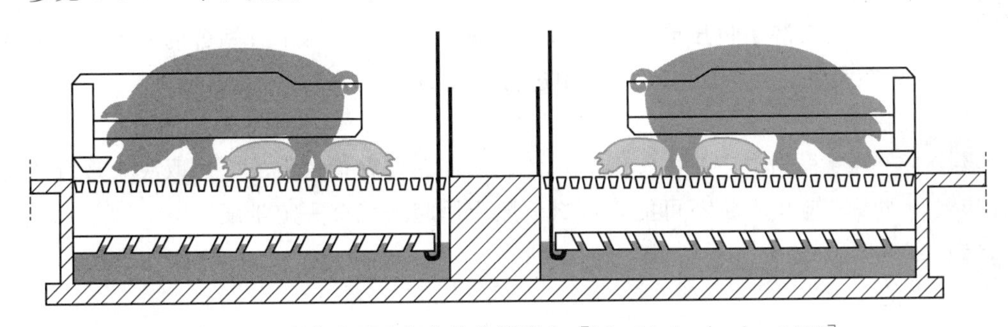

图4.33 安装表面冷却片的分娩猪舍 [10，Netherlands，1999]

(2) 环境效益

冷却猪粪表面能达到70%的减排量［即从8.3kgNH_3/(存栏·年)减少到2.4kgNH_3/(存栏·年)］（荷兰，比利时）。从这个减排效果可以看出猪粪表面的温度是决定NH_3排放量的最关键因素之一。考虑到动物健康及生产建议保持猪舍的温度尽可能地低。

(3) 成本

额外投资成本估计约为302欧元/存栏，或者达到70%的减排量的成本为51.20欧元/kgNH_3减少量。额外年运行成本为54.25欧元/存栏，也就是9.20欧元/kgNH_3减少量。

(4) 参考养殖场

荷兰大约有10000头母猪的分娩猪舍安装了这种系统。目前该系统正在应用于很多重建和部分新建建筑中。

（5）参考文献

［10，Netherlands，1999］，［37，Bodemkundige Dienst，1999］。

4.6.2.6 部分漏缝地面的圈舍

（1）说明

在所有的系统中，猪粪都是以粪浆液的形式被处理，通常通过排污管道排走，各个浆液渠都可通过管道上的活塞来排空。浆液渠也可以通过打开阀门的方式排空。每次分娩后，会对圈舍进行消毒处理，然后清理干净粪渠，即每4～5周清洗一次。

该系统的设计可与参照系统以及图4.34所示系统进行比对（2.3.1.2节），只是没有安装刮板。表面积的减少降低了氨气的排放量。

（2）环境效益

据报道，该系统降低了34%的氨气排放量，这是由于减少了粪浆表面积的原因。

（3）跨介质影响

据报道该系统的能耗与全漏缝地面设计没有差异。

从动物健康角度来说，实地板比漏缝地板要好一些，而这种好处只是对于小猪，对母猪作用不大［184，TWG ILF，2002］。

（4）运行数据

这种猪舍系统安装了负压或平衡压力的机械通风设施。每个分娩舍的最大通风强度为250m^3/h。该系统的运行情况在第2章中进行了介绍。

（5）适用性

该技术在丹麦得到了广泛的实践应用。该系统在现有猪舍内的应用取决于现有粪坑的设计形式，如果其应用不是不可能，那么一般应用起来就有一定难度。

（6）参考养殖场

见丹麦的应用。

（7）参考文献

［87，Denmark，2000］。

4.6.2.7 配置粪便刮板的部分漏缝地面圈舍

（1）说明

见4.6.1.9节和图4.34。漏缝地板可由铁或塑料制成（不采用混凝土漏缝地板）。

（2）环境效益

降低粪浆表面积、经常刮除粪浆和排走尿液能降低氨气的排放。部分漏缝地面的氨气排放量从35%［5.65kgNH_3/(存栏·年)（意大利）］到52%［4.0kgNH_3/(存栏·年)］（荷兰，比利时）。

（3）跨介质影响

刮板机能耗随着刮除频率而变化，据报道大约为2.4kW·h/(头猪·年)（意大利）和3.5kW·h/(猪·年)（荷兰）。

（4）运行数据

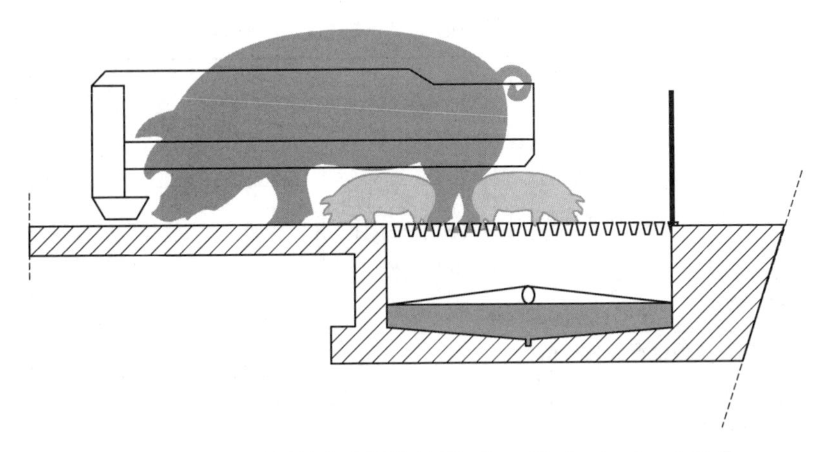

图 4.34 配置刮板的部分漏缝地面 [10, Netherlands, 1999]

由于地板表面容易磨损，因此该操作系统很脆弱。据报道系统氨气减排量为35%～52%。

(5) 适用性

配置刮板的部分漏缝和全漏缝地板系统都可应用于新建猪舍。虽然应用该系统时，需要对粪坑做一些改变，并且在现有猪舍内的应用取决于现有粪坑的设计形式，然而，通常要应用该系统会非常困难。

(6) 成本

虽然意大利报道的成本要低于参考系统（无数据），但该系统的成本相对较高。与全漏缝地面相比，该系统氨气排放量能降低52%，但是需要的额外投资为785欧元/存栏或182.55欧元/kgNH_3减少量。额外年成本为147.20欧元/存栏，或34.20欧元/kgNH_3。

(7) 参考养殖场

在荷兰有部分应用。

(8) 参考文献

[10, Netherlands, 1999], [59, Italy, 1999], [127, Italy, 2001]。

4.6.3 育成仔猪的系统综合养殖技术

关于育成仔猪的相关数据在表4.23中进行归纳。育成仔猪以群养方式饲养。围栏和平板的设计相类似（见2.3.1.3节）。饲养育成仔猪的参照系统是由配置塑料或金属制成的全漏缝地板的典型圈舍和底部的粪坑整合而成，粪便在每个饲养周期末被清除掉。这种类型猪舍的氨气的排放量估计为仔猪排泄总氮量的15%，相当于0.6～0.8kgNH_3/(头仔猪·年)。猪舍采用负压或平衡压机械通风。最大的通风量不超过40m^3/(h·存栏)。而且，还需要辅助的加热设施，可采用电风扇加热器或中心供暖站的加热管。下部设置混凝土倾斜地板用以分离粪尿的圈舍见图4.35。

在接下来的章节中，将之前所描述过的粪坑设计和去除技术的原理作为参考。

对于一些可选择的技术，提供了与参考系统相比较的额外成本。对于其他一些技术，不管比参照系统贵还是便宜，都给出了一个指标（表4.23）。

表 4.23 用于饲养育成仔猪的新建系统综合养殖技术的性能水平

章节	猪舍系统		NH_3 减排量/%	额外投资成本/(欧元/存栏)①	年运行成本/[欧元/(存栏·年)]①	能耗/[kW·h/(存栏·年)]
	配置全漏缝地面及底部深收集坑的圈舍(参照)		0.6(荷兰,意大利) 0.80(丹麦)$kgNH_3$/(存栏·年)			
	全漏缝地面(FSF)					
4.6.1.1	配置真空系统的全漏缝地面圈舍		25	无数据	无数据	低于参照
4.6.3.1	配置用以分离粪尿的混凝土斜坡的全漏缝地面圈舍		30	较低	较低	与参照一致
4.6.3.2	粪坑配置刮板的全漏缝地面圈舍		35	68.65	12.30	0.24②
4.6.3.3	配置冲刷渠或冲刷管的全漏缝地面圈舍	不曝气	40	25	4.15	1.9②
		曝气	50	很高	很高	3.1②
	部分漏缝地面(PSF)					
4.6.1.6	配置真空系统的部分漏缝地面圈舍		25～35	无数据	无数据	低于参照
4.6.3.4	配置两种通风系统的部分漏缝地面圈舍		34	与参照一致	与参照一致	与参照一致
4.6.3.5	配置倾斜或凸起实体地板和部分漏缝地板的圈舍		43	与参照一致	与参照一致	与参照一致
4.6.3.6	配置浅粪坑和变质饮用水收集渠的部分漏缝地板圈舍		57	2.85	0.35	与参照一致
4.6.3.7	配置粪便沟渠的三角铁部分漏缝地板圈舍		65	25	4.15	0.75②
4.6.3.8	配置粪便刮板的部分漏缝地板圈舍		40～70	68.65	12.30	0.15②
4.6.3.9	配置具有倾斜边墙的粪便沟渠和三角铁部分漏缝地板的圈舍		72	4.55	0.75	与参照一致
4.6.3.10	配置粪便表面冷却片的部分漏缝地板圈舍		75	24	9.75	高于参照
4.6.3.11	配置密闭箱和三角板条的部分漏缝地板圈舍		55	与参照一致	无数据	低于参照
	基于垫料的实体混凝土地板(SCF)					
4.6.3.12	采用秸秆和自然通风的垫料实体混凝土地板圈舍		无数据	与参照一致	高于参照	低于参照

① 来源：[10, Netherlands, 1999], [37, Bodemkundige Dienst, 1999], [185, Italy, 2001], [87, Denmark, 2000], [187, IMAG-DLO, 2001], [184, TWG ILF, 2002], [189, Italy/UK, 2002]。

② 仅包括冲洗和刮除粪便的能耗，不包括通风的能耗。

4.6.3.1 配置用以分离粪尿的混凝土斜坡的全漏缝地面圈舍

(1) 说明

原理见4.6.2.1节中的说明。在断奶末期，干粪很容易用高压水枪去除。

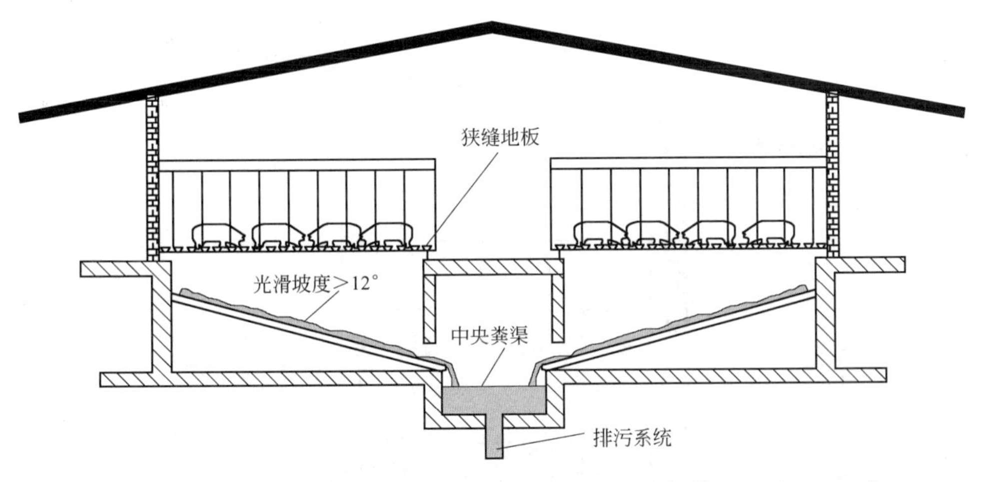

图 4.35 下部设置混凝土倾斜地板用以分离粪尿的圈舍［59，Italy，1999］

（2）环境效益

该系统可将猪粪即刻排至中心粪渠，进而将尿液马上排走的方式能降低30％的氨气排放［0.42kgNH_3/(存栏·年)］（意大利）。

（3）跨介质影响

不需要额外能耗。

（4）适用性

在具备足够深的粪坑的现有猪舍中，这种技术很容易应用实施。

（5）成本

如果成本计算中考虑收益的话，据估计投资成本会低于参照系统。

（6）参考养殖场

在意大利有一些应用实例。

（7）参考文献

［59，Italy，1999］，［185，Italy，2001］。

4.6.3.2 粪坑配置刮板的全漏缝地面圈舍

（1）说明

原理见4.6.1.9节和图4.36。漏缝地板可以由铁或塑料制成，但不采用混凝土。

（2）环境效益

经常将猪粪清除到猪舍外的粪坑中，并且将分离出的尿液排走能达到减排量为35％的较好效果［0.39kgNH_3/(存栏·年)］。

（3）跨介质影响

运行刮板所需的能耗预计为0.24kW·h/(存栏·年)。

（4）运行数据

由于地板表面的涂层易损坏，则该系统的操作性能易受影响。需要开展更多的研究来优化该系统的可操作性。

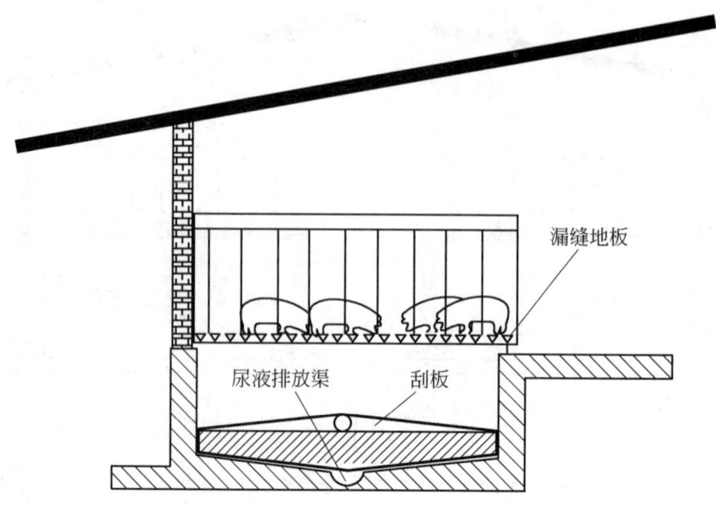

图 4.36 全漏缝地面下配置刮板的圈舍系统［185，Italy，2001］

（5）适用性

该系统尚未被认为可用于对现有育成仔猪养殖系统的改建，因为该系统需要对粪坑进行改造。

（6）成本

额外投资成本为 68.65 欧元/存栏，额外年运行成本为 12.30 欧元［184，TWG ILF，2002］。

（7）参考文献

［59，Italy，1999］。

4.6.3.3 配置冲刷渠或冲刷管的全漏缝地面圈舍

（1）说明

对粪坑的设计描述见 4.6.1.3 节和图 4.37。

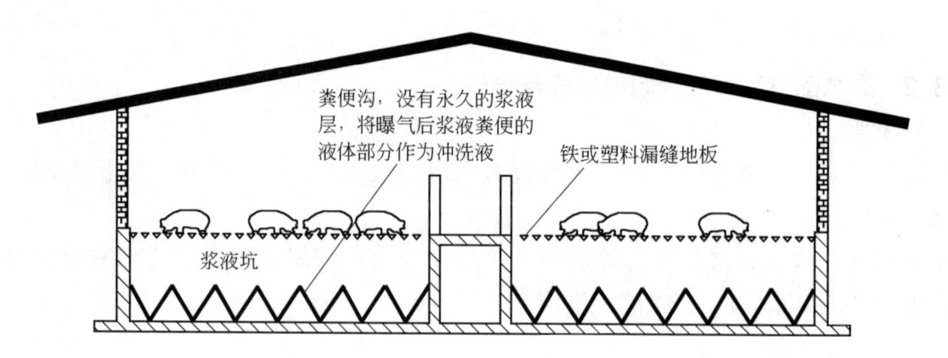

图 4.37 配置冲刷渠或冲刷管的全漏缝地面圈舍［185，Italy，2001］

（2）环境效益

减小粪渠中猪粪的表面积并且每天冲洗清除猪粪两次可使氨气排放量减少，若采用新鲜浆液，能达到 40％的 NH_3 减排量［0.36kgNH_3/（存栏·年）］，若采用曝气后的浆液，能达到 50%的 NH_3 减排量 [0.30kgNH_3/(存栏·年)]。

(3) 跨介质影响

该系统内每天两次的冲洗需要能耗，采用新鲜浆液和曝气浆液进行冲洗时，所需能耗分别为 1.9kW·h/(头仔猪·天) 和 3.1kW·h/(头仔猪·天)。

冲洗时的臭味高峰会对住在养殖场附近的受体产生滋扰。未曝气的冲洗液比曝气冲洗液产生的臭味更浓。必须视情况来决定是一直承受负荷（不采用冲洗系统）还是承受峰值负荷更加重要 [184，TWG ILF，2002。]

(4) 运行数据

要运行该系统，必须在猪舍外安装将液体从粪便浆液内分离出来的固液分离设施；并且在某些情况下，在液体被用作冲洗液之前需对其进行曝气处理。

(5) 适用性

配置冲洗沟的系统可以在新建猪舍中应用。该系统在现有猪舍内的应用取决于现有粪坑的设计。要应用该系统只需对地板进行一些改动。

(6) 成本

对于不曝气的系统，额外投资成本为 25 欧元/存栏，额外年运行成本为 4.15 欧元/存栏。一般认为带曝气的系统成本非常高 [184，TWG ILF，2002]。

(7) 参考文献

[59，Italy，1999]。

4.6.3.4 配置两种通风系统的部分漏缝地板圈舍

(1) 说明

猪粪以浆液形式处理，通常由管道排泄系统排出，各个粪便渠都可以通过排放管道上的活塞来排空。粪便渠也可以通过打开阀门的方式排空（图 4.38），每隔 6～8 周在每批猪出栏之后排空渠道，随后通常还会对猪舍进行消毒。

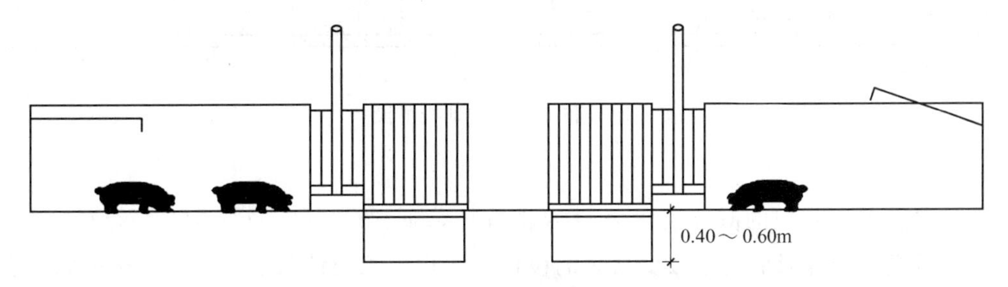

图 4.38 配置两种通风系统的部分漏缝地板饲养场的截面图 [87，Denmark，2000]

(2) 环境效益

该技术能降低 34%的 NH_3 排放量 [0.53kgNH_3/(存栏·年)]。该技术在丹麦已得到应用，故可与丹麦参照系统的排放水平进行比较 [0.8kgNH_3/(存栏·年)]。

(3) 跨介质影响

与参照系统相比，该系统采用自然通风，能耗较低 [184，TWG ILF，2002]。

(4) 运行数据

该类型的猪舍通常配备机械通风，采用负压通风或平衡压通风形式。最大通风强度为$40m^3$/(h·存栏)。通常以电风机加热器或中心供暖站加热管进行辅助加热。该系统也可采用自然通风。

猪舍安装窗户以便检查。

(5) 适用性

该系统在新建或现有猪舍中都适用。

(6) 成本

据估计，额外投资成本和运行成本与参照系统相同［184，TWG ILF，2002］。

(7) 参考养殖场

在丹麦，估计大约有30%～40%的处在断奶期的仔猪（重量7.5～30kg），即约160万头存栏饲养在部分漏缝地板猪舍内。预计该数据还会增加。

(8) 参考文献

［87，Denmark，2000］。

4.6.3.5 配置倾斜或凸起实体地板和部分漏缝地板的圈舍

(1) 说明

采用部分实体混凝土地板可减小猪粪的表面积，而减少粪便表面积又可减少氨气排放量。该系统在凸地面猪舍内应用，凸地面将两个渠道分开（图4.39）。该系统也可在猪舍前部为实体混凝土斜坡的部分漏缝地板的猪舍内应用。漏缝地板可由铁或塑料制成（非混凝土）。

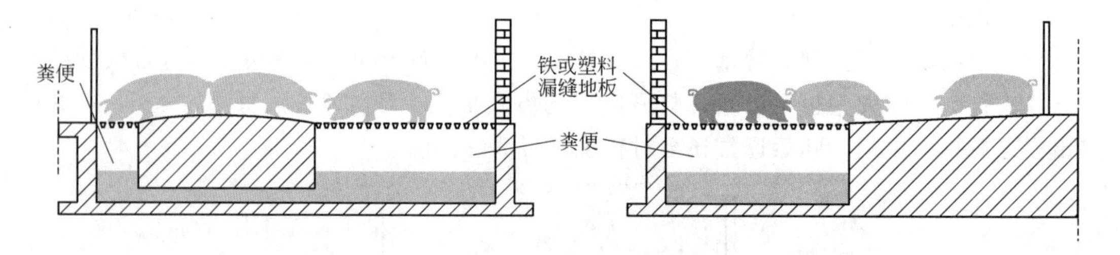

图4.39 配置倾斜或凸起实体地板和部分漏缝地板的圈舍［10，Netherlands，1999］

(2) 环境效益

粪渠中猪粪表面积的减小可使氨气的排放量降低43%［0.34kgNH_3/(存栏·年)］。事实上此氨气减排量只能通过改变猪舍的设计来实现。该设计与之前的设计相类似，然而能达到的减排量却更高，这主要是由凸起或倾斜的地面板所致。

(3) 运行数据

预计该系统与参照系统相似。

(4) 适用性

这种凸地板或部分漏缝地板系统可在新建猪舍中应用。在现有猪舍中的应用取决于现有粪坑的设计。

(5) 成本

若用该系统代替全漏缝地板系统，则不需要额外投资，且年成本相似。

（6）参考养殖场

在荷兰，至少有 10000 头仔猪被饲养在这种系统中。

（7）参考文献：

［10，Netherlands，1999］。

4.6.3.6 配置浅粪坑和变质饮用水收集渠的部分漏缝地板圈舍

（1）说明

采用部分实体混凝土地面能降低猪粪的表面积，而降低粪便表面积又可减少氨气的排放量。该系统可应用于凸地面的猪舍内。凸地面将两条渠分开。前面的渠道会填充部分水，因为猪一般不会将其作为排粪区，只有变质食物进入前面渠道（图 4.40）。水的主要功能是防止苍蝇繁殖。

图 4.40 前面带有变质饮用水渠的浅粪坑与凸地面以及部分金属或塑料漏缝地板的猪舍［10，Netherlands，1999］

（2）环境效益

减小粪渠内猪粪的表面积、利用三角铁条漏缝地面快速排除粪便以及经常由排水系统清除粪便等综合措施能使 NH_3 排放量降低 57%［0.26kgNH_3/(存栏·年)］（荷兰，比利时）。

（3）跨介质影响

不需要额外能耗。

（4）运行数据

与参照系统相似。

（5）适用性

在现有猪舍中的应用取决于现有粪坑的设计。

（6）成本

额外投资为 2.85 欧元/存栏，额外年运行费用为 0.35 欧元/存栏。

（7）参考养殖场

在荷兰，约有 250000 只育成仔猪被饲养在这种系统中。

（8）参考文献

［10，Netherlands，1999］。

4.6.3.7 配置粪便沟渠的三角铁部分漏缝地板圈舍

（1）说明

见前面4.6.3.3节中对冲洗沟系统的介绍及图4.41。区别就是多了一个独立水渠。小沟渠会减小粪便表面积。通过冲洗系统可频繁清除猪粪。漏缝地板由三角形的铁或塑料漏缝地板制成。沟渠侧壁有60°的倾斜度，并且应该每天冲洗两次。可以采用粪便固液分离后液体的一部分进行冲洗，冲洗液的干物质含量不应高于5%。

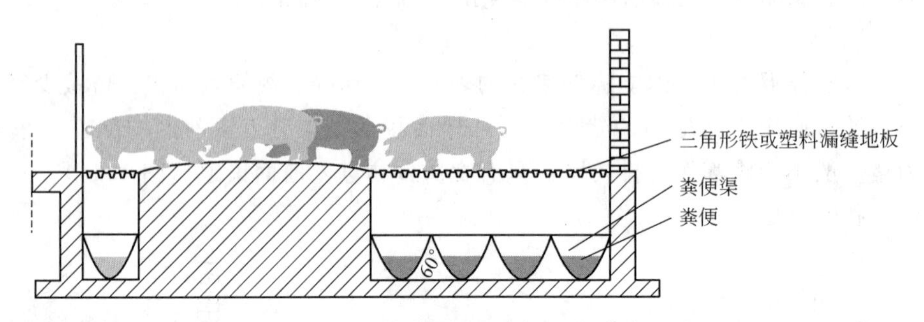

图4.41 粪便沟渠与三角形铁漏缝地板凸地板圈舍［10，Netherlands，1999］

（2）环境效益

减少粪渠中猪粪的表面积，每天冲洗清除猪粪两次，并利用三角形铁漏缝地板快速排除板条区域的粪便等综合措施能使 NH_3 排放量降低65%［0.21kgNH_3/(猪所占空间存栏·年)］（荷兰，比利时）。

（3）跨介质影响

该系统因冲刷（每天两次）而额外需要的能耗为0.75kW·h/(存栏·年)。

因冲刷而产生的臭味高峰会对住在养殖场附近的受体造成滋扰。未曝气的冲洗液比曝气冲洗液产生的臭味更浓。必须视情况来决定是一直承受负荷（不采用冲洗系统）还是承受峰值负荷更加重要［184，TWG ILF，2002］。

（4）运行数据

要运行该系统，必须在猪舍外安装将液体从粪便浆液内分离出来的固液分离设施；分离之后的液体可作为冲洗液。

（5）适用性

该系统在现有猪舍内的应用取决于现有粪坑的设计。该系统在中心凸起地板或具有倾斜混凝土板的部分漏缝地板猪舍中易于应用（见4.6.3.5节）。应用该系统只需进行很小的改动。

（6）成本

额外投资成本为25欧元/存栏，即达到65%的减排量（从0.60kgNH_3 降低到0.21kgNH_3）时，成本为64.10欧元/kgNH_3 减少量。额外年运行成本为4.15欧元/存栏，即10.64欧元/kgNH_3 减少量。

（7）参考养殖场

在荷兰，约有75000只育成仔猪被饲养在这种系统中。

（8）参考文献

[10, Netherlands, 1999], [37, Bodemkundige Dienst, 1999]。

4.6.3.8 配置粪便刮板的部分漏缝地板圈舍

(1) 说明和适用性

见4.6.1.9节和图4.42。漏缝地板由铁或塑料制成（非混凝土漏缝地板）。

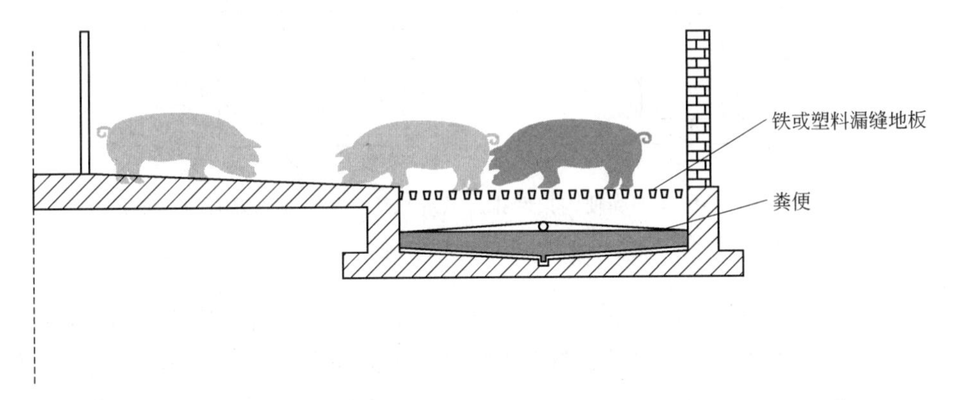

图4.42 配置粪便刮板的部分漏缝地板圈舍 [10, Netherlands, 1999]

(2) 环境效益

将建筑物外面粪坑内的粪便经常清除掉可以使氨气排放量降低40% [0.36kgNH_3/(存栏·年)]（意大利）到70% [0.18kgNH_3/(存栏·年)]（荷兰，比利时）。板条的材质、清粪频率以及粪坑地板光滑度都会影响减排效果。

(3) 跨介质影响

刮板所需能耗约为0.15kW·h/(存栏·年)。

(4) 运行数据

由于地板表面的涂层易损坏，因此该系统的运行易受影响。要提高该系统的可操作性需要开展更多的研究。

(5) 成本

额外投资成本为68.65欧元/存栏，即达到70%的减排量（从0.60kgNH_3降低到0.18kgNH_3）时，成本为163.5欧元/kgNH_3减少量。额外年运行成本为12.30欧元/存栏，或者29.30欧元/kgNH_3。

(6) 参考养殖场

在荷兰，一些仔猪存栏（约40000只）采用了这种饲养系统。

(7) 参考文献

[10, Netherlands, 1999], [37, Bodemkundige Dienst, 1999]。

4.6.3.9 配置具有倾斜边墙的粪便沟渠和三角铁部分漏缝地板的圈舍

(1) 说明

粪便沟渠的倾斜边墙可减少猪粪的表面积（见图4.43），从而可降低氨气排放量。该系统在凸地面猪舍内可以应用。凸地面将两条渠分开。前面的渠道会填充部分水，因为猪一般不会将其作为排粪区，只有变质食物进入前面渠道。水的主要功能是防止苍蝇繁殖。

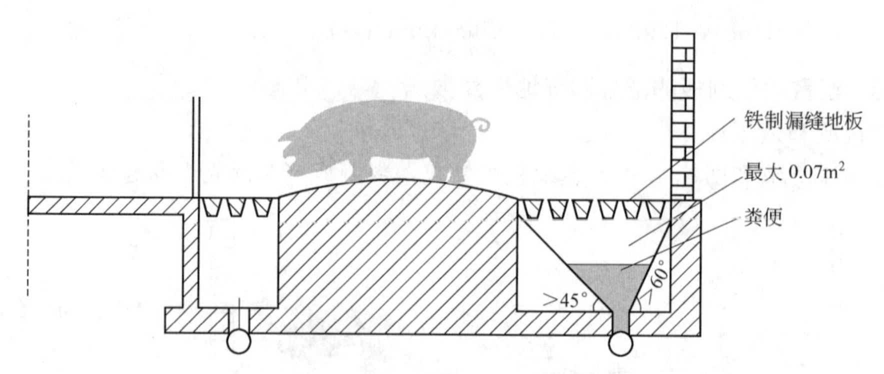

图 4.43 倾斜边墙的粪便沟渠和排污系统相结合的三角形铁板条凸地板猪舍［10，Netherlands，1999］

该系统也可在猪舍前部为实体混凝土斜坡的部分漏缝地板的猪舍内应用。猪粪常由排水系统清除。板条由三角形铁板条制成。粪渠中猪粪的表面积不应超过 0.07m^2/存栏。倾斜壁表面应由表面光滑的材料制成，防止猪粪附着。粪便渠后部不需设置斜面，但如果存在倾斜面，那么斜面的坡度须在 60°～90°之间。与实体混凝土地面相邻的墙面倾斜度应在 45°～90°之间。

（2）环境效益

减小粪渠中猪粪的表面积，利用三角形铁条快速排除漏缝地板区域的粪便，并且经常通过排污系统清除粪便等措施可使 NH_3 排放量降低 72%［0.17kgNH_3/(存栏·年)］。

（3）跨介质影响

与参照系统相比，该系统不需要额外能耗。

（4）运行数据

与参照系统相似。

（5）适用性

这种具有倾斜边墙的系统可应用于现有猪舍内，只需做很小的改动。

（6）成本

额外投资成本为 4.55 欧元/存栏，即达到 72%的减排量，成本为 10.58 欧元/kgNH_3 减少量。额外年运行成本为 0.75 欧元/存栏，即 1.74 欧元/kgNH_3。

（7）参考养殖场

该系统是一新近研发的技术（1998 年）。目前在荷兰，该系统正被应用于大部分新建猪舍和旧舍改造中。

（8）参考文献

［10，Netherlands，1999］。

4.6.3.10 配置粪便表面冷却片的部分漏缝地板圈舍

（1）说明、跨介质影响以及适用性

参见 4.6.1.5 节和图 4.44。

（2）环境效益

图 4.44　配置猪粪表面冷却片的部分漏缝地面圈舍 [10，Netherlands，1999]

猪粪表面冷却与部分漏缝地面结合应用可达到最佳氨气减排效果，减排达 75% [0.15kgNH_3/(存栏·年)]（荷兰，比利时）。

（3）成本

额外投资成本为 24 欧元/存栏。达到 75%的减排量即从 0.6kgNH_3 降至 0.15kgNH_3 时，成本约为 53.30 欧元/kgNH_3 减少量。额外年运行成本为 4.40 欧元/存栏，即 9.75 欧元/kgNH_3 减少量。

（4）参考养殖场

该系统只是几年之前才被研发出来。目前在荷兰，该系统正被应用于大量旧房改造猪舍以及部分新建猪舍中。

（5）参考文献

[10，Netherlands，1999]，[37，Bodemkundige Dienst，1999]

4.6.3.11　配置密闭箱的部分漏缝地面圈舍：猪窝式房舍系统

说明

中心区域是喂食的实地板部分。地面上铺垫少量垫料增加猪的舒适感。粪便排泄区域设置在猪舍较窄的一边。带遮盖的卧躺区设置在猪舍较宽的一边（图 4.45）。板条（三角形金属材质）的排泄面积最大为 0.09m^2/仔猪。

由于躺卧区域被遮盖，因此室温比平常要低。该系统也非常适合应用于自然通风的猪舍内。

与参考系统相比，该系统实现氨气排放量降低的原因主要是由于采用较小的粪坑的表面积。在中间实体混凝土地面上放置一些秸秆能防止地面变脏。

4.6.3.12　铺有秸秆垫料层的实体混凝土地板圈舍：自然通风

（1）说明

在实体混凝土地板表面上几乎全部铺上一层秸秆或者其他木质纤维素材料来吸收尿液并混合粪便。这样能获得固态粪便，且需经常清除以保持垫料层干燥。在气候较寒冷地区，地面区域会被隔开，这样完全绝热的猪窝区或爬行区可为断奶的仔猪提供躺卧的地方，并可通入完全垫满垫料的排粪区（图 4.46）。在猪窝或爬行区会铺一些秸秆。在断奶的仔猪长到 25kg 前可一直采用该系统进行饲养。

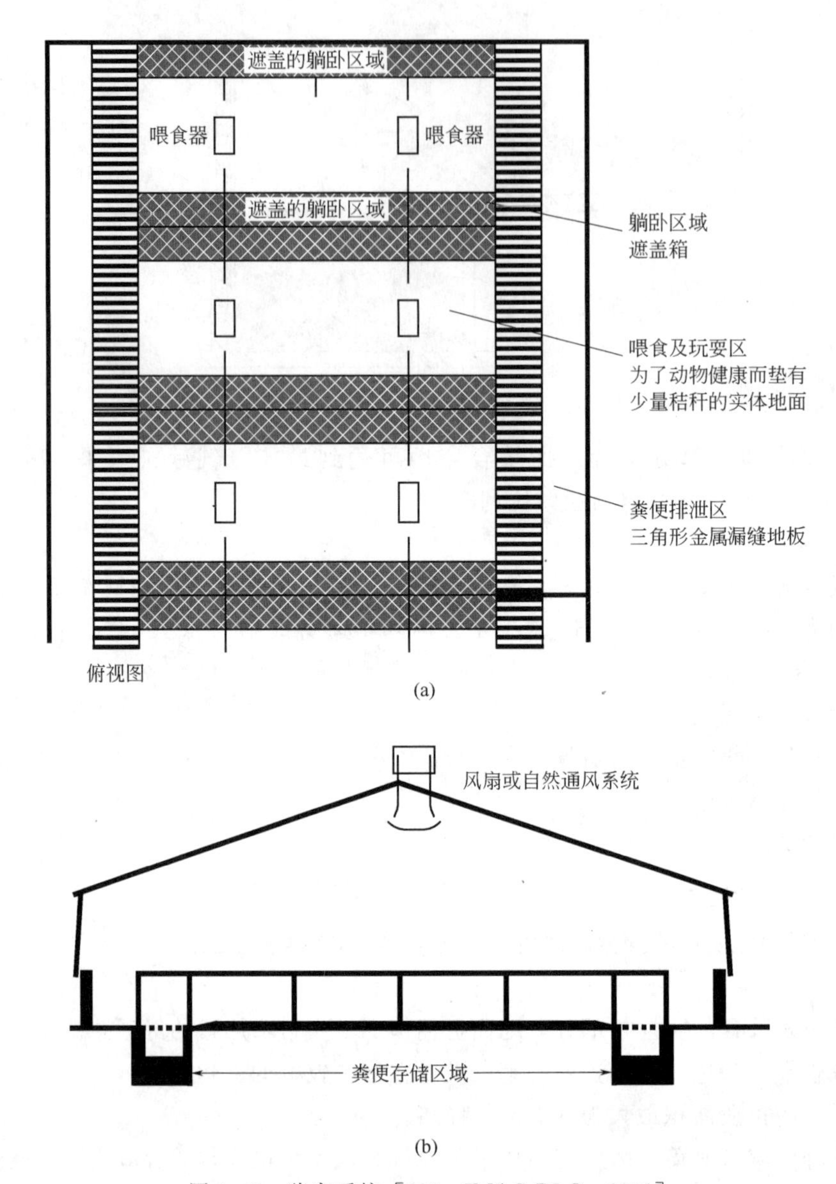

图 4.45 猪窝系统［187，IMAG-DLO，2001］

（2）环境效益

氨气的排放量未知。

（3）适用性

该系统可应用于所有新建猪舍中。而对于现有猪舍，可在实体混凝土地面的猪舍中应用。设计细节会有所差异。

（4）运行数据

预计采用垫草能有助于育成仔猪在无保温猪窝或爬行区的猪舍内保持体温，从而不需要额外能耗用于产热。

（5）跨介质影响

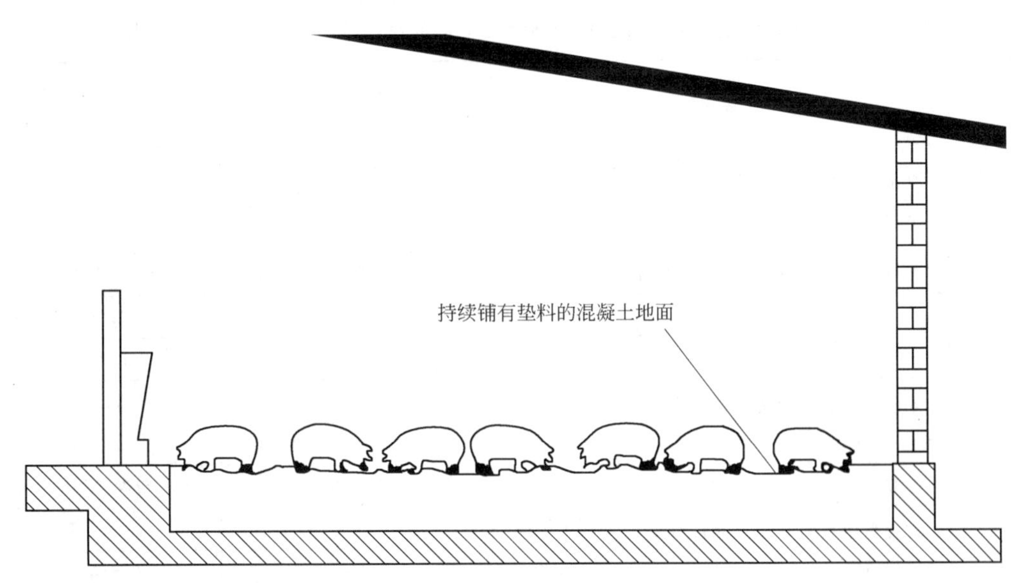

图 4.46 铺有垫料的实体混凝土地板圈舍：自然通风 [189，Italy/UK，2002]

从动物健康方面来说该系统值得推荐。从农业角度来说，该系统产生固态粪便而非液体粪浆是一大优点。有机物质进入农田能改善土壤的物理特性，可降低营养物质因径流以及渗滤而进入到水体中。

若垫料不足，会产生恶臭问题 [184，TWG ILF，2002]。

(6) 成本

预计该系统的资金成本与参照系统在相同的范围内。年运行成本可能略高 [184，TWG ILF，2002]。

(7) 参考养殖场

意大利的 Sartori 养殖场应用了该技术。意大利约有 4%的育成仔猪被饲养在全垫料层猪舍中。在英国，猪窝区或爬行区（带加热）与全垫料层结合应用的系统很普遍，养殖群大约 100 头，体重范围从 7kg 到 15kg 或 20kg。

(8) 参考文献

[185，Italy，2001]，[189，Italy/UK，2002]。

4.6.4 用于生长猪和育肥猪的系统综合养殖技术

用于养殖生长猪的潜在的最佳可行技术见表 4.24。此处提出的大部分技术已在关于种猪和妊娠猪养殖技术部分进行了介绍。

参照技术

用于养殖生长猪和育肥猪的参照技术为配置深粪坑的全漏缝地面系统，其氨气的排放量在 2.39～3.0kgNH_3/(存栏・年) 之间。据意大利报道，人工通风能耗需求估计为 21.1kW・h/(存栏・年) [185，Italy，2001]。据德国报道，人工通风的能耗需求为 20～30kW・h/(存栏・年) [124，Germany，2001]。

表 4.24 用于饲养生长猪和育肥猪的新建猪舍内的系统综合养殖技术的性能指标

<table>
<tr><th>章节</th><th colspan="2">猪舍系统</th><th colspan="2">NH_3 减排量
/%</th><th>能耗
/[kW・h/(存栏・年)]</th></tr>
<tr><td></td><td colspan="2">全漏缝地板、人工通风、底部深粪坑的全漏缝地板群养猪舍(参考)</td><td colspan="2">2.39(丹麦)～3.0
(意大利,荷兰,丹麦)
$kgNH_3$/(存栏・年)</td><td>21.1(意大利)
20～30(丹麦)</td></tr>
<tr><td>4.6.1.1</td><td colspan="2">配置真空系统的全漏缝地板系统</td><td colspan="2">25</td><td>与参考相同或更低</td></tr>
<tr><td rowspan="2">4.6.1.2</td><td rowspan="2">配置冲洗沟的全漏缝地板系统</td><td>不通风</td><td colspan="2">30</td><td>22.8①</td></tr>
<tr><td>通风</td><td colspan="2">55</td><td>40.3①</td></tr>
<tr><td rowspan="2">4.6.1.3</td><td rowspan="2">配置冲洗管或冲洗沟渠的全漏缝地板系统</td><td>不通风</td><td colspan="2">40</td><td>18.5①</td></tr>
<tr><td>通风</td><td colspan="2">55</td><td>32.4①</td></tr>
<tr><td>4.6.1.4</td><td colspan="2">配置小粪坑的部分漏缝地板系统</td><td colspan="2">20～33</td><td>与参考相同</td></tr>
<tr><td rowspan="2">4.6.4.4</td><td rowspan="2">配置粪便表面冷却片的部分漏缝地板系统</td><td>混凝土板条</td><td colspan="2">50</td><td>高于参考</td></tr>
<tr><td>金属板条</td><td colspan="2">60</td><td>高于参考</td></tr>
<tr><td rowspan="2">4.6.1.6</td><td rowspan="2">配置真空系统的部分漏缝地板系统</td><td>混凝土板条</td><td colspan="2">25</td><td>与参考相同</td></tr>
<tr><td>金属板条</td><td colspan="2">35</td><td>与参考相同</td></tr>
<tr><td rowspan="2">4.6.1.7</td><td rowspan="2">配置冲洗渠的部分漏缝地板系统</td><td>不曝气</td><td colspan="2">50</td><td>21.7①</td></tr>
<tr><td>曝气</td><td colspan="2">60</td><td>38.5①</td></tr>
<tr><td rowspan="3">4.6.4.1</td><td rowspan="3">配置冲洗管或冲洗沟的部分漏缝地板系统</td><td rowspan="2">不曝气</td><td>混凝土板条</td><td>60</td><td>14.4①</td></tr>
<tr><td>金属板条</td><td>65</td><td>14.4①</td></tr>
<tr><td>曝气</td><td colspan="2">70</td><td>30①</td></tr>
<tr><td rowspan="2">4.6.4.2</td><td rowspan="2">配置倾斜墙粪便渠的部分漏缝地板系统</td><td>混凝土板条</td><td colspan="2">60</td><td>与参考相同</td></tr>
<tr><td>金属板条</td><td colspan="2">66</td><td>与参考相同</td></tr>
<tr><td rowspan="2">4.6.4.3</td><td rowspan="2">配置倾斜墙和真空系统的部分漏缝地板系统</td><td>混凝土板条</td><td colspan="2">60</td><td>与参考相同</td></tr>
<tr><td>金属板条</td><td colspan="2">66</td><td>与参考相同</td></tr>
<tr><td rowspan="2">4.6.1.9</td><td rowspan="2">配置刮板的部分漏缝地板系统</td><td>混凝土板条</td><td colspan="2">40</td><td>高于参考</td></tr>
<tr><td>金属板条</td><td colspan="2">50</td><td>高于参考</td></tr>
<tr><td>4.6.4.5</td><td colspan="2">配置外置区域/垫料的部分漏缝地板系统</td><td colspan="2">30</td><td>12.6①</td></tr>
<tr><td>4.6.4.6</td><td colspan="2">配置三角板条及密闭箱的部分漏缝地板系统</td><td colspan="2">36</td><td>远低于参考</td></tr>
<tr><td>4.6.4.7</td><td colspan="2">全区域覆盖垫料/前端开放式的实体混凝土地板系统</td><td colspan="2">−33②</td><td>远低于参考</td></tr>
<tr><td>4.6.4.8</td><td colspan="2">配置覆盖垫料外置通道的实体混凝土地板系统</td><td colspan="2">20～30</td><td>2.43</td></tr>
</table>

① 仅对于粪便清除来说（因为未采用通风）。

② 负值代表氨气排放量增加。

该系统的应用最普遍，在 2.3.1.4.1 节中已做介绍。

技术的说明和图片，请参考之前的 4.6.1 节。在本章节，只给出数据与 4.6.1 节中不一致时的相关技术的说明。本章参考的章节有：

- 配置真空系统的全漏缝地面（4.6.1.1 节）；

- 配置持续浆液层冲刷沟渠的全漏缝地面（4.6.1.2节）；
- 配置冲洗管道或冲洗沟渠的全漏缝地面（4.6.1.3节）。

以下用于生长猪和育肥猪养殖的部分漏缝地面设计猪舍在4.6.1节中已做介绍和讨论：

- 配置底部深粪坑的部分漏缝地面（4.6.1.4节）；
- 配置真空系统的部分漏缝地面（4.6.1.6节）；
- 部分配置持续浆液层冲刷沟渠的部分漏缝地面（4.6.1.7节）；
- 配置刮板的部分漏缝地面（4.6.1.9）。

在德国，凸地面的两侧配置浅粪坑的部分漏缝地面养殖猪舍也有应用（见4.6.3.6节）。据报道，该系统与参考系统相比，氨气排放量没有降低，其氨气排放量约为3kgNH_3/(存栏·年)［(2～5) kgNH_3/(存栏·年)］。该设计（地面在中央或一侧）的成本与参考系统在相同的范围内。

4.6.4.1 配置冲洗沟或冲洗管道的部分漏缝地板系统

（1）说明

见4.6.1.8节。小沟渠可减小猪粪的表面积，从而可降低氨气的排放量。可以在凸地面猪舍中应用该技术。凸地面将两条渠分开。也可在前部设置倾斜实体混凝土地面的部分漏缝地面猪舍中应用。猪粪常由冲洗系统清除（每天冲洗1～2次）。板条由混凝土或三角形铁板条制成。粪便渠的宽度至少为1.10m。沟渠应保持60°的坡度，采用粪便中新鲜的液体部分或曝气浆液进行冲洗（图4.47）。

图4.47 粪便沟渠与混凝土（或三角形铁制）板条相结合的凸地板猪舍［10, Netherlands, 1999］

（2）环境效益

减小粪渠中猪粪的表面积，每天冲洗去除粪便两次以及采用三角形铁制板条快速排除板条区域内粪便等措施能降低60%～65%的氨气排放量。若采用曝气浆液进行冲洗能降低70%的NH_3排放量。

报道的不同数据有：

- 曝气浆液冲洗的混凝土板条系统的氨气排放量为0.9kgNH_3/(存栏·年)(意大利)。
- 新鲜浆液冲洗的三角铁板条系统的氨气排放量为1.0kgNH_3/(存栏·年)（荷兰，比利时）。
- 新鲜浆液冲洗的混凝土板条系统的氨气排放量为1.2kgNH_3/(存栏·年)（荷兰，

比利时，意大利)。

(3) 跨介质影响

能耗量为：

- 冲洗能耗为1～1.5kW·h/(存栏·年)；
- 固液分离能耗为5.1kW·h/(存栏·年)；
- 曝气能耗为7.2kW·h/(存栏·年)。

该系统不采用人工通风，在意大利该系统的总能耗比采用人工通风的全漏缝地板系统的能耗低。

因冲洗产生的臭味高峰会对住在养殖场附近的居民造成滋扰。利用未曝气的冲洗液进行冲洗比曝气冲洗液冲洗产生的臭味更浓。必须视情况来决定是一直承受负荷（不采用冲洗系统）还是承受峰值负荷更加重要［184，TWG ILF，2002］。

(4) 运行数据

应用该系统需要安装固液分离的装置，将粪便浆液中的液体部分分离出来，然后进一步处理如曝气，之后用泵抽回用于冲洗液。

(5) 适用性

配置冲洗沟的系统可应用于新建猪舍中。该系统在现有猪舍中的应用取决于现有粪坑的设计。

(6) 成本

据报道混凝土板条系统的应用成本非常高但又不尽相同。荷兰报道的额外投资成本是59欧元/存栏。即达到60%的减排量时，成本为32.77欧元/kgNH_3减少量。额外的年运行成本为9.45欧元/存栏，或者5.25欧元/kgNH_3。意大利报道的成本与参考系统相比是负值（即收益），达到了2.96欧元/kgNH_3减少量。

据报道三角形铁制板条系统的应用成本比混凝土板条系统稍高，但减排效果也更好。其额外投资成本是79欧元/存栏，即达到65%的减排量时，成本为40欧元/kgNH_3。额外的年运行成本是12.50欧元/存栏，即6.25欧元/kgNH_3减少量。

(7) 参考养殖场

意大利和荷兰的一些养殖场应用了该技术（约有50000个存栏）。该技术只是近年来（1999年初）才被研发出来用于饲养育肥猪的养殖系统。

(8) 参考文献

［10，Netherlands，1999］，［59，Italy，1999］，［185，Italy，2001］。

4.6.4.2 配置斜坡集粪渠的部分漏缝地板系统

(1) 说明

粪便渠倾斜边墙可减小猪粪的表面积，从而降低氨气的排放量。在凸地面系统中可以应用该技术。凸地面将两条渠分开。前面的渠道会填充部分水，因为猪一般不会将其作为排粪区，只有变质食物进入前面渠道。水的主要功能是防止苍蝇繁殖。该系统也可在猪舍前部为实体混凝土斜坡的部分漏缝地板的猪舍内应用。猪粪常由排水系统清除。粪便渠的宽度至少为1.10m。粪便渠中猪粪的表面积不应超过0.18m^2/存栏。粪便渠倾斜墙表面应由表面光滑的材料制成，防止猪粪附着。粪便渠后部不需设置斜面，但如果存在倾斜墙，则斜面的坡度须在 60°～90°之间。靠近混凝土地面的墙壁应该有 45°～90°的倾斜度。板条由混凝土制成（图 4.48）。

图 4.48 配置倾斜墙粪便渠的部分混凝土漏缝凸地板系统［10，Netherlands，1999］

（2）环境效益

减小粪渠中猪粪的表面积，以及经常由排水系统清除猪粪等措施能减少氨气排放量，若采用混凝土板条能降低 60％的 NH_3 排放量［即排放量 1.2kgNH_3/（存栏·年）］，若采用三角形铁制板条则能降低 66％的 NH_3 排放量［即排放量为 1.0kgNH_3/（存栏·年）］。

（3）跨介质影响

该系统不需要额外能耗。

（4）运行数据

与参照系统相似。

（5）适用性

该倾斜墙猪舍系统能在新建猪舍中应用。在现有猪舍中其应用性取决于现有粪坑的尺寸。要应用该系统只需要进行很小的改动，几乎不需要改变管理策略和技术。粪便表面积应最大不超过 0.18m²/存栏。

（6）成本

额外投资成本是 3.00 欧元/存栏，即达到 60％的减排量（即从 3.0kgNH_3 降到 1.2kgNH_3）时，成本为 1.65 欧元/kgNH_3 减少量。额外年运行成本是 0.50 欧元/存栏，即 0.28 欧元/kgNH_3 减少量。金属板条系统的成本稍有不同，额外投资成本是 23 欧元/存栏，即达到 65％减排量时，成本为 12 欧元/kgNH_3 减少量。额外年运行成本是 15 欧元/存栏，即 2.70 欧元/kgNH_3 减少量。

（7）参考养殖场

三角形铁制板条系统是在 20 世纪 90 年代中期开发出来的。目前在荷兰该系统已被应用到大部分的新建猪舍和旧猪舍的改造中。

（8）参考文献

［10，Netherlands，1999］。

4.6.4.3 配置斜坡的缩小粪坑和真空系统的部分漏缝地板系统

（1）说明

4.6.4.2 节介绍了配置倾斜墙壁的系统，4.6.1.1 节介绍了配置真空系统的猪舍系统。结合这两种技术的优势，研发出了配置倾斜墙和真空系统的小型粪坑的部分漏缝地板系统。

(2) 环境效益

减小粪渠中猪粪的表面积，并经常由排污系统清除猪粪等措施能实现较好的减排效果，估计采用混凝土板条能降低60%的 NH_3 排放量，采用三角形铁制板条则能降低 66% 的 NH_3 排放量。

(3) 跨介质影响

由于该系统采用手动操作，因此不需要额外能耗。在排粪浆的过程中，打开阀门形成的真空能去除清粪期间形成的粪雾。

(4) 运行数据

与参照系统相似。

(5) 适用性

带倾斜墙壁的猪舍系统能在新建猪舍中应用。在现有猪舍中的应用取决于现有粪坑的尺寸。应用该系统只需要做很小的改动，几乎不需要改变管理策略和技术。粪便表面积最大不应超过 0.18m^2/存栏。

(6) 成本

额外投资成本是 3.00 欧元/存栏。额外年运行成本是 0.50 欧元/存栏。附加的真空系统可能需要额外成本。

对于铁制板条系统，其成本会稍有不同。额外年投资成本是 23 欧元/存栏。

(7) 参考养殖场

这种组合技术目前还未被采用。

(8) 参考文献

[185，Italy，2001]，[10，Netherlands，1999]，[184，TWG ILF，2002]。

4.6.4.4 配置粪便表面冷却片的部分漏缝地板系统

(1) 说明、跨介质影响和适用性

见 4.6.1.5 节和图 4.49。

图 4.49 配置猪粪表面冷却片的部分混凝土漏缝地板或三角形铁制漏缝地板猪舍 [10，Netherlands，1999]

（2）补充介绍

该系统也可应用三角形铁制板条代替混凝土板条［186，DK/NL，2002］。

（3）环境效益

从粪便顶部的冷却片中流过的冷水可冷却猪粪表面来降低氨气的挥发，降低程度与之前的系统相似，根据所应用的板条材质及不同形状，能达到的减排量在50％～60％之间［1.2～1.5kgNH_3/(存栏·年)］。

（4）成本

① 混凝土板条系统　额外投资成本是30.40欧元/存栏，即达到50％的减排量（即从3.0减到1.5kgNH_3）时，成本是20欧元/kgNH_3减少量。额外年运行成本是5.50欧元/存栏，即3.65欧元/kgNH_3减少量。

② 三角形铁制板条系统　该系统的额外投资成本计算为43欧元/存栏，即达到60％的减排量时，成本为24欧元/kgNH_3减少量。额外年运行成本是8欧元/存栏，即4.50欧元/kgNH_3减少量。

（5）参考养殖场

在荷兰，约有20000个存栏猪舍采用了这种系统。该系统只是最近才被开发出来的（1999年初期）。目前该系统正被应用到一些新建猪舍和旧猪舍改造中。

（6）参考文献

［10，Netherlands，1999］，［186，DK/NL，2002］。

4.6.4.5 配置垫料的外置通道及快速清除粪浆的部分漏缝地板猪舍（PSF＋EA litter）

（1）说明

除了部分漏缝地面之外，该系统还采用了一个外置的铺有垫料的过道，见图4.50。如果外置过道被其他猪占据而不能到外面排粪时，这些猪可以将粪便排至室内粪坑。漏缝地板下粪坑收集的猪粪采用之前介绍过的清除系统进行清除。

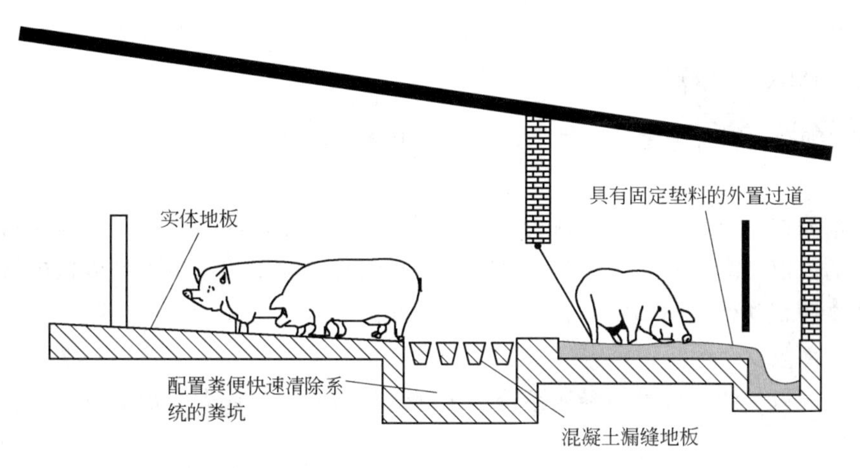

图4.50　配置垫料的外置通道及快速清除粪浆的部分漏缝地板猪舍［185，Italy，2001］

（2）环境效益

氨气的排放量可以降低到2.1kgNH_3/(存栏·年)，约为全漏缝地面排放量的30％。

(3) 跨介质影响

将漏缝地板下粪坑内的粪便清除以及将外置通道粪坑内的固体粪便清除都需要能耗。清除粪便的能耗估计约为12.6kW·h/(存栏·年)。因为不需要采用人工通风，所以总能耗比参照系统少[184，TWG ILF，2002]。

对于意大利通常采用液体喂养方式的大型养殖场来说，在功能区使用垫料并不常见，因为这些垫草在很短的时间内会变得太过潮湿。仅在外置通道中铺设垫草不仅能避免这种负面效果，还能获得固态猪粪产品。固态猪粪可作为肥料应用于农田，能起到改善土壤结构的效果。

如果应用的垫料不足，就会产生臭气问题[184，TWG ILF，2002]。

(4) 成本

对于新建猪舍，投资成本预计与参照系统相当。年运行成本估计要比参照系统稍高。在旧猪舍改造中，成本预期会比参照系统高很多[184，TWG ILF，2002]。

(5) 参考文献

[59，Italy，1999]，[185，Italy，2001]。

4.6.4.6 有遮盖箱的部分漏缝地面：猪窝房舍系统

(1) 说明、适用性、运行数据和成本

见4.6.3.11。

(2) 补充介绍

该系统与饲养育成仔猪的系统在漏缝地板（三角形金属板条）排泄面积上会有所不同：对于体重低于50kg的育肥猪来说，排泄面积最大为0.14m^2；对于体重超过50kg的育肥猪来说，排泄面积最大为0.29m^2。由于该系统内室温低，因此能耗也较低。

(3) 环境效益

与参照系统相比较，氨气减排量达36%，即排放量为1.9kgNH_3/(存栏·年)。

(4) 参考文献

[187，IMAG-DLO，2001]。

4.6.4.7 铺有垫料并与室外空气相通的实体混凝土地板系统

(1) 说明

猪可饲养在一个大猪舍内，或者饲养在喂养和调控区之间具有中间通道的两个小猪舍内。猪舍的前部是敞开的，完全是自然通风。给猪提供丰富的垫料，可以抵御低温。每一饲养周期之后，粪便（与垫料混在一起）以干粪的形式由前端卸料机去除。

(2) 环境效益

该系统的氨气的释放量与参照系统（全漏缝地板）接近或者高出33%[3～4kgNH_3/(存栏·年)]。

(3) 跨介质影响

通风不需要能耗。如果采用了足够的垫料，在猪舍临近的区域臭气会很低。该系统会使秸秆与粪便混合，从而产生一种结构良好的粪便。

该系统可在粪便排泄区域形成很大的粪便堆，这对于室内空气和室外排放物都不利。

(4) 运行数据

很明显，该系统需要额外的人工，但是垫料和清除粪便可采用机械有效去除。垫料的用量大约是 1.2kg/(头猪·天)。该系统的猪舍内很宽敞，但夏天时，在喂养区须有干净的混凝土区域用于给猪降温。在气候炎热的地区，通常不会完全铺满垫料。

(5) 成本

与参照系统相比，该系统的额外运行成本是 8 欧元/(存栏·年)，但是这取决于垫料的价格。猪舍的总投资比参照系统低很多。

(6) 参考养殖场

在英国和德国的一些养殖场有应用。虽然还没有得到广泛应用，但鉴于动物健康的考虑，这种系统会引起更多的关注。

(7) 参考文献

[124, Germany, 2001] 中的说明书（模型 6）。

4.6.4.8 外置铺设垫料通道的实心混凝土地面系统（SCF+EA litter）

(1) 说明

见图 2.28。猪从一道小门进入外置铺满垫料 [0.3kg/(猪·天)] 的混凝土地面的通道上进行排粪，通道有大约 4%的小坡度，向配置刮板的粪便通道内倾斜。猪在外部通道来回走动，可将混合了猪粪的秸秆一起推到侧沟中。所有的猪粪都掉进侧渠中后，刮板同步将其刮除，每天一次将其刮至粪便输送带。侧渠利用栅栏隔开，需要留出污泥通过的空间。

刮板将污泥 [3～7kg 固体/(猪·天)] 刮至固体粪便堆。粪污沿沟渠清除，在恰好要向上被推至粪堆时有一个穿孔，这样所有的液体部分都能排掉。粪堆本身也有水排出，在粪堆下部有合适的收集坑，可作为储液池 [大约 0.5～2 升液体/(猪·天)]。

(2) 环境效益

与全漏缝地板系统相比较，该系统能达到 20%～30%的氨气减排量。

(3) 跨介质影响

该系统的能耗约 6kW·h，对于 450 头猪的饲养单元需每天运行 0.5h。

在室内实体地面上铺设垫料的方法在意大利并不被推荐用于饲养大型猪，因为它们通常采用液体饲料喂养，从而在很短的时间内就会将垫料弄得太过潮湿。只在外置的通道上铺设垫草不仅能够避免这种负面效应，同时还能获得固态猪粪产品。固态猪粪产品作为肥料应用到农田里能够改善土壤结构。

如果秸秆不足，就会有臭气产生 [184, TWG ILF, 2002]。

(4) 运行数据

该系统采用自然或人工通风，并采用自动喂养和供水方式。不需要加热。

(5) 成本

据估计，在新建猪舍内应用该系统的投资成本与参考系统相当。与参考系统相比，其运行成本的范围从 6.00 欧元/(猪·年) 的额外投资到 1.09 欧元/(猪·年) 的盈利 [184,

TWG ILF，2002]。

（6）参考文献

[185，Italy，2001]。

4.6.5 降低猪舍内大气污染物排放的末端治理技术

4.6.5.1 生物洗涤器

（1）说明

在这种系统中，所有的流通空气都要通过生物过滤器单元后进入室内。过滤器内填料表面形成的一层生物层可吸收氨气，进而被微生物降解。通过水循环的方式来保持生物层的湿度，并且为微生物提供营养物质（图 4.51）。

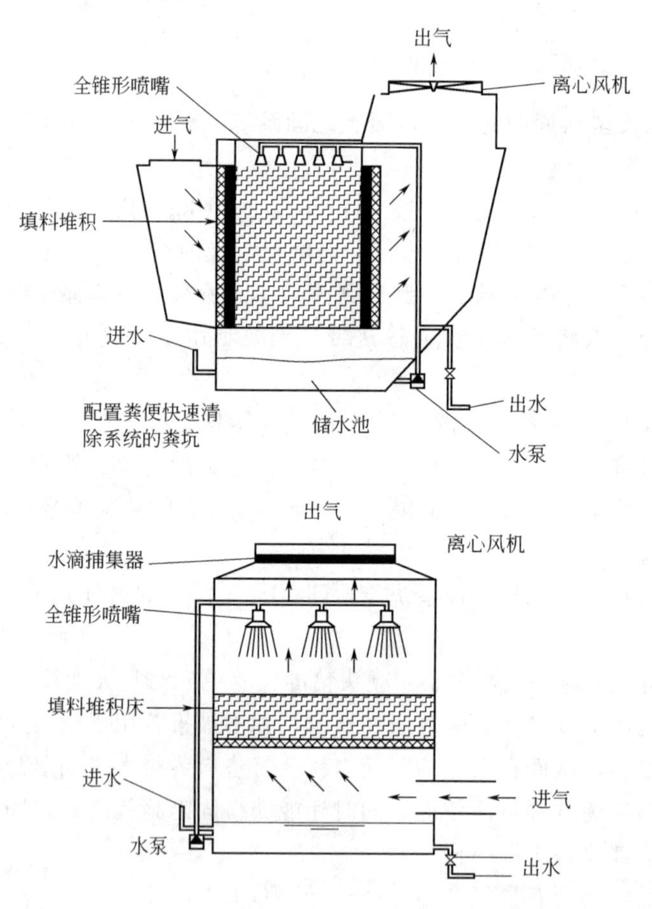

图 4.51 两种生物洗涤器的设计 [10，Netherlands，1999]

（2）环境效益和成本

见表 4.25。

（3）跨介质影响

增加的水的消耗量约为 $1m^3$/(存栏·年)，相应地会产生需要被外排的额外出水。水的外排需求会限制该系统的应用。此系统的能耗较高（额外的能耗为35kW・h/存栏）。对于育成仔猪来说，据报道能耗相对较低，约为8kW・h/存栏。

表 4.25 用于不同种类猪的生物洗涤器的成本及其氨气减排量汇总表

生物洗涤器的性能参数	猪的种类			
	配种母猪/怀孕母猪	妊娠母猪	育成仔猪	育肥猪
减排百分数/%	70(50～90)	70(50～90)	70(50～90)	70(50～90)
额外投资成本/(欧元/存栏)	111.35	111.35	10	49
额外投资成本/(欧元/kgNH_3)	38.4	19.2	23.8	22.25
额外年运行成本/(欧元/存栏)	16.7	32.75	3.35	16.7
额外年减排成本/(欧元/kgNH_3)	5.50	5.61	5.58	8.9
参考养殖场/存栏	1000	无数据	无数据	100000(荷兰)

注：成本是以70%的减排效率来计算的。

废气净化系统会显著增加强制通风系统的流动阻力。为了确保必需的空气量，特别是在夏天，需要具备更高功率系数的电扇。另外，生物洗涤器中循环水泵的运行和生物过滤器的加湿都需要消耗电能。

（4）适用性

除了在新建猪舍内应用外，该系统也很容易应用于对现有应用负压人工通风的猪舍的改建中。猪栏的设计和大小不是影响该系统应用的关键因素。应用该系统时不需要对建筑进行改造，但是不能在自然通风没有气流引导的建筑内使用，而典型的是在强制负压通风的猪舍内应用。该系统的灰尘量较高（使用秸秆的系统），需要安装灰尘过滤器，但这会增加系统的压力，并增加能耗。

（5）参考养殖场

该系统只是在几年前才在荷兰被研发出来。目前正被应用于一些旧猪舍的改建中。

（6）参考文献

[10，Netherlands，1999]。

4.6.5.2 化学湿式洗涤器

（1）说明

在该系统中，所有的流通空气都要通过化学洗涤单元后进入室内。酸性洗涤液用泵抽至猪舍单元周围，当换气后的空气与酸性洗涤液接触时，氨气被吸收，而清洁的空气被排到系统外。稀硫酸是最常用的吸收剂，盐酸也能作为吸收剂。

（2）工作原理

氨气被吸收的化学反应为：

$$2NH_3 + H_2SO_4 \longrightarrow 2NH_4^+ + SO_4^{2-}$$

（3）环境效益和成本

见表4.26。

（4）跨介质影响

洗涤器出水中硫酸盐或氯化物的浓度会增加，具体取决于所用酸的类型。出水必须外排，这就限制了此系统的应用。与之前的空气净化系统相比较，该系统的能耗更高。同样的，能耗水平与猪的种类有关。

表 4.26 用于不同种类猪的化学湿式洗涤器的成本及其氨气减排量汇总表

化学湿式洗涤器的性能参数	猪的种类			
	配种母猪/怀孕母猪	妊娠母猪	育成仔猪	育肥猪
最大减排百分数/%	90	90	90	90
额外投资成本/(欧元/存栏)	62.75	83.65	9	43
额外投资成本/(欧元/$kgNH_3$)	16.5	11.15	16.65	15.95
额外年运行成本/(欧元/存栏)	25.05	28	3	14
额外年减排成本/(欧元/$kgNH_3$)	6.96	3.89	5.56	5.19
额外能耗/(kW·h/存栏)	52.5	100	10	55
参考养殖场/存栏数	2000	无数据	无数据	100000(荷兰)

注：成本是以 90%的减排效率来计算的。

(5) 适用性

除了在新建猪舍内应用外，该系统也很容易应用于对现有应用负压人工通风的猪舍的改建中。猪栏的设计和大小不是影响该系统应用的关键因素。应用该系统时不需要对建筑进行改造，但是不能在自然通风没有气流引导的建筑内使用，而典型的是在强制负压通风的猪舍内应用。

(6) 参考养殖场

该系统是几年前才被研发出来。现在正被应用于一些旧猪舍的改建中。

(7) 参考文献

[10，Netherlands，1999]。

4.7 降低恶臭的技术

数据显示，低蛋白的饲料能降低氨气和臭味化合物的排放。而且还有许多其他方法也能降低臭味的产生，其中包括：

- 良好的猪舍清理；
- 粪便室外储存并加盖封闭；
- 防止气流流过猪粪。

由于臭味的原因，已研发了用于粪便土地施肥的适宜时节及技术。其他一些降低养殖场附近恶臭的技术也应用到采用强制通风的养殖场猪舍内。然而，适用性、跨介质影响和成本可能会影响以下技术的采用。

- 洗涤器，见第 4.6.5.1 节和 4.6.5.2 节中的生物洗涤器和化学湿式洗涤器。
- 生物降解。将猪舍空气导入一个纤维材料的生物过滤器内，则臭气成分会被微生物降解。这种方法的效果取决于气体的水分含量、组成、过滤床单位面积的气流量以及过滤器高度。特别需要说明的是，灰尘是一个很大的问题，能够产生较高的空气阻力。
- 水平空气排出沟。这并不会降低臭气，但会将猪舍空气排放点转移至养殖场的不同点，以避开对臭气敏感目标（如居民区）产生潜在的影响。
- 浓度稀释，这会在下面进行介绍，该法是基于对猪舍的设计合理以及通风强度的测定。

（1）臭气的稀释

敏感点的臭气浓度主要取决于排放的臭气在大气输送过程中在空气流中的稀释程度。影响污染物浓度的重要因素包括：

- 臭味物质的流速；
- 距污染源的距离；
- 污染源的有效高度。

此外，大气的稀释程度会随着大气与气流的湍流程度而增加。通过有效设置流动屏障（比如种植植物）能实现机械扰动。

（2）排放条件

自然通风和强制通风的不同原理会导致不同的废气排放条件。室内空气的排气孔在强制通风情况下仅留很窄的一个截面，在自然通风的猪舍内出气孔有些比较大。在这些猪舍中，空气进出口的横截面是可根据室外的气象及气候条件进行调节以满足家畜对室内通风的特殊要求。两个系统的共同点是猪舍内的上升气流由家畜的散热及加热设备产生。

本质上，外界空气必须能无障碍地在猪舍附近的空间流动（大约建筑高度的 3～5 倍）。对于强制通风猪舍，其周围区域的利用决定了可供选择的排放条件，例如，利用边墙通风引至庭院中，或者在屋脊的高处进行排放。对于自然通风的猪舍，局部的臭气被认为是可以接受的，其中重点是禽舍排放物对更远处区域的影响效果。

（3）强制通风

一般来说，对于强制通风的猪舍，关于减排量的影响应着重关注风对废气充分稀释的程度。为了保护当地的居民区，建议确保排放的气流以最低高度在该区域之上流通。为了排放到当地居民点以外的地方，废气必须通过提高排放源的高度来转移到一个不受干扰的外部气流中，这样就能使建筑尾流区的废气烟羽（下降气流效应）的带宽保持在最小值。通过增加废气的排放速度亦/或提高废气排放烟囱的高度可达到这种效果。

应该通过屋脊上面足够高的烟囱将废气在不受罩或盖限制的情况下以垂直向上流排入到大气环境中。之后，应该对当地区域和场地位置进行检测，确定废气排放烟囱是否能够提升到比牲口棚屋顶更高的高度等。

通过提高废气的排放速度，为废气提供更大的机械冲力，废气流就能够得到更大的向上推动力。例如，通过在中心废气通风管道内安装同轴开关的多路串联风扇可以使废气速度在全年都得到提高。

安装额外的旁道风扇只对于某些情况来说是降低影响的有效措施，但对于局部地区来说通常没有任何效果。除了增加投资费用和能耗，还会产生额外的噪声排放。

当设计废气排放系统时，重点需要考虑的是畜禽建筑物和直接环境内的气流屏障对风向和设施（例如，附件建筑的屋脊和树）背风面的影响。畜禽建筑物和气流屏障会造成气流下降效应。

对于单独的畜禽建筑物，气流下降效应取决于有效源高度和建筑物高度之间的关系。气流下降效应是指建筑物对废气流以及随后在有效源高内削减情况的影响。在相当于建筑物两倍的高度处会形成不会扰动的气流。

如果边墙通风设施配置导向盖将废气引向地面，或者将废气散发到离需要保护的敏感区较远的禽舍的一边，那么在个别情况下可采用这种设施。当对禽舍一边的边墙通风产生的效果与另一半通过屋脊上排放废气的效果进行比较时，发现对当地更远处产生的周围大气污染非常相似。

对于供应多个畜禽养殖舍的设施来说，废气排放源的位置和高度在对较远地区大气污染的影响中只起次要作用。在这种情况下，即使初始排放源的高度很高，但设施总面积太大就会使废气流在设施区域内降至地面水平。

（4）自然通风

为了确保充足的自然通风效率，必须满足以下几点要求：

- 对于屋檐-屋顶通风，屋顶俯仰角的角度至少为 20°，以确保产生必需的上升热气流；
- 利用通风井进行通风时，进气口和废气出口之间的平均高度差至少为 3m；
- 进气口和废气出口的尺寸要与畜禽的占地面积和热气流的提升高度相适合；
- 确保新鲜空气的进入和废气的流出不受干扰；
- 横脊轴与盛行风向相对。

如果建筑物坐落在敞开式猪舍系统的上风向或者下风向，则必须要确保禽舍不会坐落于风速太小或空气运动很快的区域。禽舍与邻近居民区建筑的距离应至少是居民区建筑高度的 3～5 倍。

对于猪和家禽禽舍，经证实安装改变进气口和废气出口横截面的装置是很有效的。

通过调整禽舍与盛行风向之间的关系，可对禽舍内部环境状况和室内污染物的产生造成决定性的影响。是否会产生浓度和速度差异，主要取决于禽舍与盛行风向的关系是横向、对角线还是平行。尤其对于平行流模式，其通风率与横向流相比约降低了 50%。正是在这些条件下禽舍内臭气和氨气浓度达到了最大。

为了避免这种影响，在前脸墙上开孔能增强风引起的容积流量。在屋脊中间开孔又能促进暖气流上升。沿着整个屋脊有一条狭缝开口，其达到的通风速率比通风井的要高。因此禽舍的屋脊轴应与风向成一线，这样在全年内，盛行风会尽可能的产生最好通风效果。采用屋檐通风的禽舍，其进气口和废气出口的尺寸必须合适，这样即使在室外温度很高的情况下，仍然能保证充足的空气循环。否则，必须将门打开，这通常会造成污染物沿着地面在不受控制的状态下扩散。

根据目前的技术发展水平，从对远处产生影响效果方面来说，那些具有较大侧横截面、屋脊狭缝以及前脸墙末端开孔的独立式敞开禽舍系统是可行的（例如，有独立功能区的箱式厩）。

4.8 降低粪便存储池污染物排放的技术

硝酸盐指令（91/676/EEC）提出了对常规粪便存储池的最低要求，其目的是为了保护所有水体免受污染，并对硝酸盐敏感区域内的存储池做了附加条款规定。以下章节会对一些技术进行介绍，而该硝酸盐指令中提到的其他技术由于缺乏相关数据，在此没有进行阐述。

4.8.1 减少固体粪便存储池污染物排放的技术

4.8.1.1 一般措施

固体粪便存储在实体防渗地面上能够防止污染物渗透到土壤和地下水中。在储存池内安装排水管道并将存储池与粪坑相连可用来收集粪便中的液体部分和雨水形成的径流。对于养殖户来说，一般都是将固态粪便储存在具有足够存储能力的存储设备中，粪便会被一直存储到进一步处理或应用之时，见第2.5节。存储容量取决于气候，而气候决定了粪便施用到土壤中的时期。

为了降低臭气，存储池在养殖场内的位置是很重要的，应该考虑盛行风向。存储池的首选位置是要远离养殖场附近的敏感区域，同时还要充分利用自然屏障，如树或高度差。此外，也可以在存储池周围树立围墙（木材，砖，或混凝土材质），这些围墙可作为风屏障，在盛行风向的背风坡一面设置开口。

干的家禽排泄物必须储存在干燥的封闭区域内。在封闭室内，适当的通风可以避免冷凝。必须杜绝排泄物再次潮湿，因为这样会造成臭气的释放。排泄物存储室不应建得太高，从而可以使储存的排泄物能够发生高温分解。

场地中暂存的粪堆必须远离河道。例如，芬兰规定，粪堆离河道、主要的水渠或户用井的距离至少要100m远，离小水渠至少5m [125，Finland，2001]。英国规定，粪堆距河道至少10m，距泉眼、井或其他为人类消费提供水源的地方至少50m [190，BEIC，2001]。

对于每年都在同一地点堆放的粪堆来说，必须采用防渗地面。在主成分为黏土以及粪堆的位置经常改变的情况下，预期不会积累大量有害的营养物质，因此不需要在粪堆的底部采取特殊处理措施。为了防止水分进入粪堆，必须要避免在粪堆的底部集聚雨水。

还可以采用粪堆覆盖物来减少雨水径流和氨气（和臭气）的挥发。

4.8.1.2 在固体粪堆上铺上覆盖物的措施

（1）说明

该技术主要应用在温度较高的粪便和干的层式排泄物上。覆盖物应用于场内的固态粪堆上。覆盖物材质可以是泥炭、木屑、刨花或致密的UV塑料膜。加盖覆盖物的目的是为了减少氨气的挥发并防止雨水径流。

应用泥炭的原理在［125，Finland，2001］中有介绍：应用泥炭层（10cm 厚）是基于其具有结合阳离子的能力。氨气在化学反应器内被泥炭吸收，氨气分子被转化成 NH_4^+。泥炭的酸性越大，吸收的氨气越多。

如果要应用覆盖物，必须在粪堆形成之时就要将其覆盖，因为大部分氨气是在最初几天内蒸发排出的。

（2）跨介质影响

干泥炭和木屑会吸收雨水。而秸秆也不是好的覆盖材料，因为它不能吸收氨气，而且还会阻止鲜粪表面自然结壳。鲜粪表面所形成的壳可以防止壳下鲜粪表面氨气的挥发，其效果要优于覆盖垫料。然而泥炭是不可再生资源，这也是不用泥炭覆盖粪堆的原因［190，BEIC，2001］。

很明显，防水覆盖物如果正确使用，就能够重复利用。而其他的覆盖材料在每次覆盖新粪堆时都要重新购买。这些其他类型的覆盖材料，比如泥炭会掺到粪便中与粪便一起处理（应用）。泥炭不会对食草动物造成危害。

目前还不清楚的是塑料覆盖物是否会导致粪堆中发生厌氧反应，厌氧反应会引起粪便质量的下降或影响粪便应用时的污染物排放。

（3）运行数据

运行数据是在常规养殖和正常的气候条件下获得的。在干燥或有风的天气条件下，应用刨花或木屑等覆盖物的效果较差［192，Germany，2001］。

（4）适用性

在很多地区，基于一些实际理由，在场地里建立暂时性的粪堆是很普遍的。采用覆盖物相对来说比较简单，因为不需要任何复杂的设备或机器。含有泥炭垫料的肉鸡粪便非常适合在场地里进行堆置处理，因为没有液体渗透，并且几乎所有的雨水都被吸收到粪堆内。泥炭作为垫料能有效吸收氨气。

（5）成本

该技术的成本非常低。成本包括覆盖材料的购买，以及将其覆盖在粪堆上所需要的人力和能耗。

（6）欧盟内的参考养殖场

验证应用。

（7）参考文献

［125，Finland，2001］。

4.8.1.3 畜禽粪便的仓库存储技术

（1）说明

固态畜禽粪便通常储存在仓库中。利用前端装载机或粪便输送带将固态畜禽粪便从禽舍转移到仓库，在此将粪便存储较长一段时间。所使用的仓库通常是一个非常简单的具有防渗地面和屋顶的封闭建筑物，配有一定数量的通风口和一扇可用于输送的门。

（2）环境效益

干燥后的畜禽粪便可以减少禽舍内气态物质（氨气）向大气中的排量。为了使气态物质的排放量较低，必须使固体粪便中干物质含量维持在相对较高的水平，通过采取措施避免固态畜禽粪便受到室外环境因素如降雨和阳光等的影响可以实现较高的干物质含量。

（3）跨介质影响

臭气可保持较低的水平，但是好氧和厌氧条件会对臭味产生影响。因此，保证足够的通风量以避免干粪处于厌氧状况是很关键的。

如果计划建造一个新的仓库，那么它会成为一个可能的臭气源，因此应根据养殖场周围敏感目标物来考虑仓库设置的地理位置。

（4）操作数据

粪便通过仓库自身的结构可避免外界气候的影响。

（5）适用性

如果养殖场庭院内有足够的可用空间，那么对于建造新的用于存放固体粪便的仓库就没有任何限制条件。也可利用现存的仓库，但是务必要确保地面的防渗性能。

（6）成本

成本包括仓库的建造成本和维护成本。对于现有的仓库而言，成本还应包括地面的改造费。

（7）欧盟内的参考养殖场

畜禽粪便仓库存储技术几乎在所有欧盟成员国内都有应用。

（8）参考文献

[26，LNV，1994]，[125，Finland，2001]。

4.8.2 减少粪浆液存储池污染物排放的技术

4.8.2.1 一般措施

对于养殖户来说，通常是采用存储设备来储存猪粪泥浆，设施要有足够的容纳空间，一直存储到粪便需要进一步处理或应用之时，见第2.5节。存储容量的大小取决于气候，而气候决定了粪浆液应用于土壤中的时节。例如，地中海气候的养殖场内4～5月份产生的粪便量与大西洋气候或大陆性气候的养殖场内7～8月份产生的粪便量不同，而且还不同于北方地区养殖场内9～12月份产生的粪便量[191，EC，1999]。

粪浆液存储池在建造时，应尽量降低其中液体部分渗滤出来的风险，参见2.5.4.1节。这些存储池的建造采用了适当的混凝土混合物，并且为混凝土池壁铺设内衬或在钢板上加设防渗层。每当排开粪浆液存储池之后，对池体进行检查和维护可以进一步防止渗滤液的渗出风险。

通过在存储池排空管道上安装双联阀，可以降低粪浆液溅到养殖场庭院和周围场所（地表水）的风险。

通过以下方式可以减少泥浆储存期间的大气污染物排放：

- 采用直径较小的容器亦/或是缩小粪浆液与空气的接触面积。

- 利用较低填充水平（利用由超高造成的风屏蔽效应来工作）。

开放式容器内液体粪便的排放应该在粪浆液尽可能靠近容器底部的时候进行（在液面水位之下进料）。

液体粪便的均质化及循环泵入，最好应该在风吹过需要保护的敏感地带之后才进行。

为了减少粪浆液存储池内大气污染物的排放，关键的是要减少粪浆液表面的蒸发量。如果保持最低程度的搅拌，并且只在排空粪浆储存池之前为保证悬浮物均质化的前提下进行搅拌，则蒸发率可以维持在较低的水平。

利用各种不同类型的覆盖物可以降低粪浆液存储池中氨气和其他臭气组分的排放，参见 4.8.2.2 节、4.8.2.3 节和 4.8.2.4 节。但是必须要小心防止粪浆的温度不要高出生化反应发生的临界点，否则将会有有害的气体产生并且降低粪浆的质量。

总的来说，对粪浆储存池加盖是很有效果的，但也会在实际应用、操作和安全方面产生问题。已经有人对这些问题展开了调研评估，但是他们得出的结论只是需要更丰富的数据。关于环境方面（污染物排放、营养组成）和成本的量化数据依然匮乏，因此很难对替代技术进行评估。

4.8.2.2 刚性盖体在粪浆液储存池中的应用

（1）说明

刚性顶盖是牢固的水泥盖板或者是扁形或锥形的玻璃纤维平板。刚性盖板可将浆液储存池完全遮盖住，并能阻止雨雪的进入。总的来说，封盖较小的粪浆储存池要比封盖较大的更简单易行。如果盖体由较轻的材料组成，那么盖体跨度可比混凝土盖体大一些，在有中心支撑物的情况下可超出 25m。

（2）环境效益

对存储池表面进行覆盖已有很好的记载说明，并且众所周知该技术能显著减少氨气排放。以特定目的建造的（刚性）盖体可达到 70%～90%的减排量［142，ADAS，2000］。在不加盖的粪坑内会存在粪便稀释的现象，因为雨水会降低固体物质及营养物质的含量。

（3）跨介质影响

该技术有可能产生有毒气体。这些气体可能不会立即对周围环境产生影响，但是必须要考虑由此产生的安全隐患。

（4）应用范围

通常是同时安装刚性盖体和储存池。对现有储存池改造加盖的费用较高。一般这些盖子的最少使用年限为 20 年。

（5）成本

英国对成本核算进行了调查［142，ADAS，2000］：对于直径在 15～30m 的混凝土储存池来说，其成本在 150～225 欧元/m^2 范围内（1999 年）。而对于由玻璃纤维强化塑料（GRP）制成的刚性盖体存储池来说，其价格在 145～185 欧元/m^2 范围内。通常认为这个价格太高了。

（6）参考文献

［125，Finland，2001］，［142，ADAS，2000］。

4.8.2.3 柔性盖体在粪浆储存池中的应用

（1）说明

柔性盖体或帐篷式盖体由中心支撑柱支撑，配有许多辐条从中心顶端向四周辐射开去。辐条之上会铺设一层纤维膜，并被固定系在边圈柱体上。该边圈柱体是位于储存池顶端之下沿圆周外围的一圈管子。通过在边圈柱体与帐篷边缘之间均匀间隔的垂直包扎来将盖体固定在存储池之上。

设计的支撑柱和辐条用来承载风、雪等负荷。通风口用来排放盖子下方聚集的气体，盖子上要留有供管子插入的开口和可以打开供检测存储物质的观察口。

（2）环境效益

据报道，该技术的氨气减排量能达到80%～90%。

（3）跨介质影响

体系有可能会产生有毒气体。这些气体可能不会对周围环境立即产生效应，但是必须要考虑由此产生的安全隐患。产生的H_2S可能会对系统构筑物本身产生腐蚀。从生物气中回收利用甲烷也是有可能的，但会增加额外开支。

（4）应用范围

英国的一项研究表明，约50%～70%的现有钢结构存储池都采用了这种帐篷型盖子，应用过程中只需要对现有池子做适当修改处理。典型的修改包括在储存池周围额外固定一圈坚固的角形带。对于直径在30m以下的池体而言，帐篷型盖子能适用于现有的混凝土储存池，不需做任何修改，但建议事先做一个技术调研。应用该技术时重要的一点是计算建造物需要的强度，以确保储存池以及带盖子的储存池都能够承受风和雪的负荷。池子的直径越大，在池子上应用盖子就越困难，因为必须将盖子在所有方向上都均匀扎紧，以避免受力不均。

这种帐篷型盖子不适用于现有的正方形或长方形混凝土池子，这些类型的池子在许多欧盟国家都普遍存在［193，意大利，2001］。

（5）成本

据报道，直径范围在15～30m的粪便储存池来说，其帐篷型盖子的成本约为54～180欧元/m^2（1999年）。

（6）参考养殖场

在英国已有相关应用案例。

（7）参考文献

［142，ADAS，2000］。

4.8.2.4 浮动式盖子在粪浆储存池中的应用

（1）说明

使用浮动式盖子主要目标就是减少臭味气体。目前，已经出现了许多不同类型的浮动式盖子，例如：

- 轻质砂砾型盖子；
- 秸秆（外壳）型盖子；

- 泥煤型盖子；
- 菜籽油盖子；
- 塑料小球型盖子；
- 帆布和箔片型盖子。

利用秸秆制成的浮动式盖子不适用于覆盖较薄的猪粪浆液，因为它可能会立刻下沉，或者即使不下沉也会很容易受到风和降雨的影响。这类由秸秆做成的盖子也可能会堵塞管道和沟渠。但是，当猪粪浆液中的干物质含量等于和高于5%时，可能会形成一层运行良好的秸秆诱导外壳［142，ADAS，2000］，［193，意大利，2001］。

由帆布或塑料制成的浮动式盖子可直接放置在粪浆液表面上。在盖子上安装有检测口、通风口以及用于粪浆液进料和搅拌的开口。而且，还需要用泵来排除盖子顶部聚集的雨水。通过在池体边缘处悬挂重物可以固定这种类型的盖子。

目前，由腐殖土和轻型膨胀土结合制成的浮动式盖子（简称LECA）已经被进行了大量广泛的研究，并且从相关文献中可以看出，这种盖子很容易应用。但这类盖子不能被重复利用，并且每年都要补充新盖子。

（2）环境效益

尽管粪浆液储存池加盖是为了减少气味的产生，但是由于缺乏测量臭气并对结果进行解释的清晰可信的方法，因此对臭气排放量或减排量的实际测量在本质上并不可信。然而，很显然加盖会影响氨气的挥发。除了对减少氨气排放量的影响效果外，文献［125，芬兰，2001］还列出了浮动式盖子的相当多的影响效果。随着所采用的盖子类型的不同，可达到的氨气减排量也各有不同，通常夏天的减排效果要高于冬天，见表4.27。

表4.27 不同类型的浮动盖层对猪粪浆存储池内氨气挥发量的减排效果［125，Finland，2001］

覆盖类型	猪粪浆中氨气挥发的减排量/%			
	平均值	春季/夏季	秋季	冬季
帆布型	90	94	—	84
波纹薄板型	—	84	—	54
漂浮箔片型	—	85～94	—	73
漂浮木板型	79	85	—	89
腐殖土(8～9cm)	92	85	—	—
LECA9～10cm厚	75～79	47～98	41	—
LECA 5cm厚	79～82	—	34	—
LECA 2cm厚	72	—	17	—
油菜籽油型	92	—	—	—
粉碎秸秆型	71	43	—	—
EPS颗粒(小) 2.5cm 5cm	—	37 74	—	—
EPS颗粒(大) 2.5cm 5cm	—	52 54	—	—
EPS粉末	—	39	—	—

采用帆布、漂浮箔片、泥煤和菜籽油等制成的浮动式盖子可以达到90%甚至以上的减排量；而其他技术（砂砾或 LECA 制成的浮动式盖子）的减排效果较低或者彼此各不相同。较小颗粒制成的浮动式盖子减排效果更低，尽管粒径在 5cm 和 10cm 之间的砂砾制成的浮动式盖子减排效果之间并没有显著差异。同时用 10cm 的砂砾制成的浮动式盖子的减排效果也并不一致。

LECA 型浮动式盖子的最大氨气减排量约为 80%，但即使其厚度超过 5mm，减排量也并不会增加。实际上，雨水会使 LECA 变薄从而造成排气量升高，但较厚的 LECA 可能会弥补这一损失。

由漂浮秸秆形成的外壳可达到的氨气减排量在 60%～70%之间 [142，ADAS，2000]，参照 Bode，M de，1991。

(3) 跨介质影响

漂浮式盖子的主要目标是要减少臭味气体的排放，但同时还可减少氨气的挥发量。很明显，那些会与粪浆液相混合或相溶的漂浮式盖子会影响粪浆液的质量，或者会对放养的牲畜产生不利影响。

浮动式盖子与粪浆液发生的反应会造成甲烷排放量的增加（菜籽油制成的浮动式盖子的排放量增加了 60%）。就油菜籽油制成的浮动式盖子而言，厌氧反应会使粪浆液形成具有强烈腐臭味的表面。

通常在封闭的盖体下面都会有气体产生，因此通风很有必要的。产生的气体可用于生物气设备，但是很大程度上其利用效率和经济性取决于很多因素，如日产气量、传输距离和如何使用等。

有实验研究称，LECA 型浮动式盖子可以减少甲烷的释放量，但同时用 LECA 覆盖粪浆液时还会排放更多的 N_2O。

(4) 运行数据

总的来说，覆盖层的厚度在 10cm 左右。在 LECA 情况中还可以采用泥煤和塑料球材质，更薄的覆盖层厚。小颗粒型浮动式盖子的减排效率通常高于大颗粒的效率。达到相同的处理效果，小颗粒层需要 3～5cm 厚度时，大颗粒层则需要 10～20cm 的厚度。粪浆之上最靠近粪浆表面的覆盖层最能影响氨气减排效果。

(5) 适用性

虽然不同浮动式覆盖层产生的结果变化很大，但是总的来说其达到的良好效果足以使它们成为应用于粪浆池的优选技术。有文献报道了以下试验结果 [143，ADAS，2000]。

菜油（或者具有高含量菜油的衍生品）是一种适用性好且不容易与猪粪浆混合的物质。但是它可被生物降解，久而久之其表面不够完整紧凑，从而大大增加了甲烷的排放量。漂浮性好且又不用每年补充添加的覆盖物料可能会被吹走，因此又不得不添加额外的覆盖层将其取代。密度非常低的材料会吸水，或者快速被风吹走，也或者变的肮脏不堪令人不愿使用。膨胀型聚苯乙烯（EPS）就是一个很好的例子。

LECA 适用于罐体和池体，LECA 颗粒要比 EPS 重。有研究发现，LECA 颗粒容易沉淀到储存池底部，从而需要添加更多的颗粒，但是其他的材料尚未发现这种现象。由于

LECA 具有较高的密度，因此并不是所有的 LECA 覆盖层都能漂浮于粪浆表面。对于较大的罐子和池子来说，要使 LECA 能够均匀地处于粪浆表面会非常困难，但是通过将其与水或粪浆混合并将混合液泵抽到表面可以实现 LECA 在表面的均匀分布。

在搅拌过程中腐殖土覆盖层会混入粪浆，从而被水完全浸透，因此每次搅拌后都必须要更换新的腐殖土覆盖层。然而，腐殖土是一种天然物质，不会存在废弃物问题。

将不同类型的浮动式盖子应用于现有的储存池时，并不需要对池子本身进行复杂的改造。

填料出口应尽可能设置在池体底部附近。

（6）成本

用于直径为 15～30m 储存池的浮动式盖子的成本为 15～36 欧元/m^2（1999 年）。

（7）欧盟内的参考养殖场

浮动式盖子已经有所应用，但是报道的结果主要来自于实验室及场地验证性研究，而不是来自于实际养殖场的应用。

（8）参考文献

[125，Finland，2001]，[142，ADAS，2000]，[143，ADAS，2000] [193，Italy，2001] 和 M. de Bode，“Odour and ammonia emissions from manure storage”，pp. 55-66 in “Ammonia and Odour Emissions from Livestock Production” （Eds C. D. Nielson，J. H. Voorburg &P. L Hermite，Elsevier，Londen，1991）。

4.8.2.5 覆盖物在土制堤坝粪浆储存池内的应用

（1）说明

用于土制堤坝粪浆储存池的覆盖层是以韧性防渗抗紫外线的塑料薄板为基础，将其固定在堤坝顶端并以漂浮物支撑。LECA 也适用于小型的粪塘，但是通常认为更适合于大型的池体。可应用的其他型覆盖物为切碎的秸秆或者天然的硬壳。

（2）环境效益

可实现氨气和臭气的减排，有研究报道氨气减排量可达 95%及以上。LECA 的应用可减少氨气排放达 82%。

（3）跨介质影响

要覆盖小型粪便塘，需要大量的塑料，这可占到高达实际粪便塘表面积的 70%，主要取决于池子边缘的深度和倾斜度。其中一个好处是这种覆盖物可以重复利用，而其他类型的覆盖物都是易耗品。

粪便塘覆盖物可阻挡雨水的进入，但他们也会阻止水分蒸发，这意味着储存的粪浆总量增加较小。有研究表明在未应用覆盖层的情况中，将相对清洁的雨水排放到河流，只利用粪浆而不是利用大量的粪浆和雨水的混合液会使成本便宜很多。将收集的雨水可以作为灌溉水使用，但是需要认真监测粪浆渗滤水的渗入以及其他污染物质。因卫生及疾病控制的原因，农民并不喜欢雨水循环利用。

粪浆的搅拌会使粪浆与 LECA 层混合，这会暂时增加氨气的排放。有研究发现 LECA 覆盖层在搅拌之后可快速自动再生，而排放的气体又降低到很低的水平。然而，LE-

CA 覆盖层会对垃圾填埋造成影响。

覆盖层将会减少（例如塑料盖板）或者消除空气中氧气向粪浆中的传输，并会使粪浆温度增高 2℃。这些条件形成了可快速生成甲烷的厌氧状态。通过混合和搅拌粪浆，可以增加甲烷气体的排放。氧气的缺乏会降低硝化和随之的反硝化作用，从而明显减少或预防笑气的产生。利用 LECA 覆盖层，氧气仍可以进入粪浆内，这意味着会有（反）硝化作用的发生并且伴有 N_2O 的排放。

（4）适用性

这些以特定目标而设计的覆盖物可应用于现有的猪粪储存塘内，以下情况除外：

- 管路非常不畅；
- 粪浆储存塘的成本非常高；
- 坝堰不平整。

粪浆塘内的粪浆及污泥必须完全倒空才能安装覆盖层。如果覆盖层边缘安装得当，并且如果部分雨水留在池顶后将覆盖层压住，则不会出现风损坏的问题。对于现有的搅拌设施和排空方法的改进或许很有必要，但是针对干物质含量相对较低的猪粪浆，混合搅拌并不是问题。

有研究报道覆盖物的寿命长达 10 年，而磨损及牲畜损坏程度还尚未知。

塑料覆盖层通过阻挡雨水，能有效提高粪便塘的容量高达 30%。这就使粪便塘随时间具有更大的储存灵活度，或者可为养殖场扩容提供更大储存容量。

LECA 覆盖层可被吹到粪浆表面，或者和粪浆一起泵出。后者技术产生的烟尘量和物料损失都较少，并且会有较高的分布率。LECA 和粪浆的混合以及一起泵出可能会损坏物料，因此必须小心运行。

（5）成本

浮动式覆盖物的成本可能达到 15～25 欧元/m^2 粪浆暴露面积。LECA 的成本为225～375 欧元/t。对于塑料覆盖层来说减少的成本在 0.35～2.5 欧元/kgNH_3-N 之间，而对于 LECA 来说在 2.5～3.5 欧元/kgNH_3-N 之间。在对结构、清空及搅拌方式需要改造的养殖场内会存在额外成本。雨水管理效率会决定运行成本的差异，当 LECA 覆盖粪便塘时会产生较高的粪浆液应用成本，而粪浆的应用成本在雨水进入粪浆中时会更高。就塑料覆盖物而言，净成本取决于水循环利用于灌溉的可能性。生物气（甲烷）的应用取决于应用目的（加热或发电）以及所需要的设施，也许会有收益，但成本回收期可能会相当长（超过 20 年）。

（6）参考养殖场

2000 年，一养殖场采用了 MAFF 基金项目下早已安装的一个覆盖物。荷兰，粪便塘上覆盖物已应用了近 10 年［142，ADAS，2000］。

（7）参考文献

［142，ADAS，2000］，［143，ADAS，2000］

4.8.3 饲料储存室

到目前为止，尚无特殊技术用于降低饲料储存室内大气污染物的排放。一般来说，干物质储存设施会形成粉尘，但对筒仓及运输设施如阀门及管道等的常规检查和维护可预防粉尘的形成。将干饲料吹到封闭筒仓内可使粉尘问题最小化。

每隔几个月就应该将筒仓完全清空，检查，从而预防饲料内的任何微生物行为。在夏天，清空尤其重要，可防止饲料变质，还可防止臭气的产生。

4.9 场内畜禽粪便处理技术

下面介绍一些能在场内应用的粪便处理技术。

VITO评估了一些独立的用于粪便处理的基础技术［17，ETSU，1998］。这些技术都是源自大量针对场内或独立操作装置中的牛、猪和家禽的粪便处理措施。通常情况下，大量专业技术知识以及（或）可以大规模应用的系统都能用于独立的处理设施。2.6节中提到的所有技术都已在丹麦、荷兰、德国、比利时和法国等国家的畜牧场内设施中进行了测试。然而，一些技术还不成熟，仍需要更广泛的应用从而对其运行情况进行验证。

通常粪便的处理不是一项单一的技术，而是由一系列不同的处理措施所构成，其中技术和环境的运行情况受到以下因素的影响：

- 粪便的特性；
- 所采用的各个处理单元的特征；
- 技术的操作方法。

重点是从根本上控制流失到环境中的氮和磷的量。这可以用相对营养物质的流失来量化，表达为流失到大气、水以及土壤中氮和磷的量与这些营养物总输入量的比值。比值越大说明流失到环境中的氮磷越多。

对一种处理方法的评估应该包括对所得产品（如沼气、肥料）在场内应用的潜在性评估或者对所得产品（如混合肥料、灰分）应用在其他地方的市场化评估。报告数据表明不允许这样的评估，因为它涉及了许多的因素，而且还依赖所采用处理方法的原因（如为了便于运输需要除臭或减量）。

一些处理技术的应用可能会受到国家或地区法律法规的限制，如厌氧消化在荷兰是受限制的。本节只做环境/技术评价。人们期望此评价将包含一些法律限制所依据的因素。那些（国家的）限制条件将不会限制一种技术被认为是最佳可行技术（BAT）。

尽管粪便的场内处理方法在欧洲没有广泛应用，但许多处理系统已被应用或正处在检测阶段。然而，在这个BREF的框架里不可能对所有感兴趣的系统进行完整综述。有时一种处理方法是另一种削减技术的一个组成部分。例如，畜禽舍系统与粪便干燥技术相结合，同时粪便干燥也被看作是一种场内粪便处理方法（详见4.5节）。

以下段落所描述的各种组合的列表并不全面，这绝不是暗示其他的组合在场内处理中不能应用或不可行。在所提交的资料允许的情况下，描述了基础的粪便处理技术和组合技术。一些关键的运行特性说明见表4.28。事实上，对于一个综合的评估，这些排放物应

表 4.28 场内粪便处理技术的运行数据

章节	技术	销售产品①	RNL/%②	额外治理	排放物		能量③/(kW·h/t)	费用④/(欧元/m^3)	应用性
					大气	水体/(mg/L)			
4.9.1	机械分离	n. d.	n. d.	no	忽略不计	忽略不计	0.5～4 (kW·h/m^3)	1.4～4.2	广泛应用
4.9.2	粪液好氧处理	n. d.	n. d.	no	臭味,CH_4, NH_3,N_2O	忽略不计	10～38	0.7～4	广泛应用
4.9.3	猪粪浆生物处理法	n. d.	20.8	空气治理, 活性污泥处理	臭味, NH_3,N_2O	氮:80kJ;磷:260; COD:1800 BOD:90	16 (5.6%干物质)	6.1	大型养殖场
4.9.4	固体粪便堆肥	Y	n. d.	no	NH_3(含10%～15%的氮),臭味	忽略不计	5～50	12.4～37.2	没有畜牧场大小限制
4.9.5	家禽粪便与松树皮混合堆肥	Y	X	n. d.	n. d.	n. d.	n. d.	8.1 欧元/t	实验性的
4.9.6	粪便厌氧处理	6.5kW·h/kg干物质	n. d.	沼气中 硫化氢的去除	臭味	无记录	收益	见 4.9.6 节	养殖场最小 规模为 50 头牲畜
4.9.7	厌氧塘	N	n. d.	no	臭味,NH_3,N_2O	出水	低	无记录	受限制
4.9.8	猪粪浆的蒸发干燥处理	n. d.	n. d.	空气治理(如: 冷凝器、酸洗器 及生物滤池 内释放的臭气)	臭味,NH_3	COD:120	30 (kW·h/m^3 水)	>2.3	实验性的
4.9.9	肉鸡粪便的焚烧处理	Y	n. d.	灰尘过滤 (聚四氟乙烯布)	臭味,灰尘: 30mg/m^3,SO_2, NO_x,N_2O	n. d.	收益	18 欧元/t	130000 只肉鸡
4.9.10	猪粪添加剂	Y	n. d.	no	no	no	收益	0.5～1 欧元/猪	常规的

①销售产品:Y=有,N=无;n. d.=无报道;②RNL=相关营养物的损失;n. d.=无报道;X:未量化;③每吨未加工粪便所消耗的能量;④年运行费用(包括投资收益率)。

该和那些施肥造成的排放物（例如：24%的营养物排入地表水、氨氮排放量占总氮的25%［17，ETSU，1998］，见94页表33）作比较。这一运用具有较强的位点专一性，因此超出了一般的BAT评估。

虽然脱氮已经引起人们越来越多的重视，但降低粪便中的磷酸盐含量同样非常重要。从焚化的鸡粪中回收磷酸盐被认为是最可能的一种途径，通过这种方法可以很经济地从动物废弃物中回收磷，并用于工业生产［86，CEEP，1998］。由于鸡粪中干物质和能源物质含量较高，因此能够很容易焚烧，但燃烧后的灰分却很难用于施肥，即使灰分中磷酸盐含量很高。目前，对于工业磷酸盐生产者来说，为了使从焚烧后的灰中回收磷酸盐经济可行，他们要求与采用磷酸岩制磷酸盐相比该工艺具有最小的焚化体积以及更具竞争力的价格。

4.9.1 猪粪浆的机械分离

（1）说明

一般的技术和目标已在2.6节中阐述。

（2）获得的环境效益

分离取得的效益取决于对固、液部分的进一步处理。干物质的百分量应该在液体部分尽可能低，而在固体部分尽可能高。使用凝聚剂可以提高采用挤压和离心机等技术进行分离的效果。随着固体部分的分离，营养物质也发生了分离（表4.29）。

表4.29 以固体部分中未加工粪便的百分含量表示各机械分离技术的结果［3，Vito，1998］

技术	粪便类型	在固体部分中的百分比/%				
		团块	干物质	N	P_2O_5	K_2O
沉淀	母猪	28	68	44	90	28
螺旋压制机	育肥猪	13	35	11	15	53
秸秆过滤	母猪	11	79	23	>90	5
离心分离	育肥猪	13	47	21	70	13
絮凝离心分离	育肥猪	24	71	35	85	24
辊式压制机	育肥猪	33	83	47	90	30

（3）跨介质影响

秸秆过滤会引起水蒸发，其蒸发量相当于粪便液的12%。此外，约45%的氮会以氨的形式排放掉。据估计其他技术几乎没有任何排放物，因为它们被应用于封闭系统中。机械分离技术的能量消耗低，约在0.5kW·h/m³（如沉淀技术）到4kW·h/m³（如离心分离）之间。

（4）运行数据

在运行期间，过滤介质可能被阻塞或被损坏。由于空气过量，在离心分离过程中可能会起泡。

奥地利报道了利用螺旋压制机处理猪粪浆的如下运行数据：

处理量：　　　　4.8～5.2kg/s

能量消耗：　　　320～380J/kg

获得干物质含量：60%～75%

分离的总氮：　　22%～42%

给定的范围依赖于被处理废液中干物质的含量［194，奥地利，2001］。

（5）适用性

最小处理量通常为1m^3/h，并且能够应用于大部分养殖场（包括较小的）。离心分离的成本相对较高，要想经济可用需要最小的处理量。移动过滤器和离心机都可用，并且能够应用于养殖场的不同地方。

（6）成本

奥地利报道了在上述运行数据条件下应用螺旋压制机处理猪粪浆的详细成本，具体如下［194，奥地利，2001］：

采购费用：　　16000欧元

年投资费用：　2800欧元

运行成本：　　0.45欧元/m^3

Vito报道的成本见表4.30。

表4.30　一些机械分离技术的费用［3，Vito，1998］

技术	投资/欧元	处理费用/(欧元/m^3)	处理量/(m^3/年)
沉淀	低，未提及	1.36(1994)	2000(投加絮凝剂)
螺旋压制机	13139	2.92～3.07(1992)	1000～5000
秸秆过滤	89244	4.21(1995)	4500
离心分离	180966	3.59(1994)	10000(10m^3/h)
带式分选机	76849	3.25(1988)	

（7）实施的动力

机械分离出的固体部分更容易输送，也可用于后续处理工艺中，如堆肥、蒸发和干燥［174，Belgium，2001］。

（8）参考文献

［3，Vito，1998］

4.9.2　液体粪便的好氧处理

（1）说明

好氧处理已在2.6.2节中进行了阐述。

（2）获得的环境效益

好氧处理后的液体粪便可用于草地灌溉，或者用于冲洗粪便槽、导管、沟渠以减少养殖过程中的氨排放。氨氮可以完全从粪便中去除，进而排放到空气中。

（3）跨介质影响

营养物的好氧分解会减少臭味。漂浮物的沉淀需要添加剂。依赖于所应用的添加剂不同，沉淀后冷凝液中的残渣（污泥）很难处理，过滤后这些残渣也可能会存在。

氨气（NH_3），笑气（N_2O）[174，比利时，2001] 以及沼气（CH_4）[194，奥地利，2001] 会被排放到大气中。

曝气需要消耗能量，但能耗量会随着所用设备和装置的大小而不同。据报道好氧处理每立方米的液体粪便需要 10～38kW·h 的能量。

（4）运行数据

猪粪便的好氧处理会产生较难沉淀的泥渣，因此有必要规定曝气量。温度是一个很重要的因素，尤其是在寒冷地区，冬季要维持曝气量在要求的水平非常困难。然而，间歇曝气（15min/h）与实现 BOD_5 约 50％的去除率相结合，不仅达到良好的除臭效果，而且产生的污泥量也非常有限 [193，意大利，2001]（参考文献：Burton et al. "粪肥管理-实现可持续农业的处理策略"，Silsoe 研究所，1997）。

（5）适用性

这一技术已得到广泛应用。好氧处理的应用比固体粪便堆肥更广泛，因为它进料量比堆肥要少，固体粪便堆肥需要肥粪的不断堆加才能转换。

（6）成本

据芬兰报道，在储存器中好氧处理每立方米液体粪便的成本为 0.7～2 欧元，在分离器中好氧处理每立方米液体粪便的成本 2.7～4 欧元。

（7）参考养殖场

这项技术在许多成员国家得到了应用，如芬兰和意大利。

（8）参考文献

[3，Vito，1998]，[125，Finland，2001]。

4.9.3 猪粪浆的机械分离和生物处理技术

（1）说明

粪便取自储藏设施或直接取自养殖舍，用筛子、沉淀装置或离心机将固体和不溶解的物质去除。此分离的目的是：

- 避免处理过程中通过沉淀对设备产生堵塞；
- 减少需氧量，进而减少能耗费用。

浆液用泵送入停留时间为 2～3 周的曝气罐或曝气池中。在池中，微生物（活性污泥）将有机物质转化成二氧化碳和水。同时，部分有机氮转化成氨。硝化细菌再将氨氧化成亚硝酸盐和硝酸盐。通过厌氧池的厌氧期，硝酸盐可经反硝化作用转化成氮气。

活性污泥和澄清液一起从曝气池流向二沉池。在该沉淀池中污泥沉淀，其中一部分被回流至曝气池。剩余污泥被收集到储存池中进一步浓缩。浓缩后的污泥可用作肥料（有时先经过堆肥)。

(2) 环境效益

上清液(或出水)中氮和磷的浓度很低,通过溢流排出二沉池。最后出水可外排或储存后作为肥料用于土地。

(3) 跨介质影响

曝气、泵和固体预先分离等操作都需要电能。在应用该技术的系统中,处理每立方米原始粪便需要的电量为16kW·h。

该技术的一个缺点就是部分氮会以氨气或笑气的形式排入到空气中,而不是以氮气的形式。这项技术的设计和正常运行对预防由水体向大气转移的环境问题来说非常重要。

另外,在许多情况下,出水必须排放是不可能或是不允许的。

(4) 运行数据

数据来自布列塔尼的一个养殖场,每年养250头母猪和5000头肥育猪,其年产粪便约5000m³。从液体中筛出固体。在这个特定的养殖场,机械分离和生物处理工艺的物料平衡,产品的数量和组成及装置的费用分别列于表4.31~表4.34。

表4.31 机械分离和生物处理法处理猪粪浆的物料平衡 [3, Vito, 1998]

组成	输入	输出				
	粪便	筛渣	污泥	出水	气体泄漏物	总计
总量	1000	57	260	580	103	897
干物质	56	20	21	5	10	46
悬浮固体	48			0.3		
水	944	37	239	575	93	851
COD	52			1		
BOD	6.6			0.05		
N	4.4	0.5	0.7	0.05	3.15	1.25
P_2O_5	3.3	0.6	2.0	0.4	0.3	3
K_2O	3.5	0.2	0.9	1.8	0.6	2.9
Cl	1.9			0.8		

注:物质总输入量以100为基础。

表4.32 各组分在不同阶段的相对分布 [3, Vito, 1998] 单位:%

组分	筛渣	污泥	出水	泄漏物
物质含量	6	26	58	10
干物质	35	38	9	18
悬浮固体			0.6	
COD			2	
BOD			0.8	
N	10	16	1	73
P_2O_5	18	61	11	10
K_2O	5	26	50	19
Cl			42	

表 4.33 粪便和产品的组成 [3，Vito，1998] 单位：g/kg

组成	粪便	筛渣	进水	污泥	出水
干物质	56	350	39	80	8.5
悬浮固体	48		29		0.5
水	944	650	961	920	991.5
COD	52		36		1.8
BOD	6.6		6.1		0.09
N	4.4	8.1	4.2	2.7	0.08
P_2O_5	3.3	9.9	2.9	7.5	0.6
K_2O	3.5	3.4	3.4	3.4	3.0
Cl	1.9		1.9		1.4

筛子可以去除一小部分干物质含量和磷酸盐水平较高的大块物质。而剩余物中约含有35％的干物质，可以堆积。

以上表格说明硝化和反硝化作用使大部分氮（72％）消失到环境中。只有约1％的氮仍存在于污水中。大部分五氧化二磷仍留在活性污泥中。应该指出的是BOD测量超过5天、7天还是20天，其信息源并未报道。

出水中的剩余物浓度需要达到当地可接受的排放标准。这可能是一个难题，因此土地应用可能是出水的唯一选择。不同产品的数量和组成多种多样，其重要的因素有：

- 粪便的含水量；
- 处理方法的可变性。

通常曝气罐都是敞开的，因此相当可观的气态成分（如：臭气，氨，笑气）被排入到大气中。然而，在本案例中，排放物并没有被量化。给水池加盖并提取空气处理或进行充足的过程控制都将会减少排放物。同样的，人们可以预料 N_2O 的排放。

（5）适用性

该技术可应用于新建的和现存的养殖场。由于成本原因只可应用于大型养猪场。它是以市政和工业废水中应用的生物处理为基础。适当的过程控制是很必要的，但是很难在场内实行，因此外包成为一个解决方法。特别地，在寒冷地区的冬天，保持充足的生物活性需要的最低温度很难维持。氨量上升从而导致硝化作用被抑制。

随着粪便中的固体物质种类越多，如育肥猪的粪肥，产生的泥渣量越大。实际上，这又限制了这项技术处理干物质含量不高于6％的母猪粪肥。

前面对布列塔尼年处理能力为5kt粪便的装置成本进行了评估。投资为134000欧元(1994)。表4.34列出了运行成本（包括外部技术支持费用），但是不包括产品的成本和市场收益。

（6）实施动力

从这项技术应用的其他例子可以推断本技术最适合处理含水量高的粪便。并且，该技术也是应用于超过500头母猪的养殖场中最经济有效的技术。

表 4.34 机械分离和生物法处理年产5千吨母猪粪便的装置的运行成本估算 [3，Vito，1998]

成本要素	成本基准	成本/(欧元/吨粪肥)
资金	10年,7%	3.6
维修费	投资的3%	0.8
电费	16kW·h/t,0.08欧元/(kW·h)	1.3
技术支持		0.4
总计		6.1

（7）参照养殖场

布列塔尼（法国）。

（8）参考文献

[3，Vito，1998]，[145，Greece，2001]。

4.9.4 固体粪便的堆肥处理

（1）说明

堆肥（见2.6.3节）可应用于新鲜（家禽）粪便干燥之后，也可用于猪粪浆固体部分机械分离之后，或者应用于将干有机质添加到相对湿润部分之后。

（2）环境效益

关于获得的肥料产品的效益取决于粪便的类型、预处理技术、添加剂以及堆肥技术，总体上还不能量化。

（3）跨介质影响

堆肥会导致氮、磷和钾的流失。在部分曝气条件下，例如未密封的粪便堆中氮的流失量约为10%～55%。污水中大部分氮会以氨的形式蒸发到大气中，而少量氮会渗透到土壤中。氮的蒸发通过加盖可以避免。人们常建议用泥炭（peat）做盖，因为有报道显示酸性的水藓泥炭（锈色泥炭藓）比秸秆、锯屑或刀芯片等具有更好的保氮能力。然而，泥炭是不可再生资源，因此这成为不用泥炭进行粪肥堆封盖的理由[190，BEIC，2001]。

如果粪便堆直接设置在土地上，则渗透到土壤中的部分氮会被蒸发，当粪肥堆被移除之后植物也会利用部分氮。根据径流量、土壤表面和土壤类型的不同，部分氮也会浸入地表水或地下水。

粪便中大约一半的钾会因堆肥而流失。钾只会随径流水而流失，通过在堆肥设备上加防水盖可减少流失量。盖子可以防止因雨水引起的渗滤，但却不能防止堆肥产生的水渗透进入地下。

如果堆肥是在谷仓中进行，那么堆肥过程中就不会存在因土壤渗透或渗滤而造成的营养流失。

堆肥会产生臭气，但是很难量化。

（4）运行数据

能源的消耗取决于所采用的堆肥技术。没有曝气和翻转设备的工艺，消耗的能源可忽略不计。只使用翻转设备的工艺其能耗约为 5kW·h/t，使用通气设备向堆肥堆曝气的工艺能耗约 8～50kW·h/t。

运行正常的堆肥工艺产生的热量会将水分以水蒸气的形式蒸发出来，堆肥堆内的湿度得到降低。

堆肥期可以持续 6 个月或更长，但通过不断地搅拌（翻转）和曝气也能缩短。

(5) 适用性

堆肥工艺相对简单，可以小规模应用，但是需要控制避免产生厌氧过程，因为厌氧产生的臭气会导致臭气公害。如果要求过程控制并减少污染物排放，那么为了有效运行，需要更大的堆肥装置。

(6) 成本

成本取决于应用规模，因此有很大的不同。据估计每吨粪便的堆肥处理成本约为 12.4～37.2 欧元不等［3，Vito，1998］。

(7) 实施的动力

堆肥后的固体粪肥臭味小，较稳定，病原菌含量低，相对干燥。这使其更易于运输，运输过程中没有疾病传播的危险［174，Belgium，2001］。

(8) 参照养殖场

该技术在许多成员国中得到了应用，如：葡萄牙、希腊和瑞典。

(9) 参考文献

［3，Vito，1998］，［125，Finland，2001］，［145，Greece，2001］

4.9.5 利用松树皮对家禽粪便进行堆肥处理

(1) 说明

为了控制堆肥系统并达到更好的处理质量，可加入秸秆和草等物质以提高碳含量。投加添加物的目的是增加孔隙率和提高保氮能力，从而避免污染物排放到空气中。

在此案例中，将家禽粪便和松树皮按重量比为 3∶1 的比例混合。与其他类型的辅助材料相比，松树皮能使堆肥结果的 pH 值，氮蒸发量及碳含量（有机物质）达到最好。

堆肥系统一般在 55～60℃温度下进行。充足的氧气供应可以维持粪便和松树皮混合物的最小孔隙率。

(2) 跨介质影响

氨气排放物是相当可观的［174，Belgium，2001］。

(3) 运行数据

添加松树皮进行堆肥的结果表明 90 天后有机物中约 70%（按干物质计）未发生变化。90 天时损失的氮达到 35%（按干物质计），而在接下来的 90 天损失量增加了 1%～2%。90 天时 pH 值低于 8，180 天时达到 7.5。

(4) 适用性

堆肥技术可应用于新建的和现存的养殖场。需要的添加物必须充分可用，如本例中的松树皮。松树皮投加到粪便中之前需要干燥和研磨。

(5) 成本

对200000只鸡产生的粪便堆肥处理成本进行了计算（1997），具体列于表4.35。

表4.35 机械翻转堆肥处理200000只家禽粪便的成本数据

成本因素	吨粪便处理成本/欧元	吨肥制造成本/欧元
添加剂	2.4	5.4
手工作业	1.2	2.8
保养和修理	0.8	1.7
能源	3.7	8.3
总计	8.1	18.2

(6) 实施的动力

形成本地市场，可替代常用肥料。

(7) 参照养殖场

应用处于试验室阶段。

(8) 参考文献

[75, Menoyo et al, 1998]。

4.9.6 粪便在沼气装置中的厌氧处理技术

(1) 说明

在2.6.4节简单介绍了该技术。

(2) 环境效益

粪便厌氧处理效益可以用减少的有机干物质量（达到原始含量的30%～40%），沼气产量（$25m^3/m^3$ 泥浆）和甲烷浓度（65%）来表示。通常用猪粪浆计算，每千克干物质的甲烷产量约为200L（或约6.5kW·h）。因此，主要的影响效益就是减少了矿物燃料的利用和甲烷的排放。

(3) 跨介质影响

此外，在沼气装置中应用厌氧发酵还有许多其他影响效果：

- 减少粪便中的病原体；
- 减少臭气排放物；
- 将氮转化成氨气；
- 提高分离特性及进一步处理或应用；
- 减少温室气体排放。

排放物主要来自于沼气在加热器或引擎中的燃烧。

(4) 运行数据

为了达到要求的温度，可以用产生的部分沼气加热粪便，或者用冷却内燃机水通过热交换来加热粪便。在养殖场范围内的应用实例中，不常采用粪便加热处理。

据估算，搅拌机和泵需要的热量约为装置总发电量的10%～20%。

厌氧产生的气体用于加热器或内燃机前被储存在气体缓冲器里。在使用之前，必须在大型装置中通过生物法、吸附（活性炭或氯化亚铁）或化学技术（淬冷技术）等除去气体中的硫。

（5）适用性

在场内应用该项技术没有技术限制。成本效率很可能随着发酵泥浆体积的增大而增加。根据文献（见参考文献）记载，最小的养殖场规模为50头牲畜[194，Austria，2001]。

厌氧发酵可以处理不同种类的粪便，虽然生物质经充分混合，但是家禽粪便（砂砾）仍需要不断地清理并清除反应器内的沉淀物。

（6）成本

一个处理量为100头牲畜粪便的厌氧净化厂的投资成本在180000～250000欧元范围内。年运行成本（经营成本）如下：

- 技术支持：12500欧元；
- 维护与修理费：1800～2500欧元（投资成本的1%）；
- 保险：450～650欧元（投资成本的0.25%）。

年利润总额如下：

- 发电量：42400欧元；
- 产热量：13300欧元；
- 有机粪便升值（氮值）：7000欧元[194，Austria，2001]。

（7）实施的动力

这项技术应用的原因是能源的高价和可持续能源发电的财政支持计划。在一些成员国家，伴随着猪粪浆储存池加盖应运而生的沼气的利用由于财政支持而受到了鼓励（如：意大利）。

（8）参照养殖场

德国拥有最大数量的场内沼气装置（1998年约650个），而其他大部分国家拥有数小于100，有些国家只有几个。意大利安装了约50台低成本消化器，这些消化器利用粪浆储罐盖子下产生的气体，在低温下运行。一些集中处理家畜粪便和其他废物的厌氧消化器在某些国家已经建成，如丹麦和德国。

（9）参考文献

[17，ETSU，1998][124，Germany，2001][144，UK，2000]，和Amon Th.；Boxberger J.；Jeremic D.，2001，"Neue Entwicklungen bei der Biogaserzeugung aus Wirtschaftsdüngern，Energiepflanzen und organischen Reststoffen"，Die 5 InternationaleTagung，"Bau，Technik und Umwelt in der Nutztierhaltung"，6-7 March 2001，Universität Stuttgard/Hohenheim，ISBN 3-9805559-5-X，pp 140-145.

4.9.7 厌氧塘系统

（1）说明

2.6.5节已对该技术进行了介绍。厌氧处理之后和液体部分回用或排放之前可以设置最终好氧处理阶段。

(2) 获得的环境效益

厌氧处理的环境效益取决于污水水质及处理后的用途。厌氧塘的目标是改进粪便中固体和液体各部分的质量从而可以用作肥料。

关于厌氧塘的信息还涉及排放方式的选择或不造成环境影响情况下的应用情况。人们对这些情况下厌氧塘是解决还是增加粪便应用的问题提出了质疑。

(3) 跨介质影响

厌氧塘可能产生臭气，以及氨气和笑气［174，Belgium，2001］。固体部分与液体部分分离开后必须进一步处理（如堆肥）。

固体部分的分离和池体间泵送废液都需要耗能。在一些成员国家，常利用农村地形自然高度差使液体从一个塘靠重力自流入另一个塘。固液分离后余下的液体部分必须进行处理。

(4) 运行数据

厌氧塘被认为是相对容易操作的系统。通常固体分离采用机械装置。分离后残余的液体粪便在另一个塘中停留可长达一年。最终的好氧阶段是可以选择的，因此一些装置有曝气设备而另一些则没有。

在厌氧处理的不同阶段可以对液体进行分析。

(5) 适用性

厌氧塘可应用于有大量牲畜的养殖场，以及有充足土地能够建一系列的塘来覆盖不同处理阶段的养殖场。处理塘尤其适用于大的处理量。然而应该注意的是，厌氧过程对温度的需要使这项技术不太适用于冬季寒冷的地方。

(6) 成本

成本的高低取决于土壤的地质物理特性及装置的大小。

(7) 实施的动力

有关污水应用于土地或排入地表水的法律促进了厌氧塘在一些成员国家的应用，如葡萄牙和希腊等国。

(8) 参照养殖场

葡萄牙、希腊和意大利各国的养殖场。

(9) 参考文献

［145，Greece，2001］。

4.9.8 猪粪便的蒸发和干燥处理

(1) 说明

粪便首先经过研磨并且混合。然后用热交换器通过热冷凝的方式将粪便加热到100℃，并在此温度下保持4h同时排气。形成的泡沫得到降低。产生的气体可加工成副产品。

接下来将粪便输送至干燥机进行压缩（1.4 个大气压）。形成的水蒸气被压缩，从而使其温度上升至 110℃。然后将这种热蒸汽用于热交换器，从而用蒸汽的显热来干燥粪便。在粪便和蒸汽之间有一层薄薄的管壁，水蒸气排放之前在此管壁上冷凝。

（2）环境效益

猪粪便干燥过程中允许有较低能耗和少量排放物进入大气或水体中。

（3）跨介质影响

当采用机械蒸汽压缩时，每吨水蒸气消耗的能量约为 30kW·h。

（4）运行数据

这项技术的产品有干物质含量为 85%的粉碎粪便和剩余浓缩出水。这种浓缩水中氮磷的含量很低，COD 不超过 120mg/L。

粪便的多相性、起泡和腐蚀都会影响该系统。

（5）适用性

该技术在大型养殖场已得到广泛应用。最大处理量达 15～20m^3/天。应用于新建和现存养殖场内也是可能的（表 4.36）。

表 4.36 处理量为 15～20m^3/d 的猪粪蒸发干燥装置成本估算表［3，Vito，1998］

成本因素	成本基准	成本/（欧元/m^3）(1994)
投资成本	15～20m^3 的装置	10000
能耗	30kW·h	1.3
附加部件		0.6
技术支持		0.4

（6）成本

据估计蒸发干燥装置（厂房除外）的成本约为 160000～200000 欧元（1994 年）。运行成本为 2.3 欧元/m^3。

（7）参考文献

［3，Vito，1998］。

4.9.9 家禽粪便的焚烧处理

（1）说明

此处所描述的焚烧装置处理量为每小时 0.5t 粪便（干物质含量为 55%），每年运行 5000h。

首先通过自动装置将肉鸡粪便从粪便储存室输送到温度为 400℃的第一燃烧室。焚烧后的气/灰混合物从第一燃烧室进入第二燃烧室。在此燃烧室内，在控制供氧条件下将混合物在几秒内（如 3s）迅速加热到 1000～1200℃。此高温使所有的臭气得到消除。从第二燃烧室出来的热烟道气通过热交换器，使热交换器里的水加热到约 70℃。然后用此热水来给两个总面积为 5000m^2 的肉鸡舍地板供暖。

（2）环境效益

该技术获得的效益包括可用作肥料的焚烧灰和用于加热鸡舍的热水，这样就节省了化石燃料用量。

（3）跨介质影响

一旦装置启动，要焚烧干物质量为55%的粪便不需要任何额外燃料。

烟道气通过聚四氟乙烯烟尘过滤器后排到大气中。烟尘过滤器将烟道气粉尘浓度从10000mg/m^3 降低到30mg/m^3。分离的粉尘加到燃烧室剩余的灰中。

高温减少了臭气的排放。由于可能增加白垩，因此要限制二氧化硫的排放。

（4）运行数据

焚烧所用原料为干物质含量55%且垃圾含量低的肉鸡粪便。对于每个生产周期来说，约有1t的刨花用于铺设在5000m^2 的鸡舍地板表面。为了固定硫成分需在粪便中添加少量的白垩。

焚烧之后只剩下混合物的10%，这些剩余物可作为肥料进行出售。

在报道的案例中，安装了潜在处理能力为200000只肉鸡粪便的装置。如果装置满负荷运行，每小时能焚烧500kg的粪便。然而，装置是以处理130000只肉鸡粪便的较低负荷进行运转，每天处理6～7吨粪便，同时还可以供应加热所需的能量。

（5）适用性

此装置可应用于新建和现存的养殖场中。处理量可根据养殖场产出的粪便量进行调整。据报道，该技术在养殖场范围内应用没有技术限制。

（6）成本

成本在表4.37中概述。

表4.37　家禽粪便的场内焚烧成本数据表 [3，Vito，1998]

成本因素	成本/(欧元/吨)
投资成本(包括过滤器)	205751
粉尘过滤器	76847
运行成本(资金，维护等)	45860
收益(节能和粪肥)	-59494

成本的高低取决于所用的材料，如果使用较多的耐久材料，则成本就会更高。运行成本和收益以年基准计算呈正平衡。对一台年运行约5000h且年处理2.5kt粪便的装置来说，以所给成本数据表为基础的总成本将达到为18欧元/t粪便。很大程度上成本还取决于烟道气处理的应用。在养殖场范围内应用该处理工艺其成本非常高。

（7）参照养殖场

应用于德国。

（8）参考文献

[3，Vito，1998]。

4.9.10 猪粪便添加剂

(1) 说明

[196，Spain，2002] 在2.6.6节涉及的所有添加剂中，只有那些用于改善粪便物理特性使其易于处置的添加剂，例如生物制剂等，常被用于养殖场中，并且在大多数情况下能够起较好的效果。这些添加剂都没有毒性并且没有严重的跨介质影响。

使用添加剂会导致粪便流畅性提高，表面壳减少，粪便中可溶物及悬浮物降低，以及粪便分层较少。然而，这些效果并不能在所有可比的案例中得到证明。

添加剂的应用也会使粪便坑的清理工作更方便迅速，从而节约用水和能耗。而且，由于粪便更加均匀，因此促进了肥料在农业领域上的应用（如更好的配料）。

(2) 环境效益

更加匀质的粪便有利于养殖场内粪便的更好利用与管理，这是因为更好的同质性使粪便土地利用时更易于配料。清洗粪便坑用水量少使得产生的粪便体积也较少。氨排放物有时候也会减少。

(3) 成本

成本可能呈现广泛的不同，但是现今销售的大部分商品成本为每头猪0.5～1欧元。

(4) 跨介质影响

清洁机器的使用频率较低节省了能耗，同样地也节约了用水。

(5) 参照养殖场

欧盟有许多注册的商品。不同成员国的许多养殖场中按照惯例都使用添加剂。

(6) 参考文献

[202，Institute of Grassland and Environmental Research，2000]。

4.10 减少粪便土地利用中污染物排放的技术

粪便浆液和固体粪便用于土地施肥以及污水灌溉是常用的技术。一般来说，被排放出来的元素如N、P、K等的量与粪便的量及粪便中营养物浓度有关。利用营养技术和有效用水可以减少营养成分的损失（参见4.2和4.3节）。在粪便收集和储蓄系统中应用减少营养物损失的技术可以减少大气排放物，从而使粪肥中的营养元素增加（参见4.5，4.6和4.8节）。人们研发了许多处理有机废物使之用于土地施肥的技术。这些技术的目的是为了减少可被应用的有机废物数量、减少有机废物应用期间及应用之后对环境造成的影响，或用于生产优质肥料（参见4.9节）。

减少还田利用污染物排放的技术可以分为两类：

① 减少还田利用之后排放物的技术，该技术主要考虑排放到土壤、地表水、地下水中的污染物（N，P等），在某些程度上还会考虑排入大气的污染物；

② 减少还田利用过程中污染物排放的技术，主要考虑的是排入到空气中的污染物（氨和臭味）以及噪声。

在实际中，这两类技术之间的差别并不是非常明确，其中一类降低技术的应用也能产生另一类技术的降低效果。

4.10.1 粪便与可用土地之间的平衡

(1) 说明

实际上，通过平衡粪便使用率与土壤需求量可以有效阻止粪便施肥过程中向土壤及地下水排放污染物，土壤需求量可表达为土壤及作物摄取营养物质的能力。粪便使用率是粪便中营养物浓度与粪便体积以及可施用肥料土地面积之比［单位为千克/(公顷・年)］。通常，农作物对 P_2O_5 的需求量比对氮的需求要低 3～4 倍，但这两种物质在猪粪及家禽粪便中含量相当，因此为了避免土壤因磷而逐渐饱和，需要平衡肥料中 N 和 P。

土地和植物对养分的吸收是复杂的，取决于施肥期间的土壤和天气、所要种植作物的季节及种类。理想地来说，为了避免营养过剩，施用的粪肥不应超过土地/作物的需求量。对于给定的营养物浓度和粪便量，应测定土壤和作物的结合需求，来判断哪一个需求符合可用营养物的量。换句话说，N 和 P 的最大使用率会改变土壤的使用类型，或某种可用土壤的类型会对畜禽产品产生影响（包括能够饲养的动物数量）。

用来平衡还田用粪肥与可用土壤的方法（见 2.7 节）有：

- 土壤营养平衡；
- 比率系统，比如动物数量与可用土地的比率。

营养平衡是计算土壤中的总输入营养物与总输出营养物之差。出于国家目的已开发了一种普遍的计算这种平衡的模式。该模式能表明任何施用的营养物质是否过量（N 和 P），并为农业提供营养物效率指标。这种估算也应用到矿物肥料、粪便以及其他有机废物的施用，并应用到氮的大气沉积和生物固氮以及庄稼利用等。

在养殖场应用的是另一种衍生方法，其中记录了进出动物生产系统的所有矿物，并与营养管理技术的应用相关联。这揭示了营养的利用率。下一步要做的是应用农作物所需营养量来计算可施有机肥的土壤面积。

计算动物数量与可用土地面积的比率是一个更加实际的方法，该方法已应用于意大利、葡萄牙和芬兰等国。欧共体已经评估了氮平衡和不同种类动物的氮元素产量标准，并在参考资料［195，EC，1999］中对这些进行了说明。

(2) 环境效益

很难量化利用土壤营养平衡法的效果。该方法的目的是为了避免施用粪便对土壤造成的营养过量。有的时候可能会故意使得某种元素暂时过量，比如磷，其目的是使不同植物可以在相同的土地上生长。

(3) 跨介质影响

平衡营养物质可以减少因长期应用过量养分而污染土壤及地下水造成的环境成本。

如果粪便施肥导致的是较低的应用浓度，那么土壤养分平衡法的利用也会影响与粪便应用相关的其他污染物排放，例如大气污染物（氨气）。

（4）适用性

养分平衡法常被用来评估那些必须降低来自于粪肥（及其他资源）的养分输入量的全国性方案。这可以为那些降低营养负荷的政策手段的建议提供数据支持。这些建议既会影响降低营养物浓度的技术的应用，也会促进新的应用技术的发展。

施矿物质肥至少在一个成员国家内得到实施，并且可以看做是从养分平衡法衍生出的一个系统，但被用于养殖场水平上。这种方法的应用需要对喂养动物的数量、营养物浓度、动物的产品性质以及粪便产量的分析有详细的了解。这种方法适用于养殖场，但其缺点之一是要考虑实施的工作量及记录所有数据需要的时间。

因此，将动物数量与可用土地进行比对是一个更加实用的手段。

（5）成本

成本可用两种方式来得到：①与养殖场上应用矿物平衡法的执行工作相关的费用；②与应用矿物平衡法产生的效果相关的费用，即关于其他地方分布的粪便量。据估计在应用欧盟共同农业政策2000和矿物平衡法的条件下第二种费用增长了60%。

（6）实施的动力

在荷兰，矿物平衡法已经通过立法强制实施。在按硝酸盐章程（91/676/EEC）定义划分为硝酸盐缺失区的地区已被推行使用养料平衡法（N-平衡）。

（7）参照养殖场

荷兰应用的是一种矿物平衡系统。在诸如意大利、葡萄牙以及芬兰等国家应用的是动物数量与可用土地的比率系统。

（8）参考文献

[7，BBL，1990]，[40，MAFF，1998]，[27，IKC Veehouderij，1993]，[195，EC，1999]。

4.10.2 地下水保护方案

（1）说明

爱尔兰应用的地下水保护方案的构成如下：

- 区域受污染的脆弱性，例如，地下水资源和储水层的定义，并一起定义了地下水保护区域。
- 一个地区对潜在污染行为的反应，这取决于风险（危害）和储水层种类等因素。

（2）环境效益

通过定义脆弱区可以预防氮、磷、钾等元素，微生物或者金属等污染地下水。这些方案被认为是可以指导粪肥还田到不易被污染地区（如建议距易污染地区的距离）和确定合适的粪肥还田利用管理方法的工具。

（3）跨介质影响

地下水保护方案的应用可能会限制粪便还田，只能应用于允许的土壤区域，这样做可能会导致粪肥产品水平高于现今可应用的数量。如果地下水保护方案得到应用，这将为开发处理粪肥过量的可能技术提供良机，例如4.9节所讲的场内处理方法。

（4）适用性

地下水保护方案能应用于存在地下水潜在污染危害的任何地方。

（5）实施的动力

地下水保护方案的制定是以欧洲及全国地下水保护法律法规为基础。

（6）参照养殖场

地下水保护方案已经在爱尔兰的许多乡村得到应用。

（7）参考文献

[60，EPA，1999]。

4.10.3 在英国和爱尔兰实施粪肥还田利用的管理方法

（1）说明

粪肥还田利用管理方法考虑了养分平衡以及地表水和地下水保护方案，结合了以下各方面：

- 在合适地区的应用；
- 对缓冲地带的确定及观察；
- 应用的适当时机；
- 还田利用率的确定。

操作规程建议设立一个应用方案，并区分不同规划阶段[44，MAFF，1998]。在第一阶段，选择合适的区域，应排除那些无论何时都不能进行粪肥还田利用的地方，或者那些具有很大地表径流危险的地方，如陡坡和对味道非常敏感的地区。应该确定并且观测缓冲地带，尤其要避免污染河道或者农家庭院。应用特殊规定，例如规定距离泉源、水井或者井眼的最小距离（50～100m）。当泉源或者浅水井在低处时应增大最小距离。

在第二阶段中，粪肥还田利用提供的养分量必须符合所施用土壤的接纳能力以及所要种植的作物的需求。粪肥还田率（单位为kg/hm^2）应该与可用土地的数量及要种植的农作物（或草）的需求、农作物营养状态以及应用的其他有机肥料和化肥相匹配。在大部分报道中都以硝酸盐的沥滤为参考，并推荐在硝酸盐脆弱区域以外的土壤中最高投加量为250kg的总氮/(hm^2/年)。在磷量为限制因素的地方投加量要低于该建议值。选择应用时机的目的是进一步优化粪肥中的可用养分。粪肥的施用应该距离作物成熟的时间越短越好，如此养分就会得到最大限度的摄取。

第三阶段评估粪肥还田利用造成污染的风险，其目的是减少径流。应该避免那些具有高风险径流（如洪水淹没地区、河道等）的土地。对于高风险的土地来说，粪肥还田利用率的限值建议粪便浆液为$50m^3/hm^2$，干粪便为$50t/hm^2$（英国）。对于家禽粪便来说，还田利用率通常建议为$5～15t/hm^2$。

在计划应用粪肥还田利用时必须考虑天气状况以及农作物生长季节，应该避免太干燥及刮风的日子，如夏天的几个月。然而，在某些冬雨严重的地区，土壤的承载能力会降低，并且在冬雨时期会迅速压实，因此需要充分利用较干燥的季节。在白雪覆盖、冷冻严重的土地，有裂缝的土地或者过去一年枯竭的土地上不应该施用粪肥。

为了减少损失并且充分利用粪肥的肥效，应该在农作物刚刚生长前施用粪肥。例如在英国，为了最大限度地利用氮，建议在冬末初春时施用粪肥。

对于养殖场散发的令人讨厌的臭味，大多数都与粪肥还田利用有关。因此，还田利用之前应充分考虑以下几点：

- 除非非常必要，否则不要在人们很可能在家的晚上或周末（银行假日）时间进行还田施肥；
- 注意与周围房子相关的风向；
- 避免在温暖潮湿的条件下施肥；
- 利用施肥器械从而将粉尘或细小颗粒的产生降到最低；
- 施肥后24h以内对土地进行简单耕作。

（2）环境效益

对粪肥还田利用的规划可以减少气味的散发，减少由于沥浸和径流而导致的氮损失。

（3）适用性

施用粪肥的管理方法可以在不受任何限制或需求的情况下应用。施用粪肥的规划应该在设置新耕地单元块的时候起到重要作用，并且应该考虑已存在的任何限制条件。

（4）成本

据说有计划的施用粪肥可以节省花费而不是产生消费。正确地规划粪便还田利用能够避免周围居民区提起的法律程序以及河道污染罚款。

（5）参考养殖场

英国和爱尔兰的一些养殖场应用“良好操作规程”来描述养殖场废物管理方法。

（6）参考文献

[1，EPA，1996；2，EPA，1996]，[45，MAFF，1998；43，MAFF，1998；44，MAFF，1998]，[51，MAFF，1999；49，MAFF，1999；50，MAFF，1999]。

4.10.4 粪肥应用系统

（1）说明

液体粪肥的储存与还田利用过程比固体粪肥处理过程能更好地保存氮元素。粪肥还田利用中氮损失最大，为了减少损失，可应用以下粪浆应用系统（除高压注入法外，其余都在2.7节中进行了介绍）。

① 低压喷洒机；

② 带状喷洒机；

③ 从蹄式喷洒机；

④ 注入器（开口槽）；

⑤ 注入器（闭口槽）；

⑥ 高压注入器；

⑦ 灌溉车；

⑧ 掺混技术。

第①～⑤项技术是粪浆液还田利用方法，每种方法都可与真空罐或泵送罐一起使用，也可以与2.7节所介绍的带式软管系统一起使用。牵引式喷洒车不能与注入器一块使用。

这里提到的高压注入器到目前为止还没有太多的使用经验，因此也没有详细的报道信息。

掺混技术是利用第①～③项技术在土地耕作时直接将粪便还田的技术，需要额外的机械。可以用不同的设备实现混合，如圆盘耙或耕种机，这要取决于土壤类型和土壤条件。通常掺混技术是由第二人使用犁进行作业，但也可由一个人来完成：在这种情况下，粪肥罐再次装满之前罐内粪肥都被混入土壤。

掺混技术也可通过直接注入器或将掺混设备与粪肥罐车结合的方式来实施（如图2.43）。

粪浆液分散系统（因数据缺乏而排除灌溉车）的各种特性（环境效益、跨介质影响、运行数据、适用性、成本等）列于表4.38，并在其中补充了一些说明。

2.7.3节介绍了下面三种主要用于固体粪肥还田利用的播撒机：

- 旋转施肥机；
- 后部排料式施肥机；
- 两用施肥机。

后两者在播撒时表现出更好的均匀分布性。然而，为了减少固体粪肥还田时排放的氨，关键的因素不是如何播撒而是混合的技术。

（2）环境效益

排放物是根据泥浆中干物质的含量、现行的天气条件、土壤类型及农作物状况的不同而变化的。

（3）跨介质影响

运输粪肥罐需要的能量取决于运输的体积、土壤条件及坡度。减少粪肥播撒还田产生的氨损失不仅能减少排放到大气和地下水的污染物，同时还能增加牧草和作物可以摄取的氮量。许多报告中都介绍了大量用于减少粪肥播撒排放物的技术，集中于减少排放到空气中的氮和氨的物质。

（4）运行数据

见表4.38。粪肥应用期间的条件对各种技术的性能影响很大。排放物的减少随着粪浆液向土壤渗透的增加而增大。通过稀释粪浆液或除去固体物质可以提高粪浆液向土壤的渗透。需要用水稀释并产生更大体积的可用粪浆液，而除去固体物质需要同时处理固体部分和液体部分。粪肥应用的精确度越高，粪液中的干物质含量就越低，因此在某种程度上

表 4.38 四种不同粪液分散方法和混合技术的特性 [10，Netherlands，1999] [49，MAFF，1999；51，MAFF，1999] [9，UNECE，1999]

特征	喷洒机	带状喷洒机(后置软管)	从蹄式喷洒机	注入器		混合技术	
				开口槽(浅层)	闭口槽(深层)	立即混合(<4h)	在同一工作日内混合
氨排放物的减少/%	作参考	30(草地；草<10cm)，30(耕地)	40(草地)	60(草地)	80(主要为耕地和草地)	80(耕地)	40(粪液)，60～70(固体猪粪)，90(固体家禽粪便)(耕地)
干物质的含量	高达12%	高达9%	高达6%	高达6%	高达6%	粪液和固体粪便	粪液和固体粪便
适用性		坡度(粪浆储罐<15%，脐带<25%)，不适合黏性和秸秆含量高的粪浆液，土地的大小和形状，可用于行间种植农作物	坡度(粪浆储罐<20%，脐带<30%)，不适合黏性粪液，土地的大小和形状，草的高度约8cm	坡度<12%，对土壤类型和条件有较大的限制，不适合黏性粪液	坡度<12%，对土壤类型和条件有较大的限制，不适合黏性粪液	只适合容易耕种的土地	只适合容易耕种的土地
分离或切碎要求	不需要	低于6%时不需要；超过6%时需要	需要	需要	需要		
相对工作率	→→→	→→	→→	→→	→		
横向撒播的均匀性	√	√(简单) √√√(高级)	√√√	√√√	√√√		
农作物损害度	√√	√√√	√√√	√√√	√√√		
投资成本/(10^3欧元/$10m^3$)	18.6	11.4①	11.4①	8.6①	21.4①		
运行成本/(欧元/m^3)②	无报道	0.7	1.3	2.5	2.5	猪粪浆 1.05 猪粪 1.47 蛋鸡粪 3.19 肉鸡粪 6.19	同前

① 只是应用系统，粪浆运输需要额外费用。
② 见文中标注。

来说粪液应用之前需要进行切碎或分离。

(5) 适用性

在确定每种技术的应用范围时需要考虑许多因素。这些因素包括:

- 土壤类型和条件(土壤深度、含石量、湿度、移动状况);
- 地形(坡度、土地尺寸、地面的平坦度);
- 粪便的类型和构成(粪液或固体粪便)。

一些技术比其他技术应用更广泛。正如利用③～⑤项技术进行粪便施肥,虽然这些技术使用的是相对狭窄的管道,但它们不适合用于黏性或含有大量纤维材料(如秸秆等)的粪液,即使大部分设备会组合安装用于切碎并使粪便均匀化的装置。注射技术可能会很有效,但是不适合浅滩、多石的土壤,因为它会导致毁坏草皮并增大土壤侵蚀的风险。所有技术都适用于可耕土地,但是混合技术只能用于永久草地。同样的,较大深度的直接混合技术可能会对硝酸盐向地下水位沥滤具有副作用。

有关作物产量收益的研究结果尚不明确,因此不能促进应用技术的选择。

(6) 运行数据

当前在荷兰最常用的是4h之内将粪便混入土壤的混合技术。好的物流匹配(粪肥储罐的撒播能力和混合能力的匹配)是实现4h内混合的一个重要因素。在此情况下,当粪肥罐重装浆液时,负责混合的人要跟得上工作。通常是有一个好的物流计划,例如在收获谷物或其他农作物的季节,良好的操作是将联合收割机或其他收割机的卸载与短时间内将谷物或其他作物运输到仓库相结合[197, Netherlands, 2002]。

在其他成员国家,4h内混合技术很难组织,这是因为农民通常没有所需要的所有机器,也没有足够的人员。因此农民需要依靠承包商,那么操作的时间就不能完全由他们控制。

(7) 成本

浆液土地利用系统的投资费用很大程度上取决于每台机器的性能,要看这些机器是水力还是电力控制,单/双轴及其他附件设备。与独立的粪液罐相比,有附件构造的粪液罐将需要有较坚硬的底盘或特殊的适合支架。

粪肥撒播技术而不是撒播机的投资成本不包括与粪液运输系统相关的成本。这些投资的价格变化非常大,相差13000欧元甚至更多。年运行成本取决于每公顷的粪肥利用率,并以承包商的运用为基础[9, UNECE, 1999]。

(8) 实施的动力

粪肥的土地利用受到立法的强制实施,如在荷兰要求粪肥撒播时必须在4h内混入土壤[197, Netherlands, 2002]。

(9) 参照养殖场

欧洲应用了上述所有技术。

(10) 参考文献

[9, UNECE, 1999], [10, Netherlands, 1999], [49, MAFF, 1999; 51, MAFF,

1999]，[197，Netherlands，2002]。

4.10.5 污水的低速灌溉系统

(1) 说明

一般认为污水是来自养殖场的所有水，其中包括清洗（挤奶室）的残渣、其他装置排出水和养殖场庭院的径流排水等，通常具有高 BOD 值（1000～5000mg/L）。在英国，只要可用土地适合就会在养殖场实施低速灌溉以将污水应用于土地。一样的应用限制条件同样用于粪浆液。

该灌溉技术是将污水在泵送到土地之前用沉淀罐或塘进行收集。从而颗粒物被沉淀下来，以避免堵塞灌溉系统，或者利用机器本身来去除固体物质。沉积下来的固体物质必须进行处理。

用泵将贮存室的水抽到管道，由管道输送到喷洒器或移动式灌溉车进行土地喷淋（图4.52）。

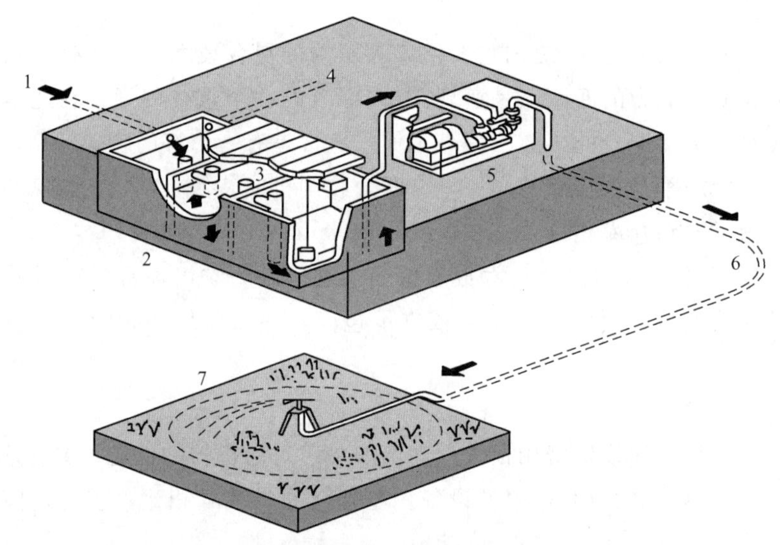

图 4.52 低速灌溉系统的实例 [44，MAFF，1998]

1—污水进口；2—按英国标准 5502 建造的储罐，足够大到储存现场产生的污水量；
3—阻止固体物质堵塞系统的 H 形管；4—接到暗沟或储池的溢流口；5—满足所需水量和水压的泵；
6—接入田地内的管路（通常埋地）；7—喷洒器或移动式灌溉机

(2) 环境效益

一般认为在避免脏水排入污水管道系统或排入附近的地表水方面是有收益的。然而，低速灌溉应该在受纳土地的可容纳范围内实施，并且应该遵循良好撒播管理的一般规则（4.10.3 节）。

(3) 跨介质影响

该系统的运行需要消耗能量。必须有足够的土地用于污水浇灌。而这又会减少用于撒播粪浆液的土地量。污水灌溉过程会有臭气，同时还要考虑天气和土壤条件。

（4）运行数据

该系统需要一个紧急溢流口，当水量超过其容量时（如强降雨）用来储存多余的污水。泵一定要按需要的压力来设计，主要取决于到喷洒系统的距离和系统内部的周期。而泵的容量是可变的，可按期望调为平均量。

（5）适用性

养殖场附近最好有足够的土地，这样就会避免因远距离而使用长管线。喷洒系统必须定期地移动以防止土壤污染。该系统还需要定期维护，一是防止固体物质阻塞管道，二是防止系统内积聚的残渣释放臭气。

（6）参照养殖场

广泛应用于英国。

（7）参考文献

[44，MAFF，1998]。

4.11 减少噪声排放的技术

关于减少集约型畜牧业噪声排放技术的资料非常有限。人们仍未将噪声看做是具有环境重要性的问题，但随着农村地区人口越来越多，噪声排放（以及臭味）也会变得与环境更加相关。同时，养殖场噪声水平的降低与动物产量也有关系，因为动物本身需要一个安静祥和的环境。

一般来说，可以通过以下方法降低噪声：

- 在养殖场房舍内进行生产活动；
- 使用自然栅栏；
- 使用低噪声设备；
- 对设备应用技术措施（有限）；
- 运用额外的噪声控制措施。

避免在晚上或周末进行高噪声活动可以大大减少噪声影响。还应该避免动物喂养和室内转移过程中对动物的不必要干扰，否则就会增加噪声量。但是，对于鸟类来说在夜间进行这些活动受到的干扰相对较小，因此这就是鸟类捕食和随后的运输通常在夜间或清晨进行的原因[183，NFU/NPA，2001]。

在通风系统中，只要可能应优先考虑低噪声风机。噪声辐射随着叶轮直径和速度增加而增加。对于给定的直径，低转速风机要比高转速风机噪声小得多。

为了减少机器和工具等的噪声排放，在某些情况下有可能采取被动噪声消减措施（例如用秸秆进行密封或做成声音屏幕，用来吸收并改变辐射声）。在废空气轴中消音器/消声器并没有取得很好的效果，这是因为沉积的灰尘使其很快变得无效。

下面章节主要介绍用于控制或降低养殖场活动噪声排放的一些潜在技术。

4.11.1 换气扇噪声控制技术

（1）说明

风扇可能是造成滋扰投诉的罪魁祸首，主要因为它们几乎白天和夜间连续运转，尤其是在较暖和的月份（夏季）。

① 对系统或设备的选择　消除风扇噪声的一种方法是采用自然通风系统，包括ACNV（自控的自然通风），该通风系统还有节能效益。大范围的公益和生产因素决定了自然通风系统的应用，但这些系统并不可普遍适用。ACNV系统的问题是不能对畜禽舍内的空气运动进行精确控制。

因此，可以选择风扇以降低噪声。应避免使用具有2极电扇的高速风扇，因为它们的噪声非常大。此外，与这些小尺寸的风扇相匹配的是较小的开口和通风罩，它们对气流具有较高的阻力。一般来说，风扇转速越慢产生的噪声越低。特别对于家禽养殖来说，通风罩和进气口应设计足够的面积，以避免产生不必要的压降。

在某些情况下，风扇的噪声可用入口消音器来降低。牲畜单元释放臭气的性质使得该方法只适合加压风扇通风系统，但该通风系统没有普遍应用性。

② 设计和施工　风扇的安装位置是一个非常重要的因素。与屋顶安装排风扇相比，侧墙上应用低级别的排风扇对于减少畜禽舍内的噪声传播将更加有效，因为畜禽舍建筑结构、土地或植被都能更好地吸收噪声。

对于家禽饲养场，低级别的风扇还有利于粉尘控制，但在吹散臭气方面没有高级别的风扇效果好。

系统阻力会影响风扇和通风系统的性能。风扇装置应设计充足的入口和出口面积以确保最佳的性能。一个有效的设计将会使建筑物通风系统采用最少数量的风扇。

风扇出口处的烟囱罩和大烟囱具有一定降低噪声的能力。它们应该由木材或特别预制塑料或玻璃钢构建而成。硬度不够的金属片会产生振动，应避免使用。

建筑物结构的特点会影响噪声模式。建筑物内部及周围噪声的大小由建筑物的吸收性能所决定。光滑反射面通过多重反射可使噪声增大。相比之下，用稻草等堆砌的粗糙的表面能够吸声。

林地和树篱会吸收来自于养猪场建筑物的噪声。深厚的种植林带既能降低噪声，又能屏蔽刮风产生的噪声。30m的种植林可将噪声降低约2dB。

③ 操作措施　对于禽舍的最低通风要求来说，要达到相同的通风率，少数连续运转的风扇不如大批间歇运转的风扇效果明显。然而运行两倍数量的风扇会增加噪声3dB，这对于夜间背景噪声值低于30分贝的环境来说影响是相当大的。

（2）环境效益

见表4.39。

（3）跨介质影响

低噪声风机的应用、减少气流阻力的设计措施以及操作方法（间歇操作）都可以减少能源消耗。不过，一般认为低级别的壁挂式风机的效率低于屋顶安装式风机，因此需要额外风机容量。此外，据报道与屋顶安装式具有吊环的风机相比，低级别的壁挂式风机会使禽舍建筑物周围产生更多的臭味。

表 4.39 不同噪声措施的降低效果

类　别	减少措施	减少效果/dB(A)
技术	自然通风	变化的
	低噪声风机	n. d.
	消音器的应用	n. d.
设计与施工	低级别的侧壁	n. d.
	树篱/植被屏障	2
用于操作的	少数/连续运行	3

注：n. d. 为无记录。

(4) 适用性

开发新的养猪场和家禽舍应该在设计阶段考虑低级别风机、壁挂式风机和声屏障等设备的噪声控制优点。也可考虑应用自然通风系统。

(5) 参考文献

[68，ADAS，1999]，[69，ADAS，1999]。

4.11.2 对间歇式场内活动产生的噪声的控制

(1) 说明

许多场内活动都是以间歇方式进行的。减少这些活动产生噪声的措施一般与适当的时机和仔细确定活动地点有关。这些措施应用于以下活动。

① 饲料的制备　在养殖场内加工和混合饲料制备厂就是一个噪声源。对于磨粉机通过测量发现，典型的外部噪声水平达到了 63dB（A），应给予特别的关注。磨粉机通常是自动化的，因此可以在晚上使用它们，通过使用成本较低的“非繁忙”夜间电力从而降低运营成本。如果有投诉则此可选方案应该重新考虑。可根据需要考虑室内磨粉机和其他可置于能隔声的构建筑物内的噪声设备。那些使用机械而不是气动传输系统的磨粉机不仅噪声小而且能大幅度提高能源效率。

如锤式破碎机和气动输送机等产生噪声的主要设备应该在背景噪声最高时使用。

② 饲料运输设备的使用　气动输送机会产生高强度的噪声。通过最大限度地减少输送管路运行的长度可以降低噪声，从而设备安装功率也较低。低容量长时间运行的系统可能比大型的高输出系统产生更少的整体噪声。

包括螺旋钻在内的输送机在填满材料时噪声最小。因此应避免输送或螺旋钻空转。

③ 饲料输送　许多单位并没有在现场制备饲料。饲料通常是通过气动传输输送到现场的大储存箱。饲料运输设备形成的噪声主要来自于以下几方面：

- 在附近运行的车辆；

• 气力输送设备。

通过以下方法可将这些噪声源的影响减至最低：

• 饲料桶或饲料储存仓的选址尽量远离住宅和其他敏感区。

• 选择储存箱的位置以减少运输车辆在现场的运行。

• 避免长距离输送，并减少固定管道的弯曲数从而实现最大卸载率（以减少噪声持续时间）。

④ 养猪场的喂养操作　猪舍内的噪声水平可以非常高。例如喂养的情绪激动地家畜产生的噪声水平预期可以高达 97dB，甚至更高。这一兴奋情绪通常与人工喂养或喂养时段饲料传输过程中嘈杂的输送系统有关。通过使用适当的机械喂养系统可以降低这些动物噪声的峰值。如果手工喂养家畜，那么应该将家畜分批（或与其他批次分开），抑或如果不可避免会产生噪声，那么应该在背景噪声较高时喂养家畜。

可以使用带有料斗的给料机，在非喂养时间段将其填充满，然后在程序设定喂养时间段迅速倒空，从而不会对猪产生喂前刺激使其兴奋而发出噪声。

对于某些种类的家畜可以采用被动输送随意给料器进行喂养，这样会大大地减少紧张感从而降低噪声。在安装新的饲养设备时应该优先考虑这一选择。

对于喂养噪声仍旧是问题的饲养场，在实际喂养的时候有必要关闭猪舍内所有的门及其他主要的开放口。

⑤ 燃料输送　为减少输送罐车噪声的影响，燃料储罐应尽量设在远离其他房屋如住宅建筑等的地方。将燃料储罐设置在位于气/油库和其他房屋之间的家禽舍系统内能够减少声音的传播。

养猪场粪便和浆液的处理

• 刮板式粪便处理系统通常在通道旁设置很多开口。猪会通过这些开口，因此应该对这些门开口和其他的通道进行设计和维修，以便猪通过时不会造成开口及其配件发出响声。

• 室内覆盖型刮粪区域呈现出较少的问题，因为刮板牵引机的噪声包含在结构内部。

• 建筑物外的刮粪区域应该保持最小化，从而有助于减少刮板牵引机在外作业产生的噪声。

• 泥浆和粪便的储存区域最理想的应该是位于养殖场距离附近居民点最远的一端。实际上应该对建筑布局进行设计，以便使得泥浆装罐点位于远离现场边界或居民房屋的建筑一侧。这是利用了距离的效果，以及建筑物吸收并且折射噪声的性质。

• 高压清洗机和压缩机产生的噪声很大，通常应该用于建筑物内。应该尽量避免在敏感地带在室外使用这些设备，如清洗交通工具等。如果可能，机械设备的清洗应该在遮盖的远离住宅房屋和敏感地带的地方进行。

家禽养殖场粪便和浆液的处理

• 当清除家禽屋舍时，室内会有一些装载机的噪声。应该对位于室外的拖车装载机的移动和操作进行设计以最大程度地减小机械运动量。如果屋舍内有足够的净空高度，应该将拖车停在室内。

• 一定要确保装载机和拖拉机是运行良好的。应特别关注车辆的排气系统和消声设备。

• 对装载机操作人员的指导和培训能显著地减少机械噪声。

• 对于新建养殖舍来说，应该从粪便及产品处理角度考虑其方位和布局，从而能实际地将机械设备的应用集中在远离居住房屋等建筑物的养殖舍的一端。

• 在一些鸡蛋生产单元，粪便直接输送到独立储存间。这使得拖车可以在室内进行主要的装载作业。

• 用于粪便处理的输送设备是噪声源，发出吱吱声和滴答声，因此应尽可能将其置于建筑物内部。它们在建筑物之间通过的距离应尽可能的短，并且可以考虑采用稻草包或永久性镶板等声音吸收屏障等。满载的输送装置会减少振动和噪声，因此不允许输送装置空转。

• 高压清洗机和空压机产生相当大的噪声，通常应该在室内使用。应该尽量避免在敏感地带在室外使用这些设备，如清洗交通工具等。如果可能，机械设备的清洗应该在遮盖的远离住宅房屋和敏感地带的地方进行。

(2) 跨介质影响

一些措施也可减少能量需求。

(3) 适用性

在新建养殖场时，许多定位措施可以应用到场地规划中。在此种情况下应该充分利用自然地势。对于现存的系统，活动的再布置在技术上只对某些活动可行，但是对于大型建筑物如动物房舍等的再布置，可能会由于需要相对较高的投资而受到限制。

在新建和现存的养殖场，任何时候都可以应用与操作员实践和定时相关的措施。

(4) 参考文献

[68, ADAS, 1999], [69, ADAS, 1999]。

4.11.3 隔声屏障的应用

(1) 说明

利用屏障可以实现现场噪声控制。这些屏障对高频噪声有极好的效果。但波长长、频率低的噪声则会穿过或越过屏障。屏障必须吸收噪声，否则噪声会被反射回来。

利用土堰可以将屏障与植物的吸收作业相结合，当沿着养猪舍的边界建造时非常有用。稻草包因其厚度、质量以及吸附表明也可以用来作为高的、有效、暂时的噪声屏障。稻草包不应该用在猪舍内或附近，因为稻草包会增加火灾的危险，并且火灾对猪或场内工作人员将非常危险。高大结实的木质围墙可以减少噪声传播，因此可以将这些木质围墙设在土堰顶部以增加屏障的总高度。

(2) 环境效益

可实现的噪声减少量取决于屏障类型。

(3) 适用性

屏障可以在任何情况下使用。当地情况将决定是否使用建造屏障，如木制围墙或土堰。

（4）参考文献

[68，ADAS，1999]，[69，ADAS，1999]。

4.12 除粪便和尸体之外的剩余物的处理与处置技术

2.10 节已介绍了集约化养殖场产生的剩余物的类型及其处理方法。许多报告指出废物管理是指剩余物的分离，并按可回用、可现场处理及最终处置进行分类。那些必须在其他地方处置的剩余物可以进一步分离，允许在场区外处理。对于这样的废物管理计划而言，重要前提是需要一个经济有效的剩余物收集和去除方法。

废物可分成两类：

- 液体剩余物；
- 固体剩余物。

4.12.1 液体废物的处理

关于液体废物，常用的方法是通过低率灌溉将废水和泥浆的混合物进行进一步处理或分离处理。4.10 节对这类技术减少排放物进行了介绍。

可以应用一些技术对养殖场废水进行减量和无害化处理。应该对无覆盖活动场区、户外喂养区和施肥板等处的降水进行收集和利用。在测量对液体粪便和粪便水的储存容量时，需要考虑的降水量应该是平均降水量与收集面积的乘积减去蒸发损失。通常屋顶和路面收集的未经污染的降水可以局部吸收或排入排水沟及主要的排放口。任何收集和分开储存相关的回用可能都应该考虑。

生活废水和卫生废水（洗涤和淋浴水，厕所和厨房废水）可以通过当地排水系统排放，或者先收集后运走，抑或者处理后（如：污水处理厂内设施）直接排入地表水。

通过广泛应用干清方法及后续喷嘴清洁器能够大大减少用水量及废水产量。

只可以使用检测过的清洁剂和消毒剂，以减少废水的危害性。

4.12.2 固体残渣的处理

（1）说明

处理固体残渣有各种不同方法。通常在田间焚烧残留物（包装材料和塑料），虽然该技术在许多地方仍然被允许，但却不是环境友好技术。焚烧过程很难控制，温度可能达不到完全焚烧要求的水平，从而会导致不完全燃烧产物（如致癌物质）排放到大气中。燃烧剩余物为加热提供能量或许是不错的选择，但却没有对其进行评估的数据。塑料、橡胶、轮胎及其他材料不允许在户外焚烧。

残渣在养殖场内掩埋或填埋也是一个应用广泛的方法，在短期内可能是一选择，但是长期来看不能达到目的。因为填埋可能会污染土壤和地下水，这主要取决于被填埋的残渣特性。最初的成本节省可能会转变成经济负担，如用于填埋场地的清洁和修复。填埋物包括建筑材料，如石棉水泥的屋顶板。

应意识到在可选处置方法不足的情况下，对某些残渣的处置只能选择户外焚烧和填埋。期望环境法规将能结束这些做法。

建议随后出台所谓的最佳可行环境方法。该方法遵循废物等级制度框架（减量、再利用、回收、处置），应用近似原则（尽可能处理相近的废物）和预防原则（直接应用经济有效的方法以防止环境退化）。

在这个框架里评估了以下养殖场内可选方法：

- 残渣回用；
- 残渣堆肥；
- 能源回收。

回用主要是回用可用的或适于再包装的包装材料。对在养殖场内除粪便之外的残渣进行肥化处理的可能性非常有限；尤其是用具有最大利用机会的二次硬纸板包装材料。能源回收包括已经应用的燃油器，但是其他材料通过新开发的能源回收技术也可以实现能源回收。然而，典型的用于集约化家禽和猪养殖场的技术尚未见报道。

（2）环境效益

固体废物处理会产生各种不同的环境效益，但主要取决于残渣的类型和处理方法。对于回用技术，收集或集中处理将会减少残渣燃烧或填埋，抑或待收集残渣存储（存储过程会产生环境问题，如臭气和地表径流污染土壤）的必要性。

（3）适用性

在选择应用环境最佳可行技术过程中，养殖场主依靠的是基础设施能否对无用的残渣或养殖场不可回用的残渣进行处理。

当前，信息缺乏，意识薄弱和设备成本高使得所建议的养殖场内残渣处理技术的应用非常困难。据报道为了提高适用性还需要更多的研究和发展。

（4）成本

某些成本和所应用的处理技术有关。尤其是残渣的焚烧和填埋必须符合不断提高的法规要求，相应地这又提高了此类技术的应用及运行成本。

处置或回收等其他方法的成本包括：

- 收集及运输成本；
- 处置及回收成本；
- 填埋费（如果通过填埋处置）。

农民的成本取决于很多因素，包括：

- 养殖场的位置和到合适设备的距离；
- 剩余物的数量；
- 剩余物的性质和分类；
- 最终处理方法；
- 二手材料的市场需求。

（5）实施的动力

人们期望农业剩余物将逐渐地被看做是工业废料。在各种规章中都对废物提出了要求，如欧盟填埋规章和废料焚烧规章，这些要求将成为改变农业废物处理的主要动力。

人们认为其他推动废物处理改变的动力包括零售商和消费者的需求，公众关于产品对环境和人体健康造成影响的不断关注，处置成本的不断增加及应用“污染者支付”原则的欧盟规章的发展。

（6）参考文献

大部分信息都能在英国关于可持续农业废料管理的报告中找到［147，Bragg S and Davies C，2000］。

5 最佳可行技术

在理解本章及其内容过程中，读者应注意本书的绪论，尤其是绪论的第 0.2.5 部分：如何理解并使用本文件。本章中介绍的技术和相关的排放和/或消耗水平或消耗水平的范围，已经通过迭代方法进行了评估。评估过程涉及以下步骤：

• 该领域关键环境问题的确定：空气中氨排放，土壤、地表水、地下水中氮和磷的排放以及与其相关的环境问题，如臭气和粉尘的排放、能源和水的利用。

• 与解决这些关键问题最相关的技术的检验。

• 在欧盟和世界各地现有数据的基础上确定最佳环境性能水平。该领域的一个特点是有关环境排放物的常规监测参数非常少。通常，氨含量已被用作评估一项技术效果的衡量指标。然而在评估最佳可行技术时，在没有可用数据的情况下，技术工作组利用他们的专家判断来考虑许多其他潜在的环境影响。

• 可以达到以下性能水平的条件检验，如成本、跨介质影响、实施这些技术需要的主要动力等。

• 在一般意义上，对于该领域内最佳可行技术（BAT）及相关的污染物排放和/或消耗水平的选择，都根据规章的第 2 条（11）和附件Ⅳ进行。

欧洲植保局及相关技术工作组（TWG）所作的专家判断对在此处介绍信息的方式及每个步骤都起到了关键作用。

以次评估为基础，本章介绍了一些最佳可行技术以及与最佳可行技术使用相关的目前可能的排放物及消耗水平。介绍的这些内容被认为是与该领域整体相适应的，在许多情况下反映了当前该领域一些安装设备的性能。在此介绍“最佳可行技术相关的”排放物或消耗水平，可被理解为具有以下意义，即这些水平代表了在本领域应用所介绍的技术而预期的环境性能，同时要时刻铭记最佳可行技术定义固有的成本与优点平衡。然而，它们既不是排放量也不是消耗限值，不应该如此被理解。在某些情况下，在技术上可能实现更好地排放或消耗水平，但由于涉及的成本或跨介质影响等因素，认为它们是该领域整体最佳可行技术则不太合适。然而，在更加具体的情况下，如作为特殊动力的情况下，这些水平被认为是可以调整的。

与最佳可行技术利用相关的污染物排放及消耗水平必须与其他特殊参考条件（如平均周期）一起对待。

上面所谈到的“最佳可行技术相关水平”需要与本书其他地方使用的“可实现的水平”相区别。在一个水平被描述为利用特殊技术或技术组合所能实现时，我们可以理解为如下意义，即利用这些技术在维护和运行良好的设备或过程中经过相当长一段时间能够期望实现的水平。

上一章已经对技术做了介绍，同时给出了有关成本的数据。这些数据是对涉及的成本数量的粗略说明。而技术应用的实际成本将主要取决于具体的情况，如关于税收、费用及设备的技术特性等。本书不可能对这样的现场具体因素进行充分的评估。在缺乏成本数据的情况下，通过对现存设备的观察可以得出技术经济可行性的结论。

本章中常规的最佳可行技术是判断现存设备当前运行情况或对新设备的建议进行评判的参考点。通过这种方法可以帮助确定设备适宜的“以最佳可行技术为基础”的条件，或者确定条款 9（8）下的一般约束规则。可以预测新设备能够通过设计使运行达到此处介绍的常规最佳可行技术，甚至达到更好的水平。也可以认为现存设备能够达到常规最佳可行技术水平或者更好，这取决于每种情况下技术的技能和经济可应用性。

虽然最佳可行技术指导文件没有设定法律约束标准，但它们的目的是为工业、成员国及公众在使用具体技术时提供可实现污染物排放及消耗水平的指导信息。对于任何具体情况来说，必须确定技术应用和适当的限值，同时要考虑综合污染防治与治理法案的目的及当地因素。

为了完善这一通用介绍，以下各段介绍了领域-特定案例、最佳可行技术评估，并将对如何阅读本章进行指导。

主要的环境影响与大气中氨排放，土壤、地表水及地下水中氮磷排放有关，主要来自于动物粪便。减少这些污染物排放的措施不仅限于对粪便如何储存、处理或应用，而是对贯穿整个事件的措施进行比较，包括减少粪便产量的步骤。这就需要以良好的管理和喂养措施开始，接下来是粪便的处理与储存，最后是场地施肥利用。为了防止养殖初期采用的措施由于过程中粪便处理不好而不能取得利益，重要的措施就是应用最佳可行技术理念。

对于一个养殖场来说，最佳可行技术理念就是不断地将最佳可行技术与良好的农业实践和营养措施一起应用到禽舍设计过程中。此外，减少水和能源利用过程中的最佳可行技术也是相关的。粪便的储存和养殖场内粪便处理过程都是污染源，在此应用最佳可行技术将对污染物排放减少具有重要作用。即使应用营养措施和养殖场内粪便处理措施，仍会剩余粪便（如处理后粪便），通常将其应用于土壤施肥。对于此活动来说，最佳可行技术包括管理工具和设备的选择。然而，考虑到各地气候的不同、伴随的饲养方式的地区性差异及动物成品重量的不同，一些疑问将会产生，如一个国家发展良好的饲养技术在另外一个国家内是否仍会可用及有效。事实上，许多饲养系统只在一些个别国家内得到发展和检测，在此类国家之外还没有被评估。从科学意义上说，某些技术能在全国范围内取得一样的效果的假设是不正确的。

此部分的一个特点就是动物饲养系统的设计和运行本身是一项基础技术，会有利于整体的环境性能。当对现存建筑物翻新时，当前所采用的饲养系统将会影响可应用新技术的选择。从一种饲养系统换成另外一种通常意味着系统的完全替换，但通常情况下已经安装了系统的建筑物仅仅需要最小的改变。典型地，饲养系统是一个长期的投资，每种情况在优化执行最佳可行技术时必须考虑这一点。

在信息交换框架下，技术工作组的一个小组设计出一种用于评估集约化畜禽养殖系统最佳可行技术的方法（见附录 7）。从通常意义上来说，这种方法被认为是识别最佳可行技术的第一次尝试。这种方法一直以来尽可能被应用，本章得出了最佳可行技术的详细结论。

以下考虑因素加强了技术评估：

- 只有有限的数据可以利用；
- 动物福利待遇方面应受到重视（不能长期处于黑暗环境），但评估的重点是环境性能；
- 投资成本对于评估具有一定的用途，年运行成本会提供更多的信息，因为它们通常包括折旧费。然而成本一直以来都没有被报道或被清晰地调整。这一不足妨碍了充分的经济评估。

如果一项技术被认为是最佳可行技术，那么系统运行额外需要的能源及劳动力是应该被接受的。

在本章的以下三部分（5.1 至 5.3）中介绍了集约化家禽及猪养殖的最佳可行技术结论。5.1 部分是关于良好农业实践的通用最佳可行技术结论，这些农业实践通常可应用于家禽和猪饲养两部分。5.2 部分介绍了用于猪养殖的常规最佳可行技术结论，5.3 说明了用于家禽养殖的常规最佳可行技术结论。5.2 和 5.3 结构相同，在以下方面介绍了最佳可行技术结论：

- 营养物技术；
- 养殖舍大气污染物排放；
- 水；
- 能源；
- 粪便储存；
- 养殖场内粪便处理过程；
- 粪便土地施肥利用技术。

5.1 集约化猪及家禽养殖中的良好农业技术

良好的农业技术是最佳可行技术中必不可少的部分。虽然很难量化污染物减少所产生的环境效益以及能源和水消耗的减少量，但清晰的一点是认真的养殖场管理将有助于提高集约化家禽或猪养殖场的环境成效。

为了提高集约化畜禽养殖场的常规环境成效，最佳可行技术需要做到以下几点：

● 为养殖场员工鉴别和提供教育及培训项目（4.1.2 节）；

● 记录水和能源用量，养殖场饲养数量，废物产生以及无机肥料和粪肥的农田应用（4.1.4 节）；

● 为处理无组织排放污染物及突发事件提供应急方案（4.1.5 节）；

● 实施维修项目以确保结构和机械运行良好、设备保持清洁（4.1.6 节）；

● 对场地内活动进行合理设计，如材料的运输、产品及废物的去除（4.1.3 节）；

● 对畜禽粪便合理应用于土地进行设计（4.1.3 节）。

关于恰当地将粪便应用于土地，下面给出了详细的最佳可行技术结论。

硝酸盐法案规定应尽量减少用于土壤施肥的粪便供应量，其目的是使所有水体保持一个普遍的水平，从而预防氮化合物污染；该法案还规定了在指定环境敏感区域土地施用粪便的额外供应量。由于缺乏数据，本章并没有对该法案中的所有供应量给予详细说明，但是当进行详细说明时，技术工作组认为土壤施肥应用的最佳可行技术在规划的敏感区域内外具有同样的法律效力。

粪肥土地利用过程分不同阶段：粪便的预生产到后生产再到最终土地利用，在此过程中可对污染物进行减量与控制。下面列出了此过程中的最佳可行技术以及不同阶段可应用的不同技术。但最佳可行技术的原则是以完成以下四方面为基础：

● 采用营养措施；

● 如果在可用土地及作物需求的情况下施用粪肥时，应平衡粪肥与其他肥料之间的关系；

● 对粪肥土地施用进行管理；

● 对于粪肥土地利用，如果应用，建议只采用最佳可行技术中的方法。

下面对这些原则做进一步更详细的介绍。

最佳可行技术的目的就是在源头通过对猪和家禽喂养较低量的营养物来实施营养措施：见 5.2.1 节和 5.3.1 节。

最佳可行技术是通过平衡粪肥施用量与作物需求预测量（土壤及施肥做能为作物提供的氮、磷及矿物质的量）来使粪肥对土壤和地下水的污染达到最小。不同技术可用于平衡土壤和植物所吸收的总营养物与粪肥所提供的总营养物之间的关系，如土壤营养平衡或通过调节动物数量与可利用土地之间的比例。

最佳可行技术是在应用粪肥时考虑所关注的土壤特性，尤其是土壤条件，土壤类型及坡度，气候条件，降雨及灌溉，土地利用及农业实践，其中包括作物轮作系统。

最佳可行技术是通过完成以下几点来减少水污染。

● 在以下地区禁止对土壤施用粪肥：水饱和地区；水涝地区；寒冷冰冻地区；覆雪地区。

● 在坡度较陡的地区禁止施用粪肥；

● 在水源地附近禁止施用粪肥（保留一块未经处理的土地）；

● 粪肥的施用期要尽可能地接近最大作物生长期和营养物吸收期。

最佳可行技术是对粪肥施用进行管理，并通过以下措施来减少可能的臭味散发对居民区的影响：

● 尽可能在居民不在家的白天进行施肥，并避免周末及公共节假日；

● 注意风向与居民区房屋的关系。

对粪便进行处理以使臭味散发达到最小，这样可使粪肥应用时鉴别适合的土地及天气条件更加灵活。

5.2.7 和 5.3.7 节分别对关于猪粪及家禽粪便土地利用的设备的最佳可行技术进行了讨论。

5.2 集约化猪养殖

关于改善集约式畜牧场的整体环境的最佳可行性技术已经在章节 5.1“在集约式畜牧场的良好实践”中做过了论述。

5.2.1 营养技术

预防措施将会减少动物排泄的营养物数量，从而后期生产环节过程中采取治疗措施的必要性也随之降低。因此在应用下游最佳可行技术之前，应优先采用下述的营养最佳可行技术。

营养管理的目标是在动物饲养与生产中的不同阶段使饲料营养与动物需求尽可能的接近，从而降低粪便中废弃营养物的排泄量。

饲养方法包括各种各样的技术，为了最大程度降低营养物的流失，这些技术可单独使用也可同时使用。

饲养技术包括分段饲养、基于可消化/可用营养物的食谱、采用低蛋白的氨基酸食谱（参见 4.2.3 节）、低磷的植酸酶食谱（参见 4.2.4 节）及容易消化的无机磷饲料（参见 4.2.5 节）。而且，4.2.6 节中介绍的饲料添加剂的应用也能有效提高饲养效率，从而增加营养成分在体内的停留并减少粪便中残留的营养物的量。

目前深度技术还处在研究阶段（如性别饲养、食谱中蛋白质或磷含量的进一步降低），有可能在将来得以应用。

5.2.1.1 用于减少氮排泄的营养技术

最佳可行技术要采用饲养技术。

从氮排放及随之产生的硝酸盐和氨排放来看，最佳可行技术的准则是采用较低粗蛋白含量的饲料进行系列食谱（分段饲养）喂养。这类食谱中充足的饲料必须提供最佳的氨基酸抑或工业氨基酸（赖氨酸、甲硫丁氨酸、苏氨酸、色氨酸，参见 4.2.3 节）。

根据品种/基因型和实际起点可使粗蛋白减少2%～3%（20～30g/kg饲料）。饮食粗蛋白含量的范围见表5.1。表中的数值只是指示性的，因为除上述因素外，这些数值还取决于饲料中所含有的能量值。因此粗蛋白水平可根据当地情况进行调整。目前一些成员国正在研究如何进一步应用营养物，根据基因型改变的效果将来可能会进一步减少用量。

表5.1　猪的最佳可行技术喂养中粗蛋白水平表

品种	阶段	粗蛋白含量(饲料的)/%	备注
育成仔猪	<10kg	19～21	提供充分平衡的、最佳可被消化的氨基酸供应量
乳猪	<25kg	17.5～19.5	
育肥猪	25～50kg	15～17	
	50～110kg	14～15	
母猪	妊娠期	13～15	
	哺乳期	16～17	

5.2.1.2　用于减少磷排放的营养技术

最佳可行技术要采用饲养技术。

从磷素方面来说，最佳可行技术的准则就是采用总磷含量较低的系列食谱进行饲养（分段饲养）。为了确保供应充足的可消化磷，这些食谱中需要采用很容易消化的无机磷饲料抑或植酸酶。

根据品种/基因型和实际起点，通过采用易消化的无机磷饲料和植酸酶饲料，可减少0.03%～0.07%的总磷量（0.3～0.7g/kg饲料）。饮食中总磷含量的范围见表5.2。表中的数值只是指示性的，因为除上述因素外，这些数值还取决于饲料中所含有的能量值。因此总磷水平可根据当地情况进行调整。目前一些成员国正在研究如何进一步应用营养物，根据基因型改变的效果将来可能会进一步减少用量。

表5.2　猪的最佳可行技术喂养中的总磷水平表

品种	阶段	总磷含量(饲料的)/%	备注
断奶猪	<10kg	0.75～0.85	通过采用易消化的无机磷酸盐饲料抑或植酸酶来供应充足的可消化磷
小猪	<25kg	0.60～0.70	
育肥猪	25～50kg	0.45～0.55	
	50～110kg	0.38～0.49	
母猪	妊娠期	0.43～0.51	
	哺乳期	0057～0.65	

5.2.2　猪舍的大气排放物

对于一些猪舍的评价形成了一些大众观点。这些观点之后是对用于妊娠母猪、幼猪/生猪、哺乳母猪和猪仔的猪舍的最佳可行技术的详细说明。

正如第4章所介绍，用于减少猪舍向大气排放氨的设计基本上遵循以下部分或全部原则：

- 减少排放粪便的表面积；
- 将粪便（浆泥）从粪坑移送至外部污泥储藏间；
- 采用额外处理方法得到冲洗液，如曝气；
- 冷却粪便表面；
- 采用光滑容易清理的表面（如漏缝地板或粪便渠表面）。

漏缝地板可用混凝土、铁和塑料建造。一般来说，当缝隙宽度相同时，粪便通过混凝土缝隙落入粪便坑需要的时间要长于通过铁或塑料缝隙需要的时间，而这意味着此过程会释放出更多的氨气。值得注意的是在某些成员国家不允许采用铁的漏缝地板。

频繁地用浆液冲洗以去除粪便的做法可能会导致每次冲洗时臭气排放达到最大。一般是一天冲洗两次；早上和晚上各一次。这些最大臭气排放可能会妨碍到附近居民。此外浆液的处理同样需要能源。在定义那些关于不同禽舍设计的最佳可行技术时已经考虑到了这些跨介质影响效果。

谈到垫草（特别是稻草），人们预期在猪舍中垫草是由于能提高动物的生存条件，而这种做法在整个区域内将会得到促进。垫草可以与（自动控制的）禽舍自然通风系统结合应用，因为垫草可以保护动物免于低温，从而可以减少通风和加热所需的能耗。使用垫草的猪舍分成粪便区（没有稻草）和铺着稻草的实体地面。据报道，猪群常常不会正确地利用这些区域，比如它们会在垫草区排粪，而在漏缝或实体的粪便区休憩。然而，虽然有报道称在气候温暖的地区猪舍设计不足以使猪群分清排粪区和睡觉区，但是猪舍设计却能影响猪群的行为。关于这一点的争论就是在全铺上垫草的猪舍中猪群不可能通过躺在未铺垫草的地面上来降温。

对使用垫草的猪舍进行的综合评价应该包括垫草供应成本、粪渣清理成本以及粪便储存释放的大气污染物可能形成的处理成本，还要考虑到粪便土地利用申请所需的费用。垫草的使用会形成能提高土壤有机质的固体粪便。因此在某些情况下这种类型的粪肥有利于改善土壤肥力。这是良好的跨介质影响效果。

5.2.2.1 配种母猪/妊娠母猪猪舍

目前种猪和妊娠母猪既可单独圈养也可一起圈养。但是欧洲猪类权益法（91/630/EEC）中规定了猪群保护的最低标准。对于从 2003 年 1 月 1 日新建或改建的猪舍以及 2013 年 1 月 1 日后所有的猪舍，法规中要求母猪和后备母猪从配种后 4 周到产猪前 1 周的时间内要圈养在一起。

集体养殖系统要求采用与个体养殖系统所不同的喂养方式（如电子式母猪喂养装置）以及影响猪群行为的猪舍设计（如采用排便区和休息区）。但从环境的角度来看，目前已提供的数据（见 4.6 节）表明如果采用相似的减排技术，则集体养殖系统与单独养殖系统具有相似的污染物排放水平。

上述谈到的同一部欧洲猪类权益法（理事会修订 91/630/EEC 至 2001/88/EC）还对猪舍的地板表面提出了要求。对于后备母猪和受孕母猪，需要指定一部分地面必须为连续的实体区域，其中预留的排放口最大占 15%。这些新规定适用于 2003 年 1 月 1 日后新建或改建的猪舍以及 2013 年 1 月 1 日后所有的猪舍。与现有的典型全漏缝地板（参照系）相比，这些新型地板布置方式对气体排放的影响尚未被研究。连续实体地面的排放口最大占 15%的面积，这要小于新规定（对于母猪和后备母猪来说最大缝隙为 20mm，最小板条宽度为 80mm）中要求的混凝土缝隙地面的排放口占 20%。因此整体的效果是减少了留孔的面积。

以下关于最佳可行技术的章节中，将技术与特定标准体系进行了比较。饲养配种母猪/妊娠母猪的猪舍所采用的标准体系（参见 4.6.1 节）是带有混凝土隔板的全漏缝地面的深坑。对泥浆进行定期或不定期清理。通过人工通风排出贮存泥浆粪便所释放的气体。该系统已广泛应用于整个欧洲。

最佳可行技术是：

- 采用全部或部分漏缝的地面，并且具有真空系统定期排除泥浆（参见 4.6.1.1 和 4.6.1.6 节）；
- 或者，采用部分漏缝的地板以及粪便减量坑（参见 4.6.1.4 节），

人们普遍认为混凝土板条会比金属板条或塑料板条释放出更多氨气。但是对于上述最佳可行技术来说，不同板条对气体排放或成本的影响尚无相关信息。

（1）条件最佳可行技术

条件最佳可行技术是指“带有全部或部分漏缝地面，地面下带有冲刷管路或水槽，并利用非曝气液体进行冲刷的新建猪舍系统（参见 4.6.1.3 节和 4.6.1.8 节）”。在由冲刷而产生的臭气不会对周围居民产生影响的情况下，这些技术对于新建体系来说就是最佳可行技术。在该技术已被使用的情况下，它就是最佳可行技术（无条件）。

（2）用于已投产的养殖系统的最佳可行技术

“利用具有热泵的封闭体系对粪便表面进行散热的养殖系统”（参见 4.6.1.5 节）运行效果很好，但其成本较高。因此对新建养殖体系来说，粪便表面散热装置并不是最佳可行技术，但如果该技术已投入使用，那么它就是最佳可行技术。而对改建工程来说，该技术在经济上是可行的，因此也可作为最佳可行技术，但是否采用还需要具体问题具体分析。

“带有地下刮泥机的部分漏缝地面的体系”（参见 4.6.1.9 节）通常运行效果良好，但是，可操作性困难。因此，对于新建猪舍来说地下刮泥机并不是最佳可行技术，但如果该技术已投入使用，那么它就是最佳可行技术。

正如上面所提到的，“带有全部或部分漏缝地面，地面下带有冲刷管路或水槽，并利用非曝气液体进行冲刷的体系”（参见 4.6.1.3 节和 4.6.1.8 节）。如果已投入使用则属于最佳可行技术。然而，由于臭气释放、能耗和操作性问题，对于新建猪舍来说，同样的技术而采用曝气液体进行冲刷时却不属于最佳可行技术。但是，如果该技术已投入使用，那么它就是最佳可行技术。

（3）分歧观点

一成员国支持关于最佳可行技术的结论，但他们认为下列技术在已投入使用的情况下同样属于最佳可行技术，并且当扩建（新建构筑物的方式扩建）项目采用同样的系统（而不是两种不同体系）时，这些技术也是最佳可行技术：

• 部分或全部漏缝地面，利用非曝气或曝气液体冲刷地下管道内的长期的泥浆层（参见 4.6.1.2 节和 4.6.1.7 节）。

该成员国常采用的这些系统与以前被认为的最佳可行技术（参见 4.6.1.1 节和 4.6.1.6 节和 4.6.1.4 节）或条件最佳可行技术（参见 4.6.1.3 节和 4.6.1.8 节）相比能更好地减少氨气的排放。因此人们争论的焦点就在于利用这些最佳可行技术对现有体系进行改建所形成的高额费用是否合理。当对已采用这些体系的养殖场通过新建构筑物的方式进行扩建时，在同一养殖场内采用两种不同的体系会使最佳可行技术或条件最佳可行技术的应用操作性降低。因此，从减少气体排放效果、可操作性和成本因素等方面来看，该成员国认为这些体系属于最佳可行技术。

（4）垫草体系

据最新报道，采用垫草的体系中减少大气排放的潜力各不相同，对于以垫草为基础的系统来说要想更好地对最佳可行技术进行指导还需要更进一步的数据。但是，技术工作组人员总结认为当采用稻草时，并且具备良好的实践如具有充足的稻草、定期更换、设计适宜的围栏地面，以及创建功能分区时，这些技术可以作为最佳可行技术。

5.2.2.2 成长/育肥猪猪舍

幼猪/成长猪通常是集体圈养，并且用于母猪舍养的大部分系统都可在此应用。

以下关于最佳可行技术的章节中，将技术与特定标准体系进行了比较。饲养幼猪/成长猪的标准猪舍体系采用全漏缝地面，具有地下粪便存储的深坑，并采用机械通风（参见 2.3.1.4.1 节）。

（1）最佳可行技术

• 全漏缝地面，带有真空排泥系统以定期排泥（参见 4.6.1.1 节）；

• 或者采用部分漏缝地面，带有粪便减量坑，减量坑具有倾斜的墙面和真空排泥系统（参见 4.6.4.3 节）；

• 或者采用部分漏缝地面，并且在猪舍前端具有中间凸起的实体地面或倾斜的实体地面，侧墙倾斜的污泥槽和倾斜的污泥坑（参见 4.6.4.2 节）。

人们普遍认为混凝土漏缝板会比金属漏缝板或塑料漏缝板释放出更多氨气。但是报道的数据表明释放的氨气只有 6%的差别，但是成本却显著增高。并不是每个成员国都允许采用金属狭板，而且金属狭板不适用于非常重的猪群。

（2）条件最佳可行技术

条件最佳可行技术是指“带有全部或部分漏缝地面，地面下带有冲刷管路或水槽，并利用非曝气液体进行冲刷的新建猪舍系统”（参见 4.6.1.3 节和 4.6.1.8 节）。在由冲刷而产生的臭气不会对周围居民产生影响的情况下，这些技术对于新建体系来说就是最佳可行技术。在该技术已投入使用的情况下，它就是最佳可行技术（无条件）。

（3）应用于已投产使用的养殖系统中的最佳可行技术

“利用具有热泵的封闭体系对粪便表面进行散热的养殖系统”（参见 4.6.1.5 节）运行效果很好，但其成本较高。因此对新建养殖体系来说，粪便表面散热装置并不是最佳可行技术，但如果该技术已投入使用，那么它就是最佳可行技术。而对改建工程来说，该技术在经济上是可行的，因此也可作为最佳可行技术，但是否采用还需要具体问题具体分析。必须要注意的是如果不利用制冷产生的热量，那么能源效率就会较低，例如断奶猪不需要保暖。

“带有地下刮泥机的部分漏缝地面的体系（参见 4.6.1.9 节）”通常运行效果良好，但是，可操作性困难。因此，对于新建猪舍来说地下刮泥机并不是最佳可行技术，但如果该技术已投入使用，那么它就是最佳可行技术。

正如上面所提到的，“带有全部或部分漏缝地面，地面下带有冲刷管路或水槽，并利用非曝气液体进行冲刷的体系”（参见 4.6.1.3 节和 4.6.1.8 节）如果已投入使用则属于最佳可行技术。然而由于臭气释放、能耗和操作性问题，对于新建猪舍来说，同样的技术而采用曝气液体进行冲刷时却不属于最佳可行技术。但是如果该技术已投入使用，那么它就是最佳可行技术。

（4）分歧观点

一成员国支持关于最佳可行技术的结论，但他们认为下列技术在已投入使用的情况下同样属于最佳可行技术，并且当扩建（新建构筑物的方式扩建）项目采用同样的系统（而不是两种不同体系）时，这些技术也是最佳可行技术：

- 部分或全部漏缝地面，利用非曝气或曝气液体冲刷地下管道内的长期的泥浆层（参见 4.6.1.2 节和 4.6.1.7 节）。

该成员国常采用的这些系统与以前被认为的最佳可行技术或条件最佳可行技术（参见 4.6.1.3 节和 4.6.1.8 节）相比能更好地减少氨气的排放。因此人们争论的焦点就在于利用这些最佳可行技术对现有体系进行改建所形成的高额费用是否合理。当对已采用这些体系的养殖系统通过新建构筑物的方式进行扩建时，在同一养殖场内采用两种不同的体系会使最佳可行技术或条件最佳可行技术的应用操作性降低。因此，从减少气体排放效果、可操作性和成本因素等方面来看，该成员国认为这些体系属于最佳可行技术。

（5）垫草体系

据最新报道，采用垫草的体系中减少大气排放的潜力各不相同，对于以垫草为基础的系统来说要想更好地对最佳可行技术进行指导还需要更进一步的数据。但是，技术工作组人员总结认为当采用垫草时，并且具备良好的实践如具有充足的稻草、定期更换、设计适宜的围栏地面，以及创建功能分区时，这些技术可以作为最佳可行技术。

以下体系就是可作为最佳可行技术的一个实例：

- 固体混凝土地面，具有垫草外部入口和稻草输送系统（参见 4.6.4.8 节）。

5.2.2.3 分娩母猪（包括猪崽）养殖系统

在欧洲，分娩母猪一般是饲养在带有金属抑或塑料漏缝地面的箱体内。在箱体大部分空间内，母猪被限制了活动，而猪仔能够自由地四处走动。这些猪舍大部分都有通风控制系统，并且通常在最初的几天内对猪仔提供加热区域。具有较深地下粪坑的此类体系成为标准体系（参见 2.3.1.2.1 节）。

因为分娩母猪在猪舍内的活动受到限制，因此对分娩母猪来说采用全部漏缝地板或部分漏缝地板的区别并不明显。在这两种猪舍系统中，排便活动都是发生在相同的漏缝区域内。因此减量技术主要集中于对粪坑的改进方面。

最佳可行技术是采用全部漏缝地面式铁或塑料箱体，并具备以下特征之一：

- 水和粪便联合渠道（参见 4.6.2.2 节）；
- 或者带有粪便渠的冲刷系统（参见 4.6.2.3 节）；
- 或者地下粪便塘（参见 4.6.2.4 节）。

（1） 应用于已投入使用的养殖系统中的最佳可行技术

“利用具有热泵的封闭体系对粪便表面进行散热的养殖系统”（参见 4.6.2.5 节）运行效果很好，但其成本较高。因此对新建养殖体系来说，粪便表面散热装置并不是最佳可行技术，但如果该技术已投入使用，那么它就是最佳可行技术。而对改建工程来说，该技术在经济上是可行的，因此也可作为最佳可行技术，但是否采用还需要具体问题具体分析。

“部分漏缝地板并带有地下刮泥机的箱体式养殖系统”通常运行效果很好，但操作较困难。因此对新建猪舍系统来说，粪便刮泥机不是最佳可行技术，但如果该技术已投入使用，那么它也是最佳可行技术。

对新设备来说，以下技术不属于最佳可行技术：

- 具有部分漏缝地板和污泥减量坑的箱体式养殖系统（参见 4.6.2.6 节）；
- 具有全部漏缝地板和倾斜木板的箱体式养殖系统（参见 4.6.2.1 节）。

但是，如果这些技术已经投入使用，那么仍属于最佳可行技术。必须要注意的是如果不采取任何控制措施，垫草体系很容易滋生蚊蝇。

（2） 垫草体系

对于以垫草为基础的系统来说要想更好地对最佳可行技术进行指导还需要更进一步的数据。但是，技术工作组人员总结认为当采用稻草时，并且具备良好的实践如具有充足的稻草、定期更换、设计适宜的围栏地面时，这些技术可以作为最佳可行技术。

5.2.2.4 育成仔猪养殖系统

育成仔猪采用围栏或平板进行集体圈养。原则上这两种圈养方式的粪便清理是一样的。标准体系是指具有全部金属或塑料漏缝地板和深粪便坑的围栏或平板系统（参见 2.3.1.3 节）。

从原则上推断，应用于传统断奶仔猪围栏的减量措施也适用于平板系统，但关于这种转变的实例还尚无报道。

（1） 最佳可行技术的特征体系

- 具有全部或部分漏缝地板并带有真空定期排泥系统的围栏或平板饲养体系（参见 4.6.1.1 节和 4.6.1.6 节）；
- 或者具有全部漏缝地板，且地板下是用于分离粪便和尿液的倾斜混凝土地面的围栏或平板饲养体系（参见 4.6.3.1 节）；
- 或者具有部分漏缝地面的饲养体系（双气候系统）（参见 4.6.3.4 节）；
- 或者具有部分金属或塑料漏缝地面以及凸起的实体地板的饲养体系（参见 4.6.3.5 节）；
- 或者是具有部分金属或塑料漏缝地面，以及浅粪便坑和污染饮用水收集渠的饲养体系（参见 4.6.3.6 节）；

• 或者是具有三角铁狭板的部分漏缝地面，以及带有倾斜侧墙的粪便槽的饲养体系（参加 4.6.3.9 节）。

（2）条件最佳可行技术

条件最佳可行技术是指“带有全部漏缝地面，地面下带有冲刷管路或水槽，并利用非曝气液体进行冲刷的新建猪舍系统（参见 4.6.1.3 节和 4.6.1.8 节）”。在由冲刷而产生的臭气不会对周围居民产生影响的情况下，这些技术对于新建体系来说就是最佳可行技术。在该技术已投入使用的情况下，它也是最佳可行技术（无条件）。

（3）用于已投入使用的养殖系统中的最佳可行性技术

“利用具有热泵的封闭体系对粪便表面进行散热的养殖系统”（参见 4.6.3.10 节）运行效果良好，但其成本较高。因此对新建养殖体系来说，粪便表面散热装置并不是最佳可行技术，但如果该技术已投入使用，那么它就是最佳可行技术。而对改建工程来说，该技术在经济上是可行的，因此也可作为最佳可行技术，但是否采用还需要具体问题具体分析。

“带有地下粪便刮泥机的全部漏缝地板和部分漏缝地板的地面系统（参加 4.6.3.2 节和 4.6.3.8 节）”通常运行效果良好，但操作较困难。因此，对新建猪舍系统来说，粪便刮泥机不是最佳可行性技术，但如果该技术已投入使用，那么它也是最佳可行技术。

（4）垫草体系

断奶仔猪也是圈养在部分或全部铺有垫草的实体混凝土地面上。关于这些系统中氨排放问题尚无数据报道。但是，技术工作组人员总结认为当采用垫草时，并且具备良好的实践如具有充足的稻草、定期更换、设计适宜的围栏地面时，这些技术可以作为最佳可行技术。

以下体系就是可作为最佳可行技术的一个实例：

• 具有全部铺设垫草地面的自然通风围栏饲养体系（参见 4.6.3.12 节）。

5.2.3 用水

人们认为减少动物的用水量是不实际的行为。饮食结构不同其用水量也各不相同，虽然有些产品的生产过程具有限制用水的策略，但是长期节水一直以来都被认为是一种义务。因此节约用水即是一种意识，也属于养殖场管理的主要范畴。

最佳可行技术就是采用以下措施来减少用水量：

• 在每个生产环节之后用高压清洁工具冲洗动物房舍和设备。通常冲洗水排入粪污系统，因此重要的是在清洁和节水之间找到平衡点；

• 定期校检饮用水装置以防止溢漏；

• 通过水表记录用水量；

• 检测和维修漏损。

原则上有三种饮水系统可以采用：水槽或水桶内的乳头饮水器、水槽和乳头饮水器。这三种系统都各有优缺点。但是要得出最佳可行技术的结论还尚未具备充足的数据。

5.2.4 能耗

最佳可行技术是通过应用良好的养殖场经验来减少能耗，即从最初的动物养殖舍设计到养殖舍及设备的充分运行及维护都要减少能耗。

可以采取许多方法作为日常惯例来减少加热和通风所需的能耗。其中许多要点已在4.4.2节中进行了介绍。此处只对特殊的最佳可行技术进行说明。

用于猪舍的最佳可行技术通常可采用以下措施来降低能耗：

- 尽可能采用自然通风；这就需要对建筑物和围栏（如围栏的微气候）进行合理设计，并且在空间设计时考虑主导风向以加强气流；此措施只适用于新建猪舍；
- 对于机械通风的猪舍：优化每个猪舍的通风系统设计以提供良好的温度控制，并实现冬天最小的通风效率；
- 对于机械通风的猪舍：经常检查和清理风扇和管道，以避免通风系统的阻力损失；
- 采用低能耗照明系统。

5.2.5 粪便存储

（1）综述

硝酸盐法案规定应尽量减少用于土壤施肥的粪便供应量，其目的是使所有水体保持一个普遍的水平，从而预防氮化合物污染；该法案还规定了在指定环境敏感区域土地施用粪便的额外供应量。由于缺乏数据，本章并没有对该法案中的所有供应量给予详细说明，但是当进行详细说明时，技术工作组认为用于粪浆储存池、固体粪便对或粪浆塘的最佳可行技术在规划的敏感区域内外具有同样的法律效力。

动物粪便储存的最佳可行技术是设计足够大污泥储存设备，容量足以可以用到污泥进一步处理或土地应用之时。所需要的容量取决于气候以及不进行土地应用的时间。例如，地中海气候下的存储容量为牧场4～5月份产生的粪便量，大西洋或内陆型气候下存储容量为牧场7～8月份产生的粪便量，北方地区的存储容量为牧场9～12月份产生的污泥量。

（2）堆/积

对于长期放置在相同位置的粪便堆，不管是在处理设备中堆放还是在场地里堆放，其最佳可行技术是：

- 采用混凝土地面，配备有径流液的收集装置和储罐；
- 新建粪便储存构筑物的位置应设置在尽可能不对周围敏感目标物产生臭气滋扰的地方，并要考虑到距目标物的距离以及主导风向。

对于场地内临时的粪便堆来说，最佳可行技术是将粪便堆设置在远离敏感目标物如居民区、地表径流会进入的水源区（包括地里的排水沟）等的地方。

（3）粪便储池

用混凝土池或钢结构池储存粪浆的最佳可行技术包含以下各方面：

- 能够承受机械冲击、热和化学物质影响的稳定池；

• 池子的基础和墙体要防渗透并能抗腐蚀；
• 储池要定期排空进行检查和维护，最好是每年一次；
• 池子的任意排放口上设置双阀门；
• 只在池子排空之前才对粪浆进行搅拌，例如粪浆施用于土地之前；
• 最佳可行技术采用以下方式之一来覆盖粪浆池；
• 利用坚硬的盖子，顶棚或者帐篷结构；
• 悬浮性覆盖物，如碎稻草、天然硬壳、帆布、金属薄片、泥煤层、轻膨胀性黏土骨材（LECA）或者膨胀性聚苯乙烯（EPS）。

虽然上述这些类型的顶盖都可以使用，但是它们各自具有技术或操作上的限制。这表示选用什么类型的顶盖要具体问题具体分析。

（4）粪便存储氧化塘

如果储存粪便的氧化塘基础和墙壁能够防渗（充足的黏土含量或内衬塑料）并且顶盖带有漏损检测和预防措施，那么氧化塘就能同堆粪池实现同样的效果。

最佳可行技术采用以下方式之一来覆盖粪便存储氧化塘：

• 塑料顶盖；
• 悬浮性覆盖物，如碎稻草、轻膨胀性黏土骨材（LECA）或天然硬壳。

虽然上述这些覆盖方式都可以采用，但是它们各自具有技术上或操作上的限制。这表示选用什么类型的覆盖方式要具体问题具体分析。有些情况下，在现有氧化塘上安装覆盖物可能成本很高或是技术上行不通。当池子很大或是池子形状不规则时安装顶盖的费用可能非常高。而有的时候是在技术上行不通，例如堤岸结构技术上不适合安装顶盖。

5.2.6 牧场内粪便处理

一般来说，在牧场内处理粪肥只有在特定条件下（如条件最佳可行性技术）才是最佳可行技术。决定一种技术是否为最佳可行技术的牧场内粪便处理条件与许多情况有关，如土地可利用性、当地营养过剩或缺少、技术援助，绿色能源的市场化潜力以及当地的政策法规。

表 5.3 中列出了关于牧场内粪便处理的最佳可行技术应用条件的一些例子。列表可能不够详尽，在某些特定条件下其他技术也可能是最佳可行技术。而已选用的技术在其他条件下也可能成为最佳可行技术。

表 5.3 关于牧场内粪便处理的条件最佳可行技术的例子

应用条件	最佳可行技术实例
• 养殖场应坐落在一个营养过剩并且周围具有充足的土地可用以施用液体粪肥(随着营养物成分降低) • 固体粪肥可施用在偏远的需求营养物的地区，或者应用于其他工艺	• 采用封闭系统进行猪粪浆的机械分离(例如离心分离机或压力螺旋分离)，以使氨的排放降到最低(第 4.9.1 节)

续表

应用条件	最佳可行技术实例
• 养殖场应坐落在一个营养过剩并且周围具有充足的土地可用以施用液体粪肥 • 固体粪肥可施用在偏远的需求营养物的地区 • 养殖场主可获取正确运行曝气处理装置的技术援助	• 采用封闭系统进行猪粪浆的机械分离(例如离心分离机或压力螺旋分离),以减少氨的排放量,随后对液体部分进行好氧处理(第4.9.3节),其中对曝气处理要控制良好,从而减少氨和 N_2O 的产生
• 要有绿色能源市场 • 地方性法规允许与其他有机废物共同发酵处理,消化产物用于土壤施肥	• 在沼气装置中对粪便进行厌氧处理(第4.9.6节)

除了在牧场内处理外，粪便还可以在牧场外如工业设备中进行（进一步）处理。关于牧场外处理的评估不属于此最佳可行技术参考文档的涉及范畴。

5.2.7 猪粪肥土地施用技术

通过选取合适的设备能够减少粪肥土地施用过程中向空气中释放的氨气。表4.38表明改变粪便处理的标准可取得不同的氨气减排结果。标准技术是传统的粪便撒播机，后续不进行快速混合，在2.7.2.1节中进行了介绍。一般来说，能减少氨气排放的粪便土地施用技术也能减少臭气排放。

5.1节中讨论了关于粪便土地施用管理的最佳可行技术。

每种技术都有各自的限制条件，并不适用于所有环境中抑或所有类型的土地。泥浆注射技术具有最高的减量化程度，但是将泥浆洒播在土壤表层并随后进行快速混合的技术也能取得同样的效果。但是，要达到这点需要额外的人力和能耗（成本）并且仅适用于容易开垦的耕地。表5.4列出了最佳可行技术的结论。取得的水平都是针对特定领域的，并且只能说明可能的减量效果。

表5.4 关于粪肥土地施用设备的最佳可行技术

土地利用	最佳可行技术	减排量	粪肥类型	应用性
草地和作物高度低于30cm的土地	拖尾软管(带式撒播)	30%如果应用于草层高度>10cm时减少量会更少	粪浆	坡度(池子<15%;脐式系统<25%);不适用于黏稠或稻草含量高的粪浆,场地的大小和形状非常重要
主要用于草地	拖尾管头(带式撒播)	40%	粪浆	坡度(池子<20%;脐式系统<30%);不适用于黏稠或稻草含量高的粪浆,场地的大小和形状非常重要;草高不超过8cm
草地	浅层注射(开口槽)	60%	粪浆	坡度<12%,对于土壤类型和条件有更大限制,不适用于黏性粪浆
主要是草地,耕地	深层注射(闭口槽)	80%	粪浆	坡度<12%,对于土壤类型和条件有更大限制,不适用于黏性粪浆
耕地	带式撒播并在4h内混合(*)	80%	粪浆	混合仅适用于容易开垦的土地,在其他情况下最佳可行技术是不带混合的带式撒播
耕地	尽快混合,但至少控制在12h内	范围:4h:80% 12h:60%~70%	固体猪粪	仅适用于易于开垦的土地

关于固体猪粪便土地施肥的减量技术尚未有人提出。但是，减少固体粪肥土壤施肥过程中释放氨气的重要因素是混合效果而不是施肥技术。对草地而言不可能进行混合。

技术工作组大部分成员认为粪肥注射技术或者粪肥土地撒播及4h里进行混合（如果土地容易开垦）技术可作为粪浆耕种土地应用的最佳可行技术，但是针对这个结论有着不同的观点（如下）。

技术工作组人员还认为，对于粪浆土地利用来说传统的粪便撒播机不是最佳可行技术。但是，有4个成员国提出在粪便撒播机以低速轨道并在低压条件下（目的是产生大液滴；从而避免了雾化和刮风的影响）运行，并且将泥浆尽可能快的（至少6h内）与土壤混合或将粪浆施用于正在生长的可耕作物的情况下，这些技术的结合是最佳可行技术。然而，技术工作组人员对这一提案尚未达成一致意见。

不同观点：

① 两个成员国并不认为猪粪浆在可耕种土地上的带式撒播以及后续的混合技术是最佳可行技术。他们认为能减少30%～40%气体排放的粪便带式撒播技术是将猪粪浆撒播到可耕种土地上的最佳可行技术。而他们的理由是粪浆土地带式撒播总是能够实现合理的减排量，并且混合所需要的额外处置很难组织，而且所能达到的额外减少量并未超过额外处理增加的成本。

② 关于混合的另一个不同观点涉及固体猪粪肥。两成员国不认为将固体猪粪肥与土壤尽快混合（至少在12h内）的技术是最佳可行技术。他们认为能实现50%减排量的24h内混合技术属于最佳可行技术。他们的理由是要实现额外的氨气减排量，不要增加额外成本，也不要增加在较短时间里组织混合所牵涉的困难度。

5.3 集约化家禽养殖

关于改进集约化家畜养殖场环境性能的最佳可行技术在5.1节“集约式畜禽养殖的良好农业实践”中进行了介绍。

5.3.1 营养技术

预防措施将会减少动物排放营养物的量，并从而减少对于生产环节过程中采取治疗措施的需求。因此下述的营养最佳可行技术最好在下游最佳可行技术之前应用。

营养管理的目标是使饲料最接近动物在不同生产阶段的需求，从而降低粪便中废弃营养物的排泄量。

饲养方法包括各种各样的技术，为了最大程度降低营养物的流失，这些技术可单独使用也可同时使用。

饲养技术包括分段饲养、基于可消化/可用营养物的食谱、采用低蛋白的氨基酸食谱

（参见4.2.3节）、低磷的植酸酶食谱（参见4.2.4节）及容易消化的无机磷饲料（参见4.2.5节）。而且，4.2.6节中介绍的饲料添加剂的应用也能有效提高饲养效率，从而增加营养成分在体内的停留并减少粪便中残留的营养物的量。

目前深度技术还处在研究阶段（如单性别饲养、食谱中蛋白质或磷含量的进一步降低），有可能在将来得以应用。

5.3.1.1 用于减少氮排放的营养技术

最佳可行技术要采用饲养技术。

从氮排放及随之产生的硝酸盐和氨排放来看，最佳可行技术的准则是采用较低粗蛋白含量的饲料进行系列食谱（分段饲养）喂养。这类食谱中充足的饲料必须提供最佳的氨基酸抑或工业氨基酸（赖氨酸、甲硫丁氨酸、苏氨酸、色氨酸，参见4.2.3节）。

根据品种/基因型和实际起点可使粗蛋白减少1%～2%（10～20g/kg饲料）。饮食粗蛋白含量的范围见表5.5。表中的数值只是指示性的，因为除上述因素外，这些数值还取决于饲料中所含有的能量值。因此粗蛋白水平可根据当地情况进行调整。目前一些成员国正在研究如何进一步应用营养物，根据基因型改变的效果将来可能会进一步减少用量。

表5.5 家禽的最佳可行技术喂养中粗蛋白水平表

品种	阶段	粗蛋白含量(饲料中)/%	备注
肉鸡	初始期	20～22	供应充分平衡的及最佳的可消化氨基酸
	生长期	19～21	
	成熟期	18～20	
火鸡	<4周	24～27	
	5～8周	22～24	
	9～12周	19～21	
	13周以上	16～19	
	16周以上	14～17	
产蛋鸡	18～40周	15.5～16.5	
	40周以上	14.5～15.5	

5.3.1.2 用于减少磷排放的营养技术

最佳可行技术要采用饲养技术。

从磷素方面来说，最佳可行技术的准则就是采用总磷含量较低的系列食谱进行饲养（分段饲养）。为了确保供应充足的可消化磷，这些食谱中需要采用很容易消化的无机磷饲料抑或植酸酶。

根据品种/基因型、喂养原始材料和实际起点，通过采用易消化的无机磷饲料和植酸酶饲料，可减少0.05%～0.1%的总磷量（0.5～1g/kg饲料）。饮食中总磷含量的范围见表5.6。表中的数值只是指示性的，因为除上述因素外，这些数值还取决于饲料中所含有的能量值。因此总磷水平可根据当地情况进行调整。目前一些成员国正在研究如何进一步应用营养物，根据基因型改变的效果将来可能会进一步减少用量。

表 5.6 家禽的最佳可行技术喂养中的总磷水平表

品种	阶段	总磷含量(饲料中)/%	备注
肉鸡	初始期	0.65～0.75	通过采用如高度易消化无机磷酸盐抑或植酸酶来提高充足的可消化磷
	生长期	0.60～0.70	
	成熟期	0.57～0.67	
火鸡	<4 周	1.00～1.10	
	5～8 周	0.95～1.05	
	9～12 周	0.85～0.95	
	13 周以上	0.80～0.90	
	16 周以上	0.75～0.85	
产蛋鸡	18～40 周	0.45～0.55	
	40 周以上	0.41～0.51	

5.3.2 禽舍气体排放

5.3.2.1 蛋鸡鸡舍

蛋鸡鸡舍的评估应考虑 1999/74/EC 法案中规定的对于蛋鸡鸡舍的要求。这些要求规定从 2003 年禁止新建传统鸡舍系统，并且到 2012 年将全面禁止使用此类鸡舍体系。但是，上述法案是否需要于 2005 年进行修订将根据各种研究和协商的结果来决定。目前正在对产蛋鸡养殖的不同系统，尤其是对上述法案所包含的体系进行具体研究，其中考虑了不同系统的健康和环境影响。

对传统体系的禁用将会要求养殖户采用所谓的富集鸡舍或非笼状鸡舍（可变体系）。这就造成对现有传统鸡舍进行改建和对新建鸡舍进行安装的投资评估。对于法案中禁止的体系投资来说，改造的费用采用 10 年分期偿还是可行的。

（1）笼状禽舍

大部分产蛋鸡仍然采用传统的鸡舍饲养，因此大部分关于氨气减排的信息仍基于该体系。在关于笼状禽舍的本章中，将各种技术与标准体系进行了对比。用于养殖产蛋鸡的笼状禽舍标准体系是在鸡舍下方采用开放式粪便储存池（参见 4.5.1 节）。

最佳可行技术是：

• 带有粪便清除装置的鸡舍体系，至少一周 2 次，通过运输带将粪便运送至封闭的储存池（参见 4.5.1.4 节）；

• 具有强制空气干燥功能并带有粪便传输带的纵向分层鸡舍体系，至少一周清理一次粪便，清理后的粪便输送至封闭的储存池（参见 4.5.1.5.1 节）；

• 具有强制搅拌空气干燥功能并带有粪便输送带的纵向分层鸡舍体系，至少一周清理一次粪便，清理后的粪便输送至封闭的储存池（参见 4.5.1.5.2 节）；

• 具有改善的强制空气干燥功能并带有粪便输送带的纵向分层鸡舍体系，至少一周清理一次粪便，清理后的粪便输送至封闭的储存池（参见 4.5.1.5.3 节）；

• 顶部具有干燥通道并带有粪便输送带的纵向分层鸡舍体系，每 24～36h 清理一次粪便，清理后的粪便输送至封闭的储存池（参见 4.5.1.5.4 节）。

在输送带上干燥粪便需要消耗能量。虽然尚未对所有技术的能量需求进行报道，但一般来说污染物减排效果越好其耗能越高［按 kW・h/(只・年）计］。但强制搅拌空气干燥系统是一个例外（参见 4.5.1.5.2 节），该法消耗较少的能量就能达到与强制空气干燥体系相似的污染物减排效果（参见 4.5.1.5.1 节）。

（2）条件最佳可行技术

① 深坑体系（参见 4.5.1.1 节）是一种条件最佳可行技术。在地中海气候盛行的区域这种体系属于最佳可行技术。而在平均温度较低的区域这种技术产生的氨气排放会显著增高，除非在深坑内设置粪便干燥工艺，否则不属于最佳可行技术。

② 多元化禽舍概念　应用多元化禽舍的各种方法尚处于发展阶段，可用于做出最佳可行技术评估的信息还非常有限。但是，这些设计将会转变为可用于 2003 年以后新建鸡舍的可选体系（如果关于这方面的法案尚未被改变）。

③ 非笼状禽舍　在欧洲，由于非笼状产蛋禽舍考虑了健康因素，因此应该引起人们更多的关注。在本节中关于非笼状禽舍技术与特定标准体系进行了比较（参见 4.5.2.1.1 节）。非笼状产蛋禽舍所采用的标准体系是不带曝气设备的深垫料系统。

（3）最佳可行技术

• 带有强制空气干燥装置的深垫料体系（参见 4.5.2.1.2 节）；

• 或者是带有孔状地板和强制空气干燥装置的深垫料体系（参见 4.5.2.1.3 节）；

• 或者在刮除区域外有界或无界的鸡舍体系（参见 4.5.2.2 节）。

鸡舍体系的缺点是尘土含量高，这将导致禽舍排出大量灰尘。鸡舍内高灰尘量造成许多的动物健康问题，而且对工作人员也会产生不利影响。

依据现有关于产蛋禽舍的资源进行的最佳可行技术评估结果表明：改善动物健康环境会对产蛋禽舍氨气减排效果产生限制性负面影响。

5.3.2.2 肉鸡鸡舍

（1）最佳可行技术

• 地面全部铺设垫料且安装有不渗漏饮水系统的自然通风禽舍（参见 2.2.2 节和 4.5.3 节）；

• 或者是地面全部铺设垫料且安装有不渗漏饮水系统的绝热良好风扇通风型禽舍（VEA 体系）（参见 4.5.3 节）。

（2）条件最佳可行技术

联合鸡舍体系（参见 4.4.1.4 节）是条件最佳可行技术，也是一种节能技术。如果当地条件允许就可以采用该技术，例如当地土壤条件允许设置封闭的循环水地下储存池的情况。目前这种体系仅在荷兰和德国地下 2～4m 深度处应用。而这种体系在冰冻期较长冻土层很厚的地区或者在气候较温暖和土壤制冷能力不充足的地区运行是否良好，目前尚不知晓。

（3）用于已投产的养殖系统的最佳可行技术

虽然下面的技术都能取得很好的氨气减排效果，但因为成本较高，因此认为它们不属于最佳可行技术。但是如果这些技术已投入使用，那么它们就是最佳可行技术。这些技术包括：

• 具有强制空气干燥装置的孔状地板体系（参见 4.5.3.1 节）；

• 具有强制空气干燥装置的分层地板（参见 4.5.3.2 节）；

• 带有可拆除笼壁和粪便强制干燥装置的分层鸡笼体系（参见 4.5.3.3 节）。

5.3.3 水耗

人们认为减少动物的用水量是不实际的行为。饮食结构不同其用水量也各不相同，虽然有些产品的生产过程具有限制用水的策略，但是长期节水一直以来都被认为是一种义务。因此节约用水即是一种意识，也属于养殖场管理的主要范畴。

最佳可行技术就是采用以下措施来减少用水量：

• 在每批家禽喂养之后用高压清洁工具冲洗动物房舍和设备。重要的是在清洁和节水之间找到平衡点；

• 定期校检饮用水装置以防止溢漏；

• 通过水表记录用水量；

• 检测和维修漏损。

原则上有三种饮水系统可以采用：低容量乳头饮水器或者带有滴漏杯的高容量饮水器、水槽和圆形饮水器。这三种系统都各有优缺点。但是要得出最佳可行技术的结论还尚未具备充足的数据。

5.3.4 能耗

最佳可行技术是通过应用良好的养殖场经验来减少能耗，即从最初的动物养殖舍设计到养殖舍及设备的充分运行及维护都要减少能耗。

可以采取许多方法作为日常惯例来减少加热和通风所需的能耗。其中许多要点已在 4.4.1 节中进行了介绍。此处只对特殊的最佳可行技术进行说明。

用于禽舍的最佳可行技术可通常采用以下措施来降低能耗：

• 对周围温度低的区域内的禽舍进行保温处理 [U 值 0.4W/(m^2 · ℃) 或更好]；

• 优化每个禽舍内的通风系统设计，从而提供良好的温度控制，并达到冬季的最低通风率；

• 经常检查和清理通风管道和风扇，以避免通风系统的阻力损失；

• 采用低能耗照明系统。

5.3.5 粪便储存

(1) 综述

硝酸盐法案规定一般应尽量减少粪便存储的量，其目的是使所有水体保持一个普遍的预防氮化合物污染的水平；该法案还规定了在指定硝酸盐敏感区域存储粪便的额外供应量。由于缺乏数据，本章并没有对该法案中的所有供应量给予详细说明，但是当进行详细说明时，技术工作组人员认为用于粪便存储的最佳可行技术在规划的硝酸盐敏感区域内外具有同样的法律效力。

最佳可行技术是设计足够大容量的家禽粪便储存设施，容量足以可以用到粪便做进一步处理或土地应用之时。所需要的容量取决于气候以及不进行土地施肥应用的时间。

(2) 堆/积

如果粪便需要储存，那么最佳可行技术就是利用具有防渗地板和充足通风系统的筒仓来存储干燥后的家禽粪便。

对于场地内临时的粪便堆来说，最佳可行技术是将粪便堆设置在远离敏感目标物如居民区、地表径流会进入的水源区（包括地里的排水沟）等的地方。

5.3.6 牧场内粪便处理

一般来说，在牧场内处理粪肥只有在特定条件下（如条件最佳可行性技术）才是最佳可行技术。决定一种技术是否为最佳可行技术的牧场内粪便处理条件与许多情况有关，如土地可利用性、当地营养过剩或缺少、绿色能源的市场化潜力、当地的政策法规以及存在的治理技术。

表 5.3 中列出了关于牧场内粪便处理的最佳可行技术应用条件的一些例子。列表可能不够详尽，在某些特定条件下其他技术也可能是最佳可行技术。而已选用的技术在其他条件下也可能成为最佳可行技术。

条件最佳可行技术的一个实例如下：

- 当产蛋鸡舍系统与粪便干燥体系或其他氨气减排技术（参见 5.3.2.1 节）不能结合时，采用具有穿孔粪便输送带的外部干燥通道（见 4.5.5.2 节）。

除了场内处理外，粪便还可以在场外的工业装置内（进一步）处理，如家禽垫料焚烧、堆肥或烘干。对这些场外处理的评估不属于本最佳可行技术参考文件的涉及范畴。

5.3.7 家禽粪便的土地施用技术

家禽粪便中的有用氮成分含量高，因此土地施用达到分散均匀和精确应用非常重要。在这方面，旋转式撒播机效果较差，而尾部排放撒播机和双向撒播机的效果会好很多。对于 4.5.1.4 节介绍的来自于笼子中的湿家禽粪便（干物质量<20%）来说，低压低轨道撒播是唯一可应用的撒播技术。然而，关于哪种撒播技术是最佳可行技术至今还尚未得出结论。

关于粪便土地施用管理的最佳可行技术在 5.1 节中进行了讨论。

为了减少家禽粪便土地施用过程中氨气的排放量，最关键的因素是混合技术而不是如何撒播的技术。对于草地来说，混合是不可能的。

湿或干的固体家禽粪便土地施用的最佳可行技术就是在12h内进行混合。混合技术只能在易于开垦的耕地上应用，能达到90％的减排量，但是这只是对特殊地点来说，这也只能作为对减排潜力的一种解释。

不同观点：

两个成员国并不认为固体家禽粪便在12h内混合的技术是最佳可行技术。他们认为在24h内混合，相应的氨气排放减少量达到60％～70％左右的技术是最佳可行技术。而他们的理由是要实现额外的氨气减排效果不要增加额外的成本，也不要增加组织短时间内混合的困难度。

6 结束语

此项工作的特点就是给出了第 4 章中介绍的技术所具备的氨气减排潜力相对于标准技术减排量的比值（以%计）。之所以这样做是因为家禽的消耗水平及污染物排放水平受许多不同因素的影响，如动物品种、饲料配方的不同、生产阶段和所应用的管理系统以及气候和土壤特性等其他因素。其产生的结果是应用禽舍系统、粪便储存池和粪便土地应用等技术所产生的绝对氨气排放量范围非常广泛，要说明绝对水平非常困难。因此，采用百分数来表达氨气减排水平已受到人们的青睐。

6.1 工作日程

关于本项最佳可行技术指导文件的工作是从 1999 年 5 月 27 号和 28 号的会议开始的。两份初案已发给技术工作组以征求意见。最佳可行技术指导文件的第一份初稿于 2000 年 10 月发出去征求意见，第二份草案在 2001 年 7 月发出去，在此阶段最佳可行技术指导文件的编者进行了更换。在 2002 年 1 月 10 号和 11 号组织一次中级会议。这样做主要有两个原因：首先是因为来自技术工作组的第二份草案因缺乏透明度而被投诉，其次是因为编者的更换。于 2002 年 2 月 25～27 号举行了技术工作组第二次会议。此次会议之后又是对修改第 1 章至第 5 章的内容，新增第 6 章结束语以及执行摘要部分等内容的简短征求意见期。在此之后会对草稿进行最终改写。在 2002 年 11 月 12 号和 13 号的信息交流论坛会议上将最终稿提交给环境司。

6.2 信息来源

此最佳可行技术指导文件草案中的许多信息来源出自主要权威机构和研究中心的报告。由意大利和荷兰提交的关于猪和家禽禽舍技术的文件可考虑作为一般的标准。关于粪便土地施肥技术的文件来自于英国，关于粪便处理技术方面主要由比利时提供。工业群“欧洲饲料添加剂生产商协会”为营养管理提供了宝贵资料。

所提供的资料中大部分都集中在减少氨的排放量方面，尤其是猪与家禽禽舍和粪便土地施用过程中的氨排放。作为预防氨排放的一种方法，营养管理也被详细介绍。但是，关于噪声、废物和废水的资料却很少，而且关于监测方面的资料几乎就没有。

6.3 达成共识

大部分技术工作组成员都支持该最佳可行技术指导文件，但是关于五个最佳可行技术的结果，以下不同观点必须引起关注。

1 和 2　整个技术工作组一致同意关于空怀母猪/怀孕母猪以及育肥猪/成长猪的禽舍系统的最佳可行技术结论。然而，一成员国代表专家认为：第 4 章介绍的另外一个体系也是最佳可行技术如已经投入使用的技术，而且扩建部分采用与原来一样的系统时，所用技术也属于最佳可行技术。

3　两个成员国不支持的结论是将猪粪浆广泛施用在耕地上并伴随混合的技术是最佳可行技术，他们认为粪浆广泛土地施用技术本身就是最佳可行技术。

4 和 5　另一种不同观点是固体猪和家禽粪便混合的时机。两个成员国不认为尽可能快（至少在 12h 之内）的混合固体猪粪便是最佳可行技术。他们认为最佳可行技术是在 24h 内进行混合。这两个成员国也不同意将 12h 内混合家禽粪便作为最佳可行技术，而认为应该是在 24h 内。

6.4 今后工作建议

目前关于污染物排放和消耗水平，确定最佳可行技术时考虑的技术性能，尤其是关于可达到的减排和消耗水平和经济的数据非常有限。如果存在数据，如氨气排放量等，那么对这些数据的解释就要小心，因为数据收集的环境会各不相同，抑或不清楚。附录 6 给出了关于今后对可比成本数据进行报道的建议。

技术工作组还研究发现，成员国为了介绍相关的生产工艺而提供的信息的质量和数量差异很大，其结果是这些资料有部分可比或根本不可比。因此，为了实现最佳可行技术指导文件今后的有效更新，建议开发一种和谐的方法，其中要考虑对集约化家禽养殖场所采用的技术的说明和评估。

针对某些具体领域可用资料很少的问题，需要特别提到的就是监测，在今后对最佳可行技术指导文件修改过程中应将监测作为关键问题进行考虑。技术工作组分组编制了一份文件，该文件汇编了信息缺失的地区。此工作文件还讨论了监测活动并提出监测技术。该文件［200，ILF，2002］对今后可用于最佳可行技术指导文件修改的监测资料的收集方面是一个好的开始。具有参考资料［218，Czech Republic，2002］的文件介绍了如何在稳态中测定氨气浓度。参考文件［219，Denmark，2002］是对来自于捷克共和国早期提到的文件的反应。这两个文献在最佳可行技术指导文件的今后发展工作中应该被考虑到，其他丢失数据和信息的领域具体如下：

关于产蛋鸡鸡舍系统，多元化鸡笼已被推荐为是一种最佳可行技术，因为它将是2003年后新建系统允许采用的唯一鸡笼设计（如果关于动物健康的法案在这方面不会被修改的话）。该系统仍在发展中，目前只是实践阶段。目前能够推荐的就只有一个设计方案，但据报道今后将会推出更多的可选方案。关于该系统的信息对以后最佳可行技术指导文件的修改工作非常有用。

改进管理的火鸡鸡舍系统有助于污染物的减排，但是要确定其对环境的影响还需要做进一步的研究工作。例如对劳动力投入的进一步分析有助于评估环境效益下的运行成本。

家禽方面，关于蛋鸡和肉鸡的资料很多，而关于鸭和珍珠鸡的资料非常少，关于火鸡的资料也很有限。为了今后的修改工作应该收集更多的相关信息。

由于人们对动物健康意识的增强，期望在猪舍内使用垫料的做法将会在整个社区内有所增加。然而，其对环境如氨气排放等的影响尚不可知，但却已经投入实践阶段。因此，有必要收集更多的信息用于今后最佳可行技术指导文件修改过程中的进一步评估。

猪和家禽的多阶段饲养技术被认为是减少粪便中氮含量的一种改进方法。相关的成本和饲养设备需求尚未见报道。而这些数据对与今后最佳可行技术指导文件修改过程中的进一步评估来说是必需的。

粪便场内处理的技术需要进一步的确认和量化，以便对最佳可行技术的考虑因素做更好的评估。

在粪便中使用添加剂是普遍采用的技术，然而要得出关于最佳可行技术的结论还需要更多的信息，如相关植物和实际性能数据等的资料。

要对最佳可行技术进行全面评估还需要更多关于噪声、能耗、废水和废弃物的信息。

粪便土地利用被认为是一个很重要的问题，本文件中报道了一些详细的最佳可行技术结论。然而，像（减少）粪便中干物质含量及灌溉等问题并没有充分说明，在今后的最佳可行技术指导文件的修改过程中需要考虑。

在此最佳可行技术指导文件内，一致同意在水源附近不能进行粪便土地施用的原则，但是具体的距离没有被量化。不能将粪肥施用到陡峭坡地的原则也是同样的情况，坡度没有被量化。因此，要想在下一次对最佳可行技术指导文件修改过程中对这些问题进行评估，关于这些问题的信息如对土壤条件（如耕地或种植的庄稼等）以及粪肥类型（粪浆液或固体粪便）的考虑是必不可少的。

在今后最佳可行技术指导文件的修改过程中需要对可持续排污技术进行评估（见参考文献［217，UK，2002］）。

本文件还考虑了动物的健康问题。然而，发展关于禽舍系统的动物健康方面的评估标准将会是有用的。

6.5 今后研发项目的建议主题

今后研发项目需要考虑的主题如下：

研究哪些技术可用于监测猪和家禽禽舍系统建筑物内的气体浓度，其中哪些是最可靠的技术。

研究污染物排放率的测定，尤其自然通风建筑物的排放率（已证明是迄今为止非常困难的）。

对固体粪便堆覆盖的研究，包括对不同类型覆盖材料的测试，以及相关的减排、成本和适用性。

研究垫料对（现存）猪养殖舍运行效果的影响。

在许多情况下，在猪粪浆中使用添加剂对人类或动物健康以及其他环境因素造成的影响尚不清楚，因此对此问题的研究将会是有用的。

对生物动物养殖系统（利用稻草，运动院落）内氨气和臭气排放量测定的研究。

开发用于养殖场内（禽舍、存储间等）混合气体排放的测量系统和策略。

开发一种用于稻草床系统内氮气排放量的测量技术。

研究采用改进/高级营养物管理技术的养殖系统内气体排放量的监测手段。

在考虑固体粪便存储的情况下，要对沼气和笑气的排放水平进行测定。在养猪方面，减少氨和臭气排放最经济有效的措施就是利用人工漂浮帽式覆盖物。在此，需要对温室气体的行为进行更多的研究。

针对封闭式粪浆液储存池气体排放量测试系统研发一种示踪气体。

对粪便存储池、固废处理过程及农场厩肥等排放的气体进行评估，包括对缓解方案的评估。

对动物粪浆液的存储、运输和应用过程中减少氨气和甲烷排放的技术进行研发。

对“传统”和“未来”养殖系统内气态氮损失进行生命周期分析。

对可持续养殖的研究（监测手段，管理工具）。

通过管理手段（饮食，空调等）除臭的研究。

养殖场周围树木对附近居民的臭味可接受度影响的研究。

对臭味中灰尘成分的研究。

对动物禽舍体系内稻草和垫料产生的粉尘分布情况进行研究，包括通过管理手段和技术手段实现减排的方法。

研发氨气排放（禽舍、存储间以及土地应用等）过程模型，作为对氨气排放量、浓度以及降解进行评估的基础。

对与监测相关的动物营养物进行研究（如粪便成分），以便减少氨气排放。

对固体粪便处理技术（如堆肥、添加秸秆、厌氧消化）及相应的氨气、一氧化二氮、甲烷排放率进行研究。

对粪浆液的处理技术（如分离、秸秆覆盖、厌氧消化）和相应的氨气、一氧化二氮、甲烷的排放率进行研究。

对垫料对（现存）猪养殖禽舍性能的影响、优化设计和猪养殖垫料系统运行效果（排放水平、工作效率、成本）等进行研究。

对动物禽舍内垫料，尤其是用于改善垫料体系环境性能的新材料/其他材料进行研究。

优化其他家禽养殖体系的设计和性能（排放水平、工作效率、成本）。

对不同环境下低排放粪浆施用技术的适用性进行研究。

对粪浆液注射技术的跨介质影响及适应性进行研究（N_2O 排放量、能耗、对土壤和植物的影响）。

对污染物排放量进行研究，不仅包括氨气，还有臭气，温室气体（甲烷和一氧化二氮），不同减排措施下它们之间的相互影响，以及灰尘和细菌（生物气溶胶）的排放。

从猪和产蛋鸡管理制度与动物的自然需求相协调的要求出发，必须对更多的污染物减排养殖系统进行研究，并且需要对污染物减排的技术发展进行提高，从而才能解决动物与环境保护之间的目标冲突。

欧共体通过其 RTD 计划正在不断发布和支撑一系列项目，其中包括清洁技术、紧急排污处理和循环利用技术、管理策略。这些项目很可能对将来最佳可行技术指导文件的修改工作提供给出有用的帮助。因此，欢迎读者将与本文件内容（另见本文件的序言）相关的任何研究结果告知欧洲综合污染防治与控制局（EIPPCB）。

附录

附录 1 动物种类和家禽单元

在集约化畜禽养殖场环境影响评价过程中，“栏”这个词可能会让人迷惑。一个场所可以认为与一只动物是等同的，但是对于用于养殖同一种群但不同类别动物的场所以及不同类别和不同阶段动物的场所所产生的环境影响是有区别的。例如，母鸡、肉鸡、鸭和火鸡都属于家禽类，但饲养这些动物所用到的设备以及相同数量的地方产生的环境影响是相当的不同。另外，小动物是否需要饲养，成熟动物是否需要增肥也存在差异。

要解决这些问题，动物处所可以用相关的动物量来表示（畜禽单元-LU，1LU＝500kg 动物量），这是因为环境影响很大程度上取决于生产期内的平均动物量。动物量约等于粪便产生量和污染物排放量。它们可以定义为生产期内时间综合平均动物量，或者是以动物特定生产功能为基础的循环，对于每种动物都有各自的值（见表 1）。这就使得人们要考虑动物的不同种类（饲养型，增肥型）和阶段（断奶期，成长-成熟期）、培养期、动物转变过程。

表 1 用家禽单元表达的动物种群 [124，Germany，2001]

动物种群	动物量(畜禽单元)/LU
猪	
公猪或妊娠母猪	0.3
带仔母猪(≤10kg)	0.4
带仔母猪(≤20kg)	0.5

续表

动物种群	动物量(畜禽单元)/LU
仔猪的饲养(7～35kg)	0.03
小母猪(30～90kg)	0.12
育肥猪(20～105kg)	0.13
育肥猪(35～120kg)	0.16
家禽	
产蛋鸡(平均重量 2kg)	0.004
产蛋鸡(平均重量 1.7kg)	0.0034
小母鸡(平均重量 1.1kg)	0.0022
肉鸡(育肥期 25 天,平均重量 0.41kg)	0.0008
肉鸡(育肥期 36 天,平均重量 0.7kg)	0.0014
幼鸭(平均重量 0.65kg)	0.0013
鸭(平均重量 1.1kg)	0.0022
鸭(平均重量 1.9kg)	0.0038
火鸡(平均重量 1.1kg)	0.0022
火鸡(雌性,平均重量 3.9kg)	0.0079
火鸡(雄性,平均重量 8.2kg)	0.0164

附录 2　欧盟立法的参考文件

如果管理和控制不当，集约化猪和家禽养殖场将有可能导致环境的恶化并造成环境污染。潜在的污染物范围包括有：从直接到偶然向水、土壤、空气中排放的污染物，以及产生废弃物，甚至还包括程度较小的噪声污染。目前已设有一部全面的欧洲立法，旨在减少和预防各个部门造成的污染。该法案通常用于保护水、大气、土壤和环境而不是限制各污染源的排放。此外，必须要考虑的还有关于动物健康和福利的立法。

许多欧盟法案对农业活动提出了直接或间接地要求，比如在以下的网址中都能找到这些要求：

- http://europa.eu.int/eur-lex/en/lif/ind/en_analytical_index_15.html
- http://europa.eu.int/comm/environment/agriculture/index.htm
- http://europa.eu.int/comm/food/index_en.html

附录3 欧盟成员国的国家法规

在独立成员国的国家法规中，大量的欧盟法案及其要求被转化成国家和农业水平上的污染物排放限值、质量标准和方法。在农业水平上的关于农业活动立法最近才颁布。一些国家采用的是一般的约束规则，然而个体养殖场的许可证运行这一通常做法却只有少数成员国采用。

本附录中概述了一些国家目前应用于集约化养殖设施的环境法规。

奥地利

通过控制污水向地表水的排放来管理集约化畜禽养殖。不允许粪浆液或液体粪便向地表水排放［15，Austria，1997；14，BGB1. II 349/97，1997］。

对集约化家禽养殖设施恶臭气体排放的控制将影响农业设施的空间规划。养殖建筑物和臭气敏感物之间的规定距离由以下几个因素计算得出：

- 与动物种类以及生长阶段有关的气味因素；
- 结合了通风技术、空气速度和排放点位置等的通风因素；
- 与粪便去除系统有关的因素；
- 与饲养系统类型相关的因素；
- 代表周边地区特征的气象因素，比如山峦，以及风速与风向的影响；
- 代表周边地区（使用）目的的因素［76，BMU，1995］。

比利时

国家环境行动方案构成了对集约化畜禽法案的框架，在此框架内制订了减少氨的计划。

在佛兰德，废弃物减量法（VLAREM）是佛兰德人关于环境许可证的有关条例，其中包括诸如集约化畜禽养殖等活动，它也符合综合污染物防治与控制（IPPC）法案中的定义。废弃物减量法包含对设施运行的常规及行业要求。对于集约化畜禽养殖设施来说，行业要求关注的是禽舍及粪便存储室的构建、粪便处理等的规章。

佛兰德是最重要的以集约化畜禽养殖业为主的地区，每公顷面积上的动物数量比得上荷兰。一项关于保护环境以免被粪肥污染的法令已颁布，要求对粪肥实行低污染物排放的应用。这样做的目的是减少过剩的矿物质，并且达到每升地表水或地下水中50mg硝态氮的质量标准。比利时必须减少31%的氨排放量。弗兰德必须实行全国氨减量计划，全国的氨排放必须减少42.4%，瓦隆尼亚则需减少1.2%。

提出了一个措施混合体：首先是源头控制措施，比如饲养措施（25%）；其次将粪肥应用于适当的土壤或预处理之后，以达到要求的比率（25%）；最后通过末端治理措施进一步消除，从而不会造成跨介质的环境问题（50%）［8，TechnologischInstituut，1999］。

在废弃物减量法中，对排入大气中的污染物做了规定，如关于禽舍和粪便储存室的氨排放，其他储存设备和粪便干燥设施排放的粉尘污染物，以及原位焚烧设备排放的NH_3，

NO_x 和 H_2S 等污染物［39，Vito，1999］。

对养猪场关于气体污染物排放的规划要对现有状况和未来情况进行评估，评估采用对所应用的禽舍体系和养殖的动物数量或储存粪便的设施进行分级的系统来进行。分级过程要和养殖场（或污染物排放设施）与最近的居民区、自然保护区或其他敏感目标物之间的最小需求距离相结合。对于家禽来说，也采用同样的系统进行评估，同时将禽舍设计和粪便储存设施与家禽养殖数量相结合［39，Vito，1999］。

丹麦

在丹麦，包括养猪场在内的所有商业化畜禽养殖场都对禽舍设施内的粪便处理系统、存储设施以及生产单元的位置等提出了广泛要求。

猪舍及类似设施如外部场地必须进行总体规划，从而使地下水和地表水不会流失。地板和粪便渠道必须由防水渗透材料制成，同时配备排放系统。实际上，这就意味着所有猪舍都要设置浇注混凝土地板。

粪便存储单元即粪便坑、液体粪便储藏室和浆液筒仓以及青储饲料存储设施等具有与禽舍设施相类似的要求，因为养殖户务必确保养殖场周围不存在地表径流。同时，存储容积必须足够大以满足有关营养物土壤撒播及利用的规定，对于养猪场来说通常需要 9 个月的存储容量。

丹麦商业需求养殖场的位置受到许多限制。通常，商业畜禽饲养场不允许设置在市区和避暑别墅区。设在农村地区的养殖场必须遵守一系列的限制条件，以便与居民区及市区等具有一定的距离。该距离随着养殖量的增加而增大。举例来说，超过 120 个畜禽单元的养猪场与市区的距离至少为 300m。少于 120 个畜禽单元的养殖场的适用距离为 100m。

之所以要求这样的距离，其目的是为了减少对邻近居民的影响，即主要减少臭气和噪声的不良影响。对于那些免除了关于距离的通用要求的养殖场来说，区属政府会对畜禽养殖及禽舍设施的布局，以及粪肥储存等提出更加严格的要求。

对超过 250 畜禽单元的养殖场（超过 210 个单元的肉鸡养殖场）提出了特殊要求。这些养殖场的批准必须与环境保护法相一致，就此而言需要在建设或扩建之前进行环境影响评价（EIA）。

与对环境的审核相比，环境影响评价条例意味着对畜禽生产设施的位置和布局就景观、文化历史和生物学等方面进行更广泛的评估。环境影响评价条例基本上不仅限于环境控制措施，而是对来自于养殖场的污染物和其他环境影响因素一起进行的综合评估。该评估工作通过以下程序来完成，即县区对具有环境影响评价说明的区域规划提出具体的附加条件，同时当局政府制订出环境审批文件［87，Denmark，2000］。

德国

［154，Germany，2001］德国就集约化畜禽养殖场的运行颁布了大量的法律、法令和行政技术指导方针。

在德国，为了控制与畜禽养殖相关的环境问题，进行建造、扩建、大规模改建以及畜禽建筑物设备运行（如禽舍和粪便储存室）等活动时需要取得许可证。所谓的“大规模改建”包括改变使用性（例如养猪代替养牛），改变通风设施或粪便去除系统（如浆液代替粪便）以及改变任何其他可能具有重大环境影响的设施。审批工作取决于养殖场的位置、类型、养殖的动物数量以及环境影响。关于环境影响这一点，气味影响是关键问题。

根据养殖场类型和所养动物数量，地区管理局需要依据联邦建筑法案（Baugesetzbuch-BauGB）对其进行审批，抑或州中级管理局（区域政府）或区管理局依据联邦污染物排放及大气污染控制法案（Bundes-Immissionsschutzgesetz-BImSchG）对其进行审批。后者更加严格，其对于超过750头母猪和2000头育肥猪的养殖场来说是强制执行的。也可进行公众参与。在第四部关于实施联邦污染物排放和大气污染控制法案-设施要求许可-4BImSchV的法令中对公众参与的容积指数做了规定。1997年3月，根据欧盟指令（96/61/EC）关于综合污染防治与控制（IPPC）的条例对该法令做了修订，除了这些数字外综合污染防治与控制（IPPC）尚未转化为国家法律。

此外，建造泥浆存储容量为2500m^3及以上的储存设施需要根据BImSchG通过没有公众参与的简化程序取得许可。

在申请许可过程中，管理部门将会根据BImSchG来审核养殖户是否满足关键的法律要求。此外，养殖场的建造和运行不得与其他公共法律之下的任何条款（例如水资源保护，自然保护，建筑法）以及劳动力保护问题相冲突。如果先决条件满足，根据法律要求可以授予许可。

就根据BImSchG来申请许可的程序来说，还包括依据联邦建筑法进行的申请。申请表详细包括的一般信息有：设计、运行和对项目的详细说明（如养殖的动物类型和数量、禽舍系统、畜禽管理以及需要存储的畜禽废弃物产生量）、工程及场地规划、合理的结构工程论证、成本核算、排水系统说明以及关于污染物类型及排放量、污染源位置及尺寸等的资料。其中必须对减少污染物排放和避免环境影响的措施进行具体说明，通常会针对废气排放进行评估。就禽畜废物管理来说，需要对粪便及浆液的数量及成分（含氮量）进行评估，而且就粪肥土地利用来说，包括地政地图在内的对农业土壤进行的详细说明都是必不可少的，土壤类型也必须注明。

在取得许可的过程中，执行机关将牵涉到其他部门，如自然保护部门、历史古迹保护部门、空气污染控制部门以及水污染防治部门。这些部门的声明只是构成了许可的一部分。如果对环境的严重影响有望加重，那么不仅要通知其他牵涉到的部门，还需要让公众也知晓。文件必须向公众开放，同时需要召集会议，以便让公众有机会对项目参与讨论。因此，在决定批准之时，应当充分考虑政府和公众的声明。该许可申请程序按规律将持续4～6个月，而一些有疑问的案例将会持续一年甚至更久。

依据BImSchG进行的许可申请是粗放的，但它是法定的。虽然在许可申请过程中附近居民有机会考虑他们的自身利益，但如果许可成为最后一步时，任何人都无权以私人方式起诉，要求动物养殖场停止运作。即使有人对其存有偏见，他也只可以要求必要的预防环境影响的措施。如果这些措施根据目前的技术发展水平在技术上不可行，在经济上不可靠，那么对于遭受的实际损失来说只能要求进行补偿。

许可申请成本（手续费、申请文件的编制费）占费用金额（3000～8000欧元）的1%。如果需要专家报告，如对气体排放物进行预测和评估（2000～5000欧元），还需要额外成本。当需要进行环境影响评价时，许可成本可能会增高到 15000 欧元。虽然有具体规定，但许可申请过程中的要求各州之间各有不同，因为各州政府具体负责执行这些要求。

(1) 关于大气排放物的立法

依照 BImSchG 的许可而采用的设施将按如下方式进行建设和运营：

• 这些设施不会对环境造成不良影响或者其他危害，对广大市民和附近居民（保护原则）不会产生大量的不利影响和滋扰。针对动物养殖，附近居民必须免受恶臭气体滋扰。畜禽建筑物与邻近住宅区之间的安全距离通常能保障免受滋扰。此外，家禽养殖场需要与林地之间保持该安全距离。这些距离已被确认为干扰标准。

• 以防止对环境的不利影响需要采取预防措施，尤其是采用那些与技术发展水平相一致的污染物控制措施（Stand der Technik)。根据预防原则，必须通过一定的技术手段将有害污染物排放降低到一定的限值以下。这些限制取决于排放物的危险性、技术可行性以及经济效益。在这种情况下，一般认为臭气污染物产生的后果不太严重。实际上，如果上述提到的安全距离太短并且环境可能会受排放物影响，那么就必须进行评估。而且为了减少污染物排放和干扰，需要采取可能的补充措施。

• 除非具有废弃物有序、安全的再利用及循环的措施，否则避免产生废弃物，或者如果这样的规避和再利用或循环利用在技术上不可行或不合理，废弃物的处置不能影响社会公共健康。这项法规还涉及了粪便的储存和应用。只要粪便的应用分别符合肥料法案(Düngemittelgesetz) 和施肥条例 (Düngeverordnung)，那么粪便就不被归为废弃物。施肥条例是以 1991 年 12 月 12 日通过的理事会指令 (91/676/EEC) 中关于防止水体免于农业资源中硝酸盐污染的条款为基础。为减少硝酸盐渗漏和流失，需根据场地条件和植物需求来进行粪肥的应用。为此每年土壤施用的粪肥量应不超过 170kg 氮/hm^2，那么必须保证 6 个月甚至以上的存储容量。通过技术抑或组织措施将会减少氨的排放量（比如：通过带式播撒、播撒后立即耕作或者等到有利的气候条件下进行播撒)。粪肥使用过程时，由浆液产生的氨的最大损失量不应超过 20%。而关于对土壤的肥料需求的评估以及形成营养物平衡的要求需要进一步规定。补充条例可能包括：粪肥播撒时与地表水、自然保护区或定居点之间有一个最小距离的要求。各州被授予权力通过行政规章来对粪肥应用进行详细规范。

在申请许可期间，政府部门需对项目是否符合上述要求进行审核。对于 BImSchG 中许可的大型养殖场来说，在第一部总体行政方针关于联邦污染物排放及大气污染控制法案-大气污染控制技术指南（空气卫生技术指导手册-TA Luft）中规定了相关要求（规定距离、技术需求等)。此外，德国工程师协会 (VDI) (VDI 3471——猪畜禽管理排放控制，VDI 3472——母鸡畜禽管理排放控制）就畜禽养殖业中的气味清除颁布了专门的指导方针，其中对以下内容进行了说明：常用的畜禽养殖技术，臭气排放源，减少污染物排放与干扰的可行性，以及按照最小安全规定距离对臭气进行评估的方法。这些指导方针得到了政府的承认，并将其看做所谓的“预期专家意见”，因为这些指导方针是由来自各学科领域的专家一起研究并制订的。

距离要求

空气卫生技术指导手册（TA Luft）和德国工程师协会指导方针（VDI）均规定了距离要求，以避免异味滋扰。空气卫生技术指导手册中的规定条例是以德国工程师协会指导方针为基础的，但与德国工程师协会（VDI）指导方针相比，最小距离仅仅与动物单元的数量有关，并且只有在最佳排放和分散条件下畜禽单元与住宅之间的距离才有效。对于这样的事实，即农村居民与城镇居民相比要容忍更高水平的臭气滋扰，以及养殖生育猪产生的污染物只是育肥猪养殖产生的污染物的一半，并没有给予特别关注。另外也没有考虑自然通风禽舍系统。虽然对于气味已经确定了距离要求，但该要求也同样适用于家禽禽舍与林地之间的距离。如果距离太短，废气应通过生物滤池或生物洗涤器进行处理。由于这些装置大多都成本太高，所以需要进行特殊的气味评价。

与空气卫生技术指导手册相比，VDI 指导方针的距离要求需要更加详细地评估。数以千计的实践案例证明它是成功的。距离由以下三个步骤来确定：

① 根据所养殖的动物数量来计算平均动物重量（畜禽单位 LU，1LU＝500kg；如猪为 0.12LU）。如果养殖场内饲养了不同种类的动物，那么动物重量需乘以每种动物各自气味的等效因子（比如母猪的等效因子为 0.5，牛为 0.17，火鸡为 0.39，鸭为 0.94）。此等效因子是每种动物具体气体排放参照育肥猪（等效因子为 1）来得到的。

② 采用分数体系对各种畜禽参数，如粪便去除和储存系统、通风系统及其他标准（饲养，浆液的存储容量，位置影响）等产生的可能污染物进行评价。产生污染物较低的参数的评价级别要优于污染物排放量较高的情况。最高评价分数为 100 分。

③ 畜禽养殖场与附近居民区的最小距离可由距离图表中读取。

（2）实际技术规章

除了距离要求外，空气卫生技术指导手册还对畜禽养殖场设施提出了技术要求，这些与德国工程师协会指导方针对距离提出要求时所采用的前提是一样的。通常可采用以下措施：

—动物禽舍应尽量清洁干燥。这样就可提供高标准的卫生环境，从而就有足够高质量的垫料可用，定期清理粪便，不过量饲养以及通风良好。

—通风系统应根据德国标准关于“封闭性畜禽建筑物的保温，保温和通风，规划和设计原则”（DIN 18910）的要求进行设计，以便保证气体交换率适合动物需求。自然通风禽舍则不受上述要求约束。

—如果禽舍需要外排粪浆液，则必须采取措施，以预防有毒气体和气味产生扩散。

—粪便将会储存在防液体渗透的混凝土池内。就粪浆液体系来说，装满粪浆液的池子的地方应防液体渗透。在上述两种情况下，对沉积物应进行收集，并用适当的密闭的罐子进行外排，以避免水体污染。

—粪浆液只能用密闭的罐子储存在禽舍之外，或者采取等同减排措施。

—存储容器需满足 6 个月的储存能力。如果粪浆液经过处理（例如好氧堆肥处理，强制干燥或厌氧消化），那么较小的存储容积也可满足要求。

有时会对来自于存储罐的术语“减排等效措施”进行讨论。实际上除了混凝土或轻型结构屋顶外，还会采用自然漂浮硬壳、秸秆、煅烧后的黏土颗粒以及塑料等材料作为浮顶。人造浮顶的建立就是将切碎的秸秆（7kg/m^2 表面积）和粪浆液混合在一起。一些调查研究表明，即使采用秸秆浮顶也可以降低高达 90%的污染物排放。基于这个原因，采用秸秆浮顶不仅相当于密封舱，而且经济上也最划算。其年成本约比覆盖黏土颗粒或塑料制作的浮顶低 30%～50%，约比轻型结构屋顶低 60%～70%。

(3) 水体保护规章

在讨论水体立法要求时，有必要根据以下因素来对这些要求进行区分：

—影响动物禽舍和粪浆液储存池结构状况的运行地点。

—畜禽管理，尤其是对水资源管理如水体保护区、医疗泉保护区或者遭受洪水的地区等敏感区域内的畜禽进行管理。

在欧洲有关环境的法律基本上是由法令编辑而成，其中包括水法。该环境法规只是德国联邦法律体系中各州统一执行的一部分。各州有权在联邦法律基础上对标准体系进行细节补充，这主要被设计作为法律框架，以便对各个联邦州内的农业畜牧业生产制订不同的要求。

(4) 联邦法律下的水体保护规章

从国家层面上，水资源管理法案（WHG）不仅包含对储存和灌装液体肥料、粪浆液以及青贮渗出液等的设施性能的规定（§19g WHG），并且还规定根据情况采取必要措施来预防水污染或其他因受水体污染影响而采取措施时引起的不良性质变化（§1a WHG）。在水资源保护地区，为预防危险转变还需要禁止某些行为，或者规定这些行为只可以在某些限定情况下进行，如当保护当前现存的或者未来的公共供水系统不受负面影响，抑或预防肥料被雨水冲刷或直接排放进入水体时（§19 WHG）。

此外，针对大型畜禽及家禽管理运作的设施许可程序，联邦污染物排放和大气污染控制法案（BImSchG）规定：这些设施必须以合理安全利用废弃物（其中还包括浆液、液体粪便和青贮渗出液）的方式进行建设和操作（§5 BImSchG）。正确利用废弃物的细节在粪肥法案（§1 a）以及根据粪肥法案而颁布的施肥条例中都有规定，详细叙述如下。

(5) 国家法律下的规章制度

联邦法律下的要求是在国家水平上以更具体的术语进行说明的。因此水资源管理法案（§19 g WHG）中包含的那些以最佳可能预防水体污染的方法对用于储存和灌装液体粪便、浆液、青贮渗出液的设施进行建造和维护的要求在国家颁布的法令中给出了详细描述。这些规定原理基本相同，只是细节不同，它们都以以下基本要求为基础而制定：即设施必须不漏水，要稳定并能足以抗热、机械及化学品事故。一旦有毒害物质泄漏和溢出，必须快速准确地进行识别。对浆液罐和发酵筒仓建造技术的常规识别准则被包含在关于"青贮和液体粪肥容器"（DIN 11622）的德国标准中，该标准在联邦基础上是有效的。收集和填装设施的一般要求包括以下内容：

—管道必须由耐腐蚀材料组成。从储罐至初沉池或者泵站的回流管线为了安全关闭需配两台闸阀。其中一台应该是迅速启动闸阀。

—闸阀和泵应便于操作，并安装在不渗水的区域。

—池体、输送管道及通道必须以不渗水的方式建造。

—装填液体粪肥或粪便的容器所在的地方必须铺设防水材料。雨水需要排入初沉池、液体粪肥池或者装填设施的泵站。

—用于储存固体粪便的设施需要装备严密不渗水的底部平板。为了排出液体肥料，该底板要被安装在一侧，并预防因周围地形而造成的地表水渗透。

—如果无法将液体粪肥排入现有的液体粪肥或粪便池，那就需要对其进行分类回收。

—设施的容量必须根据相关养殖场单元和水资源保护的要求进行调整。设施容积必须大于禁止粪肥农业土地应用最长时期内的容积需求，否则就要取得主管行政机关的证明，即超出容积的部分粪肥将以环境友好的方式加以处置。必须确保粪肥的合理农业应用或土地撒播。在开放储罐的情况下，必须维持降雨量最低超高和安全水位。

—在水资源保护区和医疗泉保护区，必须另外配备泄漏识别装置。

然而，各州之间还存在差异，比如对必要的存储容量的确定。例如在泥浆沟渠中，考虑范围从把全部体积归入存储空间到完全忽略管道体积。为了监测密封性需要采用不同的泄漏检测系统，例如某些州的土壤样品需要目测，而有些州的土壤样品除此之外还需要地下水检测。由于没有在任何情况下都适用的客观建设的具体理由，因此这些不同的要求导致了养殖场成本的重大差异。

(6) 针对水源保护地的特别规定

在某些有特殊保护要求的地区，如水源保护区和医疗泉水保护区，畜牧生产受到广泛限制。因此，一方面需要将超过常规技术规范的要求应用于储罐的结构状况。在水源保护区内，没有充足覆盖层的地埋式液体粪便储存池是不允许建造的（吕讷堡高等行政法院，ZfW 93，117），同样地具有塑料密封条的地埋式储存池也不允许建造（吕讷堡高等行政法院，ZfW 97，249）。在水源覆盖区和内部保护区，通常会完全禁用那些储存和灌装液体肥料、粪便和青贮渗出液的设施以及储存固体粪便的设施，而在外延保护区域，只有装备了特殊泄漏监测装置才允许应用上述设施。

在一些保护区管理的章程中，还禁止在内部保护区域进行放牧，并且在内部和外延保护区内禁止土地撒播应用未经卫生处理的粪浆液。

由于那些关于土地利用的限制条件为受影响的养殖场带来了大量额外的经济负担，因此于1987年，立法机构在水资源管理法案（§19段，4WHG）内增加了一项规定：即根据更加严格的规定造成的经济劣势给予合理的补偿。该规定反映了“责任分担”的原则，该原则在环境立法中与“污染者必须付费”的原则一起实施，从公众利益角度为了保护水体而颁布的规定条款不仅仅是为了补充那些受影响的职业人群。在各州水立法中，要求进行补充的性质和范围存在广泛的差异。然而，禁止对肥料或场地青饲料发酵液的水体毒害物质储存的法令，以及禁止土地撒播液体肥料或者在生长期以外施用氮肥的法令，它们并不代表对养殖单位造成高负担从而需要强制补偿，因为这些禁令普遍适用，而不仅仅只在保护区内适用。以水资源保护条例为基础的由于泥浆和农家肥料储藏而产生的额外建设成本也不会引起经济补充，因为水资源管理法案中（§19 Para. 4WHG）关于经济补充的要求只包括了直接农业利用方面，而非循环性建设条件并不包括在内（联邦高等法院，

NJW 1998，2450 ff)。

(7) 施肥和废物管理法

关于施肥的德国法律以肥料营养成分为依据，对养殖场和可用于土壤撒播的二次资源肥料进行了限定。对二次资源如农业共同发酵（养殖场动物产生的粪便与有机废弃物同时发酵）产生的发酵残渣等进行利用时，除了肥料规定以外，德国有机废物条例（Bioabfallverordnung，BioAbfV）相关规定同样可以执行。

下面的调查可以对固体有机肥和二次资源肥料土地撒播过程中得出的法律条文提供一个综合观点。

(8) 废物管理法

1994年9月27日德国废物管理法的颁布（GesetzzurVermeidung，Verwertung und Beseitigung von Abfällen)，提供了一套新的废物管理法规及法律的相关领域。

第1条包括德国闭环原料和废物管理法（Kreislaufwirtschafts-und Abfallgesetz，KrW-/AbfG)，使得闭环管理办法得到强制推行，以便于保护自然资源并确保废物的环境友好处置。KrW-/AbfG将权力下放，以保证一系列法定条例的发布（第7和8；次法定条例1996年，BioAbfV 1998年)。

第4条包括了对如下德国肥料法案的同步修订要求：1999年肥料条例（Düngemittelverordnung)，1996年施肥条例（Dünge verordnung)，以及1998年污水污泥补偿基金条例（Klärschlamm-Entschädigungs fonds verordnung)。

在对养殖场粪便进行专门利用时，只有在粪肥施用不符合肥料条例相关规定的情况下才执行废物管理法的相关规定，如粪肥的施用不是根据农作物的影响需求和适宜的位置来进行，而是以养殖场粪便处理为最初目的。废物管理法案对养殖场粪便和有机废物的混合物的生物处理和农业应用也具有要求，如农业联合发酵设备中工艺残渣的形成。

关于有机废物回收利用于农业、造林和园艺土壤的条例（BioAbfV）对有机废物的农业、造林和园艺利用（包括有机废物与养殖场粪便混合）进行了规定。BioAbfV的附件1中列出了经沼气厂处理的有机废物原料。此外，如果某些附加原料也适于生物处理和农业利用，那么负责废物的当局也是允许使用的。

就设备操作者，BioAbfV条例还细化了由设施操作人员总结的要求性文件（如卫生清理，低污染物含量)。3年期内每公顷土地可利用的有机废弃物的量是有限的，其取决于土壤重金属含量。在第一次土地利用之前需要对土壤重金属和pH值进行分析。如果发现土壤内水平超过条例规定的限值，就要禁止有机废物的土地重复利用。

(9) 肥料法

肥料法规定：肥料的应用只能符合农业的“良好做法”（Art. 1a：gutefachliche Praxis)。这就对施肥提出了标准：根据农作物和土壤的需求，考虑土壤、场地及培养条件中可用的营养物和有机物含量来调整营养物应用的类型、数量和时间。农作物对营养物的需求主要取决于以下因素：指定地点内作物的可能产量、培养条件以及预期的产品质量标准（Art. 1a，para 2)。

第2条对允许的肥料进行了规定，依据该规定，如果肥料符合法律规定许可的肥料类型，那么这些肥料只可以进入流通。根据有关施肥良好做法的条例（Verordnungüber die Grundsätze der gutenfachlichen Praxis beimDüngen-Düngeverordnung），肥料应该定时定量地进行土地施用，以使农作物最大程度地吸收养分，并且施用方式能够确保最大程度地预防培养过程中的营养物损失以及相关的有害物质进入水资源。氮肥可应用于土地，从而使这些氮肥所含有的营养物被生长季节的植物所用，在数量上能满足它们的需求。除了其他措施，还可以通过维持充足的安全距离来避免一切向地表水的直接输出。只有当土壤能够接纳吸收氮肥时，才可以向土壤施用氮肥。而被水浸泡的土壤、冻土以及大雪覆盖的土壤都不吸收氮肥。

要计算氮肥土地施用量，需要研究确定肥料需求的原则。这需要考虑以下几点。

—鉴于位置及培养条件，由特别农作物所需的营养物质来达到其预期的产量和质量。

—确定土壤中存在的可利用的营养物质的数量，以及生长季节里有可能会被农作物利用的额外营养物质的量。

—养分的固定。

就养殖场未经处理的动物粪便来说，考虑到本条例中的其他原则，土地的平均总氮施用量应该是每年每公顷草地上不应超过 210kg，每公顷耕地不应超过 170kg（此处为净值，即扣除了允许的储存量和施用损失）；要计算土地平均施用值必须排除空置的土地。而且，养殖场未经处理的粪便中磷或钾含量较高，考虑到预期的农作物产量和质量以及不会对水资源产生不利影响，则这些粪便只能按照农作物可吸收的净值水平来进行土地施用。

根据本条例，在直到春季才可以耕种的休耕地上，一般是不允许在收获后的秋季或早冬投入氮的。肥料条例（Düngemittel verordnung）对化肥循环利用及许可证做了规定。要使包含有机废物的发酵残渣循环利用（甚至免费），这些残渣必须符合二次资源类化肥允许的类型。关于这一点，为了生产二次资源肥料，必须对许可的给料物质进行限定，比如发酵过程中不可以包括提炼的动物脂肪、食品废弃物等物质。

根据德国土壤保护法案（Bundesbodenschutzgesetz，BBodSchG），土壤的农业利用必须符合农业“良好做法”的规定，即土壤必须被使用，根据气候条件和位置适当地维持或改善土壤结构，必须尽可能地避免土壤板结以及通过土地适当利用来避免土壤侵蚀。

（10）动物福利和动物疾病法

动物福利法案（Tierschutzgesetz）构成了德国关于动物福利的主要规定。该法案以道德动物福利为基础，目的是为了保护动物免于疼痛、痛苦或受伤害。该法案适用于所有的动物，不论其用途，即从生产性牲畜，到家畜以及实验动物。该法案还对这些动物的饲养及其用途进行了规定。

来源：[154，Germany，2001 年] 参考文献：

—Grimm，E.，Kypke，J.，Martin，I.，Krause，K.-H.（1999）：German Regulations on Air Pollution Control in Animal Production. In：Regulation of animal production in Europe. KTBL-Arbeitspapier 270，Darmstadt，234-242

—Schepers，W.，Martin，I.，Grimm，E.（2000）：Bau-und umweltrechtliche

Rahmenbedingungen. In：ZukunftsweisendeStallanlagen. KTBL-Schrift 397，11-33

—Nies，V.，Hackeschmidt，A.（1999）：Water Conservation Regulations in Germany-Differences between the Federal States and Impacts on Livestock Production. In：Regulation of animal production in Europe. KTBL-Arbeitspapier 270，Darmstadt，129-132

—KTBL e. V.（Hrsg.）：Bau-und umweltrechtliche Rahmenbedingungen der Veredelungsproduktion. KTBL-Arbeitspapier 265，Darmstadt 1998

—Bauförderung Landwirtschaft e. V.（Hrsg.）：Hilfestellung bei Genehmigungsverfahren für Tierhaltungen. Baubrief Landwirtschaft 38，Landwirtschaftsverlag Münster-Hiltrup 1998

—Schwabenbauer，K.（1999）：Animal Welfare Provisions and their Practical Application in Germany. In：Regulation of animal production in Europe. KTBL-Arbeitspapier 270，Darmstadt，90-92

—InfoService Tierproduktion（IST）：Network on information about laws and permitting relevant for agricultural building projects-Informationsnetzwerk zu Rechts-und Genehmigungsfragen bei landwirtschaftlichen Bauvorhaben；http：//www. ist-netz. de

希腊

希腊集约化养殖业的法律主要关注的是水资源的保护。如果土壤不是多孔性的，那么土池内只允许一定的储存容量。处理后废水的再利用在以下两种情况下是允许的：①废水 $BOD_5 \leqslant 1200mg/L$ 时只适合土壤应用；②废水 $BOD_5 \leqslant 40mg/L$ 时可处理后排入地表水。处理后废水可以与化肥替代品结合使用。

芬兰

环境保护法（86/2000）及其他由该法衍生出的法规于2000年3月1日开始生效。新法案废除了大气保护和噪声防治法案、环境许可证程序法案、基于这些法案的法令以及关于水资源保护防治措施的法令。对各种法案如水、废物、邻近楼宇和健康保护法等进行了修订。关闭了水权法院，并且将他们的大部分职责转移到了2000年3月1日成立的环境许可证管理局。环保立法的协调统一为环境伤害的综合研究奠定了基础。

关于牲畜厩的环境许可要考虑生产厂房内所饲养的动物数量。牲畜厩构成了动物产生的粪便储存室，以及与生产厂房连接的饲料加工和储存间。粪便的撒播及耕地农用还未被许可。但是，在申请许可过程中可用于粪便撒播的表面土地已纳入考虑范畴。

目前，没有任何关于气味的具体的有关法规或准则。

关于防止农业硝酸盐排入水体的政府法令适用于理事会指令91/676。它涉及所有农业活动，并对粪便储存时间、粪便储存、肥料（即粪便）施用时间和可施用量提出了要求[125，Finland，2001]。

爱尔兰

环境保护局法案（1992年）下综合污染防治与控制（IPPC）法规引入了许可证制度，用来以综合方式对猪和家禽养殖设施排放的污染物加以控制。

确保气味不产生滋扰的最常用的方法之一就是利用阻碍措施，即在居民区和气味敏感地区的一定距离范围内不允许建造畜禽养殖单元。这些距离可以根据气味扩散模型来测定。制定关于气味单位的限制准则［61，EPA，1997］。

荷兰

荷兰的猪和家禽养殖密度很高。因此，关于粪便应用、土壤和地下水污染以及氨及臭气的排放引起了很大关注。目前正在使用的是由当地（市）政府负责部门启动的许可证制度。未来数年将会采用更严格的规定。虽然这些标准适用于所有的养殖户，但对于本国南方和东方的氨排放量较大的养殖场将会执行更严格的规定。

荷兰政府通过了一项分三阶段来减少矿物向环境中流失的政策。目前该项目正处于第三阶段。其目标是使流入环境中的氮和磷量达到可接受的水平。实现该目标方法之一就是采用矿产计算制度，该方法需要对牲畜养殖设施的矿物输入和输出有更好的了解［85，Oele，1999］。

牲畜粪便利用法案对粪便应用过程中的大气污染物排放进行了规定，要求必须使用低污染物排放应用技术［21，VROM，1998］。

规划条例规定只可以在秋季和冬季进行粪肥施用，这意味着需要有足够的粪便存储容量。1987 年 6 月 1 日之后建造的粪便储存设施必须要封闭。

通过强制使用某些类型的禽舍（绿色标签养殖单元）可以减少主要由禽舍产生的氨排放。根据政府的检查计划，系统获得了绿色标签的资格。拿到绿色标签禽舍的养殖户可在一定时间内免除新的氨减排措施，目的是鼓励他们投资低污染物排放禽舍。不断发展的禽舍技术以及不断增长的知识将会带来更加严格的动物禽舍要求。

对于气味排放和空间规划的规定来说，会采用一个复杂的模型，该模型对一个养殖场或大量养殖场周围的敏感目标进行分类，并识别它们距污染源的距离。对每个养殖场来说，都要计算饲养的动物量与允许的动物量（考虑到法规和当地情况因素）之间的比值。应该综合考虑单个个体对所有养殖场气味滋扰的贡献，对于每个敏感目标来说不应该超过一定数值。如果超过了，必须采取措施，包括降低饲养密度［24，VROM/LNV，1996］。

集约化畜禽养殖场的噪声标准是基于个体而设立的，并且在养殖场取得环境许可证过程中加以制定。荷兰环境管理法案和荷兰噪声滋扰法案形成了噪声许可标准设定的基础。新建集约化畜禽养殖场必须符合该地区界定的噪声水平。在一个地区同时发生大量不同农业和工业活动的地方可以采用名为“区域”的方法。噪声“区域”包含了该地区内所有活动的噪声。

现有养殖场的扩建必须在许可证内设置的现行规定范围内进行。任何与养殖活动扩建相关的额外噪声都必须由削减措施（如隔离）或搬迁活动加以补偿。

葡萄牙

在葡萄牙，尚未颁布任何保护水体免受农业硝酸盐影响的具体法规，但是“保护水体免受农业硝酸盐污染的良好行为守则”出版了。除了该守则，还有一个针对划定的硝酸盐易受影响区域的具体法规，该法规与法律程序规定相关。

一项具体法令规定了猪养殖设施废水排入地表水的污染物排放限值，用 BOD_5 和 TSS 来表示。对于家禽养殖设施来说没有类似法令。通过废水产生的其他物质（如氮、磷和重金属）的排放通过向地表水排放法令或向农业土壤排放法令等单独的法令进行了限定。通过泥浆抑或粪便应用而向农业土壤引入的重金属排放物则是通过另一项法令加以控制。

通过限制氮氧化物（以毫克 NO_2 为单位），VOC（以毫克 C 为单位），硫化氢和粉尘等的排放来对大气污染物排放进行控制。噪声是通过以下两部分进行限定，通常与背景噪声值相比，日间限制排入量为 5dB 和夜间为 3dB。新规定还使用另一个标准，它以最大噪声暴露为基础。

许多法令都对养猪场的运行做了规定。最近的一次规定是关于养猪场登记、授权、分类、设计和运行规则的 N° 163/97 法令。对家禽饲养业来说也存在类似法律。

西班牙

在西班牙，皇家法令 324/2000 对猪养殖的卫生和环境方面采用了综合办法。通过该皇家法令规定了距离敏感目标如其他养猪单元、住宅区、公共通道等的最小卫生距离。这些距离与养殖设施内的畜禽单元数量相关联。此外，这也是对养猪单元的最大容量做出规定的第一部皇家法令。

英国

目前英国尚无养殖场“申请许可证”制度，但是随着对大型猪和家禽养殖设施综合污染防治与控制法案的实施，这种情况将会改变。在硝酸盐敏感区内，养殖户必须遵守强制性行动计划条例。硝酸盐敏感区域外，尚无全国性的关于粪肥土壤撒播的规定。而在硝酸盐敏感区域内已颁布了关于养殖户对粪肥规划利用的指导方针和提案。

基于更广泛的基础，在实践规则中列举了大量的规定，颁布这些规定的目的是为养殖户提供可采取的措施来减少污染物向水体和土壤的排放。若能达到“排放同意书”中规定的合适的条件（量和排放物限制级别），就允许将污染物排入地表水。法例规定，凡故意污染地表水或地下水的行为是非法的。

空气条例对减少向空气中排放气味和黑烟进行了说明［43，MAFF，1998］。但目前尚无针对氨类的排放控制要求。

也有关于规划批文的规定。对于新建或扩建畜禽禽舍，以及距离任何受保护的建筑物如房屋和学校等 400m 以内的浆液或粪便储存设施来说，需要取得规划许可。

附录 4　成员国内污染物排放限值和粪肥土壤撒播限值示例

表 2～表 4 给出了比利时环境许可情况下适用于猪和家禽养殖场的平均污染物排放值和允许土壤撒播限值。

表 2　2003 年 1 月 1 日起，在 Flanders 地区内进行粪肥土地施用时的有机氮和 P_2O_5 最大允许施用量［8，TechnologischInstituut，1999］　单位：kg/hm²

农作物类型	P_2O_5	总氮	动物和其他粪肥中的氮	化学肥料中的氮
草地	130	500	250	350
玉米	100	275	250	150
低氮需求的农作物	100	125	125	100
其他作物	100	275	200	200

表 3　在 Flanders 地区的水体敏感区域内进行粪肥土地施用时的有机氮和 P_2O_5 的最大允许施用量［8，TechnologischInstituut，1999］　单位：kg/hm²

农作物类型	P_2O_5	总氮	动物和其他粪肥中的氮	化学肥料中的氮
草地	100	350	170	250
玉米	100	275	170	150
低氮需求的农作物	80	125	125	70
其他作物	100	275	170	170

表 4　某些特定的养殖场内活动污染物排放限值实例［39，Vito，1999］

指　　标	排放限值/[mg/m³(标)]①
矿物粪肥研磨、干燥或冷却过程中的粉尘颗粒排放物(干燥气体)	75
养殖场内焚烧装置的烟气排放物	NH_3　50 H_2S　5 NO_x　200

① mg/m³（标）是在 0℃，101.3kPa 大气压条件下。

附录 5　监测禽舍系统内氨排放的规定实例

在欧洲，关于集约化畜禽养殖场的能源消耗和污染物排放的数据是按不同方式进行收集的，因此这些数据是在什么环境下被收集并不总是很清楚，因为许多因素会影响观测水平的变化。

在荷兰已出台一种规定，可用来测量所有牲畜种类禽舍系统中的 NH_3 排放量，从而可以对不同禽舍技术产生的污染物进行比对。该规定把认为与污染物排放变化相关的因素如室内气候、饲料和使用率等进行了标准化［63，Commissie van Deskundigen，1999］。

对于家禽和猪的养殖舍来说，许多影响因素已被列于表 5 和表 6 中。

表 5 影响家禽养殖舍污染物排放测定的因素实例

［63，Commissie van Deskundigen，1999］

影响因素	蛋鸡	肉鸡	火鸡①	鸭	珍珠鸡
禽舍/cm^2	450～600	20/m^2	2000～2500	6～8/m^2	20/m^2
室内最低温度/℃	20～25	35～20	26～15	34～12	35～20
饲料	见文本	见文本	见文本	见文本	见文本
产量/kg	见文本	1.825/43 天	18/20 周(m.) 9/16 周(f.)	2.95/47 天	1.5/43 天
健康状况(损失)/%	<5	<10	<10	<5	<10
每个单元最低数量	750	1000	250	400	1000
检测期	2	2	2	2	2
校正因子	61/63	6/8	21/23	47/56	6/8

① (m.)＝雄性；(f.)＝雌性。

室内温度非常重要，随着畜禽重量的增加应降低室温。除了蛋鸡之外，温度会保持在恒定的水平，上述表格中涉及的温度是生产期间内的最高至最低温度。

关于饲料重要的是考虑营养物质（粗蛋白）、阴阳离子的平衡、对尿素排放量的影响等方面，并排除掉可能影响尿液 pH 值的饲料添加剂。除了蛋鸡是定量供水外，其他都是随时供水。

为了评估排放水平，可比生长速度是非常重要：即给定估计的最终重量和相关的生长期。对于产蛋鸡必须记录其产蛋量和蛋品质，以便根据需要进行调整。

测定时期应该有两个，其中一个在夏季，此时的排放水平可能正处于最高。计算时，由于两个生产期之间存在养殖舍空闲期，也叫做入住率，则必须对污染物排放量进行调整。而关于入住率，蛋鸡约为 3%，肉鸡可高达 25%。每个动物每天的两个时期内测定的平均排放量乘以校正系数和 365 天，就得到每只动物每年的排放量。

对于养猪场来说，可以应用相似的规定。其中一些影响因素和限值概括于表 6。

表 6 影响猪养殖舍污染物排放测定的因素实例

影响因素	种猪/怀孕母猪	生产期的母猪	育成仔猪	生猪
禽舍/m^2	2.25	4	0.4	变量
室内气候/℃	15	见文本	见文本	见文本
饲料	见文本	见文本	见文本	见文本
生产量/kg	n. a.	n. a.	8～11 至 23～27 (350g/d)	23～27 至 80～90 (700g/d)
健康状况(损失)/%	n. a.	n. a.	<5	<5
每个单元最低数量	20	6	30	50
检测期	2	2	2	
校正因子	100/105	100/110	100/110	110/110

注：n. a. 不适用。

每头生猪所占围栏面积不是固定的，而是随体重的增加而增加；每个最小面积需求都与非围栏区最低面积需求有关。因此，面积需求从30kg要求0.4m^2（0.12非围栏区），逐渐增大到超过110kg动物要求的1.3m^2（0.40非围栏区）。

室内温度应保持最低值，最低温度会随着年龄和生产阶段的不同而不同。通常体重越高，温度越低。一般采用的是热中性区域的最低温度，但对于生猪来说，最低温度最多只能比热中性区域最低温度低2℃。

关于饲料重要的是考虑营养物质（粗蛋白）、阴阳离子的平衡、对尿素排放量的影响因素等方面，并排除掉可能影响尿液pH值的饲料添加剂。

对于生猪而言，必须注意到生猪平均每天的生长情况和生猪体重适用于欧洲最普遍生长实践。如果生猪屠宰前的活重达到160kg，那么平均日增长量将会不同，从而可能会影响污染物排放水平。

对于生猪也应该有两个检测期，同样的其中一个在夏季，此时的污染物排放水平可能会升高。

计算时，由于两个生产期之间存在养殖舍空闲期，则必须对污染物排放量进行补偿。除了育成仔猪外，该空闲期预计占总生产时间的10%。每个动物每天的两个时期内测定的平均排放量乘以校正系数和365天，就得到每只动物每年的排放量。

附录6 污染物减排技术应用成本计算实例

本附件内容仅限于对一种成本计算方法的描述，该方法用于对综合污染防治与控制法案框架内提出的各技术应用成本进行计算。该方法描述了与技术“单位”成本的关系，同时已被联合国欧洲经济委员会所采用，将其作为计算减少畜牧生产中氨排放纳税成本计算过程的一部分。

本附件还进一步表明，要想采用这种方法，应该对最佳可行性技术（BAT）确定时考虑到的所有技术按照表中所列的要求工艺和财务数据进行说明。由于考虑到了一般意义上最佳可行技术评估所需要的成本数据，因此本附件可认为是用于本最佳可行技术指导文件（BREF）进一步更新的建议书。

本附件大部分是以英国农村事务署（DEFRA，UK）的已有工作为基础，其次是以最佳可行技术成本评估技术工作组内的专家组的工作为基础［161，MAFF，2000］［216，UK，2002］。

方法学

本节包括以下内容：

- 概述；

• 测量类型；

•“单位”成本的计算。

概述

单位成本的计算需要清楚地理解以下内容：

• 为了减少排放量而建议采用的技术；

• 相关养殖场内生产和管理系统的整体范围；

• 技术的引进将会对养殖场生产和管理系统就物质和财政方面以及成本和福利方面产生的影响。

计算将会得到年均成本，它可能包括对投资期分期偿还的补贴。

一旦计算完毕，这些成本可用于以下方面：

• 计算单项或者多项技术联合时减少每千克污染物的成本；

• 确定常规最佳可行性技术；

• 研究最佳可行技术实施成本与集约化畜禽养殖业经济可行性或盈利能力之间的关系；

• 计算相适应行业的成本。

技术分类

适用于集约化畜禽养殖业的技术可分类如下：

• 饲养；

• 养殖舍；

• 粪便存储；

• 粪便处理；

• 粪便土地施用。

注：此处“粪便”可能是液浆或固体粪便。

每项技术应根据上述每项类别，以及根据受影响的畜禽类别如产蛋鸡或孕期猪来进行识别。之后再利用这些类别来确定“单位”成本如何计算。

单位成本的计算

单位成本是指典型养殖户由于引进技术而要承担的成本年增长量。计算单位成本的常用方法如下：

• 根据对当前养殖体系的充分理解，对实施减排技术引起的物理和饲养变化进行确定；

• 对于每项技术来说，对那些因该项技术的引入而引起成本或性能改变的区域进行识别；

• 在所有的情况下，应该只考虑与技术直接相关的成本；

• 应忽略一切与技术改进相关的额外成本。

技术所属类别将会决定那些用于定义养殖量或粪便量的物理单位，并且形成后续计算的基础。这些关系可以详见表 7。

表 7 用于评估成本的“单位”

分类	“单位”	具体含义
饲养	每头	每头牲畜
养殖舍	场所	建筑容量
粪便储存，处理和土地施用	m^3 或 t	液体浆料(包括稀释液)和固体肥料(包括垫草)

单位成本应当根据下面描述的一般方法进行计算：

- 现行成本应用于所有的计算；
- 扣除了所有补助金的资本开支应该在投资经济周期内进行年度化；
- 年运行成本应添加到资本的年金中；
- 性能变化所带来的成本应考虑作为年成本的一部分；
- 总额除以年生产量得到单位成本。生产量应采用表 7 中列举的单位进行描述。

以下各节将详细说明这个方法。

投资成本

资本支出需要根据表 8 中所列各项来评估。

表 8 资本开支考虑因素

主要考虑因素	备注
用于固定设备①和机械②的资本	使用国家费用。如果这些不可用，就采用包含了运费的国际费用，并以适当利率将其转换为本国现金
设施的劳动力成本	如果一切正常就用合同费用。如果养殖场员工通常可以用来安装传统装置，那么雇佣人员就应该按照典型的小时制度来计算成本养殖户的投入应按机会成本收取费用
补贴	扣除掉养殖户可用的资本补助金额

① 固定设备包括建筑物，建筑转换物，饲料储存箱，或肥料储存池。

② 机械包括饲料分配螺旋钻，粪便土地施用的田间设备，或粪便处理设备。

年度成本

与技术引进相关的年度成本需要按照表 9 的步骤进行评估。

表 9 年成本考虑因素

步骤	考虑因素	备注
A	资金的年度化成本必须在整个投资周期内进行计算	使用标准方程，这一项取决于经济周期。换算需要考虑原设备的剩余寿命。见附录 1
B	应该计算与投资相关的修理费	见附录 2
C	劳动力成本的变化	额外工作时间(h)×小时成本
D	燃料与能源成本	可能需要考虑额外的能源需求。见附录 2
E	牲畜行为的改变	日常饮食或养殖舍的改变会影响到牲畜行为，也会影响到成本含义。见附录 3
F	成本节约和产品收益	在某些情况下，技术的引进将为养殖户带来成本的节约。只有当成本的节约是由措施直接产生时才应该考虑这些情况 为了这些目的，避免的污染罚款应排除在所有成本利润之外

英国的样例

(1) 液体粪便的土壤注射应用

费用基础（表 10）：

① 花费是基于购买装在泥浆车或是拖拉机上的注射机部件。这种设备的资金成本为 10000 欧元。

② 与表面应用相比，还需要 35kW 的额外拖拉机功率。

③ 与使用罐车和飞溅板系统所达到的每小时 $17m^3$ $\left(7m^3/h\text{ 的}\frac{5}{2}\text{负载}\right)$的工作率相比，这种方法可实现 $14m^3/h$ 的工作效率。这是基于将飞溅板操作 6min 的排放时间延长至注射时的 12min。

④ 年生产量 $2000m^3$。

⑤ 按 8.5%的利率对资金成本进行为期 5 年的摊销。

⑥ 减排：例如减少氨污染物的排放，用 mg NH_3/m^3（标）表示。

表 10 英国因液体粪便土壤注射应用而引起的额外费用

步骤	考虑因素	计算过程	总计/(欧元/年)
		采用附录 1 中给出的公式，具体如下：	
A	资金的年成本	$C[r(1+r)^n]/[(1+r)^n-1]$ 其中：C=10000 欧元 r=8.5%的利率，以 0.085 带入方程 n=5 年 则计算为： 10000 欧元×$[0.085(1+0.085)^5]/[(1+0.085)^5-1]$	2540
B	维修费	按照喷射器资金成本(10000 欧元)的 5%计	500
C	劳动力成本的改变	较低的应用率$(2000m^3\div14m^3/h)-2000m^3\div17m^3/h)$=25h×12 欧元/h	300
D	燃料与能源成本	对于 $2000m^3\div14m^3/h$ 来说，35kW 拖拉机的额外成本=143h×10L/h×0.35 欧元/L	500
E	牲畜行为的改变	不适用	0
F	成本节约与产品收益	不包括在内，尽管可能会更好地利用粪便中的氮	0
额外年成本总计			3840
基于 $2000m^3$ 上年产量的总额外单位面积(m^3)成本			1.92

固体粪便通过耕田混入土壤（不含资本开支计算实例）。

费用基础（表 11）：

① 当聘用人员和机械都完全投入到其他方面的任务时，许多情况下都将让合同商进行固体粪肥的土地混合。

② 混合的方法通常是耕田。

③ 这将会节省边际成本，因为此项操作（耕田）在以后的时间内不需要养殖场员工再次实施。

④ 土壤撒播的最高粪便量应相当于每年每公顷250kg总氮。

表11 英国通过耕田掺入固体肥料而引起的额外费用

步骤	考虑因素	计算过程	总计/(欧元/hm^2)
A	年资金成本	不适用	0
B	维修费	不适用	0
C	劳动力成本的改变	雇佣承包商进行耕田的费用	65
D	燃料和能源成本	不适用(包含在承包商收费中)	0
E	牲畜行为的改变	不适用	0
F	成本节约与产品收益	养殖户自己的机械边际成本节省量	10
总额外年成本			55
每吨粪便的额外成本:			欧元/t
按36t/hm^2施用的猪粪			1.53
按16.5t/hm^2施用的产蛋鸡排泄物			3.33
按8.5t/hm^2施用的肉鸡排泄物			6.47

(2) 计算养殖舍改变成本：家禽养殖舍深坑内的空气通道。

费用基础（表12）：

表12 在英国因改变养殖舍而引起的额外费用

步骤	考虑因素	计算过程	总计/(欧元/家禽住所)
A	年资金成本	管道和风扇的费用	0.05
B	维修费	额外的维修费用	0.08
C	劳动力改变成本	不适用	0
D	燃料和能源成本	额外的电费	0.08
E	牲畜行为的改变	不适用	0
F	成本节约与产品收益	不适用	0
家禽每处住所的总额外年成本			0.21

① 简单的聚乙烯管空气通道会安装在粪便和通风扇之下的深坑里。资金成本为每处家禽场所0.32欧元。

② 这样的体系还会产生额外的运行费用，即每年每处家禽场所0.16欧元（电费和维修费）。

③ 该系统资金成本按8.5%的利率分摊10年。

(3) 计算养殖舍改变成本：猪舍内金属网格替换地板。

费用基础（表13）：

① 更换板条的成本是每平方米（3栏）78欧元加上16欧元的安装费。

② 安装简单。

③ 该资金成本按8.5%的利率分摊10年。这就允许在现在禽舍场所中安装板条，现

有禽舍场所内会有部分板条已经过期。

④ 猪的场所成本是基于对每个猪场所给予 0.63m^2 的补贴，如表 13 和表 14。在部分板条搭建的牲畜场所内，通常每个猪场所面积的 25%或 0.156m^2 用于搭建板条。

⑤ 修理费可认为与其他类型地板的情况相类似。

表 13 在英国因用金属网格替换地板而引起的额外费用

步骤	考虑因素	计算过程	总计(欧元/猪场所)
A	年资金成本	用于 0.156m^2 的资金成本为 94 欧元/m^2，该成本按 8.5%的利率分摊到 10 年	2.23
B	维修费	无额外花费	0
C	劳动力改变成本	不适用	0
D	燃料和能源成本	不适用	0
E	牲畜行为的改变	不适用	0
F	节约成本与产品收益	不适用	0
每个猪场所的总额外年成本			2.23

注：数据由 Kirncroft Engineering（U. K.）提供。

表 14 英国生猪空间要求

项　　目	空间要求/m^2	加权平均值/m^2
30～50kg	0.4	0.132
50～90kg	0.65	0.436
小计		0.568
90%空间占有率的补贴		0.057
总空间要求		0.057

注：数据由 ADAS（U. K.）提供。

关于成本数据的有用报告

一些问题和表象因素一方面可使读者更加容易理解成本数据，另一方面也可以为以后提供评估。

任何关于成本的报告都应该包括足够的信息，以保证一些不了解情况的读者也能理解逻辑分析和计算过程。既有文字又有图表的解释说明使读者能够跟上作者（们）的思路。

对所有的情况都应查明数据的来源。当某些数据或假设来自于专业判断时，应对这种情况加以声明。

建议报告的编写应包含如下内容和格式：

• 引言；

• 摘要　用文字和表格来说明技术的单位成本；

• 技术成本　对每项技术使用图表和文本展示来说明单位成本的基础和计算过程，并对附录中包含的补充数据做图。

实例1　资金年收费的计算

消减技术的资本支出应转换为年收费。资金可能用于建筑投资，固定设备投资，或是机械投资。重要的是要包含仅仅与消减技术相关的额外资金或边际资本。

应该利用摊销来计算年资金成本。当采用该方法时，技术过程中不应该包括对资产折旧的额外津贴。可将合适表格中的影响因素应用于投资资本，或采用如下所示的标准公式。

公式：

用于计算年收费（A）的公式为：

$$A=C\times\frac{r(1+r)^n}{(1+r)^n-1}$$

式中　C——投资总额；

r——以小数表示的利率，例如6%的利率代入公式时为0.06；

n——期限，以年计。

利率：

采用的利率应当反映养殖户的普遍支付，并且会因国家和投资周期的不同而变化。例如，英国的计算方法是以养殖户通过农业抵押公司（AMC）而得到的可用资金为基础。他们的利息以2000年9月的固定利息贷款为例引用如表15。

表15　英国农业抵押贷款的利息

期限/年	固定利率/%	每1000欧元资金所需支付的年金①
5	8.5	254
10	8.5	152
20	8.25	104

来源：AMC，2000年9月；

① 基于上述包含资金与利率的分期付款公式。

期限：

期限取决于投资的类型，以及是否有改建或新设施的添置。

对于新设施来说，给出了以下经济学寿命作为指导。在某些特殊情况下还需要对这些数据进行改动（表16）。

表16　设备的经济学寿命

投资方式	经济学寿命/年
建筑物	20
固定设备	10
机械	5

在改建的情况下，需要将资金成本按照旧设施的剩余寿命按年进行均摊。

在许多情况下，虽然成本计算必须采用设施的经济学寿命，但设施的实际生产寿命要比其经济学寿命要长。

实例 2　维修和燃料成本

维修：

与所有投资相关的维修成本之间会有很大的差异。投资类型、原建设质量、操作条件、设计使用年限和使用数量都会影响到成本。

下列数据可用来作为指导（表 17）：

表 17　维修成本占新成本的百分比

投资方式	维修成本占新成本的百分比/%
建筑物	0.5～2
固定设备	1～3
拖拉机	5～8
粪便和粪浆液撒播器	3～6

燃料：

以下通式可用于计算燃料成本：

耗电：

燃料成本＝kW·h×使用时间(h)×燃料价格

拖拉机燃料：

燃料成本＝kW·h×每千瓦·时消耗燃料量×使用时间(h)×燃料价格

实例 3　单位成本-某些需要详细考虑的因素

对于每项技术都应该考虑以下详细因素。

饲养：

饮食的改变可以应用于许多类牲畜，以减少氨气的排放。以下问题需要在每个案例中都加以考虑（表 18）。

表 18　饲养系统资金成本中应考虑的年度费用

资金成本	要考虑的年度费用
额外饲养系统	年度收费、维修费、电源输入费
	胴体值变化
	饮食相对成本
	牲畜行为及饲料消耗的改变
	排泄物输出的改变
	劳动力需求的改变

养殖舍：

对于那些要求养殖户资金消费的技术，有必要考虑表 19 中的因素。

表 19　养殖舍系统的资金成本中需要考虑的年度费用

资金成本	需要考虑的年度费用
养殖舍系统的改变	年度收费、维修费、电源输入费
	养殖舍容积的改变
	劳动力需求的改变
	对垫草需求的改变
	牲畜行为及饲料消耗的改变
	屋内排泄物储存容量的改变

注：资金成本可能指现有设备的修改费用或设备更换所需的额外费用。这两种选择将取决于建筑物状况和改建的适应性，通常与建筑物年限和剩余经济寿命有关。应该只包括供应设施的额外费用，这些费用与设施的减排能力有关。

粪便储存：

对于那些要求养殖户资金消费的技术，有必要考虑表 20、表 21 中的因素。

表 20　粪便储存系统资金成本中应考虑的年度费用

资金成本	需要考虑的年度费用
额外储存池	年度收费、维修费
永久占地	年度收费、维修费
	年度基础上的临时占地费用
所有占地	劳动力需求的改变
	雨水稀释消减量

粪便的土地应用：

表 21　粪便储存系统资金成本中应考虑的年度费用

资金成本	需要考虑的年度费用
低污染物排放播撒器（与溅板播撒器相比）	年度收费、维修费
	拖拉机电能需求的改变
	工作率的改变
	劳动力需求的改变

附录 7　应用于集约化家禽和猪养殖场的技术的最佳可行技术评估程序

本附件所述的评估程序是由研究集约化畜禽养殖的技术工作组的一个小组开发的。本附件的主要目标是促进对第 5 章提出的最佳可行技术背后的评价的更好理解。

每个评估都取决于可用资料的数量和质量，因此对于信息量非常贫瘠或很难获得的情况必须开发一种用于技术对比的方法。这就需要对潜在削减技术的不同特点进行验证与比较。

此最佳可行技术指导文件提出，对集约化猪和家禽养殖中关于环境技术的信息进行交换的结论，它可以被看作是对现有数据的第一次详细记载。虽然大量的数据可用，但用于支撑决策性过程的信息仍可在数据的质量和数量两方面进行改善。

为使评估透明化，所有这些数据应有特定的格式并（更重要的）具有高度的可比性。因此，应该对数据如何收集、测量、分析以及在什么情况下获得等方面进行清楚地解释，从而使这些数据可用。理论上，它们应该按照相同的协议进行收集，并以同样的详细程度进行说明。对以这种方式收集的数据集进行比较，促进了对各种差异的易于理解，例如在集约化畜禽养殖方面人们可用预见的在性能水平方面的很大差异。这些差异可能是由于养殖实践的不同抑或由特定区域或当地条件之间的差异而引起的。

第 4 章的目的就是为每项活动或每组技术尽可能地提供这方面的信息。如果这些资料是有限的或不存在，专家的判断将发挥重要作用。

最佳可行技术的评估和选择

以个体为基础，通过评估所有技术的减排潜力、可操作性、适用范围、动物健康、相关费用、并与参考技术进行比对等来对各项技术进行综合考虑。应用评估所实行的方法包括以下步骤：

① 建立一个关于每组技术所有相关因素的评估矩阵；

② 为各组技术确定参考技术；

③ 为各组技术确定主要环境问题；

④ 在定量数据不可用时，对每种技术给予定性评价（－2，－1，0，12）；

⑤ 对技术在减排方面的环境性能进行排名，例如，氨的排放量；

⑥ 对每项技术的技术适用性、可操作性以及动物福利方面进行评估；

⑦ 评估各项技术所导致的环境跨介质影响；

⑧ 评估在新建和改建情况下应用每项技术的费用（资本输出和运营成本）；

⑨ 讨论－2 到－1 的资格条件，看其是否可能为条件最佳可行技术，还是决定将其淘汰，例如关于动物福利的带有－2 的技术从未能成为最佳可行技术。

⑩ 识别（有条件的）最佳可行技术，并决定其对于新建和/或改造的情况是否为最佳可行技术。

表 22 展示了用于评估养殖舍技术的评估矩阵，正如技术工作组用这种技术来讨论关于养殖舍系统的最佳可行技术。

在与技术工作组的中级会议中，利用表 22 所示的矩阵对以下技术组进行了评估：

- 产蛋鸡的笼状禽舍；
- 产蛋鸡的非笼状禽舍；
- 肉鸡养殖舍；
- 交配和孕期母猪的养殖舍技术；

表22 评估矩阵

可能的经济与跨介质影响	减排潜力/%	可操作性	适用性	动物福利	N_2O，CH_4排放	气味排放	PM10	能耗	水耗	噪声	资本支出(新建)	资本支出(改建)	运营成本(行动及主要投资)新建	运营成本(行动及主要投资)改建
	A	B	C	D	E	F	G	I	J	K	L	M	N	O
限制行动的养殖舍(2.3.1.2.1)														
完全漏缝地板/板条箱，斜板(4.6.2.1)	30%													
完全漏缝地板/板条箱，水+粪便渠(4.6.2.2)	50%													
完全漏缝地板/板条箱，冲刷+粪便沟(4.6.2.3)	60%													
完全漏缝地板/板条箱，粪便池(4.6.2.4)	65%													
完全漏缝地板/板条箱，表面散热片(4.6.2.5)	70%													
部分漏缝地板(PSF)+板条箱(4.6.2.6)	30%													
部分漏缝地板/板条箱和粪便刮板(4.6.2.7)	35%													

评分定义

分数范围：－2；－1；0；1；2

a0分，等同于参考标准。

a2分，减排潜力：表示最高减排潜力。

a2分，可操作性：表明最易于操作。

a0分，可适用性：表示该技术是经常作为参考技术被应用。

a2分，动物福利：表示最高福利标准。

a2分，跨介质影响：表示没有跨介质影响。

a对所有资本开支/运营成本列2分表示最低的成本。

- 产仔母猪的养殖舍技术；
- 育成仔猪的养殖舍技术；
- 成长猪/育肥猪的养殖舍技术；
- 末端治理技术，家禽和猪舍的大气污染物排放。

本次会议得出的结论是：评估矩阵在对最佳可行技术进行讨论过程中可能成为非常有用的工具。然而，会议还得出，一个完整的评估矩阵不应作为独立的方法，而应随时从进行评估的会议的过程来看待。这样做的原因是在矩阵中不能找到对于一定资格条件的任何争议，而且资格条件背后的精确原因是确定最佳可行技术的非常重要的因素，尤其是关于评估过程的透明度来说。

其他技术组如粪便的土地撒播和储存当然也由技术工作组来评估，但由于时间不足未采用这种方法。

减排潜力评价

最佳可行技术评估和选择的重点是将这些技术的氨污染物减排潜力与参考技术的相关氨污染物排放进行对比。

第 4 章提出的各项技术的氨减排潜力是由绝对排放量的范围和相对减少量表示（相对参考技术的%）。由于研究对象是牲畜且饲料配方变化大，因此粪便、养殖舍等的氨绝对排放量将涵盖非常广泛的范围，且使绝对水平的解释变得很困难。因此，以百分率表示的氨减少水平的使用成为首选，特别是对养殖舍、粪便存储和粪便土地施用来说。

对技术适用性，可操作性和动物健康的评估

一项技术的适用性就是其与参考技术相比是否被采用以及使用的频率如何。一项技术的可操作性受多项因素影响，如构建复杂性和额外劳动力的产生。对于动物福利的影响也进行了评估，同样是与参考技术相比。这些因素已经尽可能地在第 4 章中进行了说明。

跨介质影响的评估

在养殖舍技术中对跨介质影响的评估包括如下因素：如一氧化二氮和甲烷排放量、气味排放、粉尘、能耗、水耗和噪声等。

成本评估

技术成本并不总是被报道，且如果给出成本指标，那么这些成本计算所依据的因素通常不明确。因此，申请的数目和上报申请的成员国数目在评价工程中具有更大的重要性。

第 4 章报告的关于养殖舍技术的成本表达是与参考技术相比的额外成本。这些数据被用于评估，且如果这些数字不可用，技术工作组的专家们就会提供资格条件。成本通过比较参考养殖舍系统得以表示的事实提出了改建情况下评估过程中的问题。这是因为改建不仅适用于参考系统，而且适用于其他现有的养殖舍系统。改建成本在很大程度上取决于现存的养殖舍系统，并且将额外成本仅与参考系统进行比较在所有情况下都不现实。

与当前所采用的参考技术相比，某些技术可能不会产生任何额外成本。很明显，不采用这些技术就不应该存在资金争议，但可能存在其他原因能解释为什么这样的技术不能为最佳可行技术。如果技术有额外成本，就要确定成本级别，超过该级别要想被行业所应用就不合理。

在欧洲范围内确定这样一个标准非常困难，一项技术的实际成本可能会与之进行比较。通常情况下，在养殖场级别的决策背后还有其他根据。此外，地方、区域或国家（资金）奖励措施可能会鼓励养殖户改变他们的做法。申请削减技术的成本数据（如第 4 章所述）通常适用于具体情况。然而，对于被评估的几乎所有技术来说，评估会议能够同意成本资格，并能确定成本水平，超过这一水平，被行业应用不被认为是合理的。

附录8 术语表

存栏密度（养殖密度）（Stocking density）：单位表面积（m^2 或 km^2）内的动物数。

非甲烷挥发性有机物 [Non-methane volatile organic compounds（nmVOC）]：除甲烷外所有能够在太阳辐射下与氮氧化物反应产生光化学氧化剂的化合物。

粪便处理（Manure treatment）：所有粪便处理可能的方法，包括粪肥应用。

粪肥应用（Manure application）：指将粪便或粪浆施用到土地中的活动（除非另有说明）。

粪浆液（Slurries）：是指院子内或禽舍内的家禽产生的排泄物与雨水、洗涤水，在某些情况下甚至于为废弃用品和饲料等的混合物。粪浆液通常可以用泵抽取或通过重力排出。

干涸（Dessication）：使完全干涸的过程；当地下水消耗超过自然供应的量时会发生。

干物质百分含量 [Dry matter percentage（dm %）]：是一定量的物质在110℃干燥后的最终重量（不变为止）与最初重量之间的比值。

固体粪肥（Solid manures）：包括农家肥（FYM）、稻草覆盖庭院的组成物质、含有大量稻草的排泄物或从粪浆液分离机分离出的固体。固体肥料一般可堆放。

后备母猪（Replacement sows）：是指用以代替繁殖群内母猪的母猪，以便维持必要的遗传。

鸡蛋生产（Hen egg production）：用来表示鸡蛋的生产，以区别于其他产蛋家禽品种（如鸭）。

家禽（Poultry）：是用来表示那些产蛋或肉的鸡、火鸡、鸭和珍珠鸡的通用术语。如果只说明产蛋的鸡和产肉的鸡，将会使用术语蛋鸡和肉鸡。

抗菌剂（Antimicrobial）：一种在低浓度就可以对微生物病原体具有作用并对其具有选择性毒性的药物。

抗生素（Antibiotic）：是指由微生物产生或派生的，能够破坏或抑制其他微生物生长的一类物质。

栏或头数（Animal place or head）：是指生产中的一只动物的单位，这两个单位是同一个生产单位，本文中通常用于表示消耗和污染物排放水平。

母猪（Sow）：从第一次配种开始或从第一次怀孕的时刻开始称呼雌猪的一种术语。这还包括后备母猪（初产母猪）。

生长/育肥猪（Growers/finishers）：是指体重从约25～30kg长到大于170kg的一类猪。

生化需氧量 [Biochemical oxygen demand（BOD）]：微生物用于分解有机物所消耗的氧气量。

施用率（Application rate）：是粪肥体积和可施用土地面积公顷数的比值。

饲料转化率（Feed conversion ratio）：该比值是指生物重量增长 1kg 所需要的饲料量（kg）；该比值越小说明饲料转化为产品或增长量的效率越高。FCR（饲料转化率）取决于饲料、动物品种和生产类型。

在芬兰该比例表示每千克屠宰重量所需的饲料量。

维生素 H（生物素） [Vitamin H（Biotin）]：生物素，是一种普通的生化物质（$C_{10}H_{16}N_2O_3S$），可作为减少氨基酸和形成长链脂肪酸的酶，在碳水化合物摄取量不足时还可作为将脂肪和蛋白质转化为碳水化合物的共同酶。

养殖猪（Rearing pigs）：用于育肥猪/待售猪的一类术语。

育成仔猪/保育猪/断奶仔猪（Weaners）：是指断奶之后与母猪保持分离的猪，其体重约 7kg 至 25～30kg。

附录 9　缩写对照表

缩　写	解　释
ACNV	自动控制的自然通风
BAT	最佳可行技术
BPEO	最切实可行的环保方案
BREF	最佳可行技术参考文件
CAP	共同农业政策
CAPEX	资本开支
CP	粗蛋白
SCF	混凝土漏缝地板
Dm or dm	干物质
ECE	欧洲经济委员会
EPS	发泡聚苯乙烯
EU	欧盟
EU-15	欧洲联盟的 15 个成员国
EUR	欧元-欧洲货币
FAO	世界粮食与农业组织
FCR	饲料转化率
FSF	全漏缝地板
FYM	农家肥
IPPC	综合预防和污染控制，指的是欧共体的欧洲法案 96/61

续表

缩　写	解　　释
LECA	轻质膨胀黏土骨料
LW	生物重量
μg	微克(10^{-6}克)
MAP	比利时降低猪饲料蛋白质和磷水平的饲养指标
MLC	英国肉类和家畜委员会
MS	欧盟成员国
Mt	兆吨
NVZ	硝酸盐脆弱区
OM(or om)	有机质含量
OPEX	营运开支
Pa	帕斯卡，压力测量，也可表示为牛顿/m^2
PSF	部分漏缝式地板
RAM	德国降低猪饲料蛋白质和磷水平的饲养指标
RH	相对湿度
TWG	综合污染防治与控制法案的框架中用于信息交流的欧洲技术工作组
UAA	被利用的农业区
USDA	美国农业部

《参考文献》

[1] EPA (1996). "Batneec Guidance Note for the Pig Production Sector".

[2] EPA (1996). "Batneec Guidance Note for the Poultry Production Sector".

[3] Vito (1998). "Beste beschikbare technieken voor het be- en verwerken van dierlijke mest", 90-382-0161-3.

[5] VMM (1996). "Landbouw, Par. 1. 3 of Milieu- en natuurrapport Vlaanderen 1996: Leren om te keren".

[7] BBL (1990). "De mineralenboekhouding in de landbouwbedrijfsvoering. Hoofdstuk 3. Mineralen en milieu-effekten."

[8] Technologisch Instituut, (1999). "Krachtlijnen en uitdagingen van het nieuwe meststoffen-decreet".

[9] UNECE, (1999). "Control techniques for preventing and abating emissions of ammonia", EB. AIR/WG. 5/1999/8/Rev. 1.

[10] Netherlands, t., (1999). "Dutch notes on BAT for pig- and poultry intensive livestock farms".

[11] Italy, (1999). "Italian contribution to BATs Reference Document (draft April 1999)".

[13] EC, D. A. u. B. (1996). "Report on the welfare of laying hens, Chapter 3. 6 Environment".

[14] BGB1. II 349/97 (1997). "Verordnung des Bundesministers für Land- und Forstwirtschaft über die Begrenzung von Abwasseremissionen aus der Massentierhaltung; (AEV Massentierhaltung)".

[15] Austria, (1997). "Gesetzliche Begrenzung von Abwasseremissionen aus der Massentierhaltung".

[17] ETSU, (1998). "Energy savings in industrial water pumping systems", Good practice guide 249.

[21] VROM (1998). "Wet bodembescherming: Besluit gebruik dierlijke meststoffen (Bgdm) Besluit Overige Organische Meststoffen".

[23] VROM/LNV (1996). "Uitvoeringsregeling Interimwet Ammoniak en Veehouderij".

[24] VROM/LNV (1996). "Richtlijn Veehouderij en Stankhinder".

[26] LNV (1994). "Handboek voor de pluimveehouderij", 90-800999-4-5.

[27] IKC Veehouderij (1993). "Handboek voor de varkenshouderij", 90-800999-3-7.

[28] CORPEN, (1996). "Estimation des rejets d'azote et de phosphore des élevages de porcs (Impact des modifications de conduite alimentaire)/Estimation of nitrogen and phosphorus outputs in the environment from pig farms (Impact of the modifications of feeding practices and technical performances)".

[29] CORPEN, (1996). "Estimation des rejets d'azote par les elevages avicoles/Estimation of nitrogen outputs in the environment from poultry farms".

[30] CORPEN, (1997). "Estimation des rejets de phosphore par les élevages avicoles/Estimation of phosphorous output in the environment from poultry farms".

[31] EAAP, (1998). "Pig housing systems in Europe: current trends" 49th Annual Meeting of the European Association for Animal Production, 26.

[32] Vito, (1999). "Environmental aspects of antimicrobial growth promotors in feed".

[33] Provincie Antwerpen, (1999) . "Invloed van klimaat op de groei van vleeskuikens" Studienamiddagen Pluimveehouderij.

[35] Berckmans et al. (1998) . "Emissie en impact van ammoniak in varkensstallen, Hoofdstuk III. Reductietechnieken" .

[36] EC, (1999) . "Opinion of the steering committee on antimicrobial resistance" .

[37] Bodemkundige Dienst, (1999) . "Bijdrage tot de uitbouw van beleidsmaatregelen voor de reductie van de ammoniakuitstoot door de landbouw in Vlaanderen" .

[39] Vito (1999) . "Overview of regulatory material" .

[40] MAFF, M. o. A. , Fisheries and Food, (1998) . "Guidelines for farmers in nitrate vulnerable zones" .

[43] MAFF, M. o. A. , Fisheries and Food, (1998) . "Code of good agricultural practice for the protection of air" .

[44] MAFF, M. o. A. , Fisheries and Food, (1998) . "Code of good agricultural practice for the protection of water" .

[45] MAFF, M. o. A. , Fisheries and Food, (1998) . "Code of good agricultural practice for the protection of soil" .

[49] MAFF (1999) . "Making better use of livestock manures on arable land" .

[50] MAFF (1999) . "Making better use of livestock manures on grassland" .

[51] MAFF (1999) . "Spreading systems for slurries and solid manures" .

[59] Italy, (1999) . "Italian Contribution to BATs Reference Document (BREF) (draft June 1999)" .

[60] EPA, a. o. , (1999) . "Groundwater protection schemes", ISBN 1-899702-22-9.

[61] EPA, (1997) . "Environmental quality objectives and environmental quality standards, The aquatic environment (Discussion document) . ", ISBN 1-899965-51-3.

[62] LNV, (1992) . "Afvalwater in de Veehouderij", 28.

[63] Commissie van Deskundigen, (1999) . "Beoordelingsprotocol emissies uit stalsystemen, Bijlage landbouwkundige randvoorwaarden en te registreren gegevens (draft) . "

[68] ADAS, (1999) . "Guidance on the control of noise on poultry units" .

[69] ADAS, (1999) . "Guidance on the control of noise on pig units" .

[70] K. U. Laboratorium voor Agrarische Bouwkunde, (1999) . "Nieuwe stalconcepten voor een rendabele veeteelt in de context van de huidige milieuregelgeving" .

[71] Smith et al. , (1999) . "Nitrogen excretion by farm livestock with respect to landspreading requirements and controlling nitrogen losses to ground and surface waters. Part 2: pigs and poultry" Bioresource Technology, pp. 183-194.

[72] ADAS, (1999) . "Guidance on the control of energy on pig units" .

[73] Peirson, (1999) . "Guidance on the control of energy on poultry units" .

[74] EC (1999) . "Council Directive 1999/74/EC of 19 July 1999 laying down minimum standards for the protection of laying hens" .

[75] Menoyo et al. , (1998) . "Compostaje de gallinaza para su uso como abono orgánico (Composting of poultry manure to be applied as organic fertiliser)" .

[76] BMU (1995) . "Vorläufige Richtlinie zur Beurteilung von Immissionen aus der Nutztierhaltung in Stallungen" .

[77] LEI, (1999) . "Managing nitrogen pollution from intensive livestock production in the EU", 2. 99. 04.

[81] Adams/Röser, (1998) . "Digestion of feed and absorption of nutrients influence animal performance and the environment" Feed Magazine.

[82] Gill, B. P., (1999). "Phase-feeding. Converting science into commercial practice." Feed Compounder, pp. 4.

[83] Italy, (2000). "Description of the candidate BATs for pig intensive farming".

[85] Oele, (1999). "The Dutch mineral policy 1984-2008/2010" Regulation of animal production in Europe (KTBL).

[86] CEEP, (1998). "Recovery of phosphates for recycling from sewage and animal wastes - summary and conclusions" Recovery of phosphates for recycling from sewage and animal wastes.

[87] Denmark, (2000). "Danish BAT notes concerning intensive pig production".

[89] Spain, (2000). "Information exchange on Intensive Livestock Farming. Spanish contribution to BATs Reference Document.".

[91] Dodd, V. A., (1996). "The pig production cycle (a concise report, July 1996)".

[92] Portugal, (1999). "Overview of intensive livestock farming in Portugal".

[98] FORUM, (1999). "Pigs, pollution and solutions".

[99] Ajinomoto Animal Nutrition, (2000). "Prevention of nitrogen pollution from pig husbrandry through feeding measures", 22.

[100] MLC, (1998). "Phase-feeding. Matching the protein requirements of growing and finishing pigs for lean growth at least cost.".

[101] KTBL, (1995). "Schwermetalle in der Landwirtschaft (Heavy metals in agriculture)", 217.

[102] ID-Lelystad, (2000). "De forfaitaire excretie van stikstof door landbouwhuisdieren (The standardised excretion of nitrogen by livestock)", 00-2040.

[105] UK (1999). Text proposal for good practice for environmental management.

[106] Portugal (2000). "Code of good agricultural practices for the protection of water against pollution by nitrates of agricultral origin (Draft)".

[107] Germany, (2001). "Good Agricultural practice: Possibilities for avoiding and reducing emissions and immissions/Animal disease and farm hygiene (Comment to 1st Draft of BREF document)".

[108] FEFANA, (2001). "FEFANA" Amino Acid Working Party "Input to the BREF Document (Comment to 1st Draft of BREF document)."

[109] VDI (2000). "VDI 3474 - Emission control livestock farming - Odorants (draft 09)".

[110] MAFF, (1999). "Phase feeding pigs to reduce nutrient pollution - N in pig slurry.", Scientifi report WA0309.

[111] MAFF, (1999). "Phase feeding pigs to reduce nutrient pollution - ammonium-N emission om application", WA0317.

[112] Middelkoop/Harn, (1996).

[113] R&R Systems BV, (1999). "Kombideksysteem (Combidecksystem)".

[115] Rademacher, M., (2000). "How can diets be modified to minimise the impact of pig oduction on the environment?" AminoNews.

[116] MAFF, (1999). "Update on available knowledge of pig diets to reduce pollution a estimate of costs of reducing ammonia emissions by changing diets.", WA310.

[117] IPC Livestock Barneveld College (1998). "Broiler Nutrition".

[118] IPC Livestock Barneveld College (1999). "Layer Nutrition".

[119] Elson, A., (1998). "Poultry buildings" Poultry Producers' Study Days.

[120] ADAS, (1999). "An assessment of the feasability of a range control meas s intended to minimise ammonia emissions from pig housing".

[121] EC (2001). "Proposal for a Council directive amending Directive 91/63 EC laying down mini-

mum standards for the protection of pigs".
[122] Netherlands, (2001). "Comments Netherlands to first draft."
[123] Belgium, (2001). "Standaardomstandigheden in Vlaanderen (Standard conditions in Flanders) - Comment B7 to first draft.".
[124] Germany, (2001). "Comments Germany to first draft".
[125] Finland, (2001). "BAT report. Methods and techniques for reducing the environmental load due to intensive rearing of pigs and poultry".
[126] NFU, (2001). "Comments UK National Farmers' Union to first draft".
[127] Italy, (2001). "Comments Italy to first draft".
[128] Netherlands, (2000). "Technical descriptions of systems for the housing of different poultry species. Prepared for the exchange of information on BAT.".
[129] Silsoe Research Institute, B., England, (1997). "Concentrations and emission ratesof aerial ammonia, nitrous oxide, methane, carbon dioxide, dust and endotoxin in UK broiler and layer houses." British Poultry Science, pp. 14-28.
[130] Portugal, (2001). "Comments Portugal to first draft".
[131] FORUM (2001). "Comments Forum to first draft".
[132] EC (1991). "Council Directive 91/630/EEC of 19 November 1991 laying down minimum standards for the protection of pigs.".
[133] Peirson/Brade, (2001). "Flatdeck pig housing - a summary description".
[134] Spain, (2001). "Comments Spain to first draft".
[135] Nicholson et al., (1996). "Nutrient composition of poultry manures in England and Wales" Bioresource Technology, pp. 279-284.
[137] Ireland, (2001). "Comments Ireland to first draft".
[138] Netherlands, (1999). "Nitrogen and phosphorous consumption, utilisation and losses in pig production".
[139] UK (2001). "Comments UK-MAFF to first draft".
[140] Hartung E. and G. J. Monteny, (2000). "Methane (CH_4) and Nitrous Oxide (N_2O) emissions from animal husbandry" Agrartechnische Forschung, pp. E 62 - E 69.
[141] ADAS, (2000). "Guidance on construction, repair and maintenance - Farm waste structures", CGN 100 and CGN 001 - 009.
[142] ADAS, (2000). "The practicability of fitting various types of emission control cover to above-ground prefabricated and earth-banked slurry stores.".
[143] ADAS, (2000). "Low-cost covers to abate gaseous emissions from slurry stores", WA0641.
[144] K (2000). "Text proposal - Activities applicable to all farms".
[145] G ece, (2001). "Comments Greece to first draft".
[146] AD S, (2000). "Disposal of waste materials arising on farms".
[147] Bragg and Davies C, (2000). "Towards sustainable agricultural waste management (Final draft)".
[150] SCOPE, 1997). "SCOPE Newsletter 21 - Agricultural phosphorus", 21.
[152] Pahl, (9). "Environmental factors in pig production - Description of potential emissions, causes, ab nent and legislation".
[153] Eurostat, (2). "Eurostat: Agriculture and Fisheries, Yearbook 2001".
[154] Germany, (20 . "Legal framework in Germany.".
[159] Germany, (200 "Good agricultural practice - Comment to first draft.".

[161] MAFF, (2000). "Calculating the cost of best available techniques for the intensive rearing of poultry and pigs (draft)".

[166] Tank manufacturer, (2000). "Pollution control - Slurry management".

[169] FEFAC (2001). "Comments on draft 2 ILF BREF".

[170] FEFANA, (2002). "FEFANA WP Enzymes proposal for the part Phytase (Chapter 4 of BREF document draft 2, on the intensive farming of poultry and pigs)".

[171] FEFANA (2001). "Comments on draft 2 ILF BREF".

[172] Denmark (2001). "Comments on draft 2 ILF BREF".

[173] Spain (2001). "Comments on draft 2 ILF BREF".

[174] Belgium (2001). "Comments on draft 2 ILF BREF".

[175] IMAG-DLO, (1999). "Environmental aspect of a group housing system for sows with feeding stations and straw".

[176] UK, (2002). "Thoughts on ventilation and air control".

[177] Netherlands, (2002). "Energy saving by a frequency-converter".

[178] Netherlands (2002). "Additional information about Combideck system in broiler houses".

[179] Netherlands (2001). "Comments on the second draft of the ILF BREF (poultry)".

[180] ASEPRHU, (2001). "Comments on 2nd draft ILF BREF".

[181] Netherlands (2002). " (additional) Comments on the 2nd draft ILF BREF".

[182] TWG, (2002). "Proposal for conditional BAT poultry (laying hens)".

[183] NFU/NPA, (2001). "Comments on 2nd draft of the ILF BREF".

[184] TWG ILF (2002). "Emission control measure assessment matrices".

[185] Italy, (2001). "Appendix to Description of the candidate BATs for pig intensive farming", 2nd version.

[186] DK/NL, (2002). "Manure surface cooling channel in combination with a closed heat exchanger".

[187] IMAG-DLO, (2001). "Nürtinger system", 2001-09.

[188] Finland, (2001). "Comments draft 2 ILF BREF".

[189] Italy/UK, (2002). "Pens with straw bedded floor; natural ventilation".

[190] BEIC (2001). "Comments on 2nd draft ILF BREF".

[191] EC (1999). "Storage vessels for manure (5)".

[192] Germany (2001). "Comments on 2nd draft BREF".

[193] Italy (2001). "Comments on 2nd draft BREF".

[194] Austria (2001). "Comments on 2nd draft BREF".

[195] EC (1999). "Livestock Manures - Nitrogen Equivalents".

[196] Spain, (2002). "Manure additives".

[197] Netherlands, (2002). "Remarks on landspreading".

[198] CEFIC, (2002). "Highly digestible inorganic feed phosphates".

[199] FEFANA, (2002). "Addition of specific feed additives".

[200] ILF, T. (2002). "Integrated Pollution Prevention and Control (IPPC) Reference Document on Best Available Techniques in the Intensive livestock farming; Monitoring of Emissions".

[201] Portugal (2001). "Comments on 2nd draft BREF".

[202] Institute of Grassland and Environmental Research, (2000). "Treatment of livestock wastes through the use of additives", CSG 15 (rev. 12/99).

[203] EC (2001). "Comments on draft 2 BREF".

[204] ASPHERU (2002). "Enriched cage for laying hens".

[205] EC, (2001). "Communication from the Commission to the Council and the European Parliament on the Implementation of Council Directive 91/676/EEC concerning the protection of waters against pollution caused by nitrates from agricultural sources".

[206] Netherlands, (2002). "Drinker systems".

[207] Belgium (2000). "Comments on first draft BREF".

[208] UK (2001). "Comments on 2nd draft BREF".

[209] Environment DG, (2002). "report on Nitrates Directive".

[216] UK, (2002). "Integrated Pollution Prevention and Control, Intensive Livestock BREF, Assessing the Affordability of Best Available Techniques".

[217] UK (2002). "Sustainable surface water drainage techniques".

[218] Czech Republic (2002). "Methodology for continual measuring of ammonia concentrations in stables".

[219] Denmark (2002). "Comments on monitoring ammonia concentrations in stables; reference number 218".

[220] UK (2002). "Slurry spreading".